제4판 식사요법

DIET THERAPY

머리말

현대사회의 가장 중요한 관심거리의 하나로 건강이 강조되면서 식생활에 대한 중요성도 더욱 높아지고 있다. 특히 잘못된 식생활에서 비롯되는 생활습관질환의 증가와 현대인의 다양한 질병 양상으로 말미암아 식사요법은 질병의 예방뿐 아니라 치료를 위해서도 매우 중요한 요소로 부각되고 있다. 산업화와 더불어 다양해진 식생활 양상을 반영하고 영양 불균형의 해소를 위해 적절한 식사요법을 실시하는 것은 영양전문가의 막중한 역할이므로, 이러한 전문지식을 익힐 수 있는 체계적인 교재의 필요성이 대두되었다.

본 교재는 급속하게 진행되는 고령화 사회에서 이처럼 다양화되고 있는 질병의 치료기술과 병행할 수 있는 식사요법의 최신 지식을 전달하기 위하여 집필되었다. 우선 1장에서는 식사요법과 임상영양관리에 대한 기본을 익히고, 2장에서는 전문적인 관리가 요구되는 영양지원 방법에 대하여 구체적으로 설명하였다. 3장부터 17장까지는 인체의 각 기관별 다양한 질환과 생리적 변화에 따른 여러 가지 질환에 대한 설명과 더불어 전문적이고 실질적인 식사요법에 대한 최신 정보를 담았다. 그 밖에 최근 임상영양 현장에서 중요성이 강조되고 있는 중환자관리와 알레르기 환자에 대한 식사요법을 비롯하여 특정 환자에게 필요한 영양식과 관련된 실습 내용을 과정별로 자세히 함께 실었다.

본 교재의 저자들은 2010년부터 새롭게 실시된 국민영양관리법에 따른 임상영양사의 역할이 새롭게 부각되는 시점에서, 영양전문인들에게 더욱 정확하고 충실한 정보를 제공하고자 노력하였다. 이에 식품영양학, 간호학, 가정교육, 가정학을 전공하는 학생과 현장에서 활동하고 있는 영양사 및 보건의료전문인들을 위하여 이해하기 쉬우면서 실무에도 유용하게 활용할 수 있도록 구성하였다. 이 책이 나오기까지 교육과 연구에 바쁘신 가운데도 열정으로 애써 주신 여러 교수님과 파워북 출판사의 관계자분께도 감사드린다. 아울러 앞으로 더 좋은 책으로 거듭날 수 있도록 독자 여러분께 아낌없는 조언과 충고를 부탁드린다.

저자 일동

차례

CHAPTER 1 식사요법 개요

1. 식사요법과 영양관리 15
   1) 식사요법의 중요성 및 목적 15
   2) 영양관리 방법 15
2. 병원식의 이해 18
   1) 일반치료식 18
   2) 질환별 특별치료식 24
3. 식품교환표를 이용한 식단 작성 25
   1) 식품교환표의 정의 25
   2) 식품교환단위당 영양성분 25
   3) 식품교환표 26
   4) 식품교환법을 이용한 식단 작성 32

CHAPTER 2 영양지원

1. 경장영양 45
   1) 장점과 대상 환자 45
   2) 공급경로 45
   3) 영양액 종류 46
   4) 주입방법 47
   5) 합병증 관리 48

2. 정맥영양 49
1) 대상 환자 49
2) 정맥영양의 종류 50
3) 영양소 구성 51
4) 공급방법 52
5) 합병증 관리 52

CHAPTER 3
식도 및 위·장 질환

1. 식도질환 58
1) 식도의 구조와 기능 58
2) 식도질환의 식사요법 58
2. 위질환 60
1) 위의 구조와 기능 60
2) 위질환의 식사요법 62
3. 장질환 75
1) 장의 구조와 기능 75
2) 장질환의 식사요법 77

CHAPTER 4
간·담도계 및 췌장 질환

1. 간질환 103
1) 간의 구조와 기능 103
2) 간질환의 식사요법 107
2. 담도계 질환 120
1) 담도계의 구조와 기능 120
2) 담도계 질환의 식사요법 123
3. 췌장질환 128
1) 췌장의 구조와 기능 128
2) 췌장질환의 식사요법 128

CHAPTER 5
심혈관질환

1. 심장의 구조와 혈액 순환 133
2. 심혈관질환 134
1) 이상지질혈증 134
2) 동맥경화 145
3) 고혈압 148
4) 대사증후군 156
5) 울혈성 심부전 159
6) 심근경색 160
7) 뇌졸중 161

CHAPTER 6
당뇨병

1. 당뇨병의 이해 165
1) 당뇨병의 증상 165
2) 당뇨병의 진단 165
3) 당뇨병의 분류 167
4) 합병증 170

2. 당뇨병의 치료 174
1) 식사요법 174
2) 약물요법 181
3) 운동요법 184
4) 아플 때 관리 185

CHAPTER 7
비만 및 섭식장애

1. 비만 189
1) 비만의 유형 189
2) 비만의 진단 190
3) 비만의 원인 193
4) 비만의 동반 질환 197
5) 비만의 치료 지침 199

2. 섭식장애 209
1) 섭식장애의 종류 209
2) 섭식장애의 원인 210
3) 섭식장애 관련 건강 이상 211
4) 섭식장애의 식사요법 213

CHAPTER 8
신장질환

1. 신장의 구조와 기능 217
1) 신장의 구조 217
2) 신장의 기능 218

2. 신장질환 검사 219
1) 요검사 219
2) 생화학검사 220
3) 방사선검사 221

3. 신장질환 222
1) 신증후군 222
2) 만성콩팥병 224
3) 급성콩팥병 229
4) 혈액투석 231
5) 지속성 복막투석 235
6) 신결석증 238
4. 신장질환을 위한 식품교환표 240

CHAPTER 9
호흡기 질환

1. 호흡기의 구조와 기능 249
1) 호흡기의 구조 249
2) 호흡기의 기능 250
2. 호흡기 질환 252
1) 유행성 감기 252
2) 폐렴 253
3) 폐결핵 254
4) 만성폐기종 258
5) 기관지 천식 259
6) 만성폐쇄성 폐질환 260

CHAPTER 10
골격계 질환

1. 골격의 구조 및 대사 265
1) 골격의 구조 265
2) 골격의 대사 266
2. 골다공증 268
1) 골다공증의 분류 269
2) 골다공증의 위험요인 270
3) 뼈의 칼슘대사에 관여하는 호르몬 275

4) 골다공증의 진단 276
5) 골다공증의 치료 277

3. 골격계 질환 279
1) 관절의 구조와 기능 279
2) 골관절염 280
3) 류머티즘성 관절염 283
4) 통풍 287

CHAPTER 11 신경계 질환

1. 신경계의 이해 293
1) 신경계의 기본 구조 293
2) 중추신경계 : 뇌와 척수 294
3) 말초신경계 : 척수신경, 뇌신경, 자율신경계 294

2. 신경계 질환 296
1) 간질 296
2) 치매 299
3) 파킨슨병 302
4) 다발성 신경염 304
5) 다발성 경화증 305
6) 중증 근무력증 306

CHAPTER 12 암

1. 암의 이해 309
1) 암의 정의 및 진단 309
2) 암의 원인 및 식사요인 311
3) 암의 증상과 암 관련 영양문제 316

2. 항암치료와 치료법에 따른 영양문제 320
1) 수술 320
2) 화학요법 320

3) 방사선요법 321
4) 면역요법 322
5) 골수이식 322

3. 암환자의 식사요법 324
1) 암환자의 영양 요구량 326
2) 암환자의 영양 공급 327

CHAPTER 13
선천성 대사이상 및 내분비질환

1. 선천성 대사이상질환 333
1) 페닐케톤뇨증 333
2) 단풍당뇨증 336
3) 갈락토오스혈증 339
4) 티로신혈증 342
5) 호모시스틴뇨증 343
6) 당원병 345
7) 윌슨병 347

2. 내분비질환 349
1) 내분비질환의 이해 349
2) 뇌하수체기능장애 349
3) 갑상선기능장애 351
4) 부갑상선기능장애 355
5) 부신기능장애 356

CHAPTER 14
빈혈

1. 혈액의 이해 361
1) 혈액의 조성 361
2) 적혈구 364

2. 빈혈의 종류 및 원인 366

3. 빈혈의 진단 367

4. 빈혈의 증상과 식사요법 368
1) 출혈성 빈혈 368
2) 거대적아구성 빈혈 369
3) 헤모글로빈 합성 저하에 의한 철결핍성 빈혈 372
4) 용혈성 빈혈 375
5) 겸상적혈구 빈혈 376

CHAPTER 15 수술과 화상

1. 수술과 영양 381
1) 수술 전 영양 381
2) 수술 후 영양 382

2. 화상과 영양 384
1) 화상 후 체내 변화 385
2) 영양관리 385
3) 경장영양과 정맥영양 387

CHAPTER 16 면역과 알레르기

1. 면역과 알레르기 393
1) 면역반응 393
2) 알레르기 396

2. 식품 알레르기 398
1) 식품 알레르기와 식품 이상반응 398
2) 식품 알레르기의 발병률 및 원인식품 398
3) 식품 알레르기의 발병기전 400
4) 식품 알레르기의 증상 402
5) 식품 알레르기의 진단 403
6) 식품 알레르기의 치료 405

3. 후천성 면역결핍증 408
1) 후천성 면역결핍증의 원인 408
2) 후천성 면역결핍증의 증상 408
3) 후천성 면역결핍증의 영양치료 409

CHAPTER 17
약물과 음식

1. 약물과 음식 조절의 필요성 413
2. 약물과 음식의 상호작용 413
1) 음식이 약물반응에 미치는 영향 413
2) 약물이 영양소에 미치는 영향 417
3) 식품 성분이 약물에 미치는 영향 418
3. 질환별 약물과 바른 식사관리 419
1) 감염성 질환 419
2) 심혈관계 질환 419
3) 위장장애 422
4) 감정장애 423
5) 관절염과 통증 423
6) 알레르기 424
7) 기타 질환 425

부록

1. 2020 한국인 영양소 섭취기준 428
2. 한국 소아청소년 표준성장도표(2017) 434

참고문헌 437
찾아보기 442

CHAPTER 1

식사요법 개요

1. 식사요법과 영양관리
2. 병원식의 이해
3. 식품교환표를 이용한 식단 작성

이 장을 보기 전에

식사요법의 목적은 영양소의 결핍이나 과잉에 의해 유발되는 질병을 예방·치료하고, 질병에 따른 대사장애를 식사를 통해 교정함으로써 질병치료에 도움을 주는 것이다. 또한 임상영양관리는 영양전문인에 의해 체계적으로 단계별로 이행되는 총체적인 영양치료 서비스 활동으로, 질환에 대한 병태 및 영양원리에 대한 이해를 기본으로 시행된다.

학/습/목/표

1. 식사요법의 질환치료에 미치는 영향에 대하여 설명할 수 있다.
2. 영양관리의 구체적인 시행방법을 설명할 수 있다.
3. 병원식 종류에 대한 개념을 이해한다.
4. 일반 치료식에 대한 식사종류와 내용에 대해 알아본다.
5. 질병에 따른 특별 치료식 종류에 대해 알아본다.

1. 식사요법과 영양관리

1) 식사요법의 중요성 및 목적

환자의 경우, 질병에 의한 식욕감퇴나 물리적인 소화장애로 식품 섭취가 감소하거나, 소화기 염증이나 수술로 말미암은 소화 및 흡수 저하, 또는 질병 자체나 약제 사용에 따른 영양소 대사 및 분비의 변화 등 다양한 요인에 의해 영양불량이 자주 발현된다. 이러한 영양불량 현상은 면역기능을 저하시키고 질병의 회복을 지연시키는 문제를 야기할 수 있으므로, 환자의 개인별 영양문제를 조기에 발견하고 증상 및 치료 방법에 따른 적절한 식사요법을 수행하여야 한다. 또한 최근에는 당뇨, 고혈압, 이상지질혈증, 암과 같은 질환의 경우 질병의 발생, 예방 및 치료에 영양의 중요성이 부각되면서 영양소의 적절한 섭취에 많은 관심이 집중되고 있다.

식사요법은 영양소의 결핍이나 과잉에 의해 유발되는 질병을 치료하고, 질병에 따른 대사장애를 치료함으로써 질병 치료에 도움을 주기 위한 목적을 두고 있다.

2) 영양관리 방법

적절한 영양상태를 유지하여 환자의 신체기능을 정상화시키고 질병에 대한 면역력을 향상시키며 영양결핍을 예방하고 교정하기 위해서는, 각 질환에 대한 병태 및 영양치료 원리의 이해를 기본으로 한 전문적인 영양관리가 필요하다. 임상영양관리는 질병 치료를 목적으로 영양전문인에 의해 체계적인 일련의 과정을 통해 이행되는 총체적인 영양치료 서비스이다. 영양치료 활동은 영양검색nutrition screening, 영양상태 평가nutrition assessment, 영양치료 계획nutritional plans, 영양치료 시행nutritional implementation, 영양치료 추구관리 및 재평가nutrition monitoring and reevaluation 등으로 나뉜다그림 1-1. 이러한 임상영양관리는 임상영양사와 환자, 보호자 및 의료전문인들과의 상호 협력을 통해 환자의 영양상태에 영향을 줄 수 있는 여러 요인을 파악하여 단계별로 체계적으로 실시되어야 한다그림 1-1.

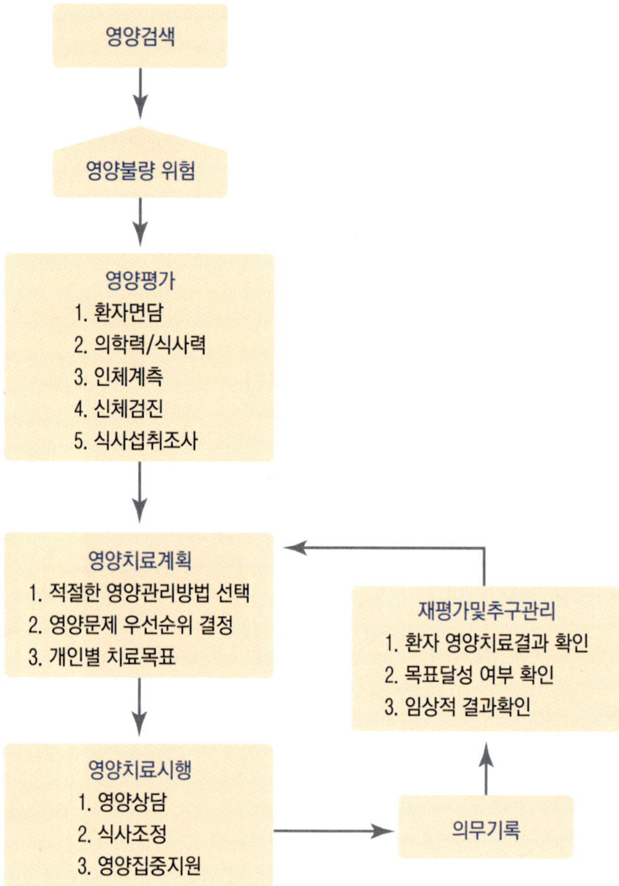

그림 1-1 영양관리 방법

(1) 영양검색

영양검색이란 영양결핍 상태에 있는 환자들을 간단히 선별하거나 영양불량의 위험도가 높은 환자를 미리 선별해 내는 영양상태 평가방법이다. 검색 시 사용되는 항목으로는 환자의 질환명, 신체 계측치, 생화학적 검사결과, 식사종류, 간호정보 및 설문기록 등이 있다.

(2) 영양상태 평가

환자의 영양상태 및 영양 요구량의 측정을 위한 정보수집의 단계로, 영양소 섭취량, 신체 계측치, 생화학적 검사결과, 신체 대사량 측정결과 등의 정보를 활용한다. 환자의 특징적인 영양문제를 분석하거나 환자의 영양불량 상태를 수정하고 예방할 수 있는 영양치료 계획을 세울 수 있는 구체적인 근거 자료를 확보하는 단계이다.

(3) 영양치료 계획

영양평가 단계에서 발견된 영양문제의 원인, 증상 및 증후 등을 고려하여 가장 적절하고 비용 효과적인 영양치료 계획을 환자 개인별로 구체적으로 수립하여야 한다. 계획단계에서는 환자의 영양문제의 우선순위도 설정하여 체계적인 관리가 수행될 수 있어야 한다.

(4) 영양치료 시행

영양문제의 해결을 위해 영양상담, 식사조정, 섭취량 조사 및 영양집중 지원 등의 다양한 활동을 환자 상태에 따라 적절하게 시행한다. 영양관리의 효율성을 증진하기 위해서는 환자의 식습관, 생활방식 및 개인적인 다양한 요인 등을 충분히 고려하여 영양치료가 시행되어야 하며, 치료의 효과를 판정할 수 있는 구체적인 목표를 설정하여야 한다.

(5) 영양치료 추구관리

영양치료의 정기적인 평가를 통하여 영양치료의 효과를 판정하고 계획하였던 목표와의 차이를 분석하여야 한다. 일례로 비만 환자의 영양치료를 위하여 체중의 감소를 목표로 하였으나, 환자가 이런 변화 유도에 잘 적응하지 못할 경우 계획의 실패 원인에 대한 재평가 후 영양관리 계획이 수정되어야 한다. 새로운 계획에는 환자의 동기부여를 높일 수 있는 방안이나, 추가적인 영양교육을 통하여 환자의 변화를 유도하여야 한다.

2. 병원식의 이해

1) 일반치료식

일반치료식은 상식, 연식, 유동식 등이 해당된다.

병원에 환자가 입원하면 환자의 질병 상태에 따라 적절한 식사조절과 영양공급이 필요하다. 병원식은 크게 2종류로 나눌 수 있다. 특별한 식사구성이나 영양소 조절 없이 적절한 영양공급으로 질병 회복을 위해 공급하는 일반치료식이 있고, 다른 하나는 환자의 질병 상태에 따라 영양소 조성과 점도조절, 식사구성 등으로 질병치료 또는 예방 목적을 위해 공급하는 특별치료식이 있다. 이 외에도 입을 통해 섭취할 수 없는 경우, 튜브를 이용한 경장영양과 정맥을 이용한 정맥영양이 있다.

표 1-1 병원식 분류

구분	분류	세부항목
경구영양	일반치료식	• 상식, 연식, 유동식(맑은 유동식, 일반유동식)
	특별치료식	질병 상태에 따른 치료식 • 당뇨병식, 간질환식, 신장질환식, 심혈관질환식 등
영양지원	경장/정맥 영양	• 경관유동식, 정맥영양

(1) 상식normal diet or regular diet

특별한 식사구성이나 영양소 조절이 필요치 않은 환자에게 제공되는 식사로서 한국인 영양권장량을 기본으로 환자의 영양상태를 양호하게 유지하거나 질병 회복에 도움을 줄 수 있도록 제공되는 식사이다.

1일 식사의 영양소 구성과 식품 구성의 예는 다음과 같다.

알아두기

상식의 식사요법 원칙

- 연령, 성별, 체위 등에 따라 한국인 영양소 섭취기준, 식품구성안 및 식품교환표를 기초로 균형 잡힌 식단을 구성한다.
- 특별한 제한식품 없이 대부분의 식품의 사용이 가능하나 기름을 많이 사용하는 조리법은 피한다.
- 음식 색깔은 보기 좋고 맛있게 느껴지도록 적절히 배합하며 재료가 중복되지 않도록 한다.
- 영양사는 환자의 섭취량 조사를 통하여 기호도가 높은 음식이 식단에 반영될 수 있도록 한다.

표 1-2 상식의 1일 영양소 구성의 예

에너지(kcal)	당질(g)	단백질(g)	지방(g)
2,100	320	90	50

표 1-3 상식의 1일 식품 구성의 예

식품군	곡류군	어육류군		채소군	지방군	우유군	과일군
		저지방	중지방				
교환단위수	12	3	3	7	4	1	1

(2) 연식soft diet

죽 형태의 부드러운 식사로서 회복기 환자에게 유동식에서 일반상식으로 옮겨가기 전에 공급하는 식사이다. 소화하기 쉽고 부드러우면서 균형 잡힌 영양소 공급이 가능하므로 소화가 어려운 환자, 고열, 식욕부진 환자 등에게도 공급할 수 있다. 연식은 식품 선택 시 소화하기 쉽고, 위에 부담되지 않도록 부드러운 식품을 선택하고, 섬유소나 결체조직이 적은 식품을 사용한다. 또한 음식은 가급적 삶거나 쪄서 조리하고, 튀김이나 부침같이 기름이 많이 들어가는 조리법은 피하도록 한다. 연식 조리할 때 주의사항과 허용식품 및 제한식품을 참고하도록 한다. 이 외에도 연식에는 기계적 연식mechanical soft diet과 반고형식 연식이 있다. 기계적 연식은 소화기능에는 문제가 없으나 얼굴부상이나 수술, 치아문제 등으로 저작이 곤란한 환자에게 쉽게 씹을 수 있도록 죽과 함께 음식을 잘게 다져서제공하는 식사이다. 반고형식 연식은 으깨서 체에 거른 연식으로, 뇌졸중 같은 질환으로 삼킴장애가 있거나 구강 내 염증으로 삼키기가 곤란할 때 제공되는 식사이다. 삼키기를 쉽게 하기 위하여 음식을 갈아서 제공하며 삼킴장애가 심할 경우 수분과 유동식 형태의 음식물을 제한한다. 필요 시 점증제를 넣어서 부드럽게 넘길 수 있는 형태를 제공하게 된다.

알아두기

연식의 식사요법 원칙

- 가능한 한 충분한 영양소를 공급하는 균형 잡힌 식단이 되도록 한다.
- 섬유소가 적고, 결체조직이 적은 식품을 사용한다.
- 향신료나 조미료 사용은 최소한으로 한다.
- 질병이나 수술의 종류 및 환자의 식욕 상태, 음식의 수용 여부, 이전의 영양상태, 그리고 씹거나 삼키는 능력에 따라 식사를 개별화하도록 한다.

표 1-4 연식의 1일 영양소 구성의 예

에너지(kcal)	당질(g)	단백질(g)	지방(g)
1,700	250	80	45

표 1-5 연식의 1일 식품 구성의 예

식품군	곡류군	어육류군		채소군	지방군	우유군	과일군
		저지방	중지방				
교환단위수	8	4	2	6	4	1	2

알아두기

연식을 조리할 때 주의할 점

- 자극적인 강한 향신료(고춧가루, 카레가루, 겨자, 후추 등) 사용을 삼간다.
- 기름진 요리나 튀김요리는 피하고 소화가 잘되는 유화된 지방(마요네즈, 버터 등)을 사용한다.
- 결체조직이 강한 육류나 갑각류 사용을 제한하다.
- 채소류는 섬유소가 많은 것은 피하고, 섬유조직이 부드러운 채소를 사용하되 껍질이 강한 것은 껍질을 벗겨 사용한다.

표 1-6 연식의 허용식품과 제한식품

종류	허용식품	제한식품
곡류	흰죽, 우유죽, 감자죽, 잣죽, 호박죽 등, 흰빵, 국수, 오트밀, 카스텔라, 삶아서 으깬 감자	섬유질이 많은 잡곡죽, 잡곡빵, 통밀로 만든 빵, 비스킷, 라면, 자장면 등 튀김음식, 고구마, 옥수수
어육류	기름기가 적고 연한 쇠고기, 껍질이 제거된 닭고기, 돼지고기, 부드러운 달걀요리 등(반숙·수란·찜·스크램블드에그 등)	결체조직이 많아 질기거나 기름기와 껍질이 많은 육류, 돼지고기, 훈제육(햄·소시지·베이컨 등), 새우, 조개류, 달걀프라이
두류	두부, 순두부, 연두부, 두유	유부, 비지, 거르지 않은 콩국
채소류	부드럽게 익힌 채소, 껍질 벗긴 오이 등, 양상추, 저섬유 채소(당근·시금치·풋콩·애호박·아스파라거스 등)	질긴 모든 채소(콩나물·고사리·고비·도라지 등), 김치, 향이 강한 채소 또는 가스 생성 채소(셀러리·파·마늘·양파·고추 등)
과일류	과일 통조림, 익힌 과일, 과일주스, 과즙, 씨가 없고 부드러운 과일(바나나 등)	생과일, 말린 과일, 씨가 많거나 덜 익은 과일, 섬유소가 많은 질긴 과일(파인애플·배·감 등)
지방	버터, 마요네즈, 마가린, 크림, 식용유	향이 강한 샐러드드레싱, 올리브유, 튀김류, 견과류
우유 및 유제품	우유, 요구르트, 생크림, 아이스크림, 연질치즈	경질치즈, 피자치즈, 견과류나 씨가 함유된 아이스크림이나 유제품
국물 등 기타	맑은 국물, 크림수프, 연한 된장국, 약한 양념이나 조미료 사용, 설탕, 꿀, 젤리, 시럽, 물엿, 젤라틴, 푸딩, 커스터드	고추장, 된장, 고춧가루, 겨자, 카레, 와사비 등 맛이 강한 향신료, 잼, 마멀레이드, 사탕, 코코넛, 도넛, 파이 등 기름기가 많은 과자나 케이크

(3) 유동식Liquid diet

① 맑은 유동식Clear liquid diet

수술 전후나 장 검사 이후 수분과 전해질의 공급목적으로 제공되는 유동식이다. 위장관에서 쉽게 흡수되고 자극이 거의 없으며 잔사가 남지 않는다. 당질과 수분 위주의 식사로서 상온에서 맑은 액체 음료로 구성되며, 기타 영양소가 거의 없어 1~3일 정도의 단기간만 사용할 수 있다.

알아두기

맑은 유동식의 식사요법 원칙

- 위장관에서 쉽게 흡수되고 위장 내 잔여물을 최소로 남기는 식품으로 구성한다.
- 탄산음료나 탄산주스는 일부 수술환자에게는 수용이 어려울 수도 있으므로 제외한다.
- 열량과 필수영양소가 부족하기 때문에 1~3일 이상 사용하지 않도록 한다.

표 1-7 맑은 유동식의 허용식품

식품 종류	허용식품
국	기름기가 제거된 맑은 육즙, 또는 맑은 국물
미음	묽은 쌀미음, 또는 맑은 조미음 등 곡류미음
음료	맑은 과일 주스(사과주스, 포도주스 등), 보리차, 홍차 등
기타	설탕물, 꿀물, 젤라틴으로 만든 묽은 젤

② 일반 유동식 Full liquid diet

수술 후 소화관 기능이 회복되기 시작할 때 구강섭취를 위해 잠시 제공되는 식사이다. 이 외에도 정맥영양에서 연식으로 이행되기 전 단계 식사, 얼굴이나 목 부위의 성형수술 및 구강수술 후, 심한 소화기염증 등에 제공되기도 한다. 위장관 자극을 줄이고 쉽게 소화 및 흡수 되도록 액체 상태 또는 상온에서 반액체 상태의 음식으로 공급하는 것이다. 소화되기 쉬운 당질과 단백질 식품을 선택하고 위와 소화에 부담을 주는 지방식품은 최소화한다. 이 식사는 수분이 많고 영양소 밀도가 높지 않아 대부분의 영양소가 권장량에 부족하다. 3일 이상 장기간 공급하면 영양소 부족을 초래할 수 있으므로 지속적으로 필요한 경우 고단백·고열량 유동식으로 변경하여 공급해야 한다.

알아두기

일반 유동식의 식사요법 원칙

- 이 식사는 칼슘과 비타민 C를 제외한 모든 영양소가 부족하다. 그러므로 3일 이상 또는 장기간 계속될 경우는 영양상태 개선을 위해 영양 보충액을 이용한다.
- 수분이 많아 한 번에 많은 양을 섭취하기 어려우므로 1일 6회 정도 나누어서 공급한다.

표 1-8 유동식 1일 영양소 구성의 예

에너지(kcal)	당질(g)	단백질(g)	지방(g)
1,200	200	40	30

표 1-9 유동식의 허용식품

식품 종류	허용식품
곡류	쌀미음, 또는 조미음, 수프, 잣미음, 깨미음 등
어육류	국물이나 미음 만들 때 이용함
난류	묽은 달걀찜, 푸딩, 커스터드, 에그노그 등
우유 및 유제품	우유, 요구르트, 아이스크림, 밀크셰이크, 생크림 등
채소류 및 과일류	삶아 으깬 것, 야채주스(액상형태), 과일주스
음료	꿀차, 유자차, 영양보충음료

③ 퓌레식Pureed Diet

퓌레식은 치아가 없는 환자, 씹을 수 없을 만큼 심하게 쇠약해진 환자, 신경·식도·구강·인두의 장애 혹은 수술 때문에 2차적으로 연하곤란dysphagia이 있는 환자, 장관 협착이 있는 환자, 구강의 치료를 위해 레이저나 방사선 치료를 하는 환자, 경관급식이나 정맥영양에서 고형음식으로 이행하는 과정에 있는 환자 등에게 적용된다.

식사요법의 목적은 저작이나 삼킴 능력이 어려운 환자에게, 식사를 체로 거르거나 으깨어 농축된 부드러운 형태로 제공하여 쉽게 음식을 섭취할 수 있도록 하는 데 있다.

알아두기

퓌레식의 식사요법 원칙

- 모든 음식은 갈아서 실온의 부드러운 상태로 제공한다.
- 삼키기 쉬운 상태로 만들기 위해 물, 우유, 국물 등을 첨가할 수 있다.
- 입천장에 달라붙는 음식은 제한한다.
- 식사 공급 시 지방, 설탕, 꿀 등을 첨가하여 열량을 보충한다.
- 영양사는 섭취량을 잘 관찰하여 섭취량이 부족하면 영양 보충액을 제공하도록 한다.

표 1-10 퓌레식 식단의 예

아침	점심	간식	저녁	간식
맑은 죽 300 mL 오렌지주스 90 mL 우유 200 mL 으깬 감자 인삼차 1컵	타락죽 300 mL 복숭아넥타 190 mL 탈지분유 1큰술 크림수프 200 mL	오렌지주스 190 mL 아이스크림 100 g	장국죽 300 mL 요구르트 130 mL 에그노그 꿀차	두유 200 mL 으깬 감자 야채주스 200 mL

출처 : 대한영양사협회(2008), 임상영양관리지침서.

2) 질환별 특별치료식

환자의 질병 상태에 따라 특정 영양소의 양을 제한하거나 조절하여 질병의 치료 및 예방을 위해 제공되는 식사이다. 질병에 따라 영양소의 양과 질, 영양소 조정 등이 필요하여 영양소 구성과 식품 구성이 다양하다. 특별치료식은 질병마다 식사 형태가 다르므로 식사 종류가 매우 다양하고 많다. 질병 상태에 따라 동일한 영양소 조정과 식사구성이 이루어질 때가 있다. 각 질병별 세부적인 치료식은 각 장에서 다루도록 한다. 다음은 각 영양소 조절에 따른 해당 질병이나 치료 상태에 제공되는 치료식 종류를 간단히 살펴보도록 한다.

표 1-11 질병 및 치료에 따른 특별치료식

질병 및 치료	치료식 종류
당뇨병	당뇨병식(열량조절식), 임신성 당뇨병식, 미세단백뇨당뇨병식
신장질환	만성신부전식, 혈액투석식, 복막투석식, 신장이식후식, 신증후군식
심혈관질환	저염식(고혈압), 저지방 저콜레스테롤식, 저염저열량저콜레스테롤식
소화기질환	간질환식, 저염간질환식(복수합병증), 저염저단백식(간성뇌증), 저잔사식, 저섬유소식, 고섬유소식, 저구리식
신경계 및 뇌졸중	연하곤란식, 항응고제식, 저염저콜레스테롤식
비만	열량조절식
신장결석	저칼슘식, 저인산식 등(결석 분석결과에 따라)
통풍질환	퓨린제한식
골다공증	고칼슘식

(계속)

질병 및 치료	치료식 종류
소화기암(수술 후)	위절제후식, 대장절제후식(장루술, 회장루술)
갑상선암	요오드제한식
혈액암	골수이식후식, 조혈모골수이식후식
암치료	항암치료식(항암치료 및 방사선치료 후 영양관리)

3. 식품교환표를 이용한 식단 작성

1) 식품교환표의 정의

식품을 영양소 조성이 비슷한 것끼리 묶어서 곡류군, 어육류군, 채소군, 지방군, 우유군, 과일군의 6가지 식품군으로 나눈 것이다. 각 식품군 내의 식품들은 1교환단위당 열량, 탄수화물, 단백질 및 지방을 비슷하게 함유하고 있으므로 동일한 식품군 내에서는 자유롭게 식품을 선택할 수 있다.

2) 식품교환단위당 영양성분

식품교환단위당 영양성분의 구성은 표 1-12와 같다.

표 1-12 식품교환단위당 영양성분의 구성

식품군		탄수화물(g)	단백질(g)	지방(g)	열량(kcal)
곡류군		23	2	-	100
어육류군	저지방군	-	8	2	50
	중지방군		8	5	75
	고지방군		8	8	100
채소군		3	2	-	20
지방군		-	-	5	45
우유군	일반우유	10	6	7	125
	저지방우유	10	6	2	80
과일군		12	-	-	50

3) 식품교환표

곡류군 - 1교환단위당 영양소량 : 100칼로리(당질 23 g, 단백질 2 g)

식품명	무게(g)	목측량
밥류		
쌀밥	70	1/3공기(소)
보리밥	70	1/3공기(소)
현미밥	70	1/3공기(소)
죽류		
쌀죽	140	2/3공기(소)
알곡류 및 가루제품		
기장	30	
녹두	70	
녹말가루	30	5큰술
미숫가루	30	1/4컵
밀가루	30	5큰술
백미	30	3큰술(=1/5쌀컵)
보리(쌀보리)	30	3큰술
완두콩	70	1/2컵(소)
율무	30	3큰술
차수수	30	3큰술
차조	30	3큰술
찹쌀	30	3큰술
팥(붉은것)	30	3큰술
현미	30	3큰술
국수류		
냉면(건조)	30	
당면(생것)	30	
마른국수	30	
메밀국수(건조)	30	
메밀국수(생것)	40	
삶은국수	90	1/2공기(소)
스파게티(건조)	30	
스파게티(삶은 것)	90	
쌀국수(건조)	30	
쌀국수(조리된 것)	90	
우동(생면)	70	
쫄면(건조)	30	
칼국수류(건조)	30	
감자류 및 전분류		
감자	140	중 1개
고구마	70	중 1/2개
돼지감자	140	
찰옥수수(생것)	70	1/2개
토란	140	
떡류		
가래떡	50	썬 것 11~12개
백설기	50	
송편(깨)	50	
시루떡	50	
인절미	50	3개
절편	50	1개(5.5×5×1.5 cm)
증편	50	
빵류		
식빵	35	1쪽(11×10×1.5 cm)
모닝빵	35	중 1개
바게트빵	35	중 2쪽
묵류		
도토리묵	200	1/2모(6×7×4.5 cm)
녹두묵	200	
메밀묵	200	
기타		
강냉이(옥수수)	30	1.5공기(소)
누룽지	30	지름 11.5 cm
마	100	
밤	60	대 3개
오트밀	30	
은행	60	1/3컵(소)
콘플레이크	30	3/4컵(소)
크래커	20	5개

어육류군 - 저지방 어육류군에 속하는 식품(1교환단위당 영양소량 : 50칼로리, 단백질 8 g, 지질 2 g)

식품명	무게(g)	목측량
고기류		
닭고기(껍질, 기름제거 살코기)	40	소 1토막(탁구공 크기)
닭부산물(모래주머니)	40	
돼지고기(기름기 전혀 없는 살코기)	40	로스용 1장(12×10.3 cm)
소간◑	40	
쇠고기(사태, 홍두깨 등)	40	로스용 1장(12×10.3 cm)
오리고기	40	
육포	15	1장(9×6 cm)
칠면조	40	
생선류		
가자미	50	소 1토막
광어	50	소 1토막
대구	50	소 1토막
동태	50	소 1토막
미꾸라지(생것)	50	소 1토막
병어	50	소 1토막
복어	50	소 1토막
아귀	50	소 1토막
연어	50	소 1토막
옥돔(반건)	50	소 1토막
전어	50	소 1토막
조기	50	소 1토막
참도미	50	소 1토막
참치	50	소 1토막
코다리	50	소 1토막
한치	50	소 1토막
홍어	50	소 1토막

식품명	무게(g)	목측량
건어물류 및 가공품		
건오징어채 ◑	15	
게맛살	50	1⅔개
굴비	15	1/2토막
멸치	15	잔 것 1/4컵(소)
뱅어포	15	1장
북어	15	1/2토막
어묵(찐것)	50	1/3개(5.5 cm)
쥐치포	15	1/2개(1.2×7 cm)
젓갈류		
명란젓 ◑	40	
어리굴젓	40	
창란젓 ◑	40	
기타해산물		
개불	70	
굴	70	1/3컵(소)
꼬막조개	70	
꽃게	70	소 1마리
낙지	100	1/2컵(소)
날치알	50	
대하(생것)	50	1/3컵(소)
멍게	70	1/3컵(소)
문어 ◑	70	몸통 1/3등분
물오징어 ◑	50	3/4컵(소)
미더덕	100	1/4컵(소)
새우(깐새우) ◑	50	3마리
새우(중하) ◑	50	소 2개
전복 ◑	70	1/3컵(소)
조갯살	70	1⅓컵(소)
해삼	200	1/3컵(소)
홍합	70	

◑ 콜레스테롤이 많은 식품 ▦ 포화지방산이 많은 식품 ◆ 단일불포화지방산이 많은 식품

어육류군 – 중지방 어육류군에 속하는 식품 – 1교환단위당 영양소량 : 75칼로리(단백질 8 g, 지질 5 g)

식품명	무게(g)	목측량
고기류		
돼지고기(안심)	40	
샐러드햄	40	
소곱창 ◑	40	
쇠고기(등심, 안심)	40	
로스용 1장(12×10.3 cm)		
쇠고기(양지)	40	
햄(로스)	40	2장(8×6×0.8 cm)
생선류		
갈치	50	소 1토막
고등어	50	소 1토막
과메기(꽁치)	50	
꽁치	50	소 1토막
도루묵	50	
메로	50	
민어	50	소 1토막
삼치	50	소 1토막
임연수어	50	소 1토막
장어 ◑	50	소 1토막
전갱이	50	소 1토막
준치	50	소 1토막
청어	50	소 1토막
훈제연어	50	
생선 가공품		1장(15.5×10 cm)
어묵(튀긴 것)	50	
알류		
달걀 ◑	55	중 1개
메추리알 ◑	40	5개
콩류 및 가공품		
검정콩	20	2큰술
낫토	40	작은 포장단위 1개
대두(노란콩)	20	
두부	80	1/5모(420 g 포장두부)
순두부	200	1봉(지름 5×6 cm)
연두부	150	1/2개
콩비지	150	1/2봉, 2/3공기(소)

◑ 콜레스테롤이 많은 식품 ▦ 포화지방산이 많은 식품 ◆ 단일불포화지방산이 많은 식품

어육류군 – 고지방 어육류군에 속하는 식품 – 1교환단위당 영양소량 : 100칼로리(단백질 8 g, 지질 8 g)

식품명	무게(g)	목측량
고기류 및 가공품		
개고기	40	
닭고기(껍질 포함) ▦	40	
닭다리	1개	
돼지갈비	40	
돼지머리, 편육 ▦	30	
돼지족, 돼지머리 ▦	40	
런천미트 ▦	40	5.5×4×1.8 cm
베이컨	40	5개
비엔나소시지 ▦	40	1¼장
삼겹살 ▦	40	
소갈비 ▦	40	소 1토막
소꼬리 ▦	40	
프랑크소세지 ▦	40	1⅓개
생선류 및 가공품		
고등어통조림	50	1/3컵(소)
꽁치통조림	50	1/3컵(소)
뱀장어 ◑	50	소 1토막
유부	30	5장(초밥용)
참치통조림	50	1/3컵(소)
치즈	30	1.5장

◑ 콜레스테롤이 많은 식품 ▦ 포화지방산이 많은 식품 ◆ 단일불포화지방산이 많은 식품

채소군 - 1교환단위당 영양소량 : 20칼로리(당질 3 g, 단백질 2 g) (가나다순)

식품명	무게(g)	목측량
채소류		
가지	70	지름 3 cm×길이 10 cm
고구마줄기	70	익혀서 1/3컵
고비	70	
고사리(삶은 것)	70	1/3컵
고춧잎@	70	
근대	70	익혀서 1/3컵
깻잎	40	20장
냉이	70	
늙은 호박(생것)	70	4×4×6 cm
늙은 호박(호박고지)	7	
단무지	70	
단호박@	40	1/10개(지름 10 cm)
달래	70	
당근@	70	4×5 cm 또는 대 1/3개
대파	40	
더덕	40	
도라지@	40	
돌나물	70	
두릅	70	
돌미나리	70	
마늘	7	
마늘종	40	3개(6.5~7 cm)
머위	70	
무	70	지름 8×길이 1.5 cm
무말랭이	7	불려서 1/3컵
무청(삶은 것)	70	익혀서 1/3컵
미나리	70	
배추	70	알배기배추 15×6 cm, 중 3잎
부추	70	익혀서 1/3컵
붉은 양배추	70	1/5개(9×4×6 cm)
브로콜리	70	
상추	70	소 12장
셀러리	70	길이 6 cm 6개
숙주	70	익혀서 1/3컵
시금치	70	익혀서 1/3컵
오이	70	중 1/3개
우엉@	40	
원추리	70	
자운영(싹)	70	
죽순(생것)	70	
죽순(통조림)	70	
참나물	70	
청경채	70	
취나물(건조)	7	
치커리	70	
케일	70	잎넓이 30 cm 1½장
콜리플라워(꽃양배추)	70	
콩나물	70	익혀서 2/5컵
파프리카(녹색)	70	대 1개
파프리카(적색)	70	
파프리카(주황색)	70	
풋고추	70	중 7~8개
풋마늘@	70	
피망	70	중 2개
해조류		
곤약	70	
김	2	1장
매생이@	20	
미역, 생것	70	
우뭇가사리(우무)	70	
톳, 생것	70	
파래(생것)	70	
버섯류		
느타리버섯(생것)	50	7개(생것 8 cm)
만가닥버섯(건조)	50	
송이버섯(생것)	50	소 2개
양송이버섯(생것)	50	3개(지름 4.5 cm)
팽이버섯(생것)	50	
표고버섯(건조)	7	
표고버섯(생것)	50	대 3개

(계속)

식품명	무게(g)	목측량
쑥@	40	
쑥갓	70	익혀서 1/3컵
아욱	70	잎넓이 20 cm 5장(익혀서1/3컵)
애호박	70	지름 6.5×두께 2.5 cm, 중 1/3개
양배추	70	
양상추	70	
양파	70	
연근@	40	썬 것 5쪽
열무	70	
김치류		
갓김치	50	
깍두기	50	10개(1.5 cm 크기)
나박김치	70	
동치미	70	
배추김치	50	6~7개(4.5 cm)
총각김치	50	2개
채소주스		
당근주스	50	1/4컵(소)

@ 당질을 6 g 이상 함유하고 있으므로 주의해야 할 채소

지방군 - 1교환단위당 영양소량 : 열량 45칼로리(지방 5 g)

식품명	무게(g)	목측량
견과류		
검정깨(건조)	8	
참깨(건조)	8	1큰스푼
땅콩◆	8	8개(1큰스푼)
아몬드◆	8	7개
잣	8	50알(1큰스푼)
캐슈넛(조미한 것)◆	8	
피스타치오◆	8	10개
해바라기씨	8	1큰스푼
호두	8	중 1.5개
호박씨(건조)	8	
호박씨(조미한 것)	8	
흰깨(건조)	8	
흰깨(볶은것)	8	
고체성 기름		
땅콩버터	8	
마가린	5	1작은스푼
버터▦	5	1작은스푼
쇼트닝▦	5	1작은스푼
드레싱		
라이트 마요네즈	5	1작은스푼
마요네즈	5	1작은스푼
사우전드 드레싱	10	2작은스푼
이탈리안 드레싱	10	2작은스푼
프렌치 드레싱	10	2작은스푼
식물성 기름		
들기름	5	1작은스푼
미강유	5	1작은스푼
옥수수기름 5	5	1작은스푼
올리브유◆	5	
홍화씨기름◆	5	1작은스푼
참기름	5	1작은스푼
카놀라유◆	5	1작은스푼
콩기름	5	1작은스푼
포도씨유	5	
해바라기유	5	

◑ 콜레스테롤이 많은 식품 ▦ 포화지방산이 많은 식품 ◆ 단일불포화지방산이 많은 식품

우유군 - 일반 우유군 - 1교환단위당 영양소량 : 열량 125칼로리(당질 10 g, 단백질 6 g, 지방 7 g)

식품명	무게(g)	목측량
두유(무가당)	200	1컵(1팩)
락토우유	200	1컵(1팩)
일반우유	200	1컵(1팩)
전지분유	25	5큰스푼
조제분유	25	5큰스푼

우유군 - 저지방 우유군 - 1교환단위당 영양소량 : 80칼로리(당질 10 g, 단백질 6 g, 지방 2 g)

식품명	무게(g)	목측량
저지방우유(2%)	200	1컵(1팩)

과일군 - 1교환단위당 영양소량 : 열량 50칼로리(당질 12 g)

식품명	무게(g)	목측량
감		
단감	50	중 1/3개
연시, 홍시	80	소 1개, 대 1/2개
곶감	15	소 1/2개
감귤류		
귤	120	
금귤	60	7개
오렌지	100	대 1/2개
유자	100	
자몽	150	중 1/2개
한라봉	100	
귤(통조림)	70	
대추		
대추(생것)	50	
대추(말린것)	15	5개
두리안	40	
딸기		
딸기	150	중 7개
산딸기	150	
리치	70	
망고	70	
사과(후지)	80	중 1/3개
살구	150	
석류	80	
수박	150	중 1쪽
앵두	150	
올리브	60	
올리브	15	
올리브(건조)		
자두	150	특대 1개
참외	150	중 1/2개
체리	80	
키위	80	중 1개
토마토		
방울토마토	300	
토마토	350	소 2개
파인애플		
파인애플	200	
파인애플(통조림)	70	
파파야	200	

(계속)

식품명	무게(g)	목측량
매실	150	
무화과		
무화과(생것)	80	
무화(건조)	15	
멜론(머스크)	120	
바나나		
바나나(생것)	50	중 1/2개
바나나(건조)	10	
배	110	대 1/4개
복숭아		
백도	150	소 1개
복숭아(천도)	150	소 2개
복숭아(황도)	150	중 1/2개
백도(통조림)	60	반절 1쪽
황도(통조림)	60	반절 1쪽
블루베리		
블루베리	80	
블루베리(통조림)	50	

식품명	무게(g)	목측량
포도		
청포도	80	
포도	80	소 19알
포도(거봉)	80	11개
포도(건조)	15	
후르츠칵테일(통조림)	60	
주스		
배주스	80	1/2컵(소)
사과주스	100	1/2컵(소)
오렌지주스(무가당)	100	1/2컵(소)
토마토주스	100	1/2컵(소)
파인애플주스	100	
포도주스	80	

4) 식품교환법을 이용한 식단 작성

(1) 영양 기준량의 설정

대상자의 성별, 연령, 체격, 활동량 등을 고려하여 열량, 탄수화물, 단백질, 지방의 1일 필요량을 결정한다. 열량의 구성비는 한국인 영양소 섭취기준인 탄수화물 55~70%, 단백질 7~20%, 지방 15~25%의 비율에 준하여 정한다.

신장 160cm, 체중 50kg, 보통 활동을 하는 20세 여성

- 표준체중 산정 : 표준체중 = 1.6 × 1.6 × 21 = 54
- 비만도 판정 : 비만도 = $\frac{50-54}{54} \times 100 = -7.4\%$: 정상
- 열량 기준량 설정 : 50 × 35 = 1,750 kcal
- 탄수화물, 단백질, 지방 기준량 설정

  탄수화물 1,750 × 60% ÷ 4 kcal = 262 g

  단백질 1,750 × 20% ÷ 4 kcal = 88 g

  지방 1,750 × 20% ÷ 9 kcal = 39 g

(2) 식품교환단위 수 결정

- 개인의 기호도를 고려하여 우유군, 채소군, 과일군의 단위수를 결정한 후 각 군에서 섭취하는 탄수화물, 단백질, 지방의 양을 계산한다.

식품군	교환단위수	탄수화물(g)	단백질(g)	지방(g)	열량(kcal)
우유군	2	20	12	14	250
채소군	6	18	12	120	
과일군	2	24	100		
합계		62	24	14	470

- 곡류군의 교환단위를 결정한다.

탄수화물　　262 − 62 = 200

곡류군 단위수 결정　　200 ÷ 23 = 9

식품군	교환단위수	탄수화물(g)	단백질(g)	지방(g)	열량(kcal)
곡류군	9	207	18		900

- 어육류군의 교환단위를 결정한다.

우유군, 채소군, 곡류군의 단백질 함량을 합하여 처방된 단백질 함량에서 뺀 후 육류군 1단위에 함유된 단백질 g수인 8로 나누어 교환단위를 결정한다.

단백질　　88 − (24+18) = 46

어육류군 단위수 결정　　46 ÷ 8 ≒ 6

6단위 ⇒ 저지방 4단위

중지방 2단위

식품군		교환단위수	탄수화물(g)	단백질(g)	지방(g)	열량(kcal)
어육류군	저지방	4		32	8	200
	중지방	2		16	10	150
합계				48	18	350

• 지방군의 교환단위를 결정한다.

우유군, 어육류군에서 섭취되는 지방량을 지방 기준량에서 뺀 다음 지방군 1단위에 함유된 지방 g수인 5로 나누어 지방군 단위수를 결정한다.

지방 $39 - (14+18) = 7$

지방군 단위수 결정 $7 \div 5 \fallingdotseq 2$

식품군	교환단위수	탄수화물(g)	단백질(g)	지방(g)	열량(kcal)
지방군	2			10	90
총합계		269	90	40	1,810

(3) 설정된 교환단위수의 끼니별 배분

표 1-13 1,800 kcal의 끼니별 교환단위수의 배분의 예

	곡류군	어육류군	채소군	지방군	우유군	과일군
아침	2.5	저지방 2	1.5	0.5	1	
점심	3	저지방 1	2	0.5		1
간식	1				1	
저녁	2.5	저지방 1 중지방 2	2.5	1		1
합계	9	저지방 4 중지방 2	6	2	2	2

(4) 식품교환표에서 식품 선택

끼니별로 배분한 교환단위에 맞추어 식품교환표에서 식품을 선택하여 식단을 계획한다.

표 1-14 1,800 kcal의 식단 예

식품군		1일	아침		점심		간식		저녁	
곡류군		9	2.5	백미 75 g	3	보리쌀 30 g 백미 60 g	1	고구마 70 g	2.5	백미 60 g 차조 15 g
어육류군	저지방군	4	2	쇠고기 20 g 병어 75 g	1	동태 50 g			1	가자미 50 g
	중지방군	2							2	쇠고기(등심) 80 g
채소군		6	1.5	물미역 35 g 느타리버섯 50 g	2	시금치 70 g 콩나물 35 g 배추김치 25 g			2.5	애호박 70 g 양배추 35 g 당근 17 g 양파 17 g 배추김치 25 g
지방군		2	0.5	기름 2.5 g	0.5	기름 2.5 g			1	기름 5 g
우유군		2	1	우유 200 g			1	두유 200 g		
과일군		2			1	사과 80 g			1	오렌지주스 200 g
완성 식단			• 쌀밥 • 쇠고기미역국 • 병어구이 • 느타리버섯볶음 • 우유		• 보리밥 • 콩나물국 • 동태조림 • 시금치나물 • 배추김치 • 사과		• 고구마 • 두유		• 조밥 • 쇠고기전골 • 가자미지짐 • 호박볶음 • 배추김치 • 오렌지주스	

식사요법 실습

식품의 교환단위량

1. 실습목표

교환단위의 개념과 분량을 이해하기 위해 식품군별 대표식품 1교환단위를 측정하고 조리 후 1회 분량의 개념과 비교한다.

2. 실습내용

① 해당 식품을 전처리한 후 1교환단위를 측정하여 접시에 담아 목측량을 확인한다.

② 해당 식품을 대표적인 조리법으로 조리할 때 중량과 부피의 변화를 확인한다.

③ 해당 식품을 조리할 때 사용되는 기름이나 설탕, 소금 등 양념의 양을 확인한다.

④ 조리된 해당 식품의 1회 분량을 접시에 담아 1교환단위와 비교한다.

3. 주의사항

① 계량컵, 계량스푼, 저울 등을 사용하여 정확히 계측하고 자세히 기록한다.

② 양념의 양을 계측할 때는 준비된 재료의 중량을 측정하고 조리한 후 남은 양념의 양을 측정하여 그 차이를 정확하게 계산한다.

③ 가식부의 양을 측정한다.

④ 재료는 예시된 것이 아니라도 제철식품 중에서 선택하여 실습하기를 권장한다.

4. 실습재료 및 실습방법

1) 곡류군

쌀, 밀가루, 국수, 당면, 감자, 가래떡, 식빵, 시리얼, 크래커

① 쌀로 밥을 지은 후 부피와 중량의 변화를 관찰한다.

② 밀가루와 달걀, 식용유, 애호박으로 애호박전을 부친 후 재료의 분량을 기록한다.

③ 국수와 당면을 삶은 후 부피와 중량의 변화를 관찰한다.

④ 감자와 식용유, 소금으로 감자채볶음을 할 때 양념의 양과 1회 분량의 부피 및 중량을 기록한다.

⑤ 가래떡을 썰어 개수를 세어 본 후 떡국을 끓인다.

⑥ 식빵에 버터를 발라 토스트를 만든다.

식품명	1개(g)	1교환단위		조리시 변화			1회 분량	
		g	눈대중량	조리 전	조리 후	양념량	g	교환단위 수
쌀								
밀가루								
국수								
당면								
감자								
가래떡								
식빵								
시리얼								
크래커								

2) 어육류군

(1) 저지방 어육류군 : 닭가슴살, 쇠고기(우둔), 조기, 멸치, 물오징어

① 닭가슴살을 물에 삶아 찢어 샐러드를 만든다.

② 쇠고기 장조림을 만든다.

③ 조기를 구운 후 부피와 중량의 변화를 관찰한다.

④ 멸치볶음을 만들 때 사용되는 양념의 양을 기록한다.

⑤ 물오징어를 삶고 부피와 중량의 변화를 관찰한다.

식품명	1개(g)	1교환단위		조리시 변화			1회 분량	
		g	눈대중량	조리 전	조리 후	양념량	g	교환단위 수
닭가슴살								
쇠고기(우둔)								
조기								
멸치								
물오징어								

(2) 중지방 어육류군 : 쇠고기(등심), 햄, 고등어, 달걀, 두부, 검은콩

① 쇠고기(등심)를 구울 때 부피와 중량의 변화를 관찰한다.

② 햄, 식용유, 양파, 피망을 넣고 햄볶음을 할 때 사용되는 재료의 양을 기록한다.

③ 고등어를 구울 때 부피와 중량의 변화를 관찰한다.

④ 달걀을 이용하여 애호박전을 만든다.

⑤ 달걀프라이를 할 때 사용되는 기름과 소금의 양을 기록한다.

⑥ 두부부침을 할 때 사용되는 양념의 양을 기록한다.

식품명	1개(g)	1교환단위		조리시 변화			1회 분량	
		g	눈대중량	조리 전	조리 후	양념량	g	교환단위 수
쇠고기(등심)								
햄								
고등어								
달걀								
두부								
검은콩								

(3) 고지방 어육류군 : 닭다리, 베이컨, 삼겹살, 참치 통조림, 치즈

① 닭다리를 구울 때 부피와 중량의 변화를 관찰한다.

② 닭다리에 밀가루 튀김옷을 입혀 튀긴 후 흡유량을 기록한다. 흡유량은 튀기기 전 기름의 무게에서 튀긴 후 기름의 무게를 빼서 측정한다.

③ 베이컨과 삼겹살을 구울 때 부피와 중량의 변화를 관찰한다.

④ 참치 통조림에 양파와 마요네즈를 넣고 샐러드를 만들 때 재료의 양을 기록한다.

식품명	1개(g)	1교환단위		조리시 변화			1회 분량	
		g	눈대중량	조리 전	조리 후	양념량	g	교환단위 수
닭다리								
베이컨								
삼겹살								
참치 통조림								
치즈								

3) 채소군

오이, 애호박, 양배추, 콩나물, 상추, 풋고추, 건미역, 김, 건표고버섯, 배추김치

① 오이를 채 썰어 오이냉국을 만들고 양념(식초·설탕·소금·깨소금)의 양을 기록한다.

② 애호박전을 부칠 때 필요한 식용유와 달걀, 밀가루의 양을 기록한다.

③ 양배추를 채 썰어 양배추샐러드를 만들 때 필요한 마요네즈의 양을 기록한다.

④ 콩나물을 데쳤을 때 부피와 중량의 변화를 관찰한다.

⑤ 건미역과 건표고버섯을 불렸을 때 부피와 중량의 변화를 관찰한다.

⑥ 미역국을 끓일 때 양념의 양을 기록하고 1인 분량을 관찰한다.

⑦ 김구이에 필요한 기름과 소금의 양을 기록하고 중량의 변화를 관찰한다.

식품명	1개(g)	1교환단위		조리시 변화			1회 분량	
		g	눈대중량	조리 전	조리 후	양념량	g	교환단위 수
오이								
애호박								
양배추								
콩나물								
상추								
풋고추								
건미역								
김								
건표고버섯								
배추김치								

4) 지방군

땅콩, 참깨, 버터, 마요네즈, 식용유

- 조리 시 양념으로 사용되는 양을 기록한다.

식품명	1개(g)	1교환단위		조리시 사용량			1회 분량	
		g	눈대중량				g	교환단위 수
땅콩								
참깨								
버터								
마요네즈								
식용유								

5) 우유군

흰 우유, 전지분유, 저지방우유

• 전지분유는 분량의 물에 타 본다.

식품명	1개(g)	1교환단위		1인 분량의 영양성분				
		g	눈대중량	열량(kcal)	탄수화물(g)	단백질(g)	지방(g)	칼슘(mg)
흰 우유								
전지분유								
저지방우유								

6) 과일군

단감, 귤, 딸기, 바나나, 배, 사과, 방울토마토, 오렌지주스, 프루트칵테일

① 과일 하나의 중량을 측정하고, 1교환단위를 담아 본다.

② 과일을 전처리한 후 폐기율을 기록한다.

식품명	1개(g)	1교환단위		폐기율		
		g	눈대중량	전처리 전	전처리 후	폐기율(%)
단감						
귤						
딸기						
바나나						
배						
사과						
방울토마토						
오렌지주스						
프루트칵테일						

7) 기타

소금, 설탕, 간장, 고추장, 된장, 깨소금, 식용유, 파, 마늘, 고춧가루, 참기름 등 양념류

5. 결론 및 고찰

CHAPTER

2

영양지원

1. 경장영양
2. 정맥영양

이 장을 보기 전에

병원식은 환자의 질병이나 상태 또는 연령에 따라 적절한 식사요법을 적용하여 환자의 빠른 질병회복과 영양관리를 위해 제공하는 식사이다. 특히 입으로 섭취하지 못하는 환자들에게 경장영양과 정맥영양 방법을 통한 영양 지원이 실시된다.

학/습/목/표

1. 경장영양의 장점과 공급방법, 합병증 관리 등에 관하여 알아본다.
2. 정맥영양의 종류와 공급방법 및 합병증 등에 관하여 알아본다.

1. 경장영양

1) 장점과 대상 환자

경장영양enteral nutrition이란 인체 내 장 기능은 정상이나 입으로 영양공급을 할 수 없거나 충분히 할 수 없는 경우에 관tube을 이용하여 영양을 공급하는 방법이다. 장을 통한 영양공급은 장 점막에 직접 영양소를 공급하고 자극을 주게 되므로 점막의 장력이 강해지고 영양소 효율성도 증가되며 면역기능도 향상된다. 장관을 통한 영양공급은 정맥을 통하여 공급하는 정맥영양보다 생리적이고 대사적인 장점을 가지고 있으며, 공급 시 안정성이 높고 비용이 저렴하다. 경장영양 공급이 꼭 필요한 경우는 뇌졸중으로 의식이 없는 환자, 심한 중환자, 화상환자 등이다. 반면 마비성 장폐색이나 장막힘, 유출량이 많은 장누공fistula, 심한 장출혈 등에는 경장영양 공급을 제한해야 한다표 2-1.

표 2-1 경장영양 적응 및 금기 대상

적응 대상 환자	금기 대상 환자
• 과대사환자 : 수술, 화상, 외상, 폐혈증, 장기이식 등으로 경구섭취량이 부족하거나 경구섭취가 어려운 경우 • 신경계질환 : 뇌졸중, 연하곤란, 두부외상 등 • 장기부전 : 호흡계(인공호흡), 중추신경계(혼수 등) • 기타 : 방사선요법 등에 의한 섭취부족, 신경성 식욕부진 등	• 장폐색 : 마비성 장폐색, 장막힘, 위장관허혈 • 장질환 : 급성췌장염, 염증성 장질환, 짧은창자증후군 • 기타 : 심한설사, 구토, 출혈, 고유출성 장누공 • 영양상태가 양호하고 5~7일 이내에 식사가 가능한 경우

2) 공급경로

경장영양 공급경로feeding tube는 공급기간, 흡인여부, 그 외 환자 상태에 따라 인체에 삽입하는 관의 위치와 종류가 다르다. 크게 비위관, 비장관, 위루관, 공장루관으로 나뉘며 특징과 장단점은 다음과 같다표 2-2 그림 2-1.

표 2-2 경장영양 적응 및 금기 대상 환자

공급경로	대상 환자	장점	단점
비위관(nasogastric tube)	• 위장기능이나 구역반사가 정상인 환자 • 6주 이내 짧은 기간 내 이용할 환자	• 수술이 필요 없이 쉽게 삽입할 수 있고 쉽게 제거가 가능함	• 흡인위험이 높음 • 위배출 모니터링이 필요함 • 환자가 관을 의식하게 됨
비장관(nasoenteric tube)	• 흡인위험이 있거나 위배출이 느린 환자 • 식도역류 등이 있는 환자	• 흡인위험을 감소시킴 • 폐렴위험을 감소시킴	• 관 삽입 시 X-ray 촬영이 필요함 • 관이 잘 빠지거나 이동됨
위루관(gastrostomy tube) PEG: percutaneous endoscopy gastrostomy	• 위장기능이나 구역반사가 정상이며 6주 이상 장기적으로 필요한 환자	• 위장관 수술 시 병행 가능, 환자 의식이 덜함 • 관의 구경이 커서 막힘 방지	• 흡인위험이 높음 • 관 부위에 감염위험이 높음 • 관 제거 후 누공 가능성 큼
공장루관(jejunostomy tube) PEJ: percutaneous endoscopy jejunostomy	• 흡인위험이 높으면서 장기적으로 필요한 환자	• 장관수술 시 병행 가능 흡인위험 감소 • 환자가 관을 덜 의식하게 됨	• 주입속도를 빠르게 할 수 없음 • 관 부위의 감염 가능성 큼

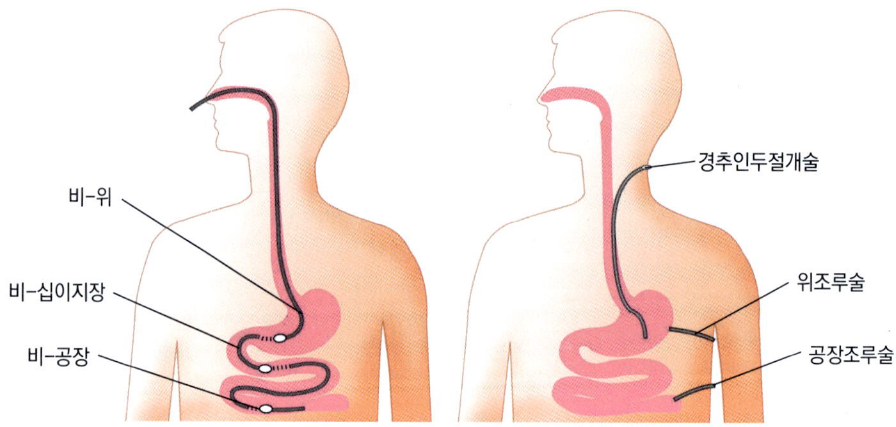

그림 2-1 경장영양의 공급경로

3) 영양액 종류

경장영양액은 영양소의 조성, 농도, 물리적 특성에 따라 다양하다. 일반적으로 다음과 같은 종류가 있다.

(1) 표준 영양액

맛이 있으며 쉽게 흡수되고 저렴한 것으로 장기능이 좋고 특정한 대사적 장애를 보이지 않는 모든 환자에게 적용될 수 있는 영양액이다. 표준 영양액은 등장성으로 약 300 mOsm/kg H_2O, 열량농도는 1 kcal/mL이다.

(2) 농축 영양액

수분 제한이 필요한 심장, 신장 혹은 간질환 환자에게 적용된다.

1.5~2 kcal/mL의 농축 제품이 사용 가능하며, 분말로 된 경장영양제나 단일 영양보충 성분을 기존의 표준 영양액에 첨가하여 적용할 수 있다.

(3) 고단백 영양액

외상, 수술, 화상 등 과대사로 인해 요구량이 증가된 환자에게 적용된다. 삼투압은 300~650 mOsm/kg H_2O이고, 총 칼로리의 20% 이상을 단백질로 구성하며 다른 성분은 표준 영양액과 비슷하다.

(4) 질환별 영양액

질병에 맞추어 영양소나 농도를 조성한 영양액이다. 당뇨병이 있거나 스트레스 때문에 고혈당이 나타난 환자에게 적용되는 당뇨병용 영양액은 저당질, 고지방, 섬유소 함유의 특징이 있다.

4) 주입방법

경장영양액의 주입방법은 환자의 적응가능한 수용상태나 질환상태, 공급량, 공급경로 등에 따라 결정된다.

- 지속적인 주입continuous feeding : 24시간 동안 일정한 속도로 경장영양액을 공급하는 방법이다. 흡인의 위험이 높거나 위울체, 중환자인 경우에는 펌프를 이용한 지속적인 공급이 권장된다. 또한 소장으로 경장영양액을 공급할 때도 적응도 향상을 위해

지속적인 주입이 필요하다. 펌프를 이용하면 빠른 주입으로 인한 오심, 복통, 설사 등의 위장관 합병증을 예방할 수 있다.

- 간헐적인 주입intermettent feeding : 일반적으로 4~6시간마다 최대 200~300 cc를 30~60분 동안 주입하는 방법이다. 일반 환자와 회복기 환자에게 적용할 수 있으나 지속적인 주입방법에 비해 흡인과 위장관 합병증의 가능성이 높다.
- 볼루스 주입bolus feeding : 몇 분 동안 주사기 등을 이용해 빠르게 주입하는 방법으로 부작용과 합병증 가능성이 높은 방법이다. 설사, 흡인, 구토, 위배출 지연 등의 위험이 높다.
- 주기적인 주입cyclic feeding : 적응도에 따라 낮 또는 밤에 8~20시간 동안 주입하는 방법으로 경장영양이 공급되지 않는 시간에는 활동이 자유롭다.

5) 합병증 관리

경장영양이 공급되면 위장관 적응정도, 흡인가능성, 수분 상태, 영양소 섭취, 체중, 생화학적 및 혈액학적 검사, 급식관의 유지, 임상 상태 등을 모니터링하며 합병증 관리를 해야 한다. 합병증은 크게 기계적 합병증, 위장관 합병증, 대사적 합병증이 있다.

(1) 기계적 합병증

급식관 삽입 시 위장관이 손상되어 위장관 출혈을 동반한 열상이나 천공이 생길 수 있고, 분비물의 흡인으로 호흡 기능의 저하가 일어날 수도 있다. 또한 부비동염, 중이염, 감염 등이 발생하기 쉽다. 적절한 관의 삽입과 주기적인 모니터링으로 예방이 가능하다. 또한 점성이 높은 영양액 등으로 관의 막힘이 일어나기 쉬우며, 막힘 방지를 위해서는 지속 주입 시 4~6시간마다 물 30~50 mL 정도를 이용, 관을 세척해야 한다.

(2) 위장관 합병증

설사, 위배출 지연, 복부팽만, 변비 등이 있다. 설사 환자의 약 60%는 약물에 의한 것으로 여러 원인이 동시에 작용하여 발병하기도 한다. 의심이 되는 약물의 사용을 가능한

한 줄이거나 섬유소 함유 경장영양액을 사용하여 변의 양상에 도움을 주도록 한다. 위배출 지연이나 복부팽만은 당뇨병성 위 마비나 소화기능 저하로 쉽게 배출되지 못하고 위에 머물러 있어 흡인성 폐렴을 유발하게 된다. 위 잔여량이 지속적으로 과다하면 위장관 운동이 저하되기 때문에, 이때는 위장관운동 촉진제를 사용하거나 소화성이 우수한 영양액으로 교체한다. 변비는 장운동 기능의 저하, 수분 섭취 부족, 변 매복impaction, 섬유소 섭취 부족으로 발생된다. 충분량의 수분 공급과 섬유소 함유 경장영양액의 사용, 대변 유화제 및 장운동 자극제의 사용으로 향상될 수 있다.

(3) 대사적 합병증

갑작스러운 영양공급은 혈당상승이나 전해질 불균형, 미량영양소의 불균형 등을 일으킬 수 있다. 고혈당증은 대사량이 증가하거나 당뇨병, 스테로이드 사용환자 등에게서 나타난다. 고혈당증은 감염의 위험성을 증가시키고 수분 및 전해질 손실을 초래한다. 우선적으로 당뇨병에 적합한 영양액을 공급하고, 심한 경우 약물요법을 병행한다. 심한 영양불량 상태에서의 영양공급은 전해질 이동에 의해 세포 내 전해질 불균형이 나타난다. 혈액 내 칼륨, 인, 마그네슘의 혈청 수준을 주기적으로 모니터링하여 정상 수준으로 유지될 수 있도록 보충한다.

2. 정맥영양

1) 대상 환자

정맥영양parenteral nutrition이란 소화관을 이용하지 않고 혈관의 정맥을 통해 영양을 공급하는 것으로 경구영양이나 경장영양이 불가능한 경우에 이용한다. 건강한 성인의 경우에는 약 7~10일 정도 영양소의 공급 없이도 지낼 수 있으나 영양 불량이 동반된 중환자의 경우에는 영양섭취가 부족할 경우 감염 등 많은 합병증을 유발하게 되므로 빠른 시일 내에 영양공급이 필요하다. 설사 등 심한 장질환이 있거나 장절제 부위가 큰 경우, 과다한 항암치료, 심한 중환자 등으로 위장관을 이용할 수 없을 때 정맥영양을 공급한다. 위장관을 사용한 영양공급이 정맥을 이용하는 방법에 비해 안전하며, 생리적·경제적·면역학적인 면에서도 많은 도움이 되나, 영양 공급량이 너무 적을 경우 정맥영양을 사용한다.

2) 정맥영양의 종류

정맥영양은 수분, 아미노산, 덱스트로오스, 전해질, 비타민과 미량 영양성분으로 구성되므로 용액의 삼투압 농도가 높다. 일반적으로 고농도로 공급할 때는 정맥보호를 위하여 중심정맥을 이용하고, 저농도로 공급할 때는 말초정맥을 이용한다.

(1) 중심정맥영양TPN: total parenteral nutrition

삼투압이 900mOsm/L 이상의 고농도 영양액은 반드시 중심정맥인 쇄골하정맥을 통해 공급한다. 대부분 중심정맥영양액은 1,800 mOsm/L 이상의 고농도의 영양액이므로 혈류의 속도가 빠른 굵은 중심정맥 혈관을 이용한다. 중심정맥을 이용한 고농도의 영양

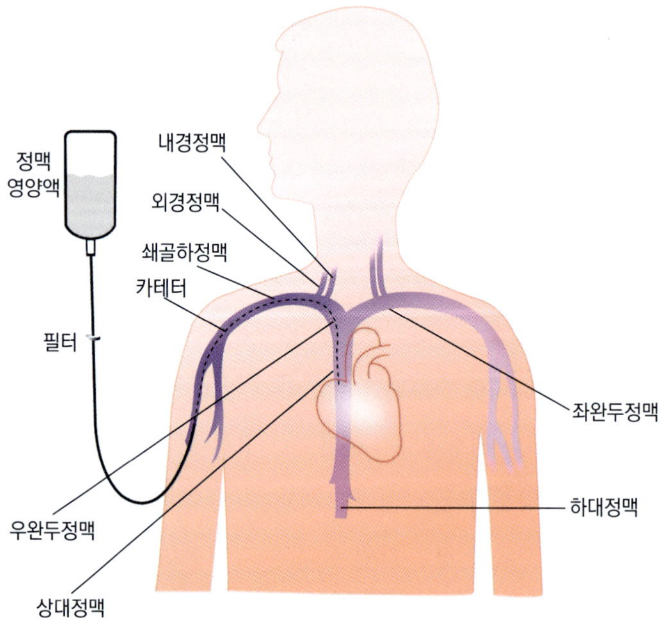

그림 2-2 중심정맥영양의 경로

액은 충분량의 영양소 공급이 가능하므로, 영양불량이 심하거나 장기간 정맥영양 공급이 예상될 경우 이용하게 된다그림 2-2.

(2) 말초정맥영양PPN: peripheral parenteral nutrition

손이나 팔에 있는 말초정맥을 통해 영양소를 공급하는 방법으로 용액의 삼투압이 900 mOsm/L 이하에서만 공급이 가능하므로 공급하는 영양소 농도가 제한된다. 환자의 영양 요구량만큼 충분한 영양소 공급은 어려우므로 단기간 또는 일시적으로 필요할 때 이용한다. 2주 이상 말초 정맥영양 사용 시 말초정맥염phlebitis 발생의 위험이 있으므로 사용기간이 제한되어 있으며, 2~3일마다 주입 부위를 교체해야 한다그림 2-3.

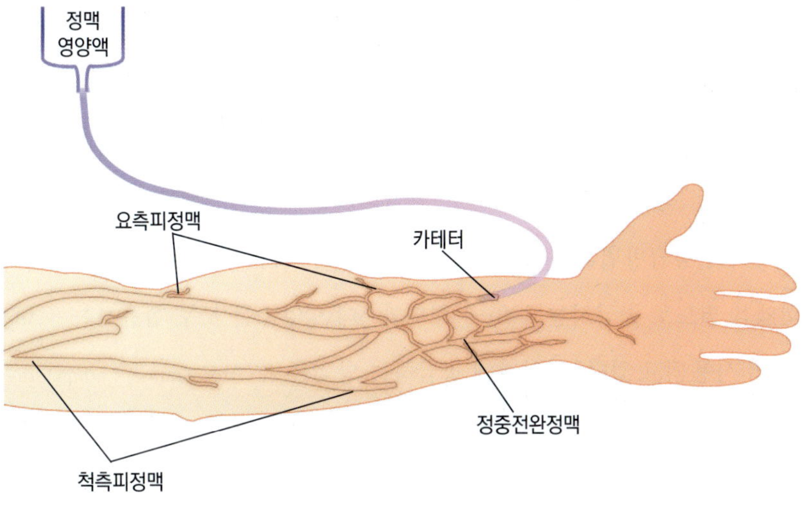

그림 2-3 말초정맥영양의 경로

3) 영양소 구성

정맥영양은 소화과정 없이 혈관으로 바로 주입되므로 이를 구성하는 영양소는 소화과정의 최종 형태여야 한다. 단백질 급원은 아미노산 결정체crystalline amino acid가 주성분으로 용액의 농도는 3~20%가 일반적이며, 최근에는 면역기능 강화를 목적으로 글루타민, 아르기닌 함유량을 높인 아미노산 제제를 사용하고 있다. 당질은 덱스트로오스로 구성되며 에너지원으로 활용된다. 일반적으로 5~25% 농도가 흔히 사용되고 공급량은 환자의 에너지 필요량, 포도당의 산화속도glucose oxidation rate, 영양소 구성비율에 의해 결정된다. 지방은 유화상태이며, 공급 목적은 필수지방산 결핍을 예방하고 농축 열량원으로 충분한 에너지를 공급하는 것이다. 지방은 당질, 단백질 같은 다른 정맥영양액에 비해 소량 공급해도 많은 에너지를 공급할 수 있다. 필수지방산의 결핍을 예방하기 위해서는 총 에너지의 2~4% 정도는 공급되어야 한다. 충분량의 에너지를 공급하기 위해서는 총 에너지의 약 20~30% 정도를 지방으로 공급하는 것이 바람직하다. 전해질은 균형이 유지되도록 매일 모니터링하여 공급한다. 비타민은 경장영양 내의 비타민과는 흡수율이 다르므로 일반적으로 미국의사협회 영양자문위원회에서 제시한 권장량에 따라 공급한다. 비타민 K는 안정성의 문제로 정맥영양 내에 혼합되지 못하고 근육주사나 피하주사로 별도 공급한다.

4) 공급방법

정맥영양액의 공급방법은 단백질과 당질, 무기질, 비타민 등 수용성 용액과 지용성인 지방유화액을 별도로 공급하는 2-in-1 형태와 3대 영양소를 모두 함유하는 3-in-1 형태가 개발되어 사용되고 있다. 한꺼번에 공급하는 방법을 TNAtotal nutrient admixture라 하며, 국내에도 점차 확산되어 사용하고 있다. TNA 공급방법은 라인line이 하나로 감소되어 접촉에 의한 감염을 감소시켜 결과적으로 카테터 관련 감염이 감소되는 반면, 지방유화액이 혼합되어 있어 정맥영양의 안정성stability이 낮아지는 단점이 있다.

5) 합병증 관리

정맥영양은 매우 복잡하고 인위적인 영양공급 방법이므로 자세한 모니터링과 합병증 관리가 필요하다. 합병증은 크게 카테터 관련, 위장관, 대사적 합병증, 수분 전해질 불균형 등으로 나뉜다.

(1) 카테터 관련 합병증

영양액 공급을 위해 확보된 카테터는 혈전 생성이나 관의 부적절한 위치로 막히게 되고, 균에 의한 노출이 쉬우므로 감염되기 쉽다. 이러한 합병증을 예방하기 위해서는 항상 문제점을 살펴야 하며 카테터 삽입 시 무균적 기술, 위생적 처치나 간호로 감염 발생을 최소화해야 한다.

(2) 소화관 합병증

위장관 합병증은 장기간 위장관 기능을 사용하지 않아, 이 때문에 장의 융모가 위축되고 박테리아 전이가 발생되어 일어난다. 이는 경장영양을 시행함으로써 예방이 가능하다. 간담도계 합병증은 정맥영양 시작 2주 후부터 담즙정체cholestasis 및 지방간steatosis으로 인해 간효소가 상승할 수 있는데, 정맥영양 공급량을 줄이거나 중단하면 정상 수치로 회복된다.

(3) 대사적 합병증

정맥영양의 대사성 합병증은 매우 자주 일어나므로 원인과 증상 치료법 등을 익혀야 한다. 정맥영양은 단순당 공급이므로 쉽게 고혈당이나 저혈당이 발생할 수 있다. 고혈당 위험이 있는 환자의 경우 정맥영양의 시작과 진행을 천천히 해야 급격한 혈당증가를 막을 수 있다. 또한 갑작스러운 중단은 저혈당 증상의 원인이 되므로 중단 전 1~2시간 동안 속도를 낮추어 서서히 중단해야 한다. 장기간 금식을 했거나 영양공급이 부족했던 환자에게 갑자기 과다한 영양공급을 하면, 초기에 수분, 전해질, 미량 영양소, 비타민 등의 불균형이 초래되어 치명적인 재공급 증상Refeeding syndrome이 나타날 수 있다. 이를 예방하기 위해서는 정맥영양 시작 전 혈액검사를 통하여 칼륨, 마그네슘, 인 등의 전해질을 관찰하여 정상 수준을 유지해야 하고 초기 당질 공급량을 소량으로 시작해야 한다.

CHAPTER

3

식도 및 위·장 질환

1. 식도질환
2. 위질환
3. 장질환

이 장을 보기 전에

식도 및 위·장은 음식물을 섭취하여 영양소를 소화·흡수하는 기관으로, 식도는 입에서 섭취된 음식물의 일차적 소화가 일어나고 연결된 위로 음식물을 보내는 역할을 한다. 위는 음식물을 일시적으로 저장하기도 하고, 위산과 소화액을 혼합하여 본격적인 영양소의 흡수가 일어나는 소장으로 보낸다.

우리의 식습관의 특성상 우리나라 사람들에게 특히 위와 장 질환이 흔하므로 그 원인을 이해하고 적절한 식사관리를 하는 것이 중요하다.

학/습/목/표

1. 식도 및 위·장의 구조와 기능을 이해한다.
2. 식도 및 위·장 질환의 특징을 학습한다.
3. 질환에 맞는 식사요법의 원칙을 학습한다.
4. 각 질환별 환자의 식사요법을 제안한다.

음식물의 소화와 흡수에 관여하는 소화기계는 구강에서 인두 → 식도 → 위 → 소장 → 대장을 거쳐 항문에 이르는 일련의 소화관과 소화액을 생성·분비하는 소화작용의 보조 역할을 하는 간·담낭·췌장 등 부속 소화기관으로 구성되어 있다. 그중 식도와 위는 일련의 소화관 중 윗부분을 구성하고 있다그림 3-1.

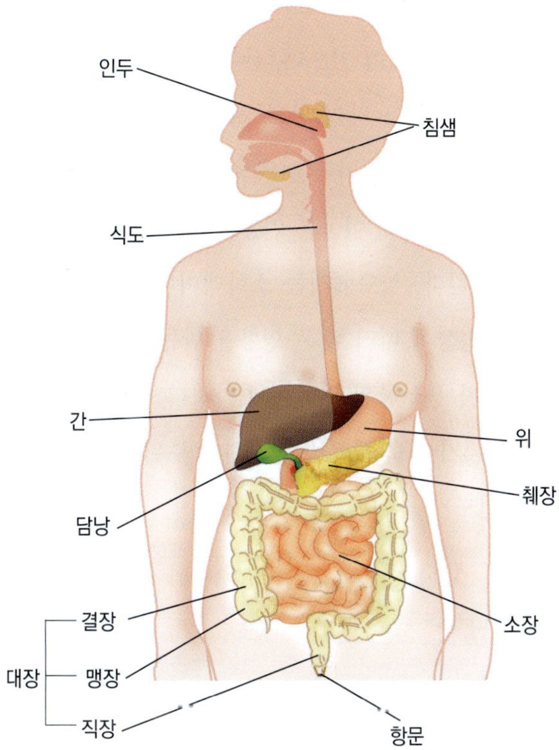

그림 3-1 소화기계의 구조

1. 식도질환

1) 식도의 구조와 기능

식도esophagus는 인두와 연결되어 섭취한 음식물을 위로 전달하는 관으로, 구조적으로 소장관과 비슷하나 흡수기능이 없다. 식도의 윗부분은 골격근(수의근)으로 되어 있고 아랫부분은 평활근(불수의근)으로 되어 있으며, 상부와 하부에 각각 괄약근이 있다. 상부괄약근은 공기가 위로 들어가는 것을 막기 위해, 하부괄약근은 위 내용물이 식도로 역류하는 것을 막기 위해 존재한다. 이들 괄약근은 평상시에는 닫혀 있다가 음식물이 통과할 때만 이완된다. 식도를 통한 음식물의 이동은 연동운동을 통하여 이루어지며, 초당 약 2~4 cm씩 이동하여 위로 들어간다. 식도에서는 소화액이 분비되지 않으며, 민감한 식도 점막은 음식물의 자극이나 성상에 따라 많은 영향을 받는다. 산성 위액, 알칼리성 장액 등에 의해서도 손상받기 쉬워 음식물의 역류에 취약하다. 따라서 음식물의 정체시간이 길거나 역류한 위액에 접촉되기 쉬운 하부괄약근 협착 부위는 식도염esophagitis이나 식도암esophageal cancer의 발생빈도가 높다.

2) 식도질환의 식사요법

식도질환으로는 크게 음식물을 씹거나 삼키기가 어렵고 불편한 상태인 연하곤란증과, 하부식도괄약근의 수축장애로 위 내용물이 역류되는 식도역류 등 기능성 장애와, 식도점막의 손상으로 염증이 일어난 식도염 등 크게 세 가지로 나눌 수 있다.

(1) 연하곤란증dysphagia

식도를 통해 음식을 삼키기 어려운 상태로 원인과 식사요법은 다음과 같다.

① 원인과 위험요인

식도의 외과적 수술, 종양이나 암에 의한 폐쇄, 식도염 등으로 인한 기계적 원인이 있다. 또한 뇌졸중·머리손상·뇌종양·신경계 질환으로 인한 연하중추의 손상으로 인한 마비적 원인을 들 수 있다.

② 식사요법

식도 연하곤란에 대한 식사요법은 식도를 편하게 하는 음식, 너무 차거나 뜨겁지 않은 따뜻한 온도의 음식, 둥글고 부드러운 작은 크기·모양 등 물리적 성향이 적절한 음식을 통해 충분한 영양을 제공하는 것을 기본으로 한다. 식도를 편하게 하는 식품은 곡류 및 채소류 중 섬유질이 적은 것, 어육류에서는 흰 살코기의 부드러운 생선을 선택하는 것이 좋다. 달걀, 우유, 요구르트, 잘 익은 바나나, 호박 등도 좋으나 향신료는 피해야 한다.

식도 연하곤란에 적절한 음식은 연식·반고형식·액체음식이므로 식품을 각각 갈아서 조리한다. 각 음식을 믹서에 갈 때에 점성이 강한 것은 피하고 끈기가 없는 것이 좋다. 식품의 결합조직이나 섬유질이 깨질 수 있는 조리법을 선택한다. 육류는 단독으로 조리하는 것보다 다른 식품과 혼합하여 부드럽게 조리하고 수프·곰탕·설렁탕 국물을 이용한 요리, 닭을 푹 고아 만든 요리, 족편 등을 이용한다. 죽, 국수, 찜, 연두부, 달걀반숙, 무조림, 호박찜, 커스터드 등도 좋은 조리법이다.

부드러운 유동식인 죽, 미음 등으로는 필요한 영양섭취량을 충족시키지 못하는 경우가 많으므로, 영양필요량을 확보하기 위해 농후유동식, 달걀, 다진 고기, 간 야채 등을 섞어서 조리하는 것이 중요하다. 특히 비타민 B_1, B_2, B_{12}, C 등과 철 등의 비타민과 무기질은 점막치료에 중요한 영양소로서, 충분히 섭취하는 것이 중요하다. 또한 식사 시 자세가 중요하므로 식후 30분 이내에는 곧은 자세로 앉아 있어야 한다.

(2) 역류성식도염reflux oesophagitis

역류성식도염은 식도 하부의 괄약근이 제 기능을 못해 수축이 원활히 일어나지 못하면서 위 내용물이 역류돼 식도점막에 궤양과 출혈을 일으키는 질환이다. 증상은 속쓰림, 연하통, 가슴앓이 등이 있고 식도 내 출혈로 피를 토하기도 한다.

① 원인과 위험요인

위액, 십이지장액의 역류가 각종 박테리아의 감염이나 화학적·물리적 손상 및 외상을 일으켜 염증이 일어나게 하는 가장 주된 원인이다. 위액, 십이지장액이 역류하게 되는 것은 하부식도괄약근의 기능부전으로 하부식도괄약근의 압력이 약화되어 수축되지 못해 식도의 압력이 위 내압보다 낮아지면서 위 내용물이 역류하게 된다. 가스트린의 분비부족, 탈식도증, 괄약근의 이상 등이 하부식도괄약근 기능저하의 원인이며, 노화, 약물, 경관급식용 튜브삽입, 비만, 복수, 임신 등으로 인한 복압상승 등도 원인으로 작용한다.

② 식사요법

기본원칙은 식도에 물리·화학적으로 부담을 주지 않아야 한다. 즉 부드럽고 소화가 잘되어 식도를 잘 통과할 수 있는 고단백, 저지방식으로 표준체중을 유지할 수 있도록 열량을 유지해 준다. 단 간 기능이 정상이 아닌 경우 단백질의 양을 줄인다. 출혈이 발생할 경우 구강 섭취를 금하고 경관 급식으로 전환하도록 한다. 식사는 천천히 충분히 씹어 먹고, 음주·매운 음식·신 음식·커피 같은 자극성 음식은 삼간다. 위액이 식도로 역류하는 것을 막기 위하여 식후에 바로 눕지 않도록 하며, 식후 30분간 앉아서 휴식을 취한다.

2. 위질환

1) 위의 구조와 기능

식도와 연결된 위stomach의 구조는 그림 3-2와 같다. 위의 위쪽으로는 하부식도괄약근, 아래쪽으로는 유문괄약근이 있어 소화 도중 음식물이 식도로 역류하거나 미리 십이지장으로 내려가는 것을 방지하는 역할을 한다. 위는 음식을 저장·혼합·소화하는 기능을 하며, 이 밖에 음식의 연화 및 살균 작용이 일어나고 알코올과 소량의 지방이 흡수되기도 하며, 음식의 소장으로의 이동속도를 조절하는 기능을 한다.

이러한 위의 기능을 수행하기 위해 위는 위산과 단백질 소화효소인 펩신, 항악성빈혈인자인 내적인자intrinsic factor, 무기물질, 점액 등을 포함한 위액을 분비한다. 위액은 내벽점액층의 위선gastric gland에서 분비되는데, 이 중 주세포chief cell에서는 펩시노겐이, 부세포parietal cell에서는 위산과 비타민 B_{12} 흡수를 위한 내적인자가 분비된다. 위산은 펩시노겐을 활성화시켜 단백질 분해효소인 펩신을 만들며, pH 1.6~2.4의 강산성을 띠고 있

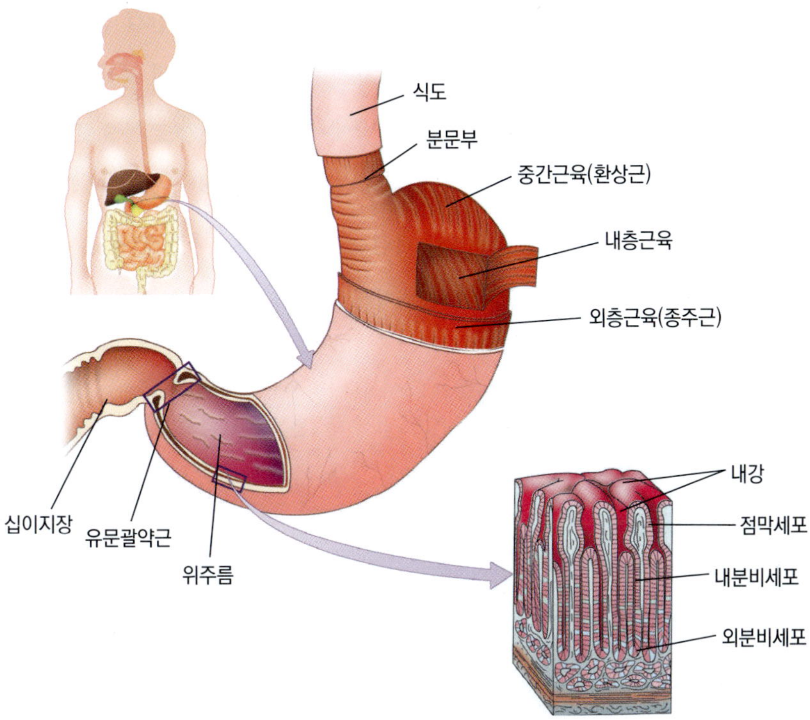

그림 3-2 식도와 연결된 위의 구조

어 위의 살균작용을 담당한다. 위의 다른 분비선세포에서는 점액 및 소량의 위 리파아제 gastric lipase가 분비되며, 위벽에는 비가용성 뮤코단백질mucoprotein의 일종인 뮤신mucin층이 존재하여 위액의 소화효소와 강산으로부터 위벽을 보호하는 역할을 한다.

위액의 분비와 위운동은 신경·호르몬·물리적 자극에 의해 조절되는데, 위는 신경과 심리적인 영향에 의해 그 기능이 가장 예민하게 영향을 받는 장기이므로 신경성 소화불량 등의 질환이 많은 편이다. 위액 분비와 위운동을 자극하여 위액, 특히 위산의 분비를 촉진하는 대표적인 호르몬으로는 유문부에서 분비되는 가스트린gastrin이 있다. 자신이 좋아하는 음식이나 맛있는 음식에 의해서는 반응이 잘되어 가스트린이 잘 분비되는 반면, 환자용 유동식이나 연식 등 시각적으로 식욕을 자극하지 않는 음식이 주어지면 가스트린의 분비가 활발하지 않게 된다. 부교감신경의 자극과 가스트린이 위액의 분비와 위운동을 자극한다면, 교감신경의 자극과 엔테로가스트린enterogastrin에 의해서는 위액의 분비와 위운동이 억제된다. 스트레스 상황이나 정신적 긴장감, 불안감 등에 의해 교감신경이 자극되면 시상하부에서 미주신경을 억제하게 되고, 이는 위액 분비와 위운동을 억제하게 된다. 엔테로가스트린은 십이지장의 점막에서 분비되는 호르몬으로, 지방과 위산을 함유한 소화산물들이 십이지장으로 들어오게 되면 위에서의 소화를 종료시키기 위해 분비되는 호르몬이다. 이 밖에 콜레시스토키닌cholecystokinin, 세크레틴secretin 등의 호르몬과 아트로핀atrophine이란 약물도 위액의 분비를 억제하는 작용을 한다.

2) 위질환의 식사요법

(1) 위염

위염gastritis은 흔히 소화불량, 위경련이라고도 하는데, 위점막에 발생하는 장애로 염증이 생겨 이 때문에 통증이 나타나는 것으로, 종류로는 급성위염과 만성위염이 있다.

① **급성위염**acute gastritis

급성위염의 위험요인

급성위염은 원인이 되는 자극적인 음식이나 폭음, 폭식, 스트레스, 흡연, 식중독 등이 원인으로 위점막에 급성염증이 발생하는 소화기질환 중에서 가장 많이 발생하는 질병이다. 주로 일회성으로 발생하며 원인을 찾아 치료와 식사요법을 잘 병행하면 2~3일에서 1주일 이내에 회복된다. 또한 헬리코박터 파일로리균이 위 안에 들어와 감염을 일으키면 급성위염이 될 수도 있는데, 급성위염이 수주간 계속되면 만성위염으로 이행된다. 이 밖에도 항생제, 해열제, 부신피질호르몬 등의 약물에 의해 위에 염증이 생겨 급성위염이 될 수도 있다. 따라서 약물을 복용할 때에는 위의 점막을 덜 자극하도록 해야 한다.

급성위염 증상

급성위염의 주요 증상으로 구토·상복부통증·명치가 아프거나 속쓰림이 있고, 발열·메스꺼움·위팽만감·식욕부진·심한 위통을 느끼며, 토하거나 설사를 하는 등의 급성증상이 나타난다. 증상이 심해지면 토혈·하혈·쇼크를 일으키기도 한다.

급성위염 식사요법

우선 원인이 되는 물질(알코올, 카페인 등이 들어 있는 음료, 향신료, 차거나 뜨거운 음식 혹은 음료 등과 아스피린, 항생제 등의 약물)을 제한하고, 구토·설사·위통이 있을 때에는 위를 비운 후 물 이외에는 절식해야 한다. 통증이 가라앉으면 미음, 보리차, 맑은 사과주스, 끓여서 식힌 물, 콩나물 국물 등 맑은 유동식을 시작한다. 환자의 상태가 호전되어 음식을 원하면 미음에서 죽으로 진행한다. 환자의 상태에 따라 설사를 할 경우 우유는 금한다. 환자의 병세가 좋아지면 무자극 연식에서 곧 무자극 회복식을 거쳐 5~10일 전후에 일반식으로 이행한다. 급성위염은 상태를 고려하여 단계적으로 식사요법을 잘하면 회복이 빠르나, 식사요법을 잘못하면 만성위염이 될 우려가 있다.

② 만성위염chronic gastritis

만성위염의 위험요인

만성위염은 위의 점막에 생긴 염증이 만성화된 질환으로 급성위염과는 달리 분명한 원인을 모르는 경우가 많다. 급성위염으로부터 이행되기도 하는데 급성위염과 달리 증상이 없을 수도 있으며, 증상이 있어도 격렬하지 않다. 만성위염이 치유되지 않고 진행되면 위궤양이나 심지어 위암으로 진행되는 경우도 있으므로 반드시 적절한 치료를 받아야 한다. 노화에 따른 위점막의 위축이나 불규칙적인 생활습관, 폭음, 폭식 등 위에 계속적인 자극이 가해졌을 때 생기는 것으로 알려져 있다. 자극을 주는 주요 원인은 술, 담배, 뜨거운 음식, 조미료, 약물, 커피 등이다. 또한 면역 이상으로 위핵이나 점막세포에 대하여 항체가 생겨 만성위염을 발생하게 하는 자가면역이 원인이 되기도 한다. 만성위염의 또 다른 원인으로 만성적인 위 및 간질환, 위수술, 세균감염 특히 헬리코박터 파일로리균에 의한 감염 등을 들 수 있다.

만성위염에는 위산 분비가 많고 염증이 점막조직에 일어나는 표층성 위염과, 위선이 위축되어 위산 분비가 저하되는 위축성 위염이 있다. 위축성 위염이 더욱 진행되면 무산증이 될 수도 있다. 위축성 위염은 고령자에게 많아 노화현상과 관련이 있다.

알아두기

자가면역이란?

면역이란 몸에 해로운 물질이 체내로 들어왔을 때, 이것을 적으로 인식하고 항체라는 것을 만들어 몸을 지키는 작용이다. 그런데 자기의 몸을 이루고 있는 성분을 적으로 잘못 보고, 이에 대한 항체를 만들어 자신의 면역체계가 자신의 몸을 공격하여 문제를 일으키는 수가 있는데, 이것을 자가면역autoimmunity이라고 한다. 자가면역 질환으로는 알레르기, 관절염, 갑상선질환 및 만성위염 등을 들 수 있다.

만성위염 증상

만성위염의 증상은 일정하지 않으며 급성위염의 증상 외에 식사 후에 바로 배가 부르는 압박감, 메스껍고 가슴이 답답한 소화성 궤양과 비슷한 증상, 상복부에 불쾌감이나 복통, 변비, 전신 권태감, 체중감소 등이며, 심하면 빈혈이 나타나며 토혈을 하기도 한다.

만성위염 식사요법

만성위염은 위산 분비의 정도에 따라 저산성(무산성)과 과산성 위염으로 구분되며, 만성위염의 종류에 따라 식사요법이 달라지므로 정확한 진단 후 식사요법을 하는 것이 중요하다. 그러나 우선 두 경우 모두의 원인이 될 수 있는 알코올, 카페인 함유 음료, 향신료, 차거나 뜨거운 음식 등과 아스피린, 항생제 등 약물의 사용을 피한다.

저산성 위염

저산성 위염은 위축성 위염이라고도 하며, 위의 노화로 위벽세포가 위축되고 만성적으로 위액 분비가 저하되어 무산증 혹은 저산증이 된다. 급성위염에 비해 치료가 더디므로 인내심을 가지고 식사요법을 철저히 해야 한다. 저산성 위염은 위산 분비 저하로 인해 단백질의 소화장애, 음식물 살균작용의 장애, 무기질의 흡수저하 등의 문제점을 나타낸다. 또한 위벽세포의 위축으로 내적인자의 생성이 부족하여 비타민 B_{12}의 흡수불량을 초래하여 심하면 악성빈혈을 일으킬 수도 있다. 이러한 증상은 노인에게서 영양섭취 불량으로 체력저하를 나타낼 수도 있다. 따라서 저산성 위염은 위의 부담을 줄이기 위해 소량의 식사를 하며 영양가가 높고 식욕을 증가시키며 소화흡수가 잘되는 식사가 중요하다. 음식물은 특별히 제한할 식품은 없으나 1회의 식사량을 적게 하고 식사의 횟수를 늘리며, 식욕항진을 위해 소량의 고깃국, 향신료, 향기 좋은 과일, 과즙 등을 적절히 공급하는 것이 좋다. 또한 영양보충과 체력증진을 위해 우유, 요구르트, 치즈 등의 유제품과 달걀, 소화가 잘되는 흰살 생선, 저지방 육류 등을 섭취토록 한다. 육즙은 위액 분비를 촉진하기도 하나, 저산성 위염의 경우, 단백질 소화에 장애를 주므로 적당량 섭취하도록 한다. 알코올과 커피는 위액 분비를 촉진하지만 위염 상태에서는 좋지 않다. 만성위염의 예방과 치료에 있어서 일상생활을 하는 데 주의할 것은 무엇보다 규칙적인 식생활이다. 만성위염은 경과가 긴 병이므로 식이요법은 장기간에 걸쳐 끈기 있게 계속해야 한다.

과산성 위염

과산성 위염의 경우 위산의 분비가 항진하여 음식물의 자극에 매우 예민하므로 다음에 설명할 소화성 궤양과 같은 요령으로 음식물의 섭취를 주의할 필요가 있다. 저산증 식사요법과는 반대의 식사요법을 해야 하며, 위점막을 자극해서 위액 분비를 촉진하는 자극이 강한 음식, 겨자, 후추 등의 향신료나 커피, 홍차, 탄산음료 등의 기호품, 지나치게 뜨겁거나 찬 음식, 알코올, 흡연 등을 제한하고 과음과 과식을 피해야 한다. 고기는 위산의 분비를 촉진하므로 다량의 육식은 피하는 것이 좋으나, 적절한 단백질은 유화지방을 공급해 위벽을 보호하고 재생시켜 통증을 완화하기도 한다. 따라서 적당량의 단백질과 소화하기 쉬운 버터나 참기름 등의 지방은 적당히 섭취하는 것이 좋다.

식사요법의 시작은 궤양식과 같이 무자극식으로 연식 형태의 식품을 적용하고, 회복식에서 병세가 나아지면 일반식으로 이양한다. 또 위 부담을 덜어주기 위해 공복시간이 너무 길지 않도록 식사시간과 횟수를 조절하여 규칙적인 식생활을 하고 음식을 천천히 씹도록 한다. 과산성 위염은 만성질환으로서, 장기간에 걸친 치료로 편식을 하게 되며 영양이 부족되기 쉽다. 따라서 식품선택과 조리법에 특별한 주의가 필요한데, 다음은 위염환자에게 권할 수 있는 음식이다.

③ 위염환자에게 권할 수 있는 음식

식욕을 촉진하는 음식

적당한 자극으로 식욕을 촉진하는 것은 입맛이 없는 위염환자에게 중요하다. 그러나 지나친 향신료의 사용은 피하고 마늘, 파, 생강, 양파, 무 등을 양념으로 이용한다. 지나치게 소금을 제한하였을 때는 식욕이 감퇴될 수 있으므로 음식의 간은 적당히 한다. 토마토주스, 요구르트, 유자차, 귤차, 레몬차, 약한 커피나 홍차 등의 음료는 식욕을 돋우는 효과가 있다.

단백질 식품

단백질 식품인 육류는 지나치게 섭취할 경우 과산성 위염에 좋지 않으나, 위염의 치료를 위해서는 단백질의 공급이 필요하므로 적당량의 섭취는 중요하다. 따라서 질긴 고기는 제한하고 소화가 잘되는 부드러운 고기, 흰 살코기 생선 등은 부드럽게 조리하며, 달걀, 두부, 육즙으로 만든 국이나 된장국 등도 식욕을 촉진하는 동시에 단백질을 제공하는 좋은 음식이다.

(2) 소화성 궤양

소화성 궤양peptic ulcer은 위벽 혹은 십이지장벽을 보호하는 점막이 손상되면서 위액의 펩신이나 위산에 노출되어 점막조직이 떨어져 나간 상태를 말하며, 부위에 따라서 식도궤양, 위궤양, 십이지장궤양 등으로 불린다. 위에서는 강력한 소화작용을 가진 위산과 펩신이 나와 음식을 소화시키는데, 위는 위산과 펩신으로부터 스스로를 지키는 위점막 보호기능이 있어 위벽이 소화되는 것을 막을 수 있다. 그런데 위점막 보호기능이 약해지면 위점막이 위산과 펩신에 의해 소화되어 헐게 된다. 이렇게 위산과 펩신에 의해 소화되어 생긴다는 의미로, 위궤양을 소화성 궤양이라고 한다. 식도궤양은 위의 내용물이 만성적으로 식도로 역류될 때 생기고, 위궤양은 유문동에서, 십이지장궤양은 유문 아래의 십이지장 시작 부위에서 자주 생기는데 소화성 궤양 중에서는 위궤양, 십이지장궤양의 발생률이 가장 높다.

① 원인과 위험요인

소화성 궤양의 정확한 병인에 대해서는 아직 밝혀지지 않았으나, 위점막 보호기능이 저하되는 원인을 크게 다음 다섯 가지 요인으로 나눌 수 있다.

㉠ 정신적 스트레스로 지속적인 스트레스와 걱정, 근심은 부신피질 호르몬의 분비를

촉진시켜 위벽의 점막세포를 자극하여 위산 분비를 증가시키며, 이것이 소화성 궤양의 발생과 악화의 원인이 될 수 있다. ㉡ 자극성이 강한 식품, 너무 뜨겁거나 찬 음식, 충분히 씹지 않고 삼키는 급한 식습관, 불규칙적인 식사시간, 십이지장에서 거꾸로 넘어온 담즙, 커피와 술 같은 식사요인을 들 수 있다. ㉢ 헬리코박터 파일로리균의 감염, ㉣ 항생제·해열제·아스피린과 같은 소염진통제 및 비스테로이드성 항염증약물NSAID 등의 약재를 만성적으로 복용하여 궤양이 발생하는 약물요인으로 나눌 수 있다. ㉤ 지나친 흡연도 소화성 궤양의 원인을 제공하는 것으로 알려져 예방을 위해서는 금연이 중요하다. 만성위염이 오래 진행되어서 위점막이 약해지면 위궤양으로 악화되기도 한다.

알아두기

헬리코박터 파일로리균*Helicobacter pylori*은 어떻게 강산성인 위의 환경에서 살아남을 수 있는가?

위궤양이 생기는 데는 위산과 펩신의 소화작용이 관여하긴 하지만 위에서 산이 너무 많이 나와 위궤양이 생기는 것은 아니다. 그보다는 위산과 펩신으로부터 위점막을 보호하는 위점막 보호기능이 저하되었기 때문인데, 위점막 보호기능을 떨어뜨리는 가장 흔한 원인은 헬리코박터 파일로리라는 세균이다. 위산과 펩신의 강력한 소화작용 때문에 위 안에는 아무런 세균도 살 수 없을 것이라던 그동안의 예상을 뒤엎고 위점막에 붙어서 살고 있는 것이 확인된 이 세균은 위산과 펩신으로부터 스스로를 지키기 위하여 여러 물질을 만들어내는데, 이런 물질이 위점막 보호기능을 떨어뜨리는 역할을 한다. 헬리코박터 파일로리균은 나선형 모양의 박테리아로서 주로 유문에 살면서 요소를 분해하는 효소인 우레아제를 분비하여 암모니아를 생성한다. 이렇게 생성된 암모니아는 위산을 중화하면서 헬리코박터 파일로리균이 살기 좋은 환경을 만들고 독성물질을 분비하여 위점막을 손상하는 것으로 알려져 있다.

② 증상

소화성 궤양의 증상은 궤양의 위치에 따라 증상이 조금씩 다르나, 공통적인 주요 증상은 상복부의 통증과 속쓰림을 들 수 있다. 위궤양의 증상은 명치, 또는 오목가슴이라고 부르는 윗배나 배꼽 주위에 통증이 있고 가슴이 쓰리고 아프기도 한다. 또한 위팽만감, 잦은 신트림, 더부룩한 느낌, 구역질, 구토 등을 동반하여 그 결과 체중이 감소하기도 한다. 위궤양은 주로 식후 1~2시간 후에 통증이 오며 음식을 먹어도 잘 가라앉지 않고 오히려 심해지는 경우가 많다. 음식물에 의해 위의 운동과 위액의 분비가 시작되어 궤양이 자극을 받기 때문이다. 식도와 위의 분문부에 궤양이 있으면 식후 1시간 내에 통증이 오는 경우가 많다.

반면 십이지장궤양duodenal ulcer은 식후 2시간 이후, 즉 공복에 통증이 오기 쉽고 음식을 먹으면 가라앉기도 한다. 십이지장궤양은 공복 시나 야간에 바늘로 쑤시는 것과 같은 기아통을 느끼며 잠을 깨는 경우가 많으나, 때로는 통증이 전혀 없는 경우도 있다. 가슴이 쓰리고 아픈 것은 위 내의 산도가 높은 경우뿐만 아니라, 위액이 식도 하부에 역류할 경우에도 일어난다.

또한 궤양이 있는 곳에서 피가 흘러 얼굴이 창백해지거나 어지러우며 가슴이 심하게 뛰고 심하면 대변이 까맣게 되거나 피를 토하는 등의 출혈, 위벽이 뚫리는 천공, 위에서 아래로 내려가는 곳이 좁아지거나 막히는 장폐색으로 인해 음식물을 토하게 되는 등의 합병증이 생기기도 한다.

③ 식사요법

소화성 궤양은 적절한 약물처리와 함께 음식물의 섭취를 잘하여야 한다. 대개는 약을 며칠 먹으면 궤양이 모두 낫지 않더라도 증상은 좋아진다. 그러므로 증상이 없어졌다고 치료를 중단해서는 안 되고 꾸준히 치료해야 하는데 십이지장궤양은 보통 한두 달, 위궤양은 이보다는 치료기간이 오래 걸려 두세 달 걸리는 경우가 많다.

소화성 궤양의 식사요법은 섭취하는 음식에 의해서 궤양의 원인요소 제거, 신속한 상처회복과 점막조직의 저항력 강화, 좋은 영양 공급을 목표로 한다. 식사요법은 급성단계와 회복단계로, 출혈이 있는 경우와 비출혈성 궤양의 경우를 구분하여 실시한다. 공통적으로 궤양의 식사요법은 위를 자극하지 않고 소화가 잘되는 음식과 조리법의 선택이 중요하다. 음식은 뜨겁지도 차지도 않고, 즉 체온과 비슷한 따뜻한 온도가 가장 좋으며 식사량과 식사횟수는 증세와 회복진행에 따라 조절하며, 음식을 천천히 여유 있게 씹어 식사하고, 십이지장궤양의 새벽 통증을 심화하는 야식은 절제하는 등, 위에 부담을 적게 주는 식습관을 갖는다.

출혈이 있는 경우의 궤양식

출혈이 있는 급성단계는 지혈이 목적으로, 2~3일간 절대 안정 및 금식으로 위점막을 보호한 후 3~5일간 유동식을 하면서 안정한다. 출혈이 멈추고 유동식을 주기 시작해도 출혈 후 5~6일간 수액, 경장영양제에 의해 영양보급을 계속할 수 있다. 증상이 좋아지면 3부죽에서 5~10일간 반고형식, 5부죽, 전죽으로 이행하면서 고형식을 주도록 한다.

비출혈 궤양식

만성위궤양을 치료하기 위한 식사제한은 환자 개인의 내응력에 달려 있으며, 위산과 히스타민 H2 분비억제를 고려하고, 시간이 걸리는 치료이므로 인내심을 가지고 꾸준히 식사요법을 실시하는 것이 중요하다. 비출혈성 궤양식의 원칙은 위 자극과 과량의 위산 분비를 유발하는 식품과 음료를 제한하는 것으로, 하루 세 끼의 균형 잡힌 식사를 하며, 밤중의 위산 분비를 억제하기 위해서 야식은 금한다. 또한 알코올, 커피, 카페인이 포함된 음료, 흡연을 금하고 위에 불편을 주는 자극적인 식품과 조리법, 향신료 및 양념을 피한다.

소화성 궤양 환자에게 권할 수 있는 음식

탄수화물 식품

당질은 위산 분비를 촉진하지 않으며, 위 내 체류시간도 길지 않기 때문에 위에 대한 자극이 적다. 미음이나 아기용 곡분으로 병세에 따라 3부죽에서 5부죽으로 바꾼다. 미음 단계가 지나면 상처회복을 위한 무기질과 비타민을 공급하기 위해 곱게 간 현미로 쑨 죽에 곱게 간 견과류를 첨가해 필수지방산을 공급한다. 죽의 재료로 사용하는 식품은 성분과 조직이 위를 자극하지 않는 것을 선택한다. 환자의 적응도에 따라서 가능한 한 통곡식 분말을 사용한다.

상당히 회복되고 상태가 안정되면 토스트한 빵을 먹을 수 있다. 흰빵보다는 통밀빵이 비타민과 무기질의 공급 등 영양적으로 우수하므로 환자가 소화력이 있으면 통밀빵을 제공한다. 토스트한 빵에 잼을 바를 경우 궤양을 자극할 수 있으므로 좋지 않고 그 대신 잘 익은 바나나를 으깨서 바르거나, 땅콩 등의 견과류를 갈아서 두유나 우유에 섞어 만든 견과버터 혹은 사과소스를 사용할 수가 있다. 탄수화물 식품 중 고구마는 당과 섬유소가 많아 위를 자극하므로 피하고, 감자는 자극성이 없으므로 찌거나 으깨서 수프에 사용하면 좋다.

채소 및 과일류

위에 자극이 되는 섬유소가 많고 향과 맛이 강한 야채는 제외한다. 당근, 시금치, 근대, 애호박, 쥬키니호박, 단호박, 콜리플라워 등은 익혀서 사용하도록 한다. 토마토는 유기산 성분이 많으므로 토마토가 들어간 케첩이나 토마토 페이스트, 주스 등은 피하도록 한다. 양배추 즙은 궤양 치료에 도움이 된다고는 하지만, 자극이 있으므로 당근과 같이 갈아 즙을 희석해서 식사 30분 전에 마신다.

과일류는 잘 익어 시지 않은 과일을 익혀서 부드러운 소스로 만들어서 제공한다. 모든 단 과일이나 말린 과일 그리고 과일 통조림은 당이 많거나 가미되어 위산 분비를 촉진하므로 제외한다.

단백질 식품(어육류 및 달걀류)

단백질은 위산을 중화시키는 작용을 하므로 궤양의 치유를 위해서도 충분히 섭취하는 것이 좋다. 한편으로 위산 분비를 자극하는 요소가 될 수도 있으므로 소화가 잘되는 조리 방법을 택하는 것이 중요하다. 육류의 경우 결합조직이나 지방이 많은 고기는 위를 자극하기 때문에 피하며 찜, 삶기, 끓이기 등 부드러운 습열조리가 바람직하다. 쇠고기 등 붉은 살코기red meat보다는 흰 살코기인 닭고기가 적합하고 영계백숙 등의 조리법이 적합하다.

궤양환자에게 좋은 단백질 급원으로는 육류보다는 조직이 부드러운 흰살 생선이나 게살 등이 좋다. 조리법은 육류와 같이 습열조리가 좋고, 구이는 피하도록 한다. 지질은 위 운동이나 위산 분비를 억제하고 위 내 체류시간을 길게 하므로 적당량 포함하는 것이 좋다. 또한 리놀레산과 ω-3계 지방산은 점막장애에 대한 저항성을 높이는 효과가 있으므로, 어육류 섭취를 통한 적당량의 지방섭취는 바람직하다. 육수는 위를 자극하는 추출물이 함유되어 있는 멸치국물은 적당하지 않으나, 흰살 생선 국물이나 기름기를 제거한 닭 국물은 궤양 환자를 위한 좋은 재료가 될 수 있다.

콩은 껍질에 섬유소가 많으므로 위의 자극을 피하기 위해 두부나 순두부, 두유 등으로 부드럽게 가공한 것이 좋고 기름에 튀긴 유부는 피한다. 달걀은 뜨거운 미음이나 죽에 풀거나 커스터드, 반숙, 수란, 달걀찜, 스크램블드에그 등 부드럽고 따뜻한 음식으로 조리하고, 달걀프라이는 피한다.

소화성 궤양 환자에게 제한해야 하는 음식

맵고 짠 음식(김치류, 찌개 등), 지방이 많은 음식(지짐, 볶음, 튀김 등), 인스턴트식품, 섬유소가 많은 식품(나물, 겉절이, 해조류, 샐러드 등), 과자류(소다가 든 것, 약과 등), 각종 조미료 등은 위산분비를 자극하고 위점막을 손상하므로 제한해야 한다.

부추, 파, 양파, 마늘, 생강과 같이 향미가 강한 채소에는 여러 가지 자극성 물질이 들어 있어 위벽을 자극하므로 제한한다. 건조식품인 말린 채소, 건어, 육포, 말린 과일, 말린 콩 등 딱딱한 식품은 상처에 자극을 주므로 피한다. 거친 음식보다 매끈하고 부드러운 음식을 선택한다. 고추, 겨자, 고추냉이, 카레, 식초, 핫소스, 토마토케첩, 우스터소스 등의 자극성이 강한 조미료는 위벽을 자극하므로 사용하지 않는다.

귤, 레몬, 자몽과 같이 신맛의 과실류, 샐러드드레싱, 초간장, 김치류, 피클 등의 산미가 강한 식품은 위를 자극하므로 피하고 커피, 코코아, 녹차, 홍차, 콜라, 커피케이크, 커

표 3-1 소화성 궤양 환자를 위한 식품 선택

식품군	허용식품	금지식품
곡류	미음, 죽, 진밥, 국수, 마카로니, 크림수프, 오트밀, 식빵, 카스텔라, 살짝 구운 토스트	된밥, 잡곡밥, 수제비, 냉면, 떡라면, 찐빵, 파이, 도넛, 보리빵
채소류	삶은 감자, 삶은 연한 채소, 당근, 시금치, 가지, 호박, 오이 등	김치, 생채소 섬유질이 많은 채소, 도라지, 셀러리, 더덕, 고사리, 우엉, 장아찌
과일류	시거나 떫지 않은 과즙 전부, 삶아 거른 사과즙, 잘 익은 바나나	생과일, 말린 과일, 종실류, 토마토
어육류 및 난류	삶아 다진 쇠고기와 닭고기, 쇠간, 생선국물, 흰살 생선, 굴, 두부, 수란, 반숙란, 달걀찜, 커스터드, 스크램블드에그	고기국물, 멸치국물, 기름지고 질긴 고기, 생선찜, 햄, 소시지, 베이컨, 오징어, 낙지, 젓갈류, 달걀부침, 달걀지단, 달걀프라이
우유 및 유제품	흰우유, 아이스크림, 치즈	초콜릿우유
조미료 및 기타	간장, 소금, 버터, 마가린, 참기름, 들기름, 콩기름, 설탕, 된장, 시지 않은 마요네즈	고춧가루, 고추장, 후추, 겨자, 계피, 카레, 케첩, 생강, 파, 마늘, 잼, 사탕, 커피, 홍차, 코코아, 초콜릿, 껌, 콜라, 수정과, 엿, 알코올음료, 튀긴 음식

피아이스크림, 커피푸딩 등 카페인이 들어 있는 식품과 주류, 맥주 등도 위액 분비를 촉진해 궤양의 상처 치유를 더디게 하므로 피한다. 또한 사이다, 콜라, 진저에일 등의 기포성 탄산음료는 위액 분비를 항진시키는 동시에 가스가 위 내용량을 증가시켜 궤양 증상을 악화시킨다. 기름에 튀긴 음식은 지방이 많아 위 내 체류시간이 길 뿐 아니라 튀기는 조리과정에 자극성분이 생기므로 제한한다.

(3) 기능성 위장장애 : 위하수증gastroptosis

기능성 위장장애란 식도, 위, 소장, 대장에 이르기까지 소화기 계통에 특별한 이상 없이 다양한 소화기 증상을 초래하는 경우를 말한다. 즉 여러 가지 소화기검사(위내시경검사, 위장촬영, 복부초음파검사 등)를 통해 그 원인을 찾을 수 없음에도 증상이 지속되는 경우에 '신경성 위염' 혹은 '비궤양성 소화불량'이나' 위하수증(체)' 등으로 이름 붙이는 진단으로, 그 자체로서는 질병이라 할 수는 없다.

① 원인과 위험요인

위하수증의 원인으로는 활동부족인 생활과 과식 및 폭식 등을 들 수 있다.

② 증상

위하수증의 자각증상은 늘어진 위 때문에 소화능력이 떨어지고 위의 내용물이 장으로 잘 내려가지 않아 조금이라도 음식 섭취량이 많아지면 위가 더부룩하고 거북해진다. 속이 메스껍기도 하고 구역질이나 토하는 증상과 속쓰림, 식후 위 압박감, 복부팽만감과 심하면 복통을 나타내기도 한다. 또한 혈액순환이 좋지 않아 얼굴이 창백하고 손발이 차가우며, 식욕이 없고 변비가 심한 경우가 많은데 식후 오른쪽으로 누워 있으면 이런 증상들이 완화되기도 한다.

③ 식사요법

위하수증의 식사요법은 소화가 잘되고 위 안에 장기간 머물지 않는 식품으로 소량씩 섭취하고 식사횟수를 조절하여 위에 부담을 주지 않으면서 영양가가 높고 식욕을 촉진할 수 있는 것 등을 기본으로 한다. 또한 늘어진 위를 정상으로 되돌리기 위해서는 운동이 필수로 식사 후 30분 정도 산보를 하며, 늘어난 내장과 복근을 단련하는 복근강화운동을 꾸준히 해야 한다. 위하수증에 권할 만한 음식을 식품군별로 정리하면 다음과 같다.

곡류 및 전분류

주식으로 된밥이나 수분이 많은 죽 종류는 피하고, 소화가 잘되는 진밥이나 토스트를 잘 씹어 먹도록 한다. 빵에는 위벽을 자극하는 꿀, 계피, 마멀레이드, 잼, 젤리 등을 발라 식욕이 나게 한다.

채소 및 과일류

채소류는 시금치, 쑥갓, 애호박, 두릅, 무나물, 당근나물, 아스파라거스, 봄의 완두콩, 상추샐러드, 토마토샐러드, 콜리플라워 등이 적합하다. 과일로는 사과소스, 바나나, 복숭아, 유자차, 레몬차, 꿀차, 귤차, 넥타 종류, 사과샐러드, 복숭아샐러드, 과일샐러드, 머스크멜론, 살구, 자두, 망고 등이 적합하다.

단백질 식품

단백질의 충분한 섭취는 위의 근육을 튼튼하게 한다. 따라서 부드러운 쇠고기로 만든 불고기, 편육, 족편, 약산적, 영계찜, 닭고기 샐러드, 닭간구이, 흰살 생선으로 만든 찜이나 구이, 부드러운 게살, 두부조림, 치즈, 반숙달걀, 달걀찜 등이 적당하다.

지방

튀긴 음식은 가능하면 피하고, 꼭 필요한 필수지방산은 양념기름, 버터, 크림 등으로 섭취한다. 크림 혹은 치즈수프는 열량 · 단백질 · 지방을 많이 포함하여 위하수증 환자에게 좋은 음식이다. 또한 기름기를 제거한 곰탕, 설렁탕, 내장국 등과 된장국도 권장한다.

기타

수분이 많은 주스 혹은 우유는 식사와 함께 마시는 것보다 식간에 섭취한다. 또한 하루 세 끼 이외에 중간식으로 영양과 열량을 배분하여 위의 부담을 덜어주는 것이 좋다.

(4) 덤핑증후군dumping syndrome

덤핑증후군은 위의 2/3 이상을 절제한 환자가 많은 양의 음식이나 액체를 섭취하여 이것이 십이지장으로 넘어가면서 발생하는 복합적인 증상이다.

① 원인과 위험요인

위를 절제함으로써 위액의 분비가 저하되고 유미즙을 형성하지 못하여 음식물이 덩어리째 급속히 십이지장이나 공장으로 유입(덤핑)되며, 위산과 펩신의 분비 감소로 단백질 소화와 철 흡수에 장애가 생긴다. 또한 내적 인자intrinsic factor의 분비 감소로 비타민 B_{12}의 흡수가 저하되며, 십이지장의 팽창으로 담즙 분비가 억제되어 단백질과 지방의 소화흡수가 어려운 대신 장내의 박테리아 작용이 활발해진다.

② 증상

조기덤핑증후군은 식후 10~20분부터 복부의 팽만감과 구토 등으로 시작되어 홍조, 발한, 현기증과 함께 탈력감을 유발하여 눕고 싶은 상태가 된다.

후기덤핑증후군은 식후 1~3시간 후 저혈당증을 동반하는데, 이는 조기덤핑증후군으로 인한 고혈당을 떨어뜨리기 위해 인슐린이 과다분비되어 오히려 혈당이 지나치게 떨어지기 때문이다. 이로 인해 무력감, 불안, 초조, 두통, 경련 등의 저혈당증상이 나타나는 것이다.

③ 식사요법

덤핑증후군 환자는 부드럽고 자극적이지 않은 음식을 하루에 5~6번 소량으로 나누어 천천히 잘 씹어서 섭취해야 한다. 식사 시 물이나 음료는 음식물의 위 통과시간을 단축시키므로 소량만 마시고, 유당을 포함한 당분이 많은 음식은 제한하며, 섬유소가 많은 채소, 곡류, 과일 등을 권한다. 식후에는 음식물이 십이지장으로 넘어가는 속도를 늦추기 위해 비스듬히 기대어 30~45분간 앉아 있는 것이 좋다.

3. 장질환

1) 장의 구조와 기능

(1) 소장의 구조

소장은 유문괄약근과 회맹판 사이에 있는 길이 6~7 m의 긴 소화관으로 십이지장duodenum, 공장jejunum, 회장ileum의 세 부분으로 구분된다. 십이지장은 유문괄약근에서 처음 20~30 cm, 공장은 그 다음 2/5, 회장은 나머지 3/5를 차지한다. 소장의 안쪽 벽은 점막층mucosa, 근육층muscularis, 장막층serosa의 3층을 이루고 있다. 소장 점막층은 내강으로 돌출하여 주름을 이루고 있는 융모villi와 융모의 점막세포에 배열된 미세융모microvilli를 가지고 있어 흡수 표면적을 넓히는 효율적인 구조를 형성하고 있다그림 3-3.

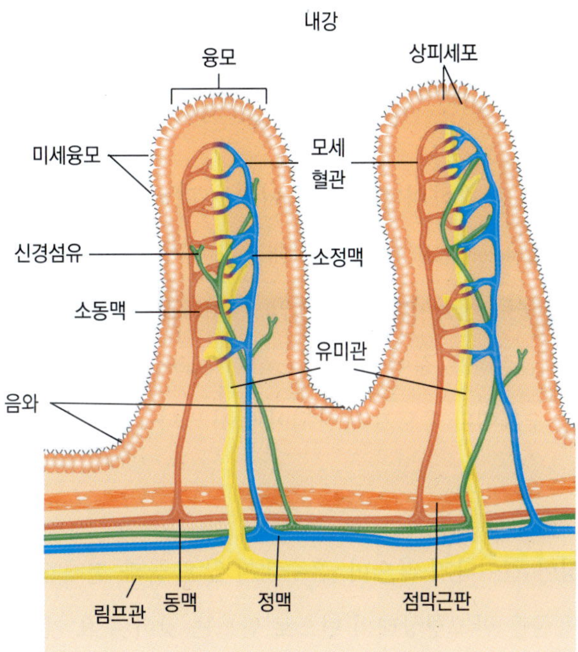

그림 3-3 융모의 구조

(2) 소장의 기능

① 운동

위에서 유미즙 상태로 넘어온 음식물을 소화액과 섞고 아래로 이동시키는 연동운동 peristalsis과 분절운동segmentation을 하면서 각종 영양소를 소화하고 흡수한다.

② 소화

소장의 상부, 즉 십이지장으로 췌장액, 소장액, 담즙이 분비되어 당질, 단백질, 지질 등 대부분의 영양소 소화가 이루어진다.

③ 흡수

단당류, 아미노산, 지방산 및 비타민, 무기질 등 영양소 대부분은 소장의 첫 1 m 정도(십이지장과 공장 상부)에서 흡수되지만 영양소마다 그 부위가 다르다. 철분은 십이지장, 단당류와 아미노산은 십이지장과 공장 상부, 지방은 공장, 비타민 B_{12}는 회장에서 각각 흡수된다. 수분은 절반이 소장에서, 나머지는 대장에서 흡수된다.

(3) 대장의 구조

대장은 회장 끝에서 시작하여 항문까지 이르는 길이 1.5~2 m의 소화관으로 맹장 cecum, 결장colon, 직장rectum으로 구분된다. 대장의 시작 부분인 맹장은 길이가 5 cm 정도이며 대장 중 가장 두터운 곳이다. 결장은 약 1.4 m로 상행결장, 횡행결장, 하행결장, S상결장으로 구분된다. 직장은 길이 15~20 cm로 비교적 곧으며 항문으로 연결된다. 대장의 점막 표면에는 주름이나 융모가 발달되어 있지 않다그림 3-4.

(4) 대장의 기능

대장은 소화과정이 일어나지 않으며, 흡수되지 않은 물과 전해질 등을 재흡수하여 액체상태의 회장 내용물을 반고형상태의 변으로 만드는 것이 주요 기능이다. 이 외에 소장에서 소화되지 않은 물질, 예를 들어 일부 섬유소는 대장의 박테리아에 의해 발효되어 물, 가스, 짧은사슬지방산을 만든다. 이렇게 생성된 짧은사슬지방산은 흡수되어 장세포의 에너지원이 된다.

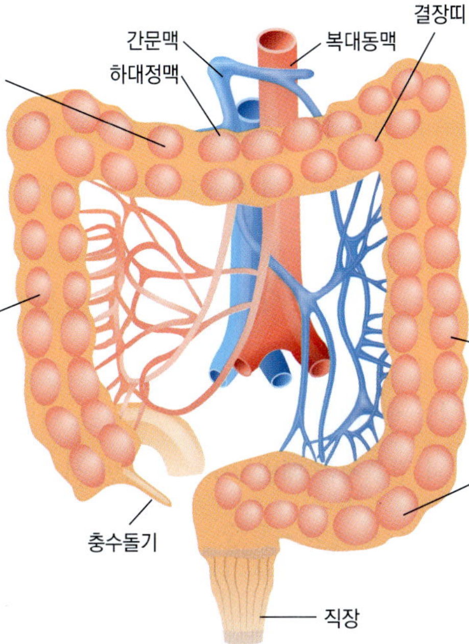

그림 3-4 대장의 구조

2) 장질환의 식사요법

(1) 변비constipation

배변의 횟수가 적고 힘든 상태를 변비라고 한다. 일반적으로 배변횟수가 일주일에 3회 이하일 때 변비라고 진단하며, 그 외에 너무 단단한 변을 보거나 배변 중 지나치게 긴장하는 것도 포함된다.

변비는 이완성 변비와 경련성 변비로 나눌 수 있다. 이완성 변비는 대장의 연동운동이 저하되어 장벽의 근육 힘이 약해지면서 변이 장 속에 머무는 시간이 많아져서 발생한다. 반면에 경련성 변비는 대장 내의 움직임이 강해서 장벽이 경련상태로 수축되어 변이 통과하기 어려운 경우이다. 일반적으로 변비라 하면 이완성 변비를 말하며, 경련성 변비는 과민성 대장증후군의 주된 증상이다.

① 원인

부적절한 식사

섬유소와 수분 섭취 부족은 변의 양을 감소시키고 상태를 굳게 한다. 아침 결식 등의 불규칙한 식사, 적은 식사량, 지방과 설탕의 과잉섭취도 변비의 원인이 된다.

생활습관

운동 부족, 배변 욕구를 오래 자주 참는 습관, 스트레스 등도 변비의 원인이 될 수 있다.

임신과 노화

임신 시에는 자궁이 대장을 눌러 변비가 더 자주 발생한다. 나이가 들면 장운동이 약해져 변비가 잦아지며, 노인의 경우에는 배변횟수보다 배변 시 지나친 긴장(과도하게 힘을 주는 것)이 더 문제가 된다.

약물

하제를 만성적으로 사용하거나 마약류, 제산제, 항경련제, 항우울제, 안정제, 철분보충제 등을 과다하게 복용할 때 변비가 생길 수 있다.

질병

당뇨병, 갑상선기능저하증, 만성신부전, 고칼슘혈증 등 대사질환, 그리고 암이나 소화기계 질환, 치질 등도 변비의 원인이 된다.

② 증상

변비 자체는 심각하지 않으나 오래 지속되면 치질로 발전할 수 있으며 출혈과 통증을 동반한다.

③ 식사요법

섬유소

과일, 채소와 전곡류 등에 함유된 섬유소는 수분 흡수와 장운동을 촉진하여 장 통과시간을 줄이므로 적절히 섭취하면 부드럽고 부피가 큰 변을 쉽게 볼 수 있다. 그러나 지나치게 많은 섬유소는 가스를 생성하여 헛배 부름과 같은 복부 불쾌감을 유발할 수 있으므로 개인의 나이나 상태에 따라 점차적으로 양을 늘려 고섬유소 식사를 하는 것이 좋다.

영양소 섭취기준(남 25g/일, 여 20g/일)보다 많은 양을 권장하나 하루 50g 이상을 넘지 않아야 한다.

수분

고섬유소 식사를 하면서 수분을 충분히 섭취하지 않으면 위석phytobezoars이 생기거나 오히려 변이 단단해질 수도 있으므로 주의해야 한다.

규칙적인 생활

규칙적인 식사와 배변습관, 적당한 운동이 중요하다. 변의가 느껴지면 참지 말고, 오랜 시간 무리하게 배변하지 않도록 한다. 설사약을 사용하는 방법도 있으나 가급적 자제한다.

알아두기

섬유소가 많은 식품

- 곡류 : 현미, 보리, 녹두, 수수, 율무, 조, 옥수수, 시리얼, 통밀빵, 잡곡빵 등
- 콩류, 팥, 두부, 고구마
- 채소류 : 말린 채소류, 말린 버섯류, 깻잎, 취나물, 냉이, 고사리, 더덕, 고춧잎, 토란대, 셀러리, 아욱, 우엉, 도라지, 고구마줄기, 늙은 호박, 시금치, 마늘, 풋고추, 파(김치), 갓(김치), 열무(김치), 배추(김치) 등
- 과일류, 해조류(김 · 미역 · 다시마 · 파래 · 톳 등)
- 종실류(들깨 · 깨 등), 견과류(땅콩 · 아몬드 · 호두 · 해바라기씨 등)

배변에 영향을 미치는 식품

- 변을 묽게 만드는 식품 : 사과주스, 포도주스, 자두주스, 양념이 많은 식품 등
- 변을 고형으로 만드는 식품 : 사과소스, 바나나 플레이크, 치즈, 땅콩버터, 마시멜로, 파스타, 펙틴, 감자, 프레첼, 흰 식빵, 쌀밥 등
- 완전소화가 안 되는 식품 : 셀러리, 코코넛, 옥수수, 팝콘, 견과류, 종실류(깨 · 해바라기씨 등), 생양배추, 오이, 피클, 파인애플, 과일의 껍질, 건포도 · 건올리브 등 말린 과일, 조미료 등
- 가스 생성 식품 : 옥수수, 말린 콩, 아스파라거스, 브로콜리, 양배추, 양파, 마늘, 고추, 달걀, 생선 등

(2) 설사diarrhea

설사는 묽은 변을 자주 보는 것으로, 소화관으로의 수분 유출이 증가하거나 삼출이 일어나 수분이 많은 장 내용물이 그대로 배출되는 현상이다.

① 원인

장운동의 항진으로 장 내용물이 빨리 통과하여 수분 흡수가 불충분하거나, 장의 흡수 기전에 손상이 있거나, 장점막의 염증으로 수분 분비가 항진되었거나, 고삼투성 물질이 장내에 많이 있을 때 나타난다. 염증성 질환, 감염(곰팡이·박테리아·바이러스 등), 약물, 당의 과잉섭취, 장점막의 기능부전이나 손상, 소화기계 수술, 영양실조 등이 원인으로 작용한다.

삼투성 설사

소장에서 영양소 등 삼투성 물질이 흡수되지 못하고 대장으로 이동하면 대장(결장)의 삼투압이 높아져 수분이 결장으로 이동하면서 설사를 유발한다. 주로 유당, 잘 소화되지 않는 당류(과당·당알코올)의 과잉섭취, 마그네슘이나 인을 함유한 하제 사용, 덤핑증후군 등에 의해 발생한다. 항생제의 만성적인 복용으로 대장 내 박테리아의 수가 줄어들면 박테리아에 의한 탄수화물과 아미노산의 분해가 감소하고 이들이 삼투성 물질로 작용하여 설사를 일으킬 수 있다.

분비성 설사

박테리아의 독소 등으로 인해 수분과 전해질이 장의 상피세포로부터 장관 내로 분비되는 현상이다. 항생제는 몸에 이로운 균까지 죽이기 때문에 병원성 균이 증식할 수 있는 기회가 많아져 병원성 균과 그 독소에 의해 설사가 발생할 수 있다.

삼출성 설사

장점막의 손상으로 점액, 혈액 등이 유출됨으로써 장에 수분과 전해질 등이 축적되어 발생한다. 궤양성 대장염, 방사선에 의한 장염 등에서 나타난다.

장점막과의 접촉 제한성 설사

유미즙의 내용물이 잘 섞이지 않거나 장점막과의 접촉이 제한될 때 영양소의 흡수가 감소하고 설사가 발생한다. 크론병, 장을 절제한 경우의 설사가 여기에 속한다.

② 증상

액체 같은 묽은 변을 빈번하게 배출하는 것이 특징으로, 수분과 전해질, 특히 나트륨과 칼륨이 과도하게 손실될 수 있다. 소장의 내용물이 빠르게 이동하면서 소화가 원활하지 못하여 영양소나 수분의 흡수가 감소한다. 정도가 심하거나 일정기간 이상 지속되는 설사는 탈수와 전해질 불균형을 초래하고, 만성적인 설사는 체중 감소와 영양실조를 동반하기도 한다. 매우 심한 경우에는 열, 경련, 소화불량, 출혈 등이 함께 일어나며 소장과 대장의 구조적인 변화도 일으킬 수 있다.

③ 식사요법

손실된 수분과 전해질을 공급하여 체액의 균형을 되살리고 영양상태를 호전시켜야 한다. 동시에 설사의 원인을 파악하여 치료하는 것이 중요하다. 장이 쉴 수 있도록 조치하며, 증상이 심할 때는 1~2일 금식을 권한다.

급성설사

처음에는 저섬유소 식사에서 시작하여 차차 섬유소의 함량을 늘린다. 초기에는 유당을 제한하는 것이 좋으며 지방을 특별히 제한할 필요는 없다. 설사가 멈추고 상태가 호전되면 음식의 양을 조금씩 늘려 충분한 영양소를 공급한다. 영유아의 급성설사는 탈수 때문에 매우 위험하므로 수분과 전해질을 바로 공급하도록 한다.

만성설사

설사가 만성이 되면 영양불량의 문제를 초래하므로 영양소를 충분히 공급해야 한다. 체중과 체단백의 급격한 감소를 막기 위해 고열량식과 고단백식을 공급하며 필요시 정맥영양의 지원도 고려할 수 있다.

- 수분과 전해질 공급 : 우선 전해질 용액, 수프나 국물, 채소주스, 과일주스, 기타 등 장액 등으로 수분과 전해질을 공급한다.
- 유당 제한과 저잔사 및 저지방 : 고삼투성 당류, 수분의 분비를 촉진하는 성분, 장 통과시간을 빠르게 하는 성분 등을 제한한다. 즉, 과당과 당알코올은 흡수율이 낮으므로 수분을 끌어들여 삼투성 설사를 유발하고, 유당불내증이 있는 사람도 같은 이유로 유당에 의해 설사가 발생하므로 주의한다. 지방도 장 통과시간을 단축시켜 설사를 악화시킬 수 있다.
- 가스 생성 식품 제한 : 장내 가스 생성 식품도 복부를 팽창시키므로 피한다.
- 카페인과 알코올 제한 : 카페인이 장운동을 자극하여 수분의 재흡수를 방해하고 장

액의 분비를 촉진하므로 커피와 차는 피한다. 알코올 역시 장액의 분비를 촉진하므로 삼간다.

- 프리바이오틱스, 프로바이오틱스 : 펙틴, 과당분해 소당류, 이눌린, 귀리, 바나나 플레이크, 치커리 등의 프리바이오틱스prebiotics가 함유된 보충제를 사용하는 것도 도움이 된다. 프리바이오틱스는 락토바실러스나 비피더스균의 성장을 촉진하여 다른 병원성 균의 과성장을 막아주기 때문이다. 유익한 장내세균총을 재건해주는 균의 급원인 프로바이오틱스probiotics의 섭취도 유용하다. 요구르트나 보충제의 형태로 섭취한다.
- 섬유소 : 설사가 완화되면 섬유소를 정상보다 약간 늘리는 것이 정상적인 점막기능을 회복시키고 수분과 전해질의 흡수를 증가시키며 변을 굳게 하는 데 효과가 있다.

(3) 과민성 대장증후군irritable bowel syndrome: IBS

대장운동이 비정상적으로 항진되어 변비와 설사, 복통, 식후 팽만감 등을 일으키는 흔한 장질환이다. 주로 설사를 하거나 설사 또는 변비가 반복되며 경련성 변비라고도 한다. 장조직에 심각한 손상은 없으며 염증도 나타나지 않는다.

① 원인

정확한 원인은 밝혀지지 않았으나 식품, 약물, 스트레스 등이 관련된 것으로 알려져 있다. 유전적 요인도 있으며, 청소년에게 많이 나타나고, 유년 시절에 위장이 허약했던 사람과 대장질환의 병력이 있는 사람, 신경이 예민한 사람 등에게 빈발한다. 특정 식품에 대해 알레르기나 과민반응이 있는 가족력도 증상을 악화시킨다.

과민성 대장증후군 환자는 외부 자극에 대하여 대장이 매우 예민하게 반응하고 쉽게 경련을 일으킨다. 자극을 일으키는 요인으로는 초콜릿, 카페인, 우유, 알코올 등이 있으며 정신적 스트레스도 신경계를 통하여 대장운동의 이상을 초래할 수 있다. 이외에도 하제의 남용, 항생제, 장질환, 불규칙한 수면과 휴식, 불규칙한 수분섭취 등으로 증세가 심화될 수 있다.

② 증상

복통, 변비, 설사, 식후 복부팽만 등의 증세가 나타난다. 많은 환자가 정상적인 장의 팽창에 과민반응을 보이고 정상적인 음식물의 이동과 장내 가스에 대해 불편함을 느낀다. 그리고 식사 후에 장의 운동성이 지나치게 항진되어 설사가 나거나, 반대로 저하되어 변비를 일으킨다. 특히 식후의 대장운동에 의해 배변욕구는 있으나 실제로는 배변이 안 되는 경우가 많다.

③ 식사요법

변비와 설사를 예방하고 적절한 영양상태를 유지하기 위하여 수분과 전해질 균형을 유지한다. 양질의 식사가 특히 중요하다. 급성인 경우나 지속적으로 설사가 있는 경우에는 저섬유소 식사를 하고 증세가 완화되면 서서히 고섬유소 식사로 전환한다.

식품 제한

섭취 시 장에 불편을 주는 식품을 확인하여 제한한다. 일반적으로 우유, 가스 생성 식품, 초콜릿, 카페인, 알코올, 다량의 과당 및 소비톨 함유 식품, 밀가루 음식 등이 이에 속하지만 개인차가 크기 때문에 일률적으로 다루지 말고 상태에 따라 적절히 적용한다.

유당

유당은 장을 자극하므로 삼간다. 따라서 우유보다는 요구르트가 더 적합하다.

지방

지방은 대장운동을 촉진하고 경련을 일으키므로 제한한다. 식물성 기름이나 어패류를 섭취하고 동물성 지방은 피한다.

섬유소

섬유소는 대장을 적당히 확장시켜 경련을 예방할 수 있고 변을 부드럽게 하여 배변을 쉽게 한다. 따라서 섬유소의 섭취량을 늘릴 것을 일반적으로 권장하지만 일부 환자는 많은 양의 섬유소가 오히려 증세를 악화시킬 수 있기 때문에 권장섭취량 수준을 넘으면 안 된다. 경우에 따라 고섬유소 식사가 가스를 생성할 수 있으므로 섬유소의 함량을 서서히 늘리도록 한다.

수분

수분을 충분히 섭취함으로써 배변을 원활하게 한다. 특히 고섬유소 식사를 할 때 적당한 수분섭취가 중요하다. 아침 일찍 차가운 물을 마시는 것이 도움이 된다.

식습관

조금씩 자주 먹는다. 과식을 하면 장경련과 설사를 동반하기 쉬우므로 과식하지 않도록 주의한다.

생활습관

스트레스를 줄이고 규칙적인 운동을 한다. 특히 복근운동을 통해 직접적으로 장의 운동을 촉진한다. 규칙적인 배변습관을 기르고 아랫배는 항상 따뜻하게 한다.

(4) 글루텐 민감성 장질환gluten-sensitive enteropathy: GSE

셀리악병celiac disease, 만성소화장애증, 비열대성 스프루nontropical sprue라고도 불린다. 영유아가 글루텐gluten이 함유된 식품을 접하면서 바로 나타나기도 하고 중년이 된 후에 발생하기도 한다.

① 원인

밀단백인 글루텐의 성분인 글리아딘에 의해 장점막의 융모가 손상되어 영양소의 소화와 흡수가 저하되면서 나타난다. 글리아딘이 점막 융모에 영향을 주는 기전은 확실하지 않으나 유전적 소인과 면역기능장애 등이 관여된다고 보고되어 있다. 이 질환은 글루텐에 대한 비정상적인 자가면역반응에 의해 나타나는데, 즉 글루텐이 소화효소에 의해 완전히 소화되지 못하고 소화기의 면역체계와 반응하여 소장점막에 염증반응을 일으키고 나아가 일반 면역체계에도 영향을 준다.

② 증상

영양소의 소화와 흡수 불량이 나타난다. 즉 소장점막의 융모가 손상을 입어 손실되거나 짧아지면서 소장점막이 평평해져 그 표면적이 줄어들고, 그 결과 영양소의 흡수면적과 운반체가 감소하면서 영양소의 흡수가 불량해지는 것이다. 유당분해효소의 결핍으로 유당불내증이 발생할 수 있다. 어린이에게 나타나는 증세로는 설사, 성장부진, 분출성 구토projectile vomiting, 복부팽만, 변의 이상 등이 있으며, 성인에게는 설사, 지방변, 체중감소, 허약, 피로, 빈혈, 골질환 등이 나타난다.

③ 식사요법

임상적 증상을 완화하고 흡수기능을 정상화하며 점막 내 융모를 재생하는 것이 목표이다. 식사에서 글루텐을 제외하면 일정기간 후 증상이 호전되나 완전한 회복은 어렵다.

무글루텐 식사gluten-free diet

- 글루텐 제한식을 실시한다. 즉 글루텐이 함유된 밀, 호밀, 보리, 귀리, 메밀 등의 곡류를 식사에서 제외한다. 대체 곡류로 쌀, 옥수수, 감자, 콩, 타피오카, 칡, 글루텐을 제거한 밀가루 등을 사용한다.
- 밀이나 글루텐은 식품의 가공과정에서 널리 사용되므로 성분 표시를 확인해야 한다. 표시를 보고 밀가루, 곡분, 밀배아, 맥아, 조, 유화제, 전분, 안정제, 향료, 가수분해한 채소가 들어간 식품은 피한다.
- 글루텐을 함유한 식품을 얼마나 철저하게 제한해야 하는가는 환자의 예민도에 따라 다르다. 정도가 심하지 않은 환자는 밀을 다소 포함한 제품을 사용할 수도 있다.

표 3-2 글루텐 제한식의 제한식품

제한식품	주요 내용
육류	빵가루를 입히거나 크림소스 또는 그레이비로 조리한 음식
우유, 유제품	맥아유, 맥아분유
곡류	• 밀, 호밀, 보리, 귀리, 메밀 • 라이밀(triticale), 밀배아, 밀겨, 밀가루, 밀전분 • 밀가루로 만든 빵, 제과류, 시리얼, 파스타, 국수, 토르티야, 라면, 수제비, 한과류 • 시판용 프리믹스류, 당밀, 보리개떡, 밀개떡
과일류, 채소류	반죽을 입히거나(튀김 · 전 · 부침 등) 화이트소스로 조리한 채소류
후식	• 밀가루를 사용한 푸딩, 글루텐 안정제를 사용한 아이스크림이나 셔벗 • 밀 · 호밀 · 보리가 들어간 제과류 및 제빵류, 약과, 매작과, 밀가루로 만든 다식
음료	맥주, 맥아음료, 곡류음료, 식혜, 보리수단, 보리차, 보리미숫가루

알아두기

글루텐 함유 가능 가공식품

- 밀가루가 함유된 시판용 장류(간장 · 된장 · 고추장)
- 시판용 쌀가루, 시판용 감잣가루, 시판용 수프, 수프가루
- 샐러드드레싱, 냉동 육류제품, 인조육, 채소 조미제품, 채소 통조림
- 초콜릿, 초콜릿우유, 코코아, 시판용 사탕, 캐러멜 색소, 시럽, 조청
- 마요네즈, 케첩, 겨자, 피클, 식초

기타 영양관리

- 글루텐 민감성 장질환의 2차적인 특징으로 유당불내증이 나타나기도 하므로 이러한 경우 유당을 제한하는 것이 바람직하다. 설탕에 대한 불내성이 있는 경우 설탕을 제한한다.
- 흡수장애와 이에 따른 체중감소가 우려된다면 고열량식과 고단백식을 권장한다.
- 상태가 심각하면 비타민과 무기질 보충제를 공급한다. 특히 빈혈치료를 위해 철분, 엽산, 비타민 B_{12}의 보충을 권장한다.
- 일부 환자의 경우 지방과 섬유소는 위장관기능이 호전될 때까지 제한한다.

(5) 염증성 장질환inflammatory bowel disease: IBD

장에 염증이 생겨 점막조직이 손상되는 만성염증성 질환으로, 원인과 염증이 생기는 부위에 따라 크론병과 궤양성 대장염으로 나눌 수 있다. 크론병은 모든 소화관에서 생길 수 있으나 주로 회장과 결장에서 발생하며 정상 부위와 병변 부위가 섞여 있다. 궤양성 대장염은 주로 대장과 항문에 염증이나 궤양이 생기는 증상이다그림 3-5.

① 원인

정확한 원인은 밝혀지지 않았으나 유전적 요인과 면역기능의 변화(자가면역), 미생물에 의한 변화, 그리고 스트레스와 같은 심리적 요인 등이 관여하는 것으로 알려져 있다. 식사 내용도 장에 상주하는 미생물균총을 바꿀 수 있으므로 염증성 장질환의 원인이 된다.

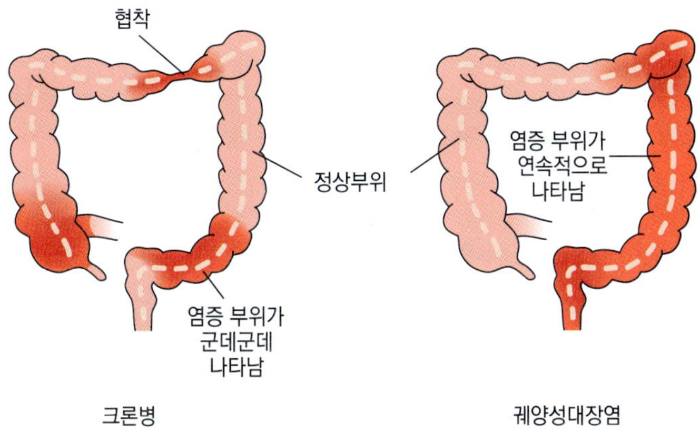

그림 3-5 크론병과 궤양성 대장염

② 증상

주요 증상으로 설사, 발열, 식욕부진 등이 있으며, 장기간 지속되면 이로 인한 섭취량 감소와 영양소 손실 증가로 영양불량이 초래된다. 반면 감염, 발열 등에 의한 영양소 요구량이 증가하여 영양불량이 가속화된다. 적절한 치료가 이루어지지 않을 경우 빈혈이 발생하며, 체중감소, 성장부진 등이 나타나기도 한다.

크론병

병이 진전되면 염증이 장세포 깊숙이 퍼져서 궤양, 균열, 누공이 생겨 장의 조직이나 세포 사이에 액체나 분비물이 서로 뒤엉킨다. 상처가 난 조직은 장벽을 두껍고 단단하게 만들기 때문에 장관이 좁아지고 심하면 협착이나 폐색을 일으킨다.

궤양성 대장염

염증은 직장에서부터 결장으로 진행된다. 염증이 장을 따라 확산되며 조직의 침식과 궤양이 일어난다. 설사와 혈변은 궤양성 대장염의 특징적 증세로서 심할 때는 하루에 20~30회 변을 보는데 여기에 혈액, 고름, 장점막이 헐어서 떨어져 나온 점액 등이 섞여 나온다.

증세가 약할 때는 체중손실, 발열, 허약 등이 나타나며, 심해지면 출혈에 의한 빈혈, 탈수와 전해질 불균형을 동반한다. 질환이 계속되면 대장암의 발생 위험률이 매우 높아진다.

③ 식사요법

염증성 장 질환자, 특히 크론병 환자는 흔히 영양불량이 나타난다. 식사 후 수반되는 통증이나 설사에 대한 두려움에 따른 식욕저하와 섭취량 감소, 그리고 흡수불량·설사·출혈 등으로 인한 영양소 손실 증가, 약물과 영양소의 상호작용, 영양요구량의 증가 등이 영양불량의 원인이 된다. 따라서 영양불량 및 이와 관련된 제반 증상을 예방하는 것이 목표이다. 또 장점막의 상처를 치유하고 염증과 협소해진 장 부위에 대한 자극을 최소화한다. 필요에 따라 보충제와 경장영양을 공급한다. 회복기에는 개인의 수용 정도에 따라 식품 선택의 폭을 넓힌다.

크론병

- 병이 악화될 때는 저잔사식과 저지방식을 소량씩 자주 공급함으로써 배변량을 줄이고 흡수불량을 개선할 수 있다. 경관급식을 식사와 함께 또는 단독으로 사용해도 좋다.
- 어느 정도 회복되면 적극적인 영양공급이 필요하다. 고열량식과 고단백식으로 영양불량과 어린이의 성장부진 등을 예방하고, 흡수불량에는 비타민과 무기질 보충제 등으로 영양소를 공급한다. 결핍의 우려가 있는 영양소는 철분, 마그네슘, 아연, 칼슘, 비타민 D, 비타민 B_{12}, 엽산 등이다.
- 회복 시에는 합병증이 나타나지 않는 한 식사제한을 하지 않는다.
- 설사를 할 경우 적당한 수분 보충이 필요하며 유당, 과당, 솔비톨 등을 제한하는 것이 설사나 가스가 차는 증세를 개선하는 데 도움이 된다.
- 소장 부위의 염증이 심하여 폐색이 있는 경우 경구섭취를 중단하고 정맥영양을 실시한다. 부분적인 폐색이 있는 환자는 고섬유소 식사를 제한한다.

궤양성 대장염

- 궤양성 대장염 환자는 대부분 식사조정이 필요 없다. 특별한 증세와 합병증이 생기면 크론병과 마찬가지로 조정하면 된다.
- 병이 악화되는 동안에는 수분을 보충하고 전해질의 균형을 맞추는 것이 우선이며, 출혈과 설사량의 정도에 따라 적당한 에너지와 단백질, 수분, 전해질을 공급한다. 저섬유식이는 배변량을 줄이므로 경련을 감소시키는 효과가 있다.

- 결장이 심하게 손상된 경우에는 음식물을 먹을 수 없으므로 결장기능이 어느 정도 회복될 때까지는 수분과 전해질을 정맥으로 공급한다.

④ 약물치료

염증조절과 조직재생을 위해 설파살라진, 코르티코스테로이드와 같은 소염제와 항균제, 면역억제제를 사용한다. 이들 약물은 일부 영양소의 흡수불량을 초래하기도 하는데, 설파살라진은 엽산의 흡수를 저해하며, 코르티코스테로이드는 소장에서 칼슘 흡수율을 낮춰 장기간 복용 시 골다공증을 유발할 가능성이 있다.

식사요법 실습

위궤양 유동식

1. 실습목표

소화성 궤양식은 궤양 부위의 증상과 회복 정도에 따라 급성기에는 1~2일간 절식하고, 그 후에 유동식·연식·회복식 등 단계적으로 실시한다. 본 실습에서는 위궤양 유동식의 식단구성 및 조리법, 영양소 섭취량 등에 대해 알아본다.

2. 실습식단

구분	음식명	분량(mL, g)	영양가
아침	조미음 호상요구르트 맑은 육즙 물김치	200 110(1개) 200 70	• 열량 1,500 kcal • 당질 230 g • 단백질 55 g • 지방 40 g
10시 간식	영양음료(뉴케어)	200	
점심	난황미음 크림수프 매시드포테이토	200 200 200	
15시 간식	커스터드 사과주스	100 100	
저녁	조미음 오렌지주스 우유	200 100 200	
22시 간식	사과푸딩	100	

3. 조리방법

(1) 맑은 육즙

• 재료 : 쇠고기(살코기) 200 g, 소금 1/3작은술, 후춧가루 약간

① 쇠고기는 기름기 없는 살코기로 곱게 다진다.

② 그릇에 담아 익을 때까지 중탕한다.

③ 다 익으면 베보자기에 싸서 꼭 짠 후 즙에 후춧가루와 소금을 넣어 따끈할 때 제공한다.

(2) 물김치

• 재료 : 무 소량, 소금 소량, 물

① 손질한 무를 작고 납작하게 썬다.

② 썰어 놓은 무에 소량의 소금과 물을 넣는다.

(3) 난황미음

• 재료 : 쌀 30 g, 난황 10 g, 물 2~3컵

① 불린 쌀에 물을 약간 붓고 곱게 갈아 고운체에 밭쳐 체에 남은 찌꺼기는 버리고 쌀 간물을 사용한다.

② 두꺼운 냄비에 쌀 간물과 남은 물을 부어 나무주걱으로 저으면서 충분히 끓인다.

③ 세척한 달걀을 깨뜨려 난황을 분리한 후 잘 젓는다.

④ 불을 끄고 약간 식힌 미음에 난황을 넣고 엉기지 않도록 잘 섞는다.

(4) 크림수프

• 재료 : 밀가루 10 g, 버터 10 g, 육수(물) 1컵, 우유 50 g, 생크림 50 g, 소금 약간

① 두꺼운 냄비에 버터를 넣고 약한 불에서 서서히 녹인 후 밀가루를 볶는다.

② 육수(물)를 조금씩 부으면서 잘 저어 뭉근하게 끓인다.

③ 위 ②에 우유를 붓고 저으면서 끓이다가 마지막에 생크림으로 농도를 조절하고 소금으로 간을 한다.

(5) 매시드포테이토

• 재료 : 감자 140 g, 우유 100 g, 버터 2.5 g, 소금 약간

① 껍질을 벗긴 감자를 토막 내어 삶아 뜨거울 때 으깬 후 체에 내린다.

② 팬에 버터를 녹인 후 으깬 감자, 우유, 소금을 넣고 잘 저어 걸쭉하게 만든다.

(6) 커스터드푸딩

• 재료 : 달걀 55 g, 우유 50 g, 설탕 약간, 버터 약간

① 달걀과 우유를 섞고 거즈에 거른 후 설탕을 넣고 잘 젓는다.

② 푸딩 그릇 안쪽에 버터를 약간 바르고 달걀 혼합액을 부은 후 찜통에서 약 15분간 찐다.

③ 너무 센 불에서 찌면 부드러운 푸딩이 나오기 어렵다.

(7) 사과푸딩

• 재료 : 사과 100 g, 우유 50 g, 버터 약간

① 사과즙과 우유를 섞어 거즈에 거른 다음 설탕을 넣고 잘 젓는다.

② 푸딩 그릇 안쪽에 버터를 약간 바르고 달걀 혼합액을 부은 후 찜통에서 약 15분간 찐다.

③ 사과도 역시 너무 센 불에서 찌면 부드러운 푸딩이 나오기 어렵다.

4. 실습평가

식품교환표를 참고하여 실습식단의 영양가를 분석하시오.

구분	음식명	재료	분량	교환군	교환단위	열량	당질	단백질	지방
아침	조미음	쌀	15	곡류	1/2	50	11.5	1	-
		메조	30	곡류	1	100	23	2	-
	호상요구르트	요구르트	110	우유	1	125	10	6	7
	맑은 육즙	육수	200	어육(저)	1	50	-	8	2
	물김치	무	소량						
10시 간식	영양음료(뉴케어)								
점심	난황미음 크림수프 매시드포테이토								
15시 간식	커스터드 사과주스								
저녁	조미음 오렌지주스 우유								
22시 간식	사과푸딩								
총 영양소 섭취량				• 열량 kcal • 당질 g(%) • 단백질 g(%) • 지방 g(%)					

5. 결론 및 고찰

위궤양 연식

1. 실습목표

위궤양 연식 단계에는 위에 자극을 주지 않는 부드럽고 소화하기 쉬운 음식, 즉 저섬유, 무자극성 식사를 소량씩 자주 먹는다. 본 실습에서는 궤양 연식에 사용되는 식품의 종류, 조리법 및 영양기준량에 대해 알아본다.

2. 실습식단

<table>
<tr><th>구분</th><th>음식명</th><th>분량(mL, g)</th><th>영양가</th></tr>
<tr><td>아침</td><td>흰죽(원미죽)
닭정육조림
수란
호박나물
간장
물김치
바나나</td><td>350
50
45
55
10
70
60</td><td rowspan="6">• 열량 1,950 kcal
• 당질 295 g
• 단백질 90 g
• 지방 45 g</td></tr>
<tr><td>10시 간식</td><td>타락죽</td><td>150</td></tr>
<tr><td>점심</td><td>흰죽(원미죽)
미역국물
가자미조림
무나물
간장
나박김치
과일 통조림(황도)</td><td>350
250
30
60
10
70
60(반절 1쪽)</td></tr>
<tr><td>15시 간식</td><td>크림수프</td><td>150</td></tr>
<tr><td>저녁</td><td>흰죽(원미죽)
생선탕
달걀고기찜
시금치나물
간장
물김치</td><td>250
50
60
10
70</td></tr>
<tr><td>22시 간식</td><td>영양음료(뉴케어)</td><td>200</td></tr>
</table>

3. 조리방법

(1) 닭정육조림

• 재료 : 닭정육(가슴살) 40 g, 양파, 당근 약간, 양념장(파 · 마늘 · 간장 · 생강 · 술 · 후추 · 깨 소금)

① 닭가슴살, 양파, 당근을 깨끗이 다듬어 씻어 적당한 크기로 썬다.

② 양념장을 만들어 1/2 분량은 따로 남기고 닭가슴살을 버무려 잠시 재워 둔다.

③ 냄비에 재워 둔 닭가슴살을 살짝 볶다가 겉이 익으면 더운물을 약간 두르고 중불에서 끓인 후 나머지 양념장과 야채를 넣고 조린다.

(2) 수란

• 재료 : 달걀 1개, 참기름 약간, 소금 약간

① 냄비에 국자가 넉넉히 잠길 만큼 물을 붓고 식초와 소금을 넣어 끓인다.

② 국자에 참기름을 고르게 바른 후 달걀을 조심스럽게 넣어 끓는 물에 국자를 반쯤 넣고 반숙으로 익힌다.

③ 반쯤 익으면 국자를 끝까지 푹 담가 겉이 익으면 건진다.

(3) 호박나물

• 재료 : 애호박 70 g, 참기름 약간, 소금 약간

① 호박의 껍질과 씨를 제거하고 얇게 편썰어 눈썹 모양으로 만든 후 소금에 살짝 절인다.

② 냉수에 헹구어 물기를 뺀 후 참기름에 볶는다.

(4) 타락죽

• 재료 : 쌀 30 g, 우유 100 g

① 불린 쌀과 3배 분량의 물을 믹서에 갈아 고운체에 밭쳐 체에 남은 찌꺼기를 버린다.

② 두꺼운 냄비에 갈은 쌀을 넣고 가끔 나무주걱으로 저으면서 끓인다.

③ 한 번 끓어올라 거의 흰죽이 되면 우유를 조금씩 넣으면서 나무주걱으로 멍울지지 않게 풀어 가며 잠시 더 끓인다.

(5) 미역국물

• 재료 : 미역 5 g, 쇠고기(사태) 20 g, 참기름 2.5 g, 간장 약간, 소금 약간, 다진 마늘 1큰술, 다진 파 1큰술

① 미역을 물에 불린다.

② 쇠고기에 물 6컵을 붓고 으깬 마늘을 넣어 고기의 맛이 우러나도록 푹 삶는다.

③ 미역이 불으면 손으로 주물러 깨끗이 씻은 후 6 cm 길이로 자른다.

④ 쇠고기가 익으면 건져 납작납작하게 썰고 국물은 식은 후 위에 뜬 기름을 걷어 낸다.

⑤ 냄비에 쇠고기 삶은 육수와 쇠고기를 끓이다가 간을 맞추고 준비한 미역을 넣어 다시 한번 끓인다.

⑥ 마지막에 다진 파를 넣고 불에서 내린 후 국그릇에 담는다.

(6) 가자미조림

• 재료 : 가자미 50 g, 간장 1큰술, 설탕 약간

① 생선을 손질한다.

② 간장물(간장 : 설탕 : 물＝2 : 1 : 4)이 끓을 때 생선을 넣고 약한 불에서 조린다.

(7) 무나물

• 재료 : 무 70 g, 참기름 약간, 소금 약간

① 채썬 무를 냄비에 넣고 참기름으로 조금 볶다가 물을 약간 두르고 푹 익힌다.

(8) 나박김치

• 재료 : 배추, 무 소량, 고춧가루 1큰술, 소금 약간

① 배추속대를 깨끗이 씻어 물기를 뺀 후 2.5 cm 크기의 네모로 썬다.

② 무를 깨끗이 씻어 2.5 cm 크기의 네모로 얇게 썬다.

③ 고춧가루는 주머니에 싸서 소금으로 간을 한 국물에 넣고 흔들어 붉게 물들인다.

④ 고춧가루로 색을 낸 국물에 재료들을 넣는다.

(9) 생선탕

• 재료 : 동태살 50 g, 당근, 양파, 다시마 소량, 소금 약간

① 다시마로 국물을 만들어 채소와 동태살을 넣은 후 끓인다.

(10) 달걀고기찜

• 재료 : 달걀 55 g, 쇠고기 10 g, 소금, 후추 약간

① 쇠고기를 곱게 다져 소금과 후추를 넣고 볶는다.

② 달걀을 잘 풀어 약간의 물과 볶은 쇠고기를 넣고 찜기에 찐다.

(11) 시금치나물

• 재료 : 시금치 70 g, 마늘 소량, 참기름 2.5 g, 소금 약간

① 시금치를 다듬어 끓는 소금물에 넣고 파랗게 데친 후 재빨리 찬물에 헹구어 물기를 짠다.

② 데친 시금치에 마늘, 소금, 참기름을 넣고 무친다.

4. 실습평가

식품교환표를 참고하여 실습식단의 영양가를 분석하시오.

구분	음식명	재료	분량	교환군	교환단위	열량	당질	단백질	지방
아침	흰죽(원미죽)	쌀	75						
	닭정육조림	닭가슴살	40						
	수란	달걀	55						
	호박나물	애호박	70						
		참기름	2.5						
	간장	간장	10						
	물김치	무	소량						
		배추	소량						
	바나나	바나나	60						
10시 간식	타락죽	쌀	30						
		우유	100						
점심	흰죽(원미죽)	쌀	90						
	미역국물	미역	5						
		쇠고기	20						
		참기름	2.5						
	가자미조림	가자미	50						
	무나물	무	70						
		참기름	2.5						
	간장	간장	10						
	나박김치	배추	소량						
		무	소량						
	과일 통조림(황도)	황도	60						
15시 간식	크림수프	밀가루	10						
		버터	10						
		우유	100						
저녁	흰죽(원미죽)	쌀	90						
	생선탕	동태살	50						
		다시마	소량						
		당근	소량						
		양파	소량						
	달걀고기찜	달걀	55						
		쇠고기	10						
	시금치나물	시금치	70						
		참기름	2.5						
	간장	간장	10						
	물김치	무	소량						

(계속)

구분	음식명	재료	분량	교환군	교환단위	열량	당질	단백질	지방
22시 간식	영양음료(뉴케어)	뉴케어	200						
총 영양소 섭취량				• 열량 kcal • 당질 g(%) • 단백질 g(%) • 지방 g(%)					

5. 결론 및 고찰

CHAPTER 4

간·담도계 및 췌장 질환

1. 간질환
2. 담도계 질환
3. 췌장질환

이 장을 보기 전에

간은 인체의 화학공장으로 체내대사의 중심이 되고 재생능력과 생체 활성이 높은 장기이다. 소장에서 흡수한 영양소의 처리 · 교환, 헤모글로빈 처리, 담즙배설, 해독 등의 다양한 역할을 하는 중요한 장기이기도 하다. 그런 만큼 간질환도 다양하여 바이러스성 간염, 이와 관련이 있는 질환으로 간경변, 간암, 지방간, 담석증 등이 간의 장애를 초래한다. 따라서 간질환의 영양치료는 기본적으로 식사요법과 심신안정이 중요하다.

학 / 습 / 목 / 표

1. 간의 기능을 설명할 수 있다.
2. 간의 영양소 대사를 이해할 수 있다.
3. 간질환의 임상검사법을 이해할 수 있다.
4. 간질환의 원인과 식사요법을 설명할 수 있다.
5. 담도계의 구조를 이해할 수 있다.
6. 담즙의 구성성분과 역할을 설명할 수 있다.
7. 담도계 질환의 원인과 식사요법을 설명할 수 있다.
8. 췌장의 역할을 설명할 수 있다.
9. 췌장질환의 원인과 식사요법을 설명할 수 있다.

1. 간질환

1) 간의 구조와 기능

(1) 간의 구조

간liver은 복강 내 횡격막 바로 아래 오른쪽 상부에 위치하고 있는 적갈색 장기로, 인체 내에서 가장 큰 장기이다. 간의 무게는 성인 남성이 1~1.5 kg, 성인 여성은 0.9~1.3 kg 정도 나가며 몸무게의 약 2%이다. 간은 우엽, 좌엽, 네모엽 및 꼬리엽으로 구성되어 있으며 우엽이 간 전체의 3/4을 차지한다. 중앙 하부에는 간문이 있어 문맥·간동맥·간관·림프관이 간문으로 출입하고 있으며, 간문 뒷부분에 간정맥이 있다.

간은 간동맥과 문맥portal vein으로부터 혈액을 공급받으며, 1분당 약 1,500 mL의 혈액이 간으로 순환한다. 즉 간 혈류량의 70~80%(1,100 mL/분) 정도는 간문맥으로 유입되고, 약 20~30%(400 mL/분)의 혈액은 간동맥으로 유입되며, 산소 공급은 간동맥과 문맥이 반반씩 담당한다. 문맥은 위, 소장, 췌장, 비장 등 복강 내 여러 기관으로부터 나오는 정맥이 모인 혈관으로서, 소화관으로부터 흡수한 영양소를 간으로 운반한다. 간동맥과 문맥을 거쳐 간문을 통해 혈액이 간으로 들어오면, 좌우로 나누어지고 점차 가늘게 갈라져서 간세포에 도달한다. 또한 간에서 정맥혈을 형성하여 간정맥이 되며, 간정맥을 거쳐

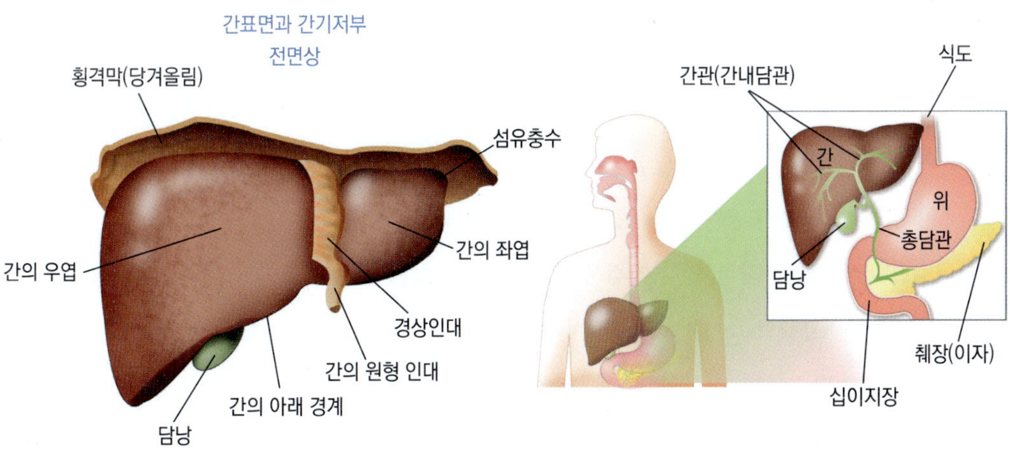

그림 4-1 간의 구조

서 하대정맥에 합류하여 심장으로 되돌아간다.

간은 직경이 약 2 mm 정도 되는 육각형 모양의 간소엽hepatic lobule이 무수히 모인 기관이며, 간소엽은 간 기능을 하는 기본 단위이다. 간 조직은 중심정맥으로 향해 시누소이드sinusoid라고 불리는 가는 모세혈관이 방사상 모양을 이루며, 식작용하는 쿠퍼세포Kupffer's cell가 있어 해독작용을 한다. 간세포는 길게 일렬로 간세포 구획liver cell cord을 이룬다. 그림 4-2와 같이 간소엽은 간세포, 모세혈관 및 모세담관이 중심정맥을 중심으로 방사상으로 모여 있다.

(2) 간의 기능

간은 규모가 크고 정교한 화학공장에 비유할 수 있으며 스스로 재생능력을 가지고 있고, 간의 10~20% 정도만 정상적으로 작동하여도 간의 기능을 유지할 수 있다. 간은 혈액 순환, 영양소의 대사와 해독·분해하는 역할을 하고 있어서 체내 물질대사뿐만 아니라 체내 내부환경의 항상성 유지에 있어서도 중추적 역할을 수행하고 있으며, 체내 보호·면역작용을 한다. 즉 탄수화물, 지질, 단백질 등 영양소의 합성·분해·저장 등 영양소 대사의 중심이 될 뿐만 아니라 무기질과 비타민의 저장 및 활성화, 중간대사산물의 재이용과 분해작용도 수행하고 있다. 또 담즙을 생성하고 체내 독성물질을 해독시키며, 체내 방어 역할과 체열생산도 담당하고 있다.

(3) 간기능 검사

간질환을 가지고 있거나 의심되는 환자의 진단은 여러 가지 생화학적 측정치를 이용하여 간질환의 여부와 간기능을 측정한다. 즉, 간에서 대사되는 성분의 변화를 통하여 간질환의 유무를 알 수 있다. 간질환의 종류는 그림 4-3과 같다.

일반적으로 알려진 간기능 검사는 ① 혈중 효소 활성(알라닌 아미노트랜스퍼라제 : SGPT : ALT와 아스파테이트 아미노트랜스퍼라제 : SGOT : AST), ② 혈청단백질(알부민, 글로불린, 항체), ③ 빌리루빈 대사와 간 배설능력 검사(혈청과 소변 빌리루빈), ④ 담즙울체 테스트 cholestasis test, ⑤ 특이한 간질환 지표검사(혈청페리틴, 셀룰로플라스민 등), ⑥ 바이러스 간염을 위한 특수검사(각종 면역인자) 등을 들 수 있다.

표 4-1 간기능 검사

검사	• 간세포 손상 및 황달: 빌리루빈 • 간세포 손상 : AST, ALT • 폐쇄성 황달, 알코올성 간질환 : AP(Alkaline phosphotase), 감마GT(γ-glutamyltransferase) • 간의 합성기능 : 알부민, 프로트롬빈 시간(PT)

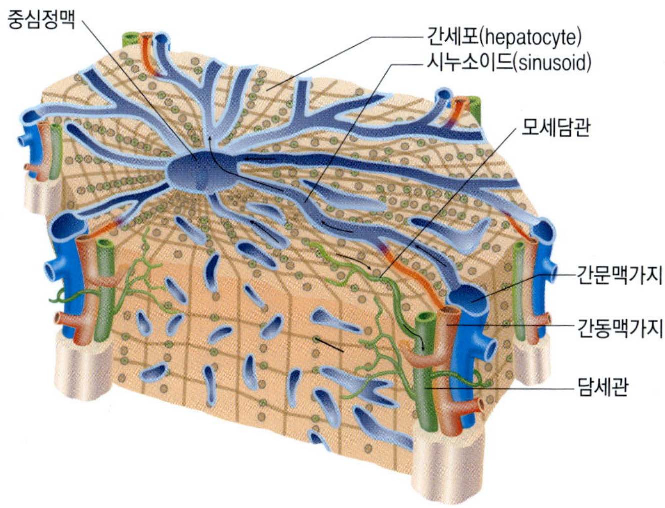

그림 4-2 간세포

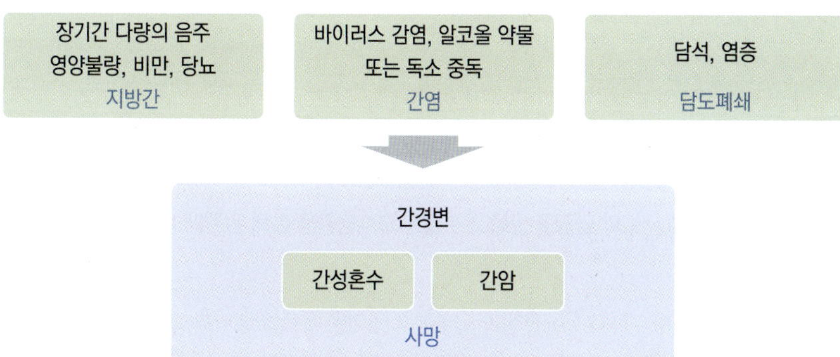

그림 4-3 간질환의 종류

간의 영양소 대사 및 기능

탄수화물 대사

포도당으로부터 글리코겐 합성glucogenesis·저장 · 분해glycogenolysis를 통해 혈당을 유지하고, 당신생gluconeogenesis, 탄수화물 중간대사산물의 합성 등을 통해 당대사 및 혈당조절에 있어서 가장 중요한 기능을 수행하고 있으며, 이런 일을 하는 데에는 많은 효소와 호르몬이 관여하여 조절작용을 한다.

단백질 대사

단백질의 합성과 분해에 있어서 중추적 역할을 수행한다. 체단백질의 저장, 혈장단백질 합성, 혈액응고인자 합성, 아미노산 대사, 비필수아미노산 합성, 함황아미노산 대사, 요소합성 등이 있으며, 이러한 대사작용에 필요한 효소 등이 있다. 간 기능 저하 시 단백질 대사에 큰 영향을 받아서 혈중 암모니아 양이 많아지고 에너지 급원으로 포도당 이용이 원활하지 못하게 되어 분지아미노산을 대체 에너지원으로 사용한다.

지질 대사

중성지방, 인지질과 콜레스테롤 합성, 지단백질 합성, 지방산 대사, 담즙산 합성 등이 있다. 혈액 내의 지단백질lipoprotein은 단백질과 지질, 인지질phospholipid 및 콜레스테롤cholesterol 등의 물질로 구성되어 있으며 대부분이 간에서 합성된다. 간은 탄수화물의 중간 대사과정에서 지방을 합성하기도 하는데, 과잉의 당질은 지방산과 지방으로 전환한다. 간 기능이 저하되면 간에 지방이 축적된다.

비타민과 무기질 대사

간은 비타민과 무기질 대사, 활성화, 수송 및 저장에 관여한다. 특히 비타민 A와 D, 아연, 철, 구리, 마그네슘, 비타민 B_1(티아민), 비타민 B_2(리보플라빈), 비타민 C 등을 간에 저장한다. 또 비타민 A, 아연이나 철을 운반하는 데 관련하는 단백질을 합성한다. 비타민 D를 활성형 비타민 $D_3$25-hydroxy cholecalciferol로, 카로틴carotene을 비타민 A로, 비타민 K를 프로트롬빈prothrombin으로, 엽산을 활성형(5-methyl tetrahydrofolic acid)으로 전환시킨다. 적혈구 생성에 필수요소인 철Fe은 페리틴ferritin으로, 구리Cu는 셀룰로플라스민ceruloplasmin 형태로 저장한다.

담즙 생성

간세포는 1일 500~1,000 mL의 담즙을 만들고 수많은 모세담관을 통해 간관에 배출한다.

해독작용

간은 체내에서 생성된 여러 가지 유해물질과 외부에서 들어온 유독물질(약제 포함)을 산화, 환원, 분해, 합성 등의 반응을 통해서 독성이 적은 물질로 바꾸거나 또는 배설하기 쉬운 수용성 물질로 만든다. 약물이나 알코올의 대사와 암모니아의 처리가 간에서 이루어지며, 해독작용에 관여한다.

2) 간질환의 식사요법

간질환은 원인, 임상경과 및 손상 정도에 따라 급성acute과 만성chronic으로, 선천적inherited으로 발병했는지 후천적acquired으로 발병했는지에 따라 분류한다. 임상 경과에 의해 갑자기 생기는 경우 급성간염이라고 하며, 간질환이 시작된 시기를 알지 못하거나 만성적으로 경과된 만성간염, 간경변증 등이 있다. 간 전체에 장애를 받은 경우는 급성 및 만성간염, 간경변증, 지방간 등이 있고, 간의 일부가 장애를 받은 경우로는 간암, 간종양 등이 있다. 유전적인 간질환으로는 윌슨씨병Willson's disease, 혈색소증hemochromatosis 등이 있다. 이 외에도 다른 기관에서 생긴 장애가 간까지 영향을 미치는 경우가 있다. 즉 심장병에 의해 간에 울혈이 생기거나, 패혈증 또는 장티푸스 등에 의해 간장애가 생기거나, 위장과 담관에 장애로 나타난다. 따라서 각종 간질환의 원인이나 증상에 따른 간 기능 장애를 잘 이해하여 적절한 영양관리를 실시해야 한다.

간질환 환자에게는 영양불량상태가 심각하거나 중등 정도의 증상이 공통적으로 나타난다. 영양불량상태가 간질환의 주요 원인 중 하나로, 간질환을 치료하거나 간 기능을 회복하는 데 부정적인 영향을 미치기 때문에 영양관리가 중요하다.

일반적인 간질환의 영양관리 목표는 다음과 같다.

- 영양불량상태의 회복과 좋은 영양상태 유지
- 간질환의 진전과 간세포의 손상 방지
- 간세포의 재생과 간 기능의 정상화
- 대사 방해물질의 경감과 예방

(1) 지방간

① 원인과 증상

지방간fatty liver은 중성지방triglycerides이 간세포에 축적되어 발생하는 질환이며, 간 무게의 지방이 차지하는 비율이 5% 이상일 때 지방간으로 진단한다. 심한 경우에는 지방이 50%까지 차지하는 경우도 있다. 음식물을 통하여 섭취한 지방질을 원활하게 처리하지 못하여 발생한다.

지방간은 과도한 음주, 비만, 단백질-에너지 영양결핍, 당뇨병, 장기정맥영양, 갑상선 기능항진증 등이 원인으로 발병한다. 비알코올성 지방간은 특별한 증상이 없는 경우가 대부분이며, 간 증대, 전신권태감, 상복부불쾌감 등이 나타난다그림 4-4.

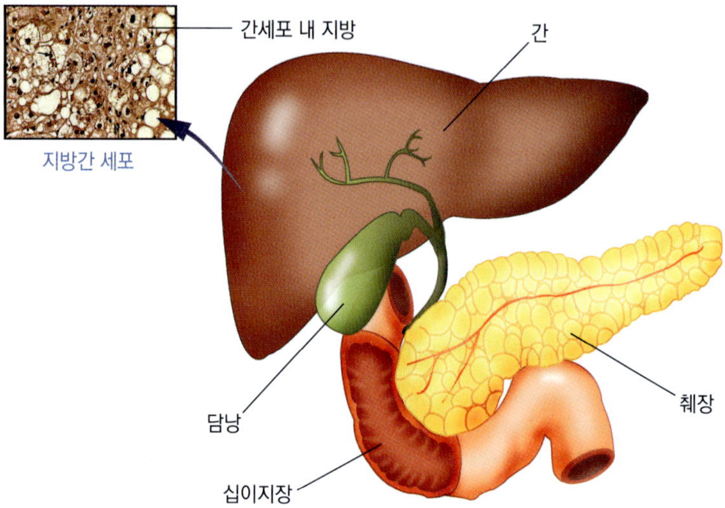

그림 4-4 지방간

② 진단

지방간은 혈액검사와 초음파 검사로 진단하며, 컴퓨터단층촬영CT이나 자기공명영상MRI은 정도나 부위를 감별하는 데 유용하지만 확정적인 진단은 간생검biopsy 및 혈액검사를 통하여 알 수 있다.

③ 식사요법

영양치료 목표는 간에 축적된 중성지방을 감소시키고 간 기능을 정상화하는 것이다. 비만의 경우는 체중감량 및 식습관 조절을 통하여 정상체중을 유지하게 하고 영양부족으로 말미암은 지방간은 단백질, 에너지 및 기타 영양소를 적절히 섭취하여 영양상태를 개선한다.

과체중이거나 비만인 경우 현재 체중의 10% 이상 감량하면 지방간을 개선할 수 있다. 급격한 체중감량은 간 염증성 괴사와 섬유화 같은 문제를 일으킬 수 있으므로 점차적으로 감량하도록 한다.

단백질은 일반적으로 한국인 영양소 섭취기준을 충족하도록 하며, 1일 총 에너지필요추정량과 영양소 구성비율을 고려한다. 탄수화물의 과잉섭취는 간의 중성지방의 합성을 증가시키므로 주의하며, 단순당 섭취를 가능한 한 제한한다. 지방은 총 에너지의 20~25% 정도로 구성하며, 콜레스테롤이나 포화지방산의 섭취를 제한한다. 술이 원인인 경우에는 금주가 가장 중요하며 꾸준히 운동을 해야 한다.

알코올은 간 내 중성지방의 생성을 증가시키며 지방산 산화 분해력을 감소시켜 간에 지방을 축적하게 한다. 알코올성 지방간은 금주와 식사요법을 철저히 수행하면 4~8주 후부터 간에서 지방이 감소할 수 있다.

간질환 환자의 일반적인 식사원칙

- 에너지를 충분히 섭취한다.
- 간질환의 종류와 정도에 따라서 단백질의 양을 조절한다.
- 적당량의 지방을 섭취한다.
- 충분한 비타민과 무기질을 섭취한다.
- 술을 금한다.
- 부종과 복수가 있을 경우에는 나트륨과 수분 섭취량을 제한한다.

(2) 급성간염

① 원인과 증상

급성간염acute hepatitis은 간질환 중 가장 많이 발생하는 것으로, 원인에 따라 바이러스에 의한 바이러스성 간염과 약물 또는 유해물질에 의한 중독성 간염 등으로 구분한다. 급성바이러스성 간염은 A, B, C, D, E형 바이러스에 의해 일어난다. 그중 A형 간염 바이러스hepatitis A: HAV와 B형 간염바이러스HBV가 가장 잘 알려져 있다.

A형 간염

A형 간염 바이러스HAV는 주로 환자의 대변, 오염된 음식물(생채소, 어패류), 식기, 음료수 등에 의해서 주로 경구적으로 감염되며, 유행성 간염이라고도 한다. 대부분 만성화되

지 않고 6~8주 정도 지나면 회복 가능하다. 항체 보유율이 낮은 젊은 사람에게 감염 위험성이 높으며, 황달이 생기기 2주 전에 발열(37~38°C), 인두통, 관절통, 전신권태감, 구역질, 구토, 복통, 설사, 근육통 등의 증상이 나타난다.

B형 간염

B형 간염 바이러스HBV는 혈액과 체액을 통해 전염된다. 예를 들어 산모에서 신생아로 수직 감염이나 의료기구의 불충분한 소독, 오염된 주삿바늘, 수혈, 상처 등을 통해 감염될 수 있으며, 입이나 눈, 성적 접촉에 의해 감염되기도 한다. 혈청 간염serum hepatitis이라고도 하며, 만성 또는 보균 상태가 되기 쉬우며 간경변증으로 진행될 수도 있다. 만성화된 B형 간염은 바이러스 증식상태에 따라 증식기와 비증식로 구분된다.

C형 간염

C형 간염 바이러스HCV에 감염된 환자의 혈액이나 체액이 정산인의 상처 난 피부나 점막을 통해 감염되어 간에 염증이 발생하는 일종의 전염병으로 비교적 만성화율이 높고 잠복기가 길다. 우리나라의 만성간염 환자 중 만성 B형이 50%, C형 간염이 25%, 기타 원인이 25% 정도이다.

D형 간염

D형 간염 바이러스HDV는 B형 바이러스의 생존과 증식에 의존하며, B형 간염과 동시 감염, 중복 감염될 수도 있다.

E형 간염

E형 간염 바이러스HEV는 남부아시아, 동남아시아, 중앙아시아, 북아프리카, 동부아프리카, 서부아프리카, 멕시코에서 발견되고 있으며, 분변 또는 경구를 통해 전파된다. 오염된 물이 감염의 근원이며, 보통 인구 밀집지역과 비위생적인 지역에 사는 사람들에게서 감염 위험성이 크다.

급성바이러스성 간염의 일반적인 증상은 4단계로 나뉜다. 첫 단계는 환자의 25%에서 발열, 관절통, 관절염, 발진, 혈관부종 등이 나타난다. 다음 단계는 황달전기로 불쾌감, 피로, 근육통, 식욕부진, 메스꺼움, 구역질, 구토, 현기증, 미각장애, 부분적인 언어장애 등이 일어나며, 일부는 상복부의 복통을 경험하기도 한다. 세 번째 단계는 황달기로 황달과 갈색뇨가 있으며, 황달은 안구와 얼굴에 먼저 나타난다. 마지막 단계는 회복기로 황달과 기타 증상들이 가라앉기 시작한다.

② 진단

급성바이러스성 간염의 진단에는 자각 증상 외에도 환자의 혈액으로 혈중 각종 효소활성, 바이러스 항원·항체 검사, 간조직검사, 복강경 검사 결과들을 이용한다. 간기능검사 결과, 혈액검사에서 혈청 SGOTAST와 SGPTALT의 수준이 1,000단위 이상으로 상승한다.

급성 A형 간염의 회복률은 95%, 급성 B형 간염은 90%, 급성 C형 간염은 15~30% 정도이다. 간염 환자의 80% 이상은 비교적 가벼운 증상이며 4~6주 내에 증상과 간기능검사 결과치가 정상화되고 회복할 수 있다. 그러나 나머지 15~20% 정도는 수개월 이상 걸려 완치되기도 한다. A형 간염은 일시적인 경우가 많지만 B형, C형 또는 그 외의 간염의 경우는 만성간염으로 이행되는 경우가 적지 않다. 급성간염의 경우 회복기에 병이 재발되지 않도록 유의해야 한다. 간염의 종류별 특징은 다음 표 4-2와 같다.

표 4-2 간염의 종류별 특징

종류	A형 간염	B형 간염	C형 간염
전염경로	대변, 구강	혈액, 체액, 성관계, 분만 시(산모→신생아), 비위생적인 시술(문신, 침, 피어싱 등)	혈액, 체액, 정맥주사 약물남용, 주사침 찔림 손상 등
급성간염을 앓은 뒤 만성화될 가능성	없음	신생아(분만 시 엄마에게서 감염된 경우) : 90%, 성인 : 2~7%	70% 이상 만성 간염으로 진행
간경변증으로 진행될 가능성	없음	1년 내에 만성간염 환자 중 5.1%, 5년 이내에 23%	30~40%
간암 발생 가능성	없음	가능함(국내 간암 환자 중 약 70%)	특히 60세 이상 간암의 발생 위험이 급격하게 높아지고, 70세 이상에서는 간암의 주원인
예방	개인 위생 개선과 백신 예방접종	예방 접종	예방백신 없음
치료법	휴식·영양공급 등 보존적 치료	치료제로 베시포비어, 아데포비어, 엔테카비어 등의 약물치료, 페그인터페론 주사제	글레카프레비르/피브렌타스비르, 다사부비르, 다클라타스비르, 리토나비르/옴비타스비르/파리타프레비르, 소포스부비르, 소포스부비르/레디파스비르, 아수나프레비르, 엘바스비르/그라조프레비르 약물 치료

출처 : 대한간학회(2018).

약물에 의한 중독성 간염은 결핵치료제, 항생제, 진통해열제, 정신안정제, 당뇨병 치료제, 각종 호르몬제 등의 의약품과 화학약품 그리고 독버섯, 유독 독성조개류, 독초 등에 의해서 발병될 수 있으며, 증상은 바이러스성 간염과 비슷하다.

③ 식사요법

급성간염의 발병초기에는 식욕이 없고 구토나 구역질 때문에 식사를 통한 섭취가 불충분하여 영양상태가 불량하게 되기 쉽다. 영양지원으로 경관급식이나 비경구적 영양공급을 한다. 식사는 먹기 쉬운 형태로 만든 음식과 수분을 소량씩 자주 섭취하도록 한다. 즉 환자에게 우유, 미음, 거른 채소수프, 맑은 국물, 신선한 과즙, 신선한 채소즙, 유자차 및 귤차 등의 유동식으로 제공하여 탈수되지 않도록 한다. 증상이 심할 때는 저지방식을 제공하지만 증상이 완화되기 시작하면 식욕증진을 위한 조리법을 적용하고 필요한 양의 에너지와 양질의 단백질을 충분히 섭취하여 손상된 간세포를 재생시키도록 한다. 증상이 호전됨에 따라 연식, 회복식을 거쳐 일반식을 이행한다. 술은 자각 증상이 정상화된 후에도 6개월간은 금지하도록 한다.

급성간염 환자의 식사지침은 고열량·고단백식·고탄수화물·중등지방·고비타민·저식이섬유·저염(8~10 g)식이다.

고열량·고단백질을 위주로 하는 유동식을 환자에게 공급할 때 식품선택과 조리법 및 급식방법에 각별한 주의가 필요하다. 즉 급성간염 환자에게는 기름기가 적은 식품, 소화가 잘되는 식품을 선택하고, 기름을 적게 사용하여 조리하며, 기름을 사용하되 소화가 잘되는 유화상태의 기름을 선택한다. 권장하는 식품은 우유 및 유제품이나, 우유만 마시면 환자가 싫증 내기 쉬우므로 여러 가지 과일 또는 다른 식품과 혼합하여 고열량-고단백 음료나 유동식으로 만들어 제공한다.

예를 들면, 사과우유(사과소스와 우유), 바나나우유(잘 익은 바나나와 우유), 고기·토마토 음료(균질육, 토마토) 등이며, 우유와 생과일, 과일주스, 과일소스, 균질육homogenized meat 등을 각각 우유와 잘 섞어서 블렌더로 혼합하여 조리한다. 사정에 따라 시판하는 고열량, 고단백질, 고영양 음료를 이용할 수도 있다.

급성간염 환자에게 금지해야 하는 식품은 다음과 같다.

- 주식 : 소화관 내에서 가스를 발생하게 하는 잡곡밥이나 잡곡죽
- 육류 : 기름기가 많고 결합조직이 많은 부위의 쇠고기, 돼지고기, 베이컨, 햄, 소시지, 육포, 고기튀김 등
- 어류 : 고등어, 청어, 꽁치, 정어리, 삼치, 어묵, 생선 자반, 말린 생선 등
- 채소 : 식이섬유 많은 채소, 말린 채소 등
- 과일 : 식이섬유 많은 과일 및 말린 과일 등
- 과자 : 지방함량이 많거나 기름에 튀겨낸 과자류, 도넛, 파이, 약과
- 유지류 : 땅콩 버터, 조리용 식물성 기름, 라드 등(버터, 마가린, 크림, 마요네즈 등은 적당량 허용)
- 조미료 : 강한 향신료, 즉 고춧가루, 겨자, 고추냉이, 카레가루 등
- 음료 : 술

회복기의 급성간염 환자에게는 식욕을 촉진할 수 있는 회복식과 일반식을 식욕을 촉진할 수 있도록 공급하여 충분한 열량과 양질의 단백질, 비타민과 무기질을 제공한다. 동물성 단백질은 총 단백질의 1/2 이상이 되도록 한다. 급성간염에는 좋은 영양을 제공하여 간세포의 활성과 기능을 재생시키는 방법이 가장 중요하다. 표 4-3은 급성간염 환자의 식사 예이다.

표 4-3 급성간염 환자의 연식 식단 예

구분	식단
아침	흰죽, 소고기장조림, 애호박나물, 나박김치
점심	삼계탕, 찹쌀밥, 근대나물, 깍두기
저녁	양송이수프, 함박스테이크, 으깬 감자, 과일 샐러드, 커스터드

급성간염 환자의 영양관리

급성간염의 치료원칙은 심신안정과 식사요법이다. 우선적으로 간염 환자는 충분히 안정을 취하고 간기능검사의 결과가 정상수준이 될 때까지 심한 운동을 삼가며, 영양관리를 철저히 한다.

급성간염의 영양관리 기본방침은 특별한 영양소의 조절보다는, ① 충분한 열량과 영양소의 공급을 통해서 환자의 영양상태를 개선하고, ② 손상된 간세포를 재생하고 간혈류를 개선하여, 간조직의 정상적인 기능을 유지한다.

에너지와 탄수화물

간 글리코겐의 저장량이 감소하고 당신생도 감소하여 저혈당증이 나타난다. 탄수화물을 충분히 섭취해서 간세포의 저항력을 강화시키고, 간에 글리코겐 양을 증가시키며 혈당유지를 위해서 체조직의 단백질이 에너지로 전환되는 것을 방지한다.

단백질

파괴된 간세포를 신속하게 회복시키기 위해 양질의 단백질을 충분히 섭취한다. 소화하기 쉬운 동물성 단백질과 식품선택과 조리법에 있어서 소화가 잘될 수 있도록 특별히 유의한다. 즉 지방이 적은 육류, 어류, 우유 및 유제품, 달걀, 두부 등을 사용하며, 소화가 잘되지 않을 경우에는 균질 육류(아기용 식품)도 이용한다. 동물 간은 기름기 없이 조리하며, 특히 닭간은 부드러워 소화가 잘되므로 자주 이용한다. 간성혼수가 있는 중환자는 하루에 저단백질식 30 g 정도를 4~5회로 배분해서 제공한다.

지방

급성간염의 초기에는 지방이 없는 식품을 선택한다. 증세가 호전되면 지방의 급원으로는 유화된 지방이나 우유, 버터, 치즈, 달걀노른자 등을 선택한다.

비타민과 무기질

비타민의 합성과 무기질의 저장량이 감소되므로, 비타민과 무기질을 많이 함유한 신선한 녹황색 채소와 과일류를 충분히 섭취하도록 한다. 특히 비타민 B 복합체의 충분한 공급이 필요하다.

(3) 만성간염 · 간경변증

① 만성간염의 원인과 증상

만성간염chronic hepatitis이란 간염이 적어도 6개월 이상이 경과되어도 완쾌되지 않고, 간의 여러 가지 검사결과가 비정상적인 수치를 나타내고, 간기능장애가 비정상적으로 지속되는 상태이다. 원인으로서 자가면역성, 바이러스성, 대사성, 독성을 들 수 있다. 바이러스성(특히 HCV)이 가장 많지만 윌슨씨병, 혈색소증, 알파-항트립신 결핍증, 영양불량 등에 따른 대사장애, 약물복용이나 알코올 과음 등으로 인한 만성간염도 있다. 간염의 전형적인 증상은 식욕감퇴, 피로감, 황달, 구역질, 구토 등이다.

알코올성 간염은 혈청 트랜스아미나제transaminase 수치 상승, 혈청 빌리루빈 농도 증가, 혈청 알부민 농도 감소, 빈혈, 혈소판 감소 등의 특징이 있다. 또한 환자는 복부 통증, 신경성 식욕부진, 구역질, 구토, 허약, 설사, 체중감소, 발열 등의 증상을 나타낸다. 환자가 알코올 섭취를 중지하면 간염은 회복될 수 있지만, 그렇지 않은 경우 간경변증으로 진행되기 쉽다.

만성간염에는 간 기능이 정상화될 때까지 수개월에서 수년에 걸쳐 치료해야 하는 비활동성 간염과, 병변의 진행이 상당히 빨라서 치료해도 계속 증상이 악화되어 간경변증으로 이행되는 활동성 간염이 있다. 간기능검사를 통해 만성간염의 여부와 활동성 여부를 진단할 수 있으며, 간조직의 형태학적 변화에 대해서도 주의할 필요가 있다. 만성간염의 치료를 위해서는 절대안정이 중요한 요소이므로 식후 1~2시간씩 휴식을 취한다.

② 간경변증의 원인과 증상

간경변증liver cirrhosis은 여러 원인에 의해 정상 간세포가 파괴되고 섬유화가 진행되며 재생결절들이 생기면서 간의 점진적인 기능 저하를 초래하는 상태를 말하며, 간의 중요한 기능의 일부를 원활히 수행할 수 없게 된다.

우리나라 간경변증 환자의 70~80%는 B형 간염 바이러스로, 10~15%는 C형 간염 바이러스에 의해 발생하고 그 외 알코올 과다섭취 등도 원인이 되고 있다. 간경변증은 처음에는 특별한 증상 없이 시작되어 간 전체가 굳어지고 표면에 크고 작은 융기가 생기며, 처음에는 간이 커지지만 나중에는 위축되는 만성질환이다. 또한 간의 혈액순환에 장애가 일어나 간의 모든 활동능력이 저하된다. 급성 바이러스성 간염이 완치되지 않고 만성화된 경우, 환자가 자각 증상을 느끼지 못한 사이에 만성간염을 거쳐서 간경변증이 된 경우, 만성적인 알코올 과음, 대사질환, 자가면역결핍, 약물중독, 기생충 감염 등 여러 원인으로 유발된다. 가장 일반적인 간경변증으로는 바이러스성 간경변증과 알코올성 간경변증이 있다.

알코올성 간경변증은 알코올성 간질환의 가장 심한 형태로, 정상 간조직이 지속적인 염증의 결과로 반흔조직에 의해 결절로 대체된 질환이다.

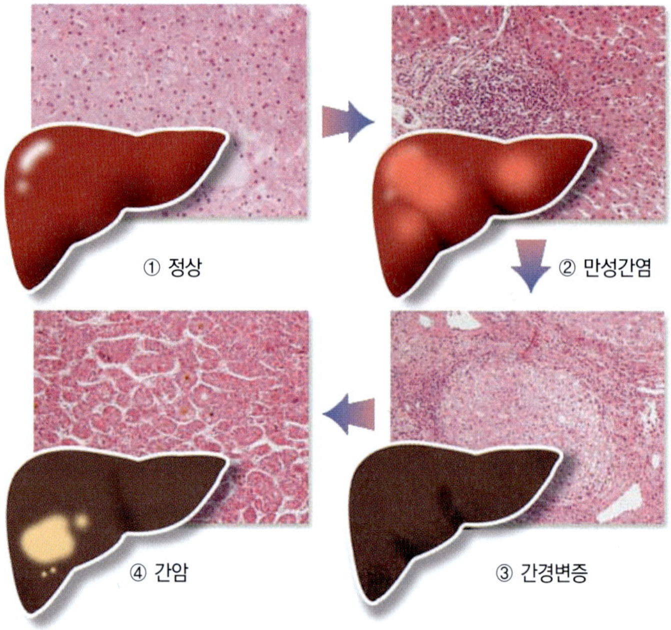

그림 4-5 간질환

알코올성 간경변증의 주원인은 알코올 자체의 독성이며, 알코올 섭취에 따른 식사 섭취부족, 소화·흡수불량, 영양소 대사장애 등 영양불량이다.

알코올성 간경변증의 증상은 알코올성 간염의 경우와 비슷하며 복수, 위장 내출혈, 문맥압 항진증portal hypertension, 간성 뇌병변증hepatic encephalopathy, 간질환의 다른 여러 증상 등이 다양하게 나타날 수 있다. 치료는 알코올 섭취 중단(금주) 여부와 이미 진행된 합병증의 정도에 따라 다르다. 영양불량에 의한 간경변증은 주로 단백질 섭취부족과 항지방간성 인자인 메티오닌methionine 및 콜린choline의 섭취부족에 기인한다.

간경변증의 증상은 초기에는 전신 권태감, 식욕부진, 소화불량, 복부 팽만감, 지방변 등이 있으나, 특이하게 자각 증상이 없는 경우도 있다. 또한 간조직이 단단해지기 시작하고, 점차 심해지면서 황달, 피부 가려움증, 복수, 부종, 토혈, 간성 혼수 등이 생기게 된다. 문맥압 항진증portal hypertension이 있으면 비장비대, 복수, 간성 뇌병변증 및 식도정맥류 출혈이 나타난다. 간질환의 진행 예는 그림 4-6과 같다.

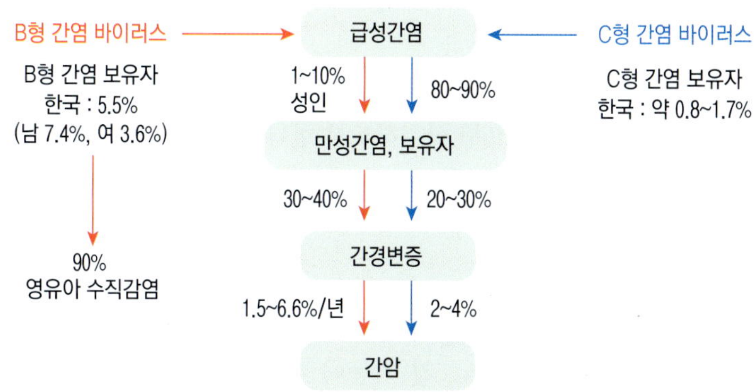

그림 4-6 간질환의 진행

간경변증의 치료는 간경변증의 진행을 막고 간 손상을 가능한 한 줄이고 여러 가지 합병증을 예방하는 것이다. 심신의 안정과 충분한 영양 섭취가 중요하며, 식사요법은 만성간염과 유사하다.

③ 알코올성 간질환의 원인과 증상

알코올성 간질환alcoholic liver disease은 흔한 질환으로 간세포에 과도한 지방이 축적된 상태인 알코올성 지방간, 간세포가 파괴되고 염증반응을 동반하는 알코올성 간염 등의 형태로 나타나며 알코올 대사과정에서 생성되는 중간 대사물인 아세트알데히드가 미토콘드리아의 막 구조와 기능을 손상시켜 발병한다. 이 외에도 발병 관련 인자로는 알코올 대사에 관여하는 효소의 유전적 다형성, 음주와 약물복용, C형 바이러스 감염 여부, 면역인자, 영양불량상태 등이 있다. 알코올성 간질환의 발병은 지방변증steatorrhea과 지방간fatty liver, 알코올성 간염alcoholic hepatitis, 간경변증liver cirrhosis의 세 단계로 진행된다. 지방변증과 지방간증은 지방조직으로부터 지방산의 유출 증가, 간에서의 지방산 합성 증가, 지방산 산화 감소, 중성지방 합성 증가, 간에서 중성지방 보유량 증가 등 대사장애에 의해서 발생한다. 지방간은 알코올 섭취를 중단하면 회복할 수 있지만, 만약 알코올 섭취를 지속하면 다음 단계의 간염이나 간경변증으로 진행될 수 있다.

④ 식사요법

만성간염 환자의 식사요법은 양질의 단백질을 중심으로 매일 균형식으로 곡류·어육류·채소류·과일류·유지류를 골고루 섭취하도록 한다. 또한 지방 섭취를 줄이고 기름진 음식이나 튀김, 부침을 피한다. 지방 섭취 양을 줄이고 기름진 음식이나 튀김, 부침 등의 음식을 삼가한다.

간경변증과 알코올성 간질환의 식사요법 기본원칙은 적극적인 영양공급을 통해 간세포의 활동 능력을 증진시키는 것으로, 간 기능이 정상화될 때까지 장기간에 걸쳐 고열량·고단백·고비타민식을 계속 제공한다. 탄수화물은 간의 기능을 보호하고 단백질을 절약하며 회복을 위해서 1일 300~450 g 정도로 충분히 섭취하게 한다.

단백질은 질과 양을 고려하여 충분히 섭취하여 간세포를 재생하고 보호하는 것이 기본원칙이나, 간질환의 진행과 간 기능의 회복 정도에 따라 양적 조정이 필요하다. 즉 일반적인 간염이나 알코올성 간경변증에 따른 저영양상태 환자에게는 생물가가 높은 단백질 식품으로 하루의 단백질을 체중 kg당 1.5~2 g 정도로 하여 100~120 g 정도까지 취하도록 하는 고단백식을 권장한다. 그러나 간경변증 환자의 경우, 체단백질 소모를 막으면서 단백질 과잉섭취로 인한 간성혼수를 일으키지 않도록 체중 kg당 1 g 정도의 단백식(단백질 60~70 g)을 권장한다. 또한 간성 뇌병변증 환자에게는 식사 후 혈중 암모니아 상승을 막기 위해 단백질을 1일 40 g 이하로 제한한다. 만약 환자에게 황달이 생기면 지방소화에 필요한 담즙산염이 장관 내에 부족하기 쉬우므로 지방 섭취량을 제한하는 동시에 기름에 튀기거나 볶은 음식은 피한다. 그러나 지방은 지용성 비타민과 필수지방산의 공급원이 되므로 적당량 포함시켜야 한다. 고열량식에서는 충분한 비타민의 섭취가 강조되어야 하며, 항지방간성 인자를 공급하여 간으로 지방이 침투하는 것을 막아 지방간의 형성을 차단해야 한다. 고기, 생선, 가금류, 달걀, 우유 및 유제품, 두유 등이 단백질의 좋은 급원이다.

한편, 심한 간경변증 환자에게 복수가 생겼을 경우에는 식염 섭취를 제한해야 한다. 복수가 생긴 환자에게는 하루 1 g 정도까지 소금을 줄이거나 무염식으로 하는 경우도 있으며, 나트륨 양을 조정해서 식단을 작성한다. 고열량·고단백질·저나트륨식을 유지하며, 술은 금한다.

또한 하루식사 횟수를 6~8회로 조금씩 나누어 섭취하는 것이, 하루 3회에 많은 양을 섭취하는 것보다 효과적이라고 볼 수 있다.

만성간염 및 간경변증 환자를 위한 고열량, 고단백질식의 하루 식품교환수와 식사구성 예를 들면 표 4-4와 같다.

표 4-4 만성간염 환자의 하루 식사구성 예(고열량·고단백질)

식단 \ 식품교환군		곡류군	어육류군	채소군	우유군	과일군	유지군
아침	밥, 콩나물국, 물오징어미나리무침, 감자조림, 달걀찜, 배추김치	3	3	2			1
간식	두유		1				
점심	기장밥, 홍합미역국, 쇠고기양송이볶음, 양배추쌈, 호박나물, 물김치	4	2	3			2
간식	딸기요구르트				1	1	
저녁	현미밥, 냉이토장국, 조기구이, 도라지오이생채, 도토리묵무침, 배추김치	4	2	3			1
간식	파인애플, 우유				1	1	

*영양소 섭취량 : 열량 2,500 kcal, 탄수화물 380 g, 단백질 120 g, 지방 55 g

간경변증 환자를 위한 중단백식의 하루 식사구성의 예는 표 4-5와 같다.

표 4-5 간경변증 환자의 하루 식사구성 예(중단백질)

식단 \ 식품교환군		곡류군	어육류군	채소군	우유군	과일군	유지군
아침	밥, 건새우아욱국, 병어조림, 시금치나물, 배추김치, 복숭아우유	3	2	2	1	1	1
점심	팥밥, 쇠고기감자국, 잡채, 오이생채, 열무김치, 포도	3	2	3		1	1
저녁	조밥, 미역국, 닭찜, 탕평채, 근대된장무침, 깍두기	3	2	2			1
간식	밀크셰이크, 인절미	1			1		

*영양소 섭취량 : 열량 2,000 kcal, 탄수화물 340 g, 단백질 70 g, 지방 40 g

간성 뇌병변증 환자를 위한 저단백식의 하루 식사구성의 예를 들면 표 4-6과 같다.

표 4-6 간성 뇌병변증 환자의 하루 식사구성 예(저단백질)

식단 \ 식품교환군		곡류군	어육류군	채소군	우유군	과일군
아침	밥, 콩나물국, 양배추찜, 버섯볶음	3	0.5	2		
점심	밥, 감잣국, 장조림, 김치, 우유, 황도	4	0.5	2	0.5	3
저녁	흰밥, 김치찌개, 가지나물, 사과소스	3	2	3		

*영양소 섭취량 : 열량 1,280 kcal, 탄수화물 315 g, 단백질 43 g, 지방 8.5 g

간식으로는 스펀지케이크, 쿠키, 생크림케이크, 젤리, 푸딩, 샌드위치, 고기파이, 고기만두 등을 이용하고, 다음 식사에 영향을 미치지 않도록 시간과 양을 조절한다.

다음 증상들이 나타나면 간질환이 의심되므로 검진을 받는 것이 좋다.

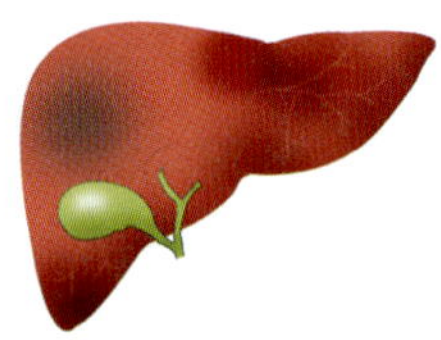

- 쉽게 피로해지고 무력감이 지속된다.
- 소화가 안되고, 구역질이 자주 난다.
- 눈의 흰자위나 피부가 노랗게 변한다.
- 소변이 짙고 거품이 노랗게 보인다.
- 오른쪽 갈비밑이 거북하거나 단단하다.
- 체중이 늘면서 배가 불러온다.
- 정강이 앞부위를 누르면 자국이 오래 남는다.
- 가슴 부위에 붉은 반점이 생긴다.
- 손바닥 일부가 유난히 붉다.
- 남자 가슴이 여자처럼 튀어나온다.

그림 4-7 간질환의 자각증상과 자가진단법

출처 : 세브란스병원.

2. 담도계 질환

1) 담도계의 구조와 기능

(1) 담도계의 구조

담도계는 담낭gallbladder과 담관bile duct을 총칭한다. 담낭은 그림 4-8과 같이 간에 부속된 기관으로서 길이가 약 9 cm, 40~70 mL 정도 크기의 서양 배 모양을 하고 있으며, 간우

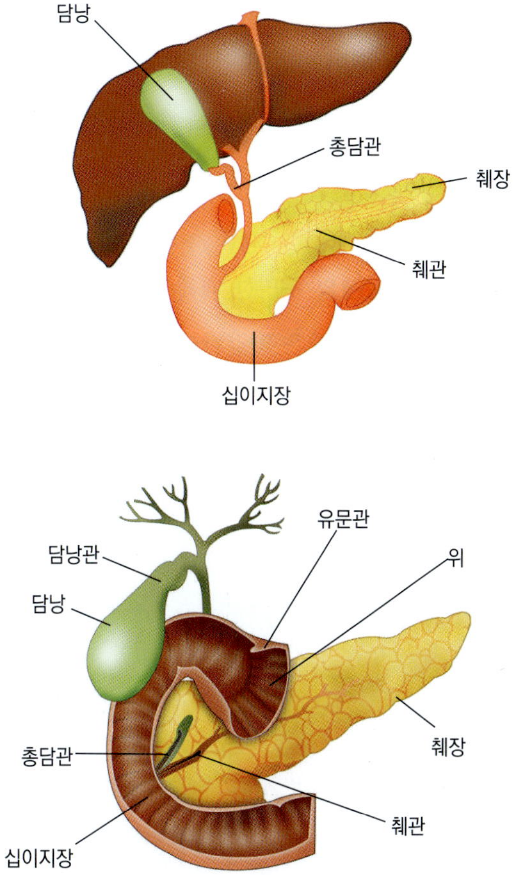

그림 4-8 담도계 구조

엽 아래쪽에 위치하고 있다. 담관은 담즙을 간으로부터 십이지장으로 운반하는 관으로, 좌·우의 간엽에서 나온 좌간관과 우간관이 합쳐져 간관hepatic duct이 되며, 간관은 담낭으로 가는 담낭관cystic duct과 합쳐져 총담관common bile duct이라고 하며 십이지장의 상부에 연결된다. 이 연결부에는 오디oddi괄약근이 있어 담즙이 십이지장으로 배출되는 것을 조절한다.

(2) 담도계의 기능

담낭은 공복 시에 간에서 생성된 담즙을 농축·저장(500~1,000 mL/일)하고, 총담관은 담즙을 소화관으로 운반하는 역할을 한다. 음식물이 위에서 십이지장으로 이동하면, 담낭은 수축하고 오디괄약근이 이완되어 담즙이 십이지장으로 배출된다. 담즙 분비는 콜레시스토키닌CCK: Cholecystokinin이 관여하는데 담낭의 수축과 오디괄약근의 이완을 촉진시키는 물질로서, 고지방식을 섭취하거나 십이지장에 지방 함유 음식물이 있으면 분비가 촉진된다.

간에서 생성된 담즙은 엷은 황갈색의 투명한 액체이나 담낭에서 5~10배로 농축된 담낭담즙은 녹갈색 점조성 액체이다. 담즙은 약알칼리성(pH 7.8)으로 수분 함량이 90% 이상이며, 주성분은 담즙산염bile acid salts, 담즙색소bilirubin(헤모글로빈 분해산물), 콜레스테롤 등이며, 그 외 무기염, 지방산, 인지질, 점액 등을 소량 함유하고 있다표 4-7.

표 4-7 담즙 성분

성분	함량(%)	성분	함량(%)
수분	92	지방산	0.3~1.2
담즙산염	6.0	레시틴	0.3
빌리루빈	0.3	기타 무기질 Na, K, Ca, Cl 등	200(mEq/L)
콜레스테롤	0.3~0.9		

담즙산은 간에서 콜레스테롤로부터 직접 합성되며, 담즙산(cholic acid 및 chenodeoxycholic acid)염으로 존재한다. 담즙을 통해 십이지장으로 배출된 담즙산염의 대부분은 소장에서 재흡수되어 간으로 되돌아간다(장간순환enterohepatic circulation). 소장 내에서 담즙산염은 지방 유화, 지방분해효소lipase 작용 및 미셀 형성을 촉진하여 지방의 소화·흡수를 돕는다. 이 외에도 비타민 K의 흡수, 소장운동의 촉진, 소장 상부에서의 비정상적인 세균번식 억제, 담즙색소나 노폐물 및 기타 생체 이물질 등의 배설, 콜레스테롤 용해작용 등의 역할을 한다.

2) 담도계 질환의 식사요법

(1) 담낭염의 원인과 증상

담낭염cholecystitis은 담낭이나 담관에 염증으로, 담석이 존재하는 경우가 많다. 주로 장내의 대장균이 혈류나 담관을 통해 장내세균이 담즙내에 증식하면서 염증을 일으키고, 장내 세균이 십이지장의 담관 유두부까지 역류되어 감염된 경우가 대부분이다.

담낭염에는 급성담낭염과 만성담낭염이 있으며 담석, 패혈증, 쇼크, 화상, 암 등의 환자에게 많이 발병한다. 주로 담낭염 환자의 90% 이상이 담석과 관련이 있으며, 담낭염이 생기면서 담즙 성분의 조성이 달라져서 담석이 형성되는 경우도 있다. 즉 감염과정에서 담낭점막이 변하여 담즙의 수분, 담즙산염, 기타 성분이 과잉으로 흡수되면서 담즙 성분의 용해비가 달라지고, 담즙 내 콜레스테롤 침전으로 결정이 생겨서 담석이 형성된다.

급성담낭염은 갑자기 고열이 나며 오른쪽 상복부의 복통이 심하고, 이 부분을 누르면 강한 통증이 있으며, 때로는 구토와 구역질이 나기도 한다. 만성담낭염은 가끔 발열 또는 미열이 있고 지속적으로 또는 간헐적으로 통증이 오며 일반적으로 복부의 불쾌감, 팽만감, 둔통 등을 느낀다. 담관염은 발열과 복통 정도가 담낭염과 비슷하지만, 복통의 부위가 담낭염의 경우보다 중앙에 위치하며 황달jaundice이 나타나기 쉽다.

치료방법으로는 화학요법과 항생물질요법 등 내과적 치료에 의존하며, 일부 수술을 필요로 하는 경우도 있다.

(2) 담석증의 원인과 증상

담석증cholelithiasis이란 담낭 및 담관 내에 담즙 성분의 결석이 형성된 것을 말하는데, 담석이 생긴 위치에 따라 담낭 안에 있는 결석을 담낭담석이라 하고, 담관 내에 있는 결석을 담관담석이라 한다. 담석gallstones은 주성분에 따라 콜레스테롤 결석cholesterol stones, 빌리루빈 결석, 혼합결석 등으로 분류한다. 담석은 형태, 크기, 색, 수가 다양하며 큰 담석이 한 개만 존재하는 경우도 있고 작은 모래알만한 담석이 수십 개 있는 경우도 있다. 일반적으로 담낭에는 콜레스테롤 담석, 담관에는 빌리루빈 담석이 많다그림 4-9.

담석의 원인은 콜레스테롤과 담즙색소의 대사 이상으로 생길 수 있으며, 담도계 질환

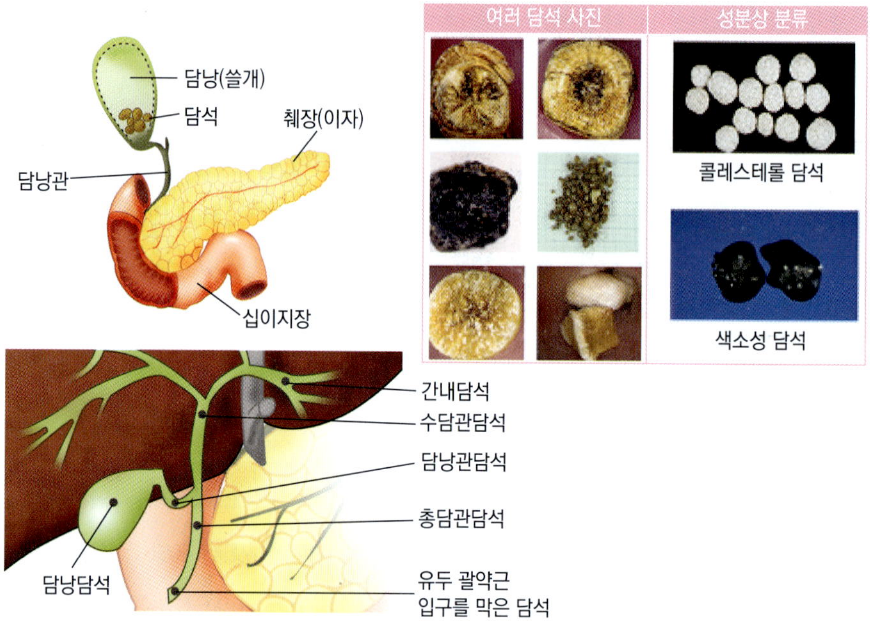

그림 4-9 담석

의 원인은 담낭 속에 농축된 담즙의 정체, 담도계의 염증, 담즙의 화학성분 변동 등이다. 콜레스테롤은 물에는 불용성이지만, 담즙 내에서는 담즙산염 등의 형태로 가용화되어 있다. 그러나 담낭의 기능 이상, 간 대사 이상, 감염, 고지방식 섭취 등으로 담즙 성분의 농도 변화(담즙산의 저하와 콜레스테롤의 증가) 때문에, 담즙 내에 용해되어 있던 콜레스테롤이나 담즙색소가 침전하여 결정화되고 담낭이나 담관 내에서 큰 결정이 되어 결석을 형성한다.

담석증의 주요 증상은 갑자기 심한 통증이 상복부에서 일어나고, 오한·발열·구토가 일어나기도 한다. 처음에는 상복부 전체에 통증을 느끼지만 차츰 진정되면 오른쪽 상복부에 국한되며, 다음 날 발열이나 황달이 나타나기도 한다.

복통은 홍분, 과로, 음주, 특히 지방식을 먹을 때 담석이 담낭, 담낭관, 총담관 사이를 이동하면서 일어난다.

이 외 상복부에 불쾌감·팽만감·둔통을 느끼는 경우가 있으며 자각 증상이 없는 경우도 있다. 이와 같이 복통 정도나 지속시간 등이 일정하지는 않다. 일반적으로 담석이 담낭 내에 있을 때에는 통증이나 황달이 나타나지 않으며, 담낭관 내에 있을 때에는 강한 통증은 있으나 황달은 나타나지 않고, 담석이 총담관 내에 생겼을 때에는 황달과 통증이 동시에 나타난다.

담석의 진단은 X선 검사법, 담도조영법, 초음파 진단법 등으로 담석의 존재 여부를 확인하는 방법을 이용한다.

증상에 따라 치료 방법이 정해지지만 보통 증상이 가라앉으면, 내과적 치료를 통해 담석을 배출시키거나, 담즙의 배출을 촉진하는 이담제 등을 적용한다. 그러나 심한 복통과 황달이 계속되거나, 담낭이 파열될 때, 복막염의 가능성 및 담낭염의 합병증 등이 있는 경우에는 담낭을 제거하는 외과적 수술을 하게 된다. 외과적 수술 외에도 담석을 화학적으로 용해시키는 방법과 기계적으로 파쇄하는 방법이 있다. 화학요법으로는 콜레스테롤 담석을 용해시키는 약물-담즙체제chenodiol: chenodeoxycholic acid와 ursodiol: ursodeoxycholic acid를 이용하고, 기계적인 방법은 초음파를 이용하여 제거하거나 레이저로 담석을 파쇄하여 제거하는 방법이 있다.

(3) 담낭염과 담석증의 식사요법

담낭질환 환자에게 저지방식을 원칙으로 하되 양질의 단백질을 함유한 식품인 흰살 생선, 어묵, 탈지분유, 두부, 난백 등과 마카로니, 밀가루음식, 호박 등을 섭취하도록 권장한다. 그러나 지방이 많은 부위의 육류 및 생선, 닭 껍질, 베이컨, 소시지, 버터, 마가린, 치즈, 초콜릿, 땅콩버터, 크림, 기름에 튀긴 음식 등은 제한한다.

담석증 발작이나 급성담낭염의 증상이 있을 때에는 하루 동안 절식하며, 통증이 완화되어 먹을 수 있게 되면 탄수화물을 주재료로 한 전유동식으로부터 차츰 저칼로리의 연식, 회복식, 일반식으로 이행한다. 이때 환자에게 가능한 한 통증이 생기지 않도록 가스 발생 식품의 섭취를 제한하고 담도계의 자극을 줄여서 안정을 유지하도록 유의한다.

급성담낭염 및 담석증 환자 또는 수술 후의 담석증 환자의 경우, 상태에 따라 다음과 같은 식사요법을 진행한다.

- 제1일 : 단식하며 갈증이 나면 시원한 보리차나 작은 얼음 조각을 조금씩 먹게 한다.
- 제2일 : 아침에는 맑은 유동식, 점심은 전유동식을 준다.
- 제3일 : 전유동식을 계속하며, 미음에 채소 퓌레(삶아서 으깬 것)를 혼합하여 준다.
- 제4일 : 전유동식, 밥알이 약간 있는 걸쭉한 미음, 사과소스, 탈지우유, 잘 익은 으깬 바나나, 채소 퓌레 등을 준다.
- 제5일 : 아침은 전유동식, 점심·저녁식사에는 연식으로서 5부죽, 두부, 우유, 흰살 생선요리 등을 준다.
- 제6일 : 연식, 5부죽, 시금치나물 또는 당근나물, 두부, 감자조림, 흰살 생선국 또는 생선찜, 두부조림, 우유, 부드러운 과일 등을 준다.
- 제7일 : 연식, 전죽, 흰살 생선국이나 생선찜, 우유, 푸딩, 바나나, 잘 익은 복숭아, 영계백숙 등을 준다.

일주일쯤 경과 후엔 연식에서 점차 회복식으로 이행하며 회복경과에 따라 일반식으로 진행한다.

만성담낭염 환자는 담석이 생기기 쉬우며 또한 담석이 생기면 담낭염을 일으키기 쉽기 때문에, 담석증과 만성담낭염은 영양관리를 하여 지방 급원식품을 제한하고, 식사에 의한 자극을 피하도록 한다. 환자가 비만인 경우에는 열량을 제한하여 정상체중이 될 때까지 열량감량 식사를 해야 한다.

조리 시에는 기름을 첨가하지 말고, 튀김이나 지짐 등과 같이 기름을 가열해서 만든 요리는 제공하지 않는다. 버터를 제공할 경우에도 가열하지 않은 채로 소량씩 공급하도록 하며, 그 외의 동물성 지방의 섭취를 제한한다.

환자의 자각 증상이 없어지면 버터나 식물성 기름을 소량으로 가열하지 않고 이용할 수 있다.

담낭염과 담석증 환자가 병이 회복되어 일반식을 섭취하게 되어도 식사에 의한 강한 자극은 피하도록 한다. 식사준비 시 자극적인 향신료나 조미료 사용을 줄이며, 너무 찬 음료나 음식을 제공하지 않고, 식사시간을 규칙적으로 지키도록 한다. 즉 부드러운 생선 및 고

담낭질환 환자의 영양관리

- 목적 : 담즙분비와 배설 및 담낭운동을 조절하고 간의 보호와 저항력을 강화시킴.

① 지방을 제한한다. 포화지방산이 많은 지방은 담낭수축을 촉진시키며 통증을 유발하기 쉽고, 혈청콜레스테롤 수치를 높이기 때문에 제한하여야 한다. 일반적으로 식물성 식용유는 제한할 필요가 없지만 튀김과 같은 조리방법은 통증을 일으키기 쉽기 때문에 제한한다. 증상이 심한 경우에는 탄수화물 식품을 위주로 하며, 지방은 1일 20~30 g 이하로 제한한다. 그러나 담석을 가지고 있어도 통증이 없는 경우에는 지방을 지나치게 제한할 필요는 없다.

② 단백질은 간의 기능을 좋게 하므로 적정량 또는 약간 많은 양을 섭취하도록 한다. 그러나 단백질도 담즙분비를 촉진하므로 급성기에는 단백질 양을 늘리지 않는다.

③ 탄수화물은 담낭수축에 영향을 주지 않으므로 담낭질환 환자에게는 안전하다. 담석증 통증이 나타난 직후에는 탄수화물 식사 위주로 한다.

④ 자극적인 음식, 식이섬유가 많은 식품이나 가스를 많이 발생시키는 식품은 피해야 한다. 가스를 발생시키는 채소류에는 콩류, 양파, 파, 무, 김치, 열무, 오이, 옥수수 등이 있다.

담낭질환 환자는 탄수화물을 에너지원으로 하고, 양질의 단백질과 소화가 잘되는 저지방의 식이섬유가 적고 자극성이 적은 식품을 이용하여, 과식하지 않으며 규칙적인 식사를 해야 한다. 각종 비타민은 충분히 섭취하도록 한다.

기요리, 맵지 않은 김치, 부드러운 채소요리 등을 선택하고, 우유나 과일로 만든 간식을 먹도록 한다.

담낭염·담석증 환자의 일반식 식사구성과 식단의 예는 표 4-8과 같다.

표 4-8 담낭염 및 담석증 환자의 식사구성 예 : 저지방식

식단 \ 식품교환군		곡류군	어육류군	채소군	우유군	과일군	유지군
아침	흰밥, 무국, 버섯볶음, 달걀찜, 김치	3	1	2			1
점심	밥, 감잣국, 치킨샐러드, 도라지오이생채, 김치	4	2	2			1
간식	토스트, 저지방우유, 포도	1			0.5	3	
저녁	흰밥, 된장찌개, 병어조림, 숙주나물, 수박	3	1	2		3	

*영양소 섭취량 : 열량 1,500 kcal, 탄수화물 270 g, 단백질 60 g, 지방 20 g

3. 췌장질환

1) 췌장의 구조와 기능

췌장pancreas은 위장의 아래에 있으며, 십이지장 만곡에 위치한 길이 약 15 cm, 폭 3~5 cm, 무게 60 g 정도의 약간 흰색을 띠는 장기이며그림 4-10, 췌장분비세포에서 췌장액을 분비하여 췌장관을 통해 십이지장으로 내보낸다. 내분비기능과 외분비기능이 있는 유일한 장기로 내분비선 췌장세포에서 α-세포에서 글루카곤glucagon, β-세포에서 인슐린insulin, δ-세포에서 소마토스타틴somatostatin을 합성하여 혈중으로 방출한다. 외분비선의 췌장세포는 소화효소나 $NaHCO_3$를 함유한 약알칼리성(pH > 8.0)액을 하루에 약 1.5~2 L를 십이지장으로 분비하여 단백질·지방·탄수화물의 소화작용을 돕는다. 소화관 점막에서 세크레틴secretin과 콜레시스토키닌cholecystokinin에 의해 조절된다.

일반적인 췌장 기능은 혈액검사로 아밀라제amylase와 리파제lipase 수치를 확인하고, 췌장 염증 정도평가는 컴퓨터단층촬영CT, 복부 초음파검사 등을 한다.

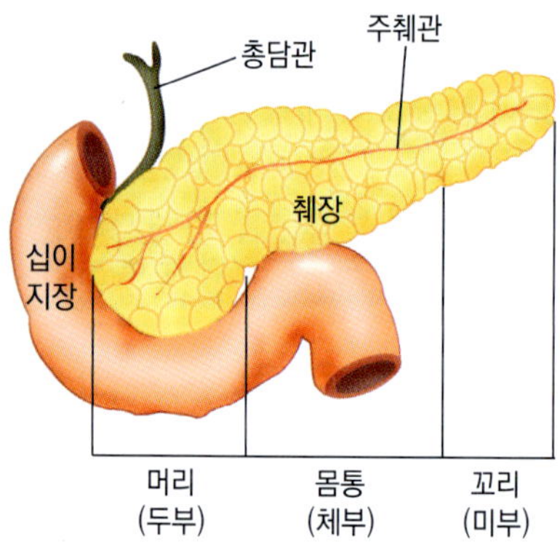

그림 4-10 췌장의 구조

2) 췌장질환의 식사요법

췌장의 염증성 질환은 급성췌장염과 만성췌장염으로 분류한다. 췌장염의 흔한 원인은 담석, 만성 알코올의존증, 흡연, 이상지질혈증, 종양, 고칼슘혈증 및 바이러스 감염 등으로 일반적인 증상은 오심, 구토, 복부팽만 및 지방변증이다. 염증이 심해져 췌장의 자가 소화 및 주변조직 괴사 등이 심해지면 출혈, 쇼크 및 사망에까지 이르게 된다.

(1) 급성췌장염

① 원인과 증상

급성췌장염acute pancreatitis은 담석증과 알코올 남용이 주요 발병요인이며, 지방질 음식을 과식하거나 특정 약물의 과다 복용에 의해 발생한다. 염증으로 췌장조직이 손상되면 세포가 파괴되어 활성형 췌장효소를 분비시키며, 이 때문에 주변 조직이 손상된다. 증상으로는 상복부 통증, 구토, 식욕부진 및 장 폐색 등과 당뇨 증세가 나타나고 백혈구 증가, 혈청 아밀라아제 상승, 혈중 요소질소의 증가 등이 나타난다.

② 식사요법

통증이 완화될 때까지 수분을 포함한 모든 음식을 제한하며, 수분과 전해질은 정맥영양으로 공급한다. 이후 3~7일이 경과하면 수분을 공급(1/2~1컵)하기 시작하면서 유동식에서 연식으로 이행한다. 소화작용 저하로 영양소의 소화·흡수가 감소되어 영양결핍이 초래되기 쉽다. 일반적인 치료는 금식, 통증완화, 수액요법 등이 있다.

급성췌장염의 식사요법은 다음과 같다.

- 통증이 심할 때에는 금식을 한다.
- 금식기간에 정맥영양을 통하여 수분과 전해질을 공급한다
- 통증이 가라앉으면 미음과 같은 유동식을 공급한다.
- 소화하기 쉽고 자극이 적은 연식을 제공한다.
- 소화하기 쉬운 당질 위주의 쌀밥, 식빵, 국수 등을 공급한다.
- 췌장조직의 재생을 위하여 소화되기 쉬운 양질의 단백질의 섭취가 필요하다. 우유, 흰살 생선, 두부 등을 주면서 점차 다진 고기도 제공한다.
- 채소와 과일은 삶아서 걸러서 사용한다.
- 처음에 지방은 소화가 당분간 어렵기 때문에 제한한다.
- 알코올음료나 커피, 향신료 사용은 금지한다.

(2) 만성췌장염

① 원인과 증상

만성췌장염chronic pancreatitis은 췌장 만성염증과 섬유화 때문에 일어나는 질환으로 주 원인은 알코올 남용이 70~90%이며, 단백질이 엉겨서 결석이 생기고 췌장관이 폐색이 되어 생기는 특발성 췌장염이다. 증상은 복통, 허리통증, 구토, 식욕부진, 메스꺼움 및 설사 등으로 췌장효소 분비부족으로 인하여 지방변이 생기고 인슐린 분비능력 저하로 당뇨가 발생할 수 있다.

② 식사요법

통증을 최소화하기 위하여 저지방식을 제공하고, 소화가 잘되는 식품을 선택하여 자극성이 없는 조리법으로 조리한다.

만성췌장염의 식사요법은 다음과 같다.

체중감소와 영양불량인 환자에게 고열량과 고단백질을 제공한다. 영양불량을 개선하기 위해 영양보충제를 공급하고, 술은 엄격하게 금지한다. 또한 인슐린 분비능력 저하로 배당능력이 떨어진 경우에는, 당뇨식에 준한 다음의 식사요법을 시행한다.

- 처음에는 급성췌장염에 준해 당질 위주의 식사를 제공한다.
- 통증이 완화되면 차츰 단백질과 지방(단백질 50~60 g, 지방 20~30 g)을 제공한다.
- 증세가 완전히 없어지면 적극적인 치료식으로 고단백질 식사를 제공하여(단백질 100 g/일) 췌장세포를 재생시킨다.
- 지방은 줄여서 30~40 g/일 정도 제공하고 흡수율을 높이기 위해서는 중쇄지방(MCT 오일)을 사용할 수 있다.
- 지방변증이 있는 경우에는 지용성 비타민을 보충해 준다.

CHAPTER 5

심혈관질환

1. 심장의 구조와 혈액 순환

2. 심혈관질환

이 장을 보기 전에

심혈관질환은 우리나라 국민의 주요 사망 원인 중 하나로, 질환의 예방이나 치료에 영양관리가 매우 중요하게 작용한다. 따라서 적절한 체중관리와 함께 지질, 나트륨과 일부 무기질 등의 지속적인 섭취 조절이 필요하다.

학/습/목/표

1. 지단백질의 종류를 이해하고 이상지질혈증의 진단 및 치료기준을 설명할 수 있다.
2. 심혈관질환별 원인을 구분하여 설명하고 적절한 식사요법을 제시할 수 있다.
3. 고혈압의 진단 기준을 설명할 수 있다.
4. 혈중 콜레스테롤 수준에 영향을 미치는 식사 요인을 이해한다

1. 심장의 구조와 혈액 순환

심혈관계는 심장, 혈관, 혈액으로 구성되어 있다. 심혈관계의 역할은 심장에서 박출되어 나온 혈액이 몸 전체를 순회할 수 있도록 함으로써 각 조직에는 필요한 산소, 수분, 전해질 및 영양소를 공급하고, 대사과정에서 생긴 이산화탄소와 노폐물은 배출 또는 대사를 위해 다른 기관으로 이동될 수 있게 해주는 것이다.

심장heart은 두 개의 심방과 두 개의 심실로 이루어져 있다. 심실은 실제적으로 심장의 수축운동을 맡아 보는 곳이다. 심장을 통해 나가는 혈액은 체순환계 또는 폐순환계를 돌게 된다. 체순환systemic circulation은 좌심실이 수축하여 동맥혈이 대동맥을 통해 나가서 신체 조직에 퍼져 있는 혈관을 돌아 정맥혈이 되어 대정맥을 통해서 우심방으로 들어오는 과정이다. 우심방을 통해 들어온 정맥혈은 우심실로 내려오게 된다. 폐순환pulmonary circulation은 우심실이 수축하여 정맥혈이 폐동맥을 통해 나가서, 폐조직의 혈관을 돌면서 산소와 이산화탄소의 교환이 이루어져 산소의 농도가 높은 동맥혈이 되어, 폐정맥을 통

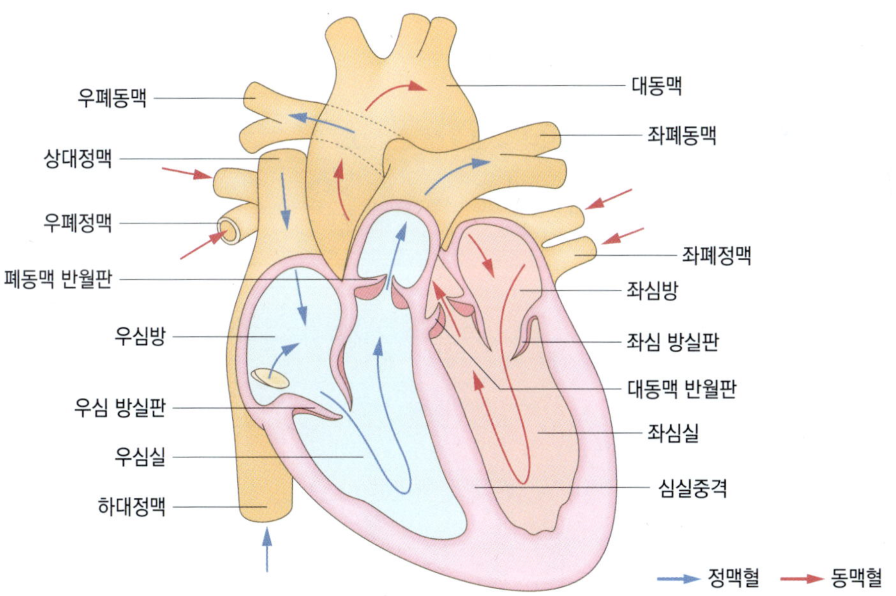

그림 5-1 심장의 구조와 혈액의 이동

출처 : Nelms의 Nutrition Therapy and Pathophysiology, p.373

해 좌심방으로 들어오는 과정이다. 좌심실이 수축하여 몸 전체에 혈액이 순환될 수 있도록 하는 시기를 수축기라 하며, 좌심실이 이완하여 폐순환을 통해 좌심방으로 들어온 혈액이 좌심실에 차게 되는 시기를 이완기라고 한다.

2. 심혈관질환

1) 이상지질혈증

(1) 지단백질의 구조와 종류

지방은 혈액 내에서 대부분 지단백질의 형태로 이동하며 일부 유리지방산이 알부민과 결합되어 이동한다. 지단백질은 소수성인 중성지방과 콜레스테롤 에스테르가 내부에 있고, 친수성 부분이 있는 인지질과 콜레스테롤, 아포단백질apolipoprotein이 겉을 둘러싸고 있다. 지단백질은 지질의 조성, 단백질의 종류, 지질과 단백질의 비, 크기 등에 있어 차이가 있다. 지단백질의 종류와 특성은 표 5-1에 있다.

표 5-1 지단백질의 종류와 특성

특성·종류	카일로마이크론	VLDL	LDL	HDL
밀도(g/mL)	<0.94	0.94~1.006	1.019~1.063	1.063~1.21
지름(mm)	80~500	40~80	20	7.5~12
지질의 양(%무게)	98~99	90~92	75~80	40~48
콜레스테롤(%지방무게)	9	22	47	19
중성지방(%지방무게)	82~89	50~58	7~11	6~7
인지질(%지방무게)	7~9	19~21	28~30	42~51
아포단백(%무게)	2	8	21	50
아포 단백의 종류	A-1, A-2, B-48, C-1,2,3, E	B-100, C-1,2,3, E	B-100	A-1, A-2, C-1,2,3, E
역할	식이지방을 체내 조직으로 이동	간에서 생성된 중성지방을 지방 조직으로 이동	콜레스테롤을 말초조직으로 이동	콜레스테롤을 간으로 이동

지단백질의 표면에 있는 아포단백질은 지단백질의 종류에 따라 특징적이다. 아포단백질의 주 역할은 지단백질의 용해성을 증가시키는 것이지만, 혈중 지단백질의 대사에 관여하는 효소들의 활성을 조절하는 역할을 하기도 하고, 수용체가 지단백질을 인식하는 데 관여하기도 한다.

(2) 이상지질혈증의 진단 및 치료기준

① 이상지질혈증의 진단

이상지질혈증dyslipidemia은 혈액 내에 중성지방 또는 콜레스테롤이 비정상적으로 증가된 상태를 말한다. 이상지질혈증은 공복 후 혈액 내의 지질검사로 총콜레스테롤, 중성지방, HDL 콜레스테롤, LDL 콜레스테롤을 측정하여 진단한다.

표 5-2 한국인의 이상지질혈증 진단기준

분류		혈중 농도(mg/dL)	분류		혈중 농도(mg/dL)
LDL 콜레스테롤*	매우 높음[1)]	≥190	총 콜레스테롤	높음	≥240
	높음	160~189		경계	200~239
	경계	130~159		적정	< 200
	정상	100~129	중성지방	매우 높음	≥500
	적정	< 100		높음	200~499
HDL 콜레스테롤	낮음	<40		경계	150~199
	높음	≥ 60		적정	< 150

1) 이상지질혈증 진단의 LDL 콜레스테롤 '높음' 기준의 경우 치료지침의 저위험군(주요 심혈관계 위험요인 1개 이하) 환자에서 약물치료 시작 권장기준으로 사용할 수 있음. 중등도 위험군의 경우 LDL 콜레스테롤 '경계' 기준을 약물치료 시작 권장기준으로 사용할 수 있음. 고위험군 환자의 경우 LDL 콜레스테롤 '정상' 기준을 약물치료 시작 권장기준으로 사용할 수 있음. 초고위험군의 경우 LDL 콜레스테롤 값에 관계없이 약물치료 시작을 권장함.

출처 : 한국지질·동맥경화학회 진료지침위원회, 이상지질혈증 치료지침 제4판, 한국지질·동맥경화학회, 2018.

이상지질혈증 진단 기준 설정 시 이상지질혈증과 심혈관질환 위험도에 관한 역학연구 자료를 고려하고 국민건강영양조사의 결과에서 나타난 지질농도의 분포를 감안하였다.

② 이상지질혈증의 치료기준

이상지질혈증의 치료기준은 심혈관계 위험요인들의 유무를 판단하여 위험도와 LDL

표 5-3 위험도 및 LDL 콜레스테롤 농도에 따른 치료의 기준

위험도		LDL 콜레스테롤 농도(mg/dL)					
		<70	70~99	100~129	130~159	160~189	≥190
초고위험군[1]	• 관상동맥질환 • 죽상경화성 허혈 뇌졸중 및 일과성 뇌허혈발작 • 말초동맥질환	생활습관 교정 및 투약 고려	생활습관 교정 및 투약 시작	생활습관 교정 및 투약 시작	생활습관 교정 및 투약 시작	생활습관 교정 및 투약 시작	생활습관 교정 및 투약 시작
고위험군	• 경동맥질환[2] • 복부동맥류 • 당뇨병[3]	생활습관 교정	생활습관 교정 및 투약 고려	생활습관 교정 및 투약 시작	생활습관 교정 및 투약 시작	생활습관 교정 및 투약 시작	생활습관 교정 및 투약 시작
중등도위험군[4]	주요 위험인자 2개 이상	생활습관 교정	생활습관 교정	생활습관 교정 및 투약 고려	생활습관 교정 및 투약 시작	생활습관 교정 및 투약 시작	생활습관 교정 및 투약 시작
저위험군[4]	주요 위험인자 1개 인자	생활습관 교정	생활습관 교정	생활습관 교정	생활습관 교정 및 투약 고려	생활습관 교정 및 투약 시작	생활습관 교정 및 투약 시작

1) 급성심근경색증은 기저치의 LDL 콜레스테롤 농도와 상관없이 바로 스타틴을 투약한다. 급성심근경색증 이외의 초고위험군의 경우에 LDL 콜레스테롤70 mg/dL 미만에서도 스타틴 투약을 고려할 수 있다.

2) 유의한 경동맥 협착이 확인된 경우

3) 표적장기손상 혹은 심혈관질환의 주요 위험인자를 가지고 있는 경우 환자에 따라서 위험도를 상향 조정할 수 있다.

4) 중등도 위험군과 저위험군의 경우는 수주 혹은 수개월간 생활습관 교정을 시행한 뒤에도 LDL 콜레스테롤 농도가 높을 때 스타틴 투약을 고려한다.

출처 : 한국지질·동맥경화학회 진료지침위원회, 이상지질혈증 치료지침 제4판, 한국지질·동맥경화학회, 2018.

콜레스테롤 농도를 고려하여 다르게 설정하였다. 생활습관 교정은 반드시 필요하며 투약을 고려하거나 시작하는 시점은 위험도와 LDL 콜레스테롤의 농도에 따라 다르다**표 5-3**.

위험도에 따라 일차 예방 또는 이차 예방을 위해 LDL 콜레스테롤의 목표 수치가 설정되었다**표 5-4**.

(3) 혈중 지질에 영향을 미치는 요인

혈중 지질의 수치는 식이성 요인의 영향을 많이 받는다. 이상지질혈증의 관리목표는 식사요법·운동요법·약물요법을 통해서 혈액 지질 수치를 정상화하여, 동맥경화를 비롯한 심혈관질환의 유발을 막거나 질환의 진행을 늦추는 것이다. 따라서 식이성 요인이 혈중 지질 농도에 미치는 영향을 이해하는 것이 중요하다.

표 5-4 위험도 분류에 따른 LDL 콜레스테롤 및 non-LDL 콜레스테롤 목표치

위험도		LDL 콜레스테롤(mg/dL)	non-LDL 콜레스테롤(mg/dL)
초고위험군	• 관상동맥질환 • 죽상경화성 허혈뇌졸중 및 일과성 뇌허혈발작 • 말초동맥질환	< 70	< 100
고위험군	• 경동맥질환[1)] • 복부동맥류 • 당뇨병[2)]	< 100	< 130
중등도위험군	주요 위험인자[3)] 2개 이상	< 130	< 160
저위험군	주요 위험인자[3)] 1개 인자	< 160	< 190

1) 유의한 경동맥 협착이 확인된 경우
2) 표적장기손상 혹은 심혈관질환의 주요 위험인자를 가지고 있는 경우 환자에 따라서 목표치를 하향조정할 수 있다.
3) 연령(남≥45세, 여≥55세), 관상동맥질환 조기발병 가족력, 고혈압, 흡연, 저HDL 콜레스테롤
출처 : 한국지질·동맥경화학회 진료지침위원회, 이상지질혈증 치료지침 제4판, 한국지질·동맥경화학회, 2018.

① 식이지방의 양

고지방식은 대체적으로 에너지 함량이 높고 포화지방산의 함량이 높다. 따라서 비슷한 양의 식사를 하였을 때, 지방 섭취를 감소시키면 에너지와 포화지방산의 섭취량이 낮아져 체중이 감소되고 혈중 콜레스테롤 수치가 낮아질 수 있다. 그러나 식이지방 섭취를 지나치게 제한하면, 상대적으로 탄수화물의 섭취 비율이 증가하여 체내에서 중성지방의 합성을 유도하고 HDL 콜레스테롤의 수치가 낮아지게 된다.

② 식이지방의 종류

식이지방의 조성은 혈중 지질 농도와 밀접한 관계가 있다.

포화지방산

포화지방산은 혈중 콜레스테롤 농도를 상승시키는 효과가 있다. 특히 탄소수가 12개인 라우르산lauric acid, 14개인 미리스트산myristic acid, 16개인 팔미트산palmitic acid의 콜레스테롤 상승효과가 크다.

다가 불포화지방산

식이 탄수화물을 리놀레산(C18:2)linoleic acid으로 대체하면 LDL 콜레스테롤이 낮아지고

HDL 콜레스테롤이 높아지는 것이 관찰되었다. 포화지방산을 다가 불포화지방산으로 대체하는 경우 콜레스테롤과 중성지방 수치를 개선하는 데 효과적이다. 포화지방산을 감소시키는 것이 다가 불포화지방산을 증가시키는 것보다 콜레스테롤 수치를 낮추는 데 더 효과적이다. 오메가-3 지방산은 LDL 콜레스테롤과 중성지방 수치를 낮추는 효과가 있다.

단일 불포화지방산

올리브유나 카놀라유에 많이 함유된 단일 불포화지방산의 경우, 포화지방산을 대체하는 경우에는 총 콜레스테롤, LDL 콜레스테롤, 중성지방을 감소시키는 효과가 있으나 탄수화물을 대체하였을 때에는 혈중 지질에 큰 영향을 미치지 않는 것으로 보고되었다.

트랜스지방산

경화유에 많이 함유되어 있는 트랜스지방산은 혈중 총 콜레스테롤과 LDL 콜레스테롤을 증가시키고 HDL 콜레스테롤을 감소시켜, LDL과 HDL 콜레스테롤의 비율에 좋지 않은 영향을 주게 된다.

③ 식이 콜레스테롤의 양

식이 콜레스테롤은 혈중 총 콜레스테롤과 LDL 콜레스테롤을 증가시키나, 그 정도에 있어서는 포화지방산이나 트랜스지방산보다는 덜하다. 식이 콜레스테롤에 의한 혈중 총 콜레스테롤의 증가 정도는 개인 차이가 있다. 포화지방산과 콜레스테롤은 LDL 콜레스테롤 농도의 증가에 서로 상승적으로 작용한다.

④ 에너지

에너지를 과다하게 섭취하면 체중이 증가할 뿐만 아니라, 간 조직에서 중성지방과 콜레스테롤의 합성이 증가하게 된다. 비만한 사람이 에너지 섭취량을 줄여 체중이 감소되면, LDL 콜레스테롤과 중성지방 농도가 낮아진다는 보고가 있다.

⑤ 식이섬유

수용성 식이섬유는 혈중 총 콜레스테롤과 LDL 콜레스테롤을 낮추는 효과가 있다. 식이섬유는 담즙과 결합하여 담즙이 더 많이 배출되게 하기 때문에, 콜레스테롤이 담즙 생성에 이용됨으로써 혈중 콜레스테롤이 낮아지는 효과를 내게 한다. 또한 식이섬유가 장

내 미생물에 의해 분해되어 생긴 단쇄지방산들이 콜레스테롤의 합성을 저해한다.

(4) 이상지질혈증의 식사요법

이상지질혈증의 영양관리 목표는 혈중 지질 수치를 정상화하여 동맥경화의 유발가능성을 낮추고 질병 진행의 속도를 낮추는 것이다. 이상지질혈증의 관리를 위한 식사요법의 원칙은 ㉠ 적정체중을 유지하고, ㉡ 총 지방 섭취량을 제한하고, ㉢ 포화지방산의 섭취를 줄이고, ㉣ 불포화지방산의 섭취를 늘리며, ㉤ 콜레스테롤 섭취를 제한하고, ㉥ 식이섬유의 섭취를 늘리고, ㉦ 알코올 섭취를 제한하고, ㉧ 설탕과 같은 당류의 섭취를 제한하는 것이다. 이상지질혈증의 식사지침은 표 5-5에 제시되어 있다.

표 5-5 이상지질혈증의 식사지침

1일 총 에너지	적정체중을 유지할 수 있는 에너지 과체중이거나 비만상태이면 체중조절 필요
총 지방	총 에너지의 30% 미만
포화지방산	총 에너지의 7% 이내로 제한
불포화지방산	포화지방산을 불포화지방산으로 대체 n6 다가불포화지방산 섭취량이 총 에너지의 10% 이내로 제한
트랜스지방산	섭취 제한
탄수화물	총 탄수화물 섭취량은 총 에너지 섭취량의 65% 이내로 하고 당류 섭취는 10~20% 이내로 제한
콜레스테롤	300 mg/일 미만
식이섬유	25 g/일 이상
알코올	1일 1~2잔 이내
식사패턴	통곡 및 잡곡, 콩류, 채소류, 생선류가 풍부한 식사

출처 : 한국지질·동맥경화학회 진료지침위원회, 이상지질혈증 치료지침 제4판, 한국지질·동맥경화학회, 2018.

① 고콜레스테롤혈증의 식사요법

총 지방, 포화지방산, 트랜스지방산의 섭취량을 감소시킨다

포화지방산의 섭취를 감소시키면 LDL 콜레스테롤을 감소시킬 수 있다. 총 지방과 포화지방산의 섭취를 감소시키기 위해서는 삼겹살. 베이컨, 소시지, 스팸 등과 같이 지방이 많은 육류, 아이스크림이나 치즈와 같이 지방이 많은 유제품, 기름에 튀긴 음식, 마가린이나 쇼트닝을 사용한 제과·제빵류 등의 섭취를 제한해야 한다. 식물성 유지 중에서도 코코넛기름, 야자유 등은 포화지방산 함량이 높기 때문에 주의한다.

콜레스테롤의 섭취를 제한한다

콜레스테롤의 섭취를 제한하기 위해서는 콜레스테롤 함량이 높은 간이나 내장육, 새우, 오징어, 주꾸미, 미꾸라지, 장어, 버터, 달걀, 명란젓, 달걀이나 버터가 많이 들어간 케이크와 파이 등의 섭취에 주의한다.

다가 불포화지방산이나 단일 불포화지방산을 함유한 유지나 식품을 섭취한다

포화지방산 대신에 다가 불포화지방산을 섭취하면 LDL 콜레스테롤이 감소한다. 그러나 다가 불포화지방산 중에서도 오메가-6 지방산의 과도한 섭취는 심혈관질환에 바람직하지 못한 영향을 미치는 프로스타글란딘의 생성을 유도하기 때문에 너무 많이 섭취하지 않도록 한다. 생선에 많이 함유되어 있는 오메가-3 지방산은 중성지방을 감소시키고 혈소판의 응집을 저하시키며 염증반응을 약화시켜, 심혈관질환의 예방에 기여한다고 보고되고 있다. 오메가-3 지방산의 함량이 높은 생선으로는 청어, 연어, 고등어, 정어리가 있다.

포화지방산 대신에 단일 불포화지방산을 섭취하면 LDL 콜레스테롤은 감소하는 반면, 오메가-6 지방산과 같이 염증성 반응이나 프로스타글란딘의 생성에 미치는 영향은 적다. 단일 불포화지방산 함량이 높은 기름에는 올리브유, 카놀라유, 땅콩기름이 있다. 해바라기유, 옥수수유, 면실유, 대두유는 오메가-6 지방산의 함량이 높다. 아마씨유flaxseed oil는 오메가-3 지방산의 함량이 높으며, 카놀라유와 대두유도 오메가-3 지방산을 일부 함유하고 있다.

콩단백질 및 식이섬유를 섭취한다

식이섬유를 많이 섭취하면 심혈관질환의 위험이 낮아지는데, 특히 수용성 식이섬유가 LDL 콜레스테롤을 낮추는 효과가 크다. 식이섬유가 풍부한 식품으로는 콩, 과일, 해조류, 고구마 등이 있다.

동물성 단백질 대신 콩을 섭취하게 되면 포화지방산의 섭취를 낮추고 식이섬유의 섭취를 증가시켜 LDL 콜레스테롤을 감소시킬 수 있다.

과도한 알코올 섭취를 제한한다

하루 한 잔 정도의 알코올 섭취는 심혈관질환의 예방에 도움이 된다는 보고도 있으나 과도한 알코올 섭취는 혈중 중성지방 수치를 증가시키며 과도한 에너지 섭취로 체중증가를 초래하기도 한다.

식물성 스테롤과 스타놀을 섭취한다

하루 2~3 g의 식물성 스테롤 섭취는 총 콜레스테롤과 LDL 콜레스테롤을 낮추는 효과가 있다. 식물성 스테롤은 곡류, 과일, 채소에 소량 함유되어 있으며 최근에는 식물성 스테롤을 첨가한 제품들이 시판되기도 한다.

② 고중성지방혈증의 식사요법

- 과다한 에너지 섭취를 제한하여 정상 체중을 유지한다.
- 지방 및 콜레스테롤의 섭취를 제한한다.
- 과다한 탄수화물 특히 당류의 섭취를 제한한다.
- 알코올 섭취를 제한한다.
- 식이섬유의 섭취를 강조한다.

③ 이상지질혈증 식사관리의 실제 적용

- 쇠고기, 돼지고기, 양고기 등은 눈에 보이는 기름 부분을 제거하고 살코기만을 이용하며, 닭고기 등 가금류는 껍질을 벗기고 조리한다.
- 스팸, 소시지, 베이컨과 같은 고지방 육가공품은 가능하면 적게 섭취한다.
- 간 고기는 지방을 제거하기 힘들기 때문에 될 수 있으면 조리에 이용하지 않도록 하고, 간 고기를 사용해야 할 경우에는 살코기 덩어리를 구입하여 갈아서 이용한다.
- 포화지방산이 적고 오메가-3 지방산을 함유한 생선을 섭취하도록 한다.
- 콜레스테롤 함량이 높은 새우, 오징어, 장어, 가재 등은 적게 섭취한다.
- 우유나 유제품은 저지방제품을 사용한다.
- 달걀노른자의 섭취는 제한하고 달걀흰자를 사용하도록 한다.
- 튀긴 음식이나 지방이 많이 들어간 가공식품(감자칩, 케이크, 파이)은 적게 섭취한다.

- 기름을 사용해야 할 경우 불포화지방산이 많은 식물성 기름을 사용하되 식물성 기름 중에서도 포화지방산이 많은 코코넛유나 야자유는 피한다. 포화지방산이 많은 라드와 버터, 마가린이나 쇼트닝 같은 경화유는 사용을 제한한다.
- 채소를 충분히 섭취한다.
- 과일은 당분이 많으므로 지나치게 많이 섭취하지 않도록 한다.
- 곡류는 식이섬유가 많은 잡곡밥을 섭취하도록 한다.
- 견과류에는 불포화지방산이 많으나 지방의 함량 및 칼로리가 높기 때문에 너무 많이 섭취하지 않도록 한다.

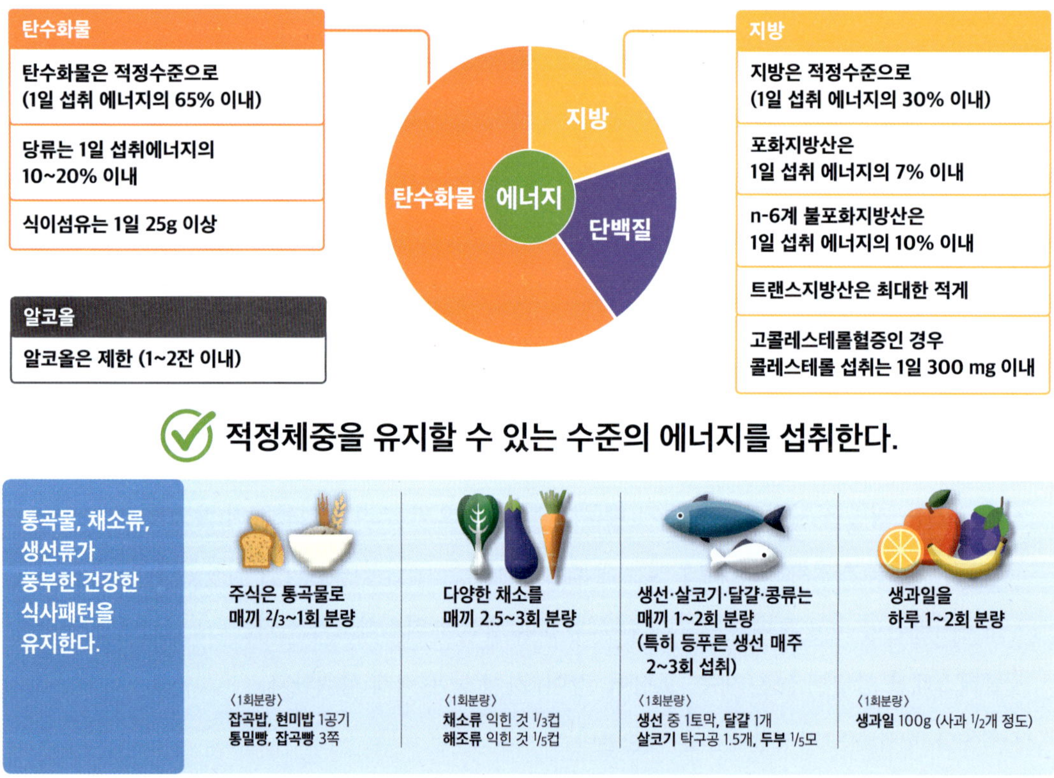

그림 5-2 이상지질혈증 식사가이드

출처 : 한국지질·동맥경화학회 진료지침위원회, 이상지질혈증 치료지침 제4판, 한국지질·동맥경화학회, 2018.

표 5-6 심혈관질환의 위험인자

• 흡연
• 고혈압(> 140/90 mmHg 또는 고혈압치료를 받고 있는 경우)
• 낮은 HDL 콜레스테롤(< 40 mg/dL)
• 관상동맥 질환의 가족력(부모, 형제, 자매 중 관상동맥 질환이 남성 55세 미만, 여성 65세 미만에서 발병한 경우)
• 연령(남성 45세 이상, 여성 55세 이상)

출처 : 임상영양관리 지침서, 제3판, 대한영양사협회.

(5) 이상지질혈증의 약물요법

① 약물요법의 적용기준

약물요법은 이상지질혈증이 식사요법, 운동요법, 금연 등의 생활습관 개선만으로 정상화되지 않을 경우나 심혈관질환 위험도와 혈중콜레스테롤의 농도를 고려하여 약물치료가 필요하다고 판단되는 경우에 사용된다. 관상동맥질환, 말초동맥질환 및 허혈성 뇌졸중의 병력이 있는 경우와 죽상경화성 동맥질환 또는 당뇨병 유무, 그리고 관상동맥질환의 위험인자(흡연, 고혈압, 저HDL 콜레스테롤혈증, 조기 관상동맥질환의 가족력, 연령)의 수, LDL 콜레스테롤 수치를 고려하여 약물치료를 시작하고, LDL콜레스테롤의 치료 목표치에 도달할 수 있도록 약제를 조절한다.

② 약물요법의 종류 및 약물의 선택

이상지질혈증의 치료를 위해 사용되는 약물들에는 콜레스테롤의 생합성과정에서 HMG-CoA 환원효소reductase의 활성을 억제하여 콜레스테롤의 체내 합성을 저하시키는 스타틴statin 종류가 있으며, 담즙산과 결합하여 담즙산의 재흡수를 방해하는 담즙산제거제bile acid sequestrant 또는 담즙산수지bile acid resin가 있다. 담즙산제거제를 복용할 경우 칼슘, 지방, 지용성비타민, 엽산의 흡수가 감소되나 특별한 이상이 없는 경우 따로 보충을 해주어야할 필요는 없다. 약제의 종류는 표 5-7에 있으며, 치료기준에 따른 약제의 선택은 표 5-8에 있다.

표 5-7 이상지질혈증 치료에 사용되는 약제

약제	종류	작용기전 및 효과	부작용 및 금기증
HMG-CoA 환원효소 억제제	Lovastatin Pravastatin Simvastatin Fluvastatin Atrovastatin Rosuvastatin Pitavastatin	• HMG-CoA 환원효소의 작용을 억제하여 간에서의 콜레스테롤 합성을 억제함 • LDL 감소(약제와 용량에 따라 24~52% 감소 효과) • 중성지방 감소(22~45%) • HDL 증가(5~10%)	• 소화장애 • 간독성 • 근육독성 (근육통, 근육손상) • 당뇨병 • 금기 : 간질환이 있을 경우
콜레스테롤 흡수 억제제 (에제티미브)	Ezetimibe	• 소장에서 콜레스테롤 흡수에 관여하는 NPCL1L1 (Niemann Pick Cell 1 Like 1) 단백질에 작용하여 장으로 분비되는 내인성 콜레스테롤의 재흡수를 억제 • LDL 감소(19%) • 중성지방 감소(8%) • HDL 증가(3%)	• 위장관계 증상 (복통, 설사) • 피로감 • 관절통, 근육연축, 흉통 • 임신부와 수유부에서는 안전성이 확립되지 않았음 • 금기 : 급성간질환 또는 만성간기능 저하의 경우
담즙산 제거제 또는 담즙산수지	Colesevelam Cholestyramine Colestipol	• 장내에서 담즙과 결합하여 배설되도록 함으로써 체내에서 콜레스테롤 담즙생성에 사용되도록 함 • LDL 감소(15~30%) • HDL 증가(3~5%)	• 위장관 불편감 • 변비 • 금기 : 중성지방 수치가 400 mg/dL 이상일 경우
피브린산 유도체	Fenofibrate Gemfibrozil Bezafibrate Ciprofibrate	• 전사인자인 PPAR를 활성화시킴 • 지단백의 지방분해를 증가시켜 중성지방을 감소시킴 • 간의 지방산 산화를 촉진함 • 중성지방 감소(25~50%) • HDL 증가(10~15%)	• 소화장애 • 콜레스테롤 담석 발생 증가 • 신기능 감소 • 심한 간질환 및 담낭질환, 신장기능 저하 시 주의
PCSK9 (Proprotein Convertase Subilisin/ Kexin type 9) 억제제	Alirocumab Evolocumab	• 혈중에서 PCSK9이 LDL수용체에 결합하는 것을 억제하여 LDL 수용체의 분해를 억제함으로써 발현이 증가되도록 하여 LDL 콜레스테롤이 혈중에서 제거되도록 함 • LDL 감소(45~70%) • 중성지방 감소(8~10%) • HDL 콜레스테롤 증가(8~10%)	• 주사 부위 이상반응

표 5-8 이상지질혈증의 치료기준에 따른 약제의 선택

이상지질혈증 분류	순서	약제 종류	투여방법
고콜레스테롤혈증	기본약제	스타틴	심혈관질환 위험도에 따라 LDL 콜레스테롤 목표 수치에 도달할 수 있도록 용량을 조절(고위험군, 초고위험군에서 목표치 달성이 어려운 경우 기저치의 50% 이상 감소할 수 있게 용량 조절)
	다른 약제	담즙산수지, 에제티미브	
	병용요법	스타틴+에제티미브 스타틴+담즙산수지 스타틴(±에제티미브) +PCSK9억제제	스타틴(±에제티미브) 초고위험군에서 스타틴 단독 또는 스타틴 에제티미브 병합 요법에도 LDL 콜레스테롤 목표치 미달하는 경우
고콜레스테롤혈증 +고중성지방혈증	단독요법	스타틴	
	병용요법	스타틴+피브린산 스타틴+gemfibrozil 스타틴+오메가-3 지방산	
고중성지방혈증	기본약제	피브린산 오메가-3 지방산	
저HDL 콜레스테롤혈증에서 약물치료를 고려하는 경우	기본약제	스타틴, 피브린산	

출처 : 한국지질·동맥경화학회 진료지침위원회, 이상지질혈증 치료지침 제4판, 한국지질·동맥경화학회, 2018

2) 동맥경화

(1) 동맥경화의 병리

동맥경화증arteriosclerosis은 동맥의 벽이 두꺼워지고 단단해지면서 탄력성을 잃게 되는 질병으로 만성 염증성 질환이다. 이상지질혈증, 산화된 LDL, 고혈압, 흡연, 당뇨병, 비만, 호모시스테인 등으로 인해 혈관 벽의 내피에 상처가 생기면 대식세포, 림프구 등이 상처 부위에 침착하고 면역세포와 혈관의 평활근세포smooth muscle cell가 증식하게 된다. 혈관의 평활근세포의 섬유화가 이루어지며 지방과 콜레스테롤이 축적되기 쉽다. 혈관의 내막층에 지방, 칼슘, 피브린 등이 축적되어 생긴 것을 플라크plaque 또는 죽종atheroma이라고 한다. 플라크가 축적되면 혈관 내경이 좁아지고 혈액의 순환이 원활하지 못하게 된다.

동맥경화증의 증상은 어떤 부위의 혈관에 동맥경화증이 일어났느냐에 따라 다르게 나타난다. 심장에 혈액을 공급하는 관상동맥에 동맥경화증이 생기면, 부정맥으로 심장박동이 일정치 않고 협심증이 나타나 가슴에 통증이 생기기도 한다. 플라크는 쉽게 부서지기도 하는데 부서져서 혈전thrombus을 형성하여 그 형성 부위에서 혈관을 막기도 하며, 더 작게 부서져서 색전embolus의 형태로 혈액을 통해 돌아다니다가 크기가 작은 혈관의 폐색을 일으키기도 한다. 심장으로 혈액을 공급하는 혈관이 막히게 되면 심근경색이 일어나며, 뇌에 혈액을 공급하는 동맥이 막히게 되면 뇌졸중이 일어난다. 팔이나 다리에 있는 혈관이 막히게 되면, 걷기나 움직이기가 힘들고 말초조직의 괴저(상당히 많은 양의 조직이 죽은 부위)가 일어나게 된다.

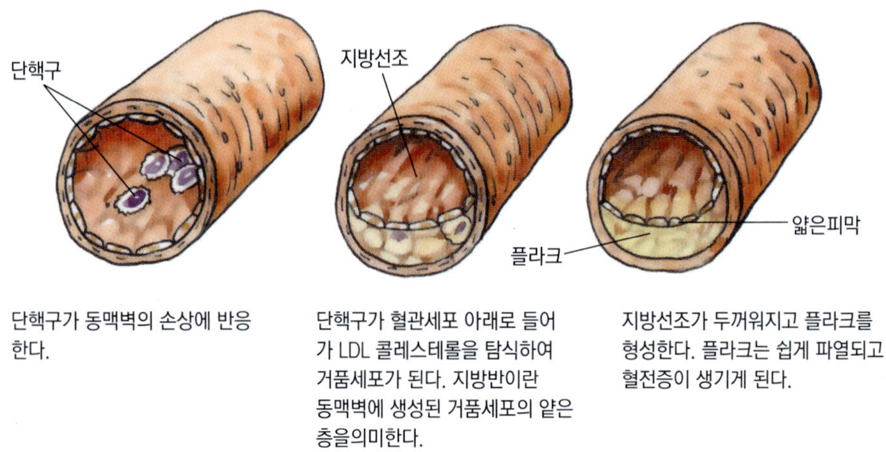

그림 5-3 플라크의 생성 진행 단계

(2) 동맥경화의 원인

동맥경화증의 발생 위험을 높이는 요인들에는 가족력, 나이, 성별, 비만, 이상지질혈증, 고혈압, 당뇨병, 운동부족, 그리고 흡연이 있다.

① 가족력

동맥경화증의 발생에는 유전적 요인이 영향을 미친다.

② 나이와 성별

동맥경화증은 장기간에 걸쳐 진행되는 질병이므로 나이가 많아지면 질환의 진행이 더 많이 된 상태가 되며, 또한 혈관의 노화가 일어나 탄력성이 떨어지게 되는 것도 위험요인으로 작용하게 된다. 여성보다는 남성에게서 더 일찍 동맥경화증이 나타나며, 에스트로겐의 보호 효과 때문에 여성에게서 더 늦게 나타난다고 한다. 따라서 폐경기 이후의 여성은 남성과 비슷한 위험도를 가지고 있다고 할 수 있다.

③ 비만

비만은 이상지질혈증, 고혈압, 당뇨병 등과도 밀접한 상관관계를 가지고 있어 동맥경화증의 발생에 미치는 독립적인 영향을 알아보기는 힘드나, 체중이 과도하게 증가하게 되면 동맥경화증의 발생 위험이 높아지게 된다.

④ 이상지질혈증

동맥경화증의 위험도를 판단하는데 LDL이 주요 지표로 사용된다. 산화된 LDL은 혈관 내막에 손상을 입혀 동맥경화증이 시작되도록 한다. HDL은 동맥경화증의 발생 위험을 낮추는 것으로 알려져 있다.

⑤ 고혈압

혈압이 높아져 혈관에 미치는 힘이 커지게 되면 혈관 내피세포에 상처가 잘 생기게 되어 동맥경화증 발생의 위험이 높아진다. 또한 혈압이 높을 경우 이미 생성된 플라크가 더 쉽게 부서져서 혈전이 생성될 수도 있다. 수축기 혈압이 20 mmHg 상승하면 심혈관질환의 위험도가 2배 증가하는 것으로 보고되기도 하였다.

⑥ 당뇨병

심혈관질환은 당뇨병의 주요 합병증 중의 하나이다.

⑦ 운동 부족

운동을 하면 혈압 강하, 중성지방의 감소, HDL 수치의 증가, 혈관 기능의 향상, 혈소판 응집 감소 등의 효과가 있어 동맥경화증의 위험도를 낮출 수 있다.

⑧ 흡연

흡연은 혈관의 기능 장애, 염증 반응, 지질대사의 이상을 초래하여 동맥경화증의 위험요인으로 작용한다.

(3) 동맥경화의 치료

동맥경화의 영양 및 약물 치료는 이상지질혈증의 치료에 준한다.

3) 고혈압

(1) 고혈압의 진단

고혈압hypertension은 혈압이 지속적으로 상승되어 있는 상태로, 수축기 혈압이 140 mmHg 이상 또는 이완기 혈압이 90 mmHg 이상인 경우를 말한다. 고혈압의 진단은 2018년 고혈압 진료지침(대한고혈압학회)에 따라 표 5-9에 제시되어 있다.

고혈압은 관상동맥 질환, 뇌졸중, 만성 심부전 등의 위험요인이다. 적극적인 고혈압의 치료는 고혈압으로 인한 합병증의 발생을 줄일 수 있고, 사망률도 낮출 수 있다.

표 5-9 혈압의 분류

혈압 분류		수축기 혈압(mmHg)		확장기 혈압(mmHg)
정상 혈압*		<120	그리고	<80
주의혈압		120~129	그리고	<80
고혈압전단계		130~139	또는	80~89
고혈압	1기	140~159	또는	90~99
	2기	≥160	또는	≥100
수축기 단독고혈압		≥140	그리고	<90

*심뇌혈관질환의 발생 위험이 가장 낮은 최적혈압

출처 : 대한고혈압학회, 2018년 고혈압진료지침, 2018.

(2) 혈압의 조절

혈압blood pressure은 혈액이 혈관의 벽에 가하는 힘을 말하며, 심장박출량과 혈관의 저항 정도에 의해 결정된다. 혈압은 심장박출이 충분하여 체순환이 원활히 될 수 있을 정도로 높아야 하나, 혈관에 손상을 입힐 정도로 높지는 않아야 한다.

심장박출량은 1회 박출량과 심장박동수를 곱한 수치이다. 1회 박출량은 수축기에 좌심실에서 박출되어 나오는 혈액의 양이다. 심장박출량이 높아지면 혈압이 높아지므로 심장박동수가 증가하거나 1회 박출량이 증가하면 혈압이 높아진다.

혈관의 저항성이 높아지면 혈액 순환이 힘들어지며 혈압이 높아지게 된다. 혈관의 저항성은 혈액의 점성에 비례하며 혈관의 직경과는 반비례 관계에 있다. 특히 혈관의 직경은 혈관의 저항을 결정하는 데 아주 중요하다. 혈관의 직경이 조금만 감소하여도 저항성이 많이 높아진다. 따라서 혈중 지질 농도가 높아져 혈액의 점성이 증가하거나 동맥경화증으로 혈관의 직경이 감소하면 혈압이 상승하게 된다.

혈압을 조절하는 요인으로는 교감신경계, 레닌-안지오텐신계, 신장의 기능이 있다.

교감신경계와 부교감신경계

정신적으로 긴장 또는 흥분하거나 운동을 하면 교감신경의 활동이 항진되는데, 교감신경이 자극되면 노르에피네프린norepinephrine이 분비되고 심장박동수가 증가하게 되어 혈압이 높아진다. 교감신경은 혈관을 수축하여 저항성을 높임으로써 혈압이 올라가게 하기도 한다. 부교감신경계가 자극되면 아세틸콜린acetylcholine이 분비되며 심장박동수가 감소한다.

레닌-안지오텐신계와 신장의 기능

혈압감소, 신장으로 유입하는 혈류량의 감소, 혈중 나트륨 감소가 일어날 경우 신장에서 레닌이 분비되어 혈장의 안지오텐시노겐이 안지오텐신I으로 전환되고, 안지오텐신I이 안지오텐신II로 전환되어 부신피질에서 알도스테론의 분비를 촉진한다. 알도스테론은 나트륨과 수분의 재흡수를 증가시켜 혈압이 상승하게 한다.

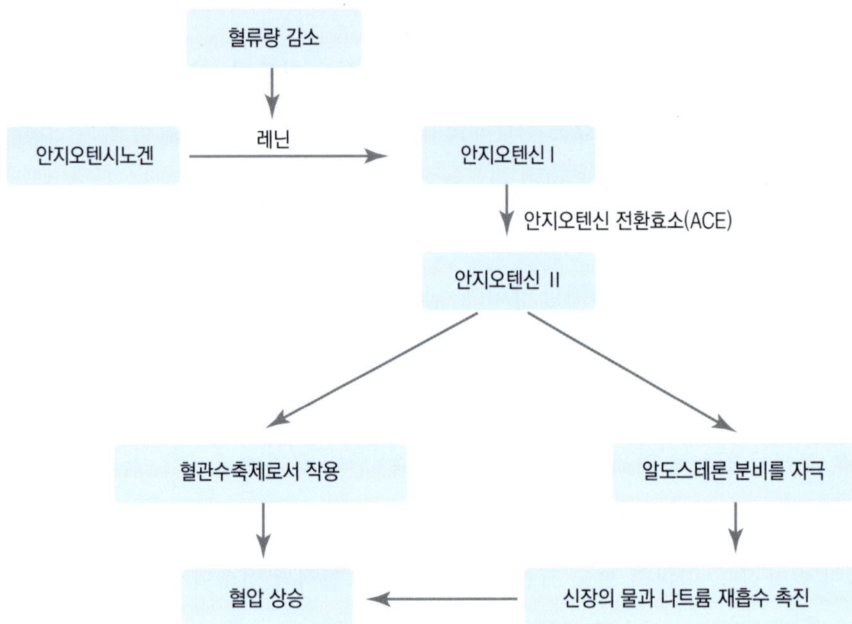

그림 5-4 레닌-안지오텐신계에 의한 혈압 조절

(3) 고혈압의 원인

고혈압은 원인에 따라 일차성 또는 본태성 고혈압과 이차성 고혈압으로 나눌 수 있다. 고혈압의 90% 정도가 본태성 고혈압이며, 10% 정도가 이차성 고혈압이다. 이차성 고혈압은 원인이 되는 질환 때문에 혈압이 상승하는 것을 말하며, 본태성 고혈압은 그 원인을 알 수 없는 경우이다. 그러나 본태성 고혈압이라 해도 식이, 운동, 흡연, 스트레스, 비만 등 여러 생활습관 요인이 본태성 고혈압의 발생에 영향을 미치는 것으로 보고 있다.

① 고혈압의 원인이 되는 질환

수면무호흡sleep apnea

수면무호흡일 경우 교감신경이 항진되어 심장박동수가 증가하고 심장박출량이 증가하며, 혈관수축으로 혈관의 저항성이 높아져 혈압이 상승하게 된다.

만성 신장질환

만성 신장질환이 있을 경우 신장으로 들어오는 혈류량이 감소하여 레닌-안지오텐신계가 활성화되어 혈압이 높아지게 된다.

알도스테론증aldosteronism

부신피질로부터 알도스테론이 과잉 분비되어 고나트륨혈증이 되고 혈압이 높아진다.

만성적인 스테로이드 복용 또는 쿠싱증후군cushing's syndrome

체내 스테로이드가 높은 상태가 유지되면 나트륨과 수분의 재흡수가 증가하여 혈압이 상승한다. 쿠싱증후군은 스테로이드 호르몬의 한 종류인 글루코코르티코이드 glucocorticoid가 만성적으로 과잉 분비되어 일어나는 병이다.

크롬친화세포종pheochromocytoma

부신수질에 발생하는 종양으로 노르에피네프린의 분비가 증가하여 심장박동수가 증가하고 혈압이 상승한다.

갑상선기능항진증hyperthyroidism

심장박동수가 증가하여 혈압이 상승한다.

② 고혈압을 유발할 수 있는 생활습관 요인

비만

정상 체중인 사람에 비해 비만인 사람은 고혈압이 될 확률이 2~6배나 높다.

과다한 소금의 섭취

역학연구 결과 과다한 소금의 섭취는 고혈압의 원인이 되는 것으로 보인다. 대체적으로 소금의 섭취가 많은 국가(1일 9~12 g 섭취)에서 고혈압의 유병률이 높게 나타나고 있다. 그러나 소금을 많이 섭취한다고 해서 모두 고혈압이 되는 것은 아니다. 소금에 대한 민감성을 가진 사람들은 소금의 섭취에 의해 혈압이 특히 영향을 많이 받는다.

알코올 섭취

음주 때문에 고혈압이 생긴 경우들이 있으며, 하루에 3잔 이상의 알코올을 섭취할 경우 혈압이 3 mmHg 정도 증가하는 것으로 보고되어 있다.

칼륨

칼륨의 섭취량과 혈압은 음의 상관관계를 가지는 것으로 보고되고 있다.

마그네슘

마그네슘은 혈관 근육의 수축을 억제하는 것으로 알려져 있다. 그러나 마그네슘을 보충하여 섭취한다고 해서 고혈압이 예방된다는 증거는 아직 부족하다.

지방

식이지방은 고혈압보다는 심혈관질환에 더 많은 영향을 미친다. 따라서 총지방량, 포화지방, 콜레스테롤의 섭취를 낮추게 되면 심혈관질환을 예방할 수 있으며, 동맥경화증의 예방은 궁극적으로 고혈압의 발병에도 영향을 미칠 수 있다.

흡연

흡연은 혈관내피세포의 확장을 방해하여 혈압을 상승시킨다.

(4) 고혈압의 식사요법

고혈압의 관리 목표는 혈압을 조절하여 뇌졸중, 고혈압과 관련된 심혈관질환, 그리고 신장질환의 발병 또는 이러한 질환으로 인한 사망률을 낮추는 데 있다. 고혈압의 영양관리는 체중조절을 통한 정상체중 유지, 알코올 섭취의 제한, 염분 섭취 제한, 적절한 칼륨·마그네슘·칼슘의 섭취, 식이지방의 조절 등이 주요 내용이다. 건강한 식사습관, 운동, 금연, 절주 등과 같은 생활요법은 혈압 강하효과가 뚜렷하다. 생활요법에 따른 혈압 감소효과는 표 5-10에 제시되어 있다.

표 5-10 생활요법에 따른 혈압 감소 효과

생활요법	혈압 감소(수축기/확장기 혈압, mmHg)	권고사항
소금 섭취 제한	-5.1 / -2.7	하루 소금 6 g 이하
체중 감량	-1.1 / -0.9	매 체중 1 kg 감소
절주	-3.9 / -2.4	하루 2잔 이하
운동	-4.9 / -3.7	하루 30~50분 일주일에 5일 이상
식사 조절	-11.4 / -5.5	채식 위주의 건강한 식습관*

*건강한 식습관: 칼로리와 동물성 지방의 섭취를 줄이고 채소, 과일, 생선류, 견과류, 유제품의 섭취를 증가시키는 식사요법

출처 : 대한고혈압학회, 2018년 고혈압 진료지침, 2018

① 체중조절

고혈압의 관리에서 체중조절은 기본적인 요건이다. 10 kg 감량 시 5~20 mmHg 정도의 수축기 혈압 강하 효과가 있는 것으로 보고되었다.

② 나트륨 섭취의 제한

나트륨의 섭취를 제한하여 혈압을 조절할 경우 심혈관질환, 신장질환, 뇌졸중의 발생을 감소시킬 수 있다. 나트륨의 섭취 조절을 통해 고혈압의 발생을 17% 정도 낮출 수 있다고 보고된 바 있다. 하루 6 g 이하의 소금(나트륨 2,400 mg = 약 105 mEq)을 섭취하도록 한다. 가공식품과 나트륨이 많이 들어 있는 식품의 섭취를 제한하고 식탁에서 소금을 사용하지 않는다. 통조림 식품, 치즈, 마가린, 샐러드드레싱을 사용할 때 저염 혹은 무염 제품을 사용하고 패스트푸드나 냉동식품을 섭취하지 않는다.

표 5-11 소금 1 g에 해당하는 양념의 양

식품명	중량(g)	목측량
소금	1	1/2작은술
진간장	5	1작은술
된장, 고추장	10	1/2큰술
우스타소스	40	2.5큰술
마요네즈	40	2.5큰술
토마토케첩	30	2큰술
마가린, 버터	50	3큰술

출처 : 임상영양관리지침서 제3판, 대한영양사협회, 2008

표 5-12 가공식품에 사용되는 나트륨 화합물

화합물	사용 목적
Sodium bicarbonate(Baking soda)	거품을 일게 하는 효과
Sodium bicarbonate와 Sodium pyrophosphate (Baking powder)	밀가루 반죽을 부풀림
Sodium propionate	빵, 케이크, 치즈의 보존제
Sodium carbonate, monohydrate	산-알칼리 균형을 유지하는 완충제
Sodium nitrate	위험한 미생물의 생장을 억제하고 가공육의 색 증진

(계속)

표 5-13 고혈압 치료제의 종류 및 영양적 관리

종류		약(상품명)	작용	영양관련 부작용	영양적 관리
이뇨제	Loop diuretics	Furosemide(Lasix) Bumetanide(Bumex) Torsemide(Demadex)	나트륨과 수분의 재흡수 억제	저칼륨혈증, 소변 칼슘 배설 증가, 메스꺼움, 구토, 설사	고칼륨식, 다량의 수분 섭취 제한, 식후 복용
	Thiazide diuretics	Hydrochlorothiazide (Microzide) Chlorothiazide(Diuril) Indapamide	헨레고리 및 수뇨관에서 나트륨 재흡수 억제	소변 칼륨 배설 증가	고칼륨식, 다량의 수분 섭취 제한, 알코올 섭취 제한
알도스테론 수용체 차단제		Eplerenone(Inspra) Spironolactone(Aldactone)	수뇨관에서 알도스테론 작용을 억제하고 나트륨-칼륨 교환을 억제함	고칼륨혈증	고칼륨 식이 및 고나트륨 섭취 제한, 다량의 수분 섭취 제한
베타차단제		Atenolol(Tenormin) Metoprolol(Lopressor) Propranolol(Inderal)	베타 수용체 반응을 억제하여 심장박동수와 심장박출량을 감소시킴	구토, 설사, 상복부 거북함, 알코올이 증세를 악화시킴	알코올 섭취 시 주의 요함
안지오텐신 전환효소 억제제(ACEI)		Captopril(Capoten) Enalapril(Vasotec) Quinapril(Accupril) Lisinopril(Zestril)	안지오텐신 II 생성을 억제하며 혈압 상승을 억제함	기립성 저혈압, 마른기침, 불면증	신장기능이 약한 환자에게 주의를 요함
칼슘차단제		Verapamil(Calan, Isoptin) Diltiazem(Cardizem)	혈관 확장으로 강력한 혈압강하 효과	변비, 부종, 홍조	
알파차단제		Doxazosin(Cardura) Prazosin(Minipress) Terazosin(Hytrin)	1회 박출량을 저하시킴 말초 저항을 감소시킴	발목 부종, 무기력증, 두통	

환효소억제제, 심장박동수와 심장박출량을 감소시키는 베타차단제, 혈관확장에 관여하는 칼슘차단제, 알도스테론의 작용을 저하시키는 알도스테론길항제 등이 있다표 5-13.

4) 대사증후군

(1) 대사증후군의 정의 및 진단기준

대사증후군metabolic syndrome은 복부비만, 인슐린 저항성, 이상지질혈증, 고혈압과 같은 위험요인들을 포괄하여 한 가지 질환군으로 개념화한 것이다. 이는 심혈관질환 또는 제2형 당뇨병의 발병 가능성이 높은 위험군을 예측하는 데 유용한 지표가 된다. 대사

증후군의 진단기준은 아직 표준화되어 있지 않으며 단체마다 다른 기준을 제시하고 있다. National Cholesterol Education Program Adult Treatment Panel III(2005년 개정판), International Diabetes FederationIDF, 그리고 National Heart, Lung, and Blood InstituteNHLBI와 American Heart AssociationAHA 그리고 IDF의 융합된 기준이 표 5-14에 제시되어 있다.

표 5-14 대사증후군의 진단기준

	NCEP-ATP III, 2005	IDF, 2006	합동 중간보고서 IDF & AHA/NHLBI, 2009
진단방법	아래의 5가지 조건 중 3가지 이상을 만족하면 진단	복부비만(허리둘레)은 필수요건 94 cm 이상(유럽 남자) 80 cm(유럽 여자) 인종에 따른 독자적인 기준 필요 아래 4가지 중 2가지 이상 만족하면 진단	아래의 5가지 조건 중 3가지 이상을 만족하면 진단
복부비만 (허리둘레)	남자 90 cm 이상 여자 80(85[a]) cm 이상		인종이나 국가에 따라 정한 기준에 따름
중성지방	150 mg/dL 이상	150 mg/dL 이상	150 mg/dL 이상
HDL 콜레스테롤	남자 40 mg/dL 미만 여자 50 mg/dL 미만	남자 40 mg/dL 미만 여자 50 mg/dL 미만	남자 40 mg/dL 미만 여자 50 mg/dL 미만
혈압	130/85 mmHg 이상	130/85 mmHg 이상	130/85 mmHg 이상 또는 고혈압 약물 치료 중인 경우
공복혈당	100 mg/dL 이상[b]	100 mg/dL 이상	100 mg/dL 이상 또는 당뇨병 약물 치료 중인 경우

[a]우리나라 여성의 복부비만은 WHO 아시아-태평양 지역의 복부비만 기준인 허리둘레 80 cm 이상을 기준으로 진단하였으나, 2006년 대한 비만학회에서 우리나라 여성의 복부비만의 진단기준을 허리둘레 85 cm 이상으로 정하였다.
[b]2003년 미국 당뇨병학회 권고안에서 공복혈당장애의 기준이 110 mg/dL 이상에서 100 mg/dL 이상으로 변경되었다.

우리나라는 2011년 국민건강영양조사에서 다음 중 3가지 이상에 해당되는 경우를 대사증후군으로 정의하였다. 복부비만은 2006년 대한비만학회에 의해 기준이 변경되어 여성은 85 cm 이상을 복부비만으로 진단하고 있다.

① 허리둘레 : 남자 90 cm 이상, 여자 85 cm 이상

② 중성지방 : 150 mg/dL 이상

③ HDL-콜레스테롤 : 남자 40 mg/dL 미만, 여자 50 mg/dL 미만

④ 혈압 : 수축기혈압 130 mmHg 이상이거나 이완기혈압 85 mmHg 이상 또는 혈압약 복용

⑤ 공복혈당이 100 mg/dL 이상이거나 당뇨병약 복용 또는 인슐린 주사

(2) 대사증후군 환자의 영양관리

이상이 있는 요인에 중점을 두고 관리한다표 5-15.

표 5-15 대사증후군 환자의 영양관리

요인	관리 내용
복부비만	• 체중을 감량한다. • 신체활동을 늘린다.
고중성지방혈증	• 체중을 감량한다. • 신체활동을 늘린다. • 총 탄수화물 섭취량을 줄인다. • 오메가-3지방산의 섭취를 늘린다. • 알코올의 섭취를 제한한다.
저HDL-콜레스테롤혈증	• 체중을 감량한다. • 신체활동을 늘린다. • 단일 불포화지방산의 섭취를 늘린다. • 금연한다.
고혈압	• 체중을 감량한다. • 신체활동을 늘린다. • 포화지방산의 섭취를 줄인다. • 소금의 섭취를 줄인다. • 채소와 과일의 섭취를 늘린다. • 저지방 유제품의 섭취를 늘린다. • 알코올 섭취를 제한한다.
공복혈당장애	• 체중을 감량한다. • 신체활동을 늘린다. • 총 탄수화물 섭취량을 줄이는 대신 단일 불포화지방산을 섭취한다. • 식이섬유의 섭취를 늘린다.

5) 울혈성 심부전

(1) 울혈성 심부전의 원인

울혈성 심부전congestive heart failure은 심장 기능에 이상이 생겨 심장이 전신으로 혈액을 순환시킬 수 있는 능력이 감소되고 전신과 혈관에 울혈 현상이 나타나는 것이다. 대부분은 좌심실의 수축 부진이 있다. 심장박출량이 저하되는 원인으로는 확장성심근병증이 있으며, 이 질환 때문에 심실과 심방이 확장되고 그 결과 심장의 수축력이 떨어져 혈액을 순환시킬 수 있는 능력이 저하된다. 울혈성 심부전의 원인으로는 심장 판막이나 근육과 관련된 심장질환, 고혈압, 폐기종, 만성 신염 등이 있다.

(2) 울혈성 심부전의 증상

좌심실의 수축부진이 있을 경우 심장박출량이 감소하여 신장으로 가는 혈류량이 감소하게 된다. 신장의 혈류량 감소와 사구체 여과의 감소에 반응하여 신장에서는 레닌-안지오텐신계가 활성화되며, 안지오텐신II와 알도스테론이 증가하여 혈압이 높아지고 부종이 생기면서 심부전은 더 악화된다. 또한 좌심실에 혈액이 잔류하게 되어, 폐정맥에서 좌심방을 통해 좌심실로 들어와야 할 동맥혈이 들어오지 못하면서 폐정맥에 혈액이 머물게 되고, 폐의 모세혈관의 혈압이 높아져 폐울혈과 폐부종이 생긴다.

우심실의 수축부진이 있으면 폐순환을 통해 좌심방으로 들어오는 동맥혈이 감소하여 좌심실의 심장박출량 감소로 인해 신장에 영향을 미쳐 레닌-안지오텐신계가 활성화되고 알도스테론 분비가 증가한다. 우심실에 잔류하는 혈액 때문에 체순환계가 순조롭게 진행되지 못해 정맥혈압이 높아지고 말초부종과 간부종 증세가 나타난다.

심장박출량의 감소로 쉽게 피곤해지고, 복수, 간비대 증세가 나타나며 알부민수치가 감소하고 BUN이 증가하며 칼륨과 마그네슘 농도가 감소한다.

(3) 울혈성 심부전의 식사요법

울혈성 심부전의 영양관리 목표는 심장의 부담을 줄이고 체중을 유지하며 적절한 영양상태를 유지하는 것이다. 체내 수분과 전해질 평형에 주의를 하여 부종을 없애고 심장기능을 유지하도록 하여야 한다.

- 적절한 건강 체중을 유지할 수 있도록 에너지 섭취량을 조정한다. 과체중은 혈류량을 증가시키며 심장에 부담을 주게 된다.
- 심장 악액질로 인해 단백질의 필요량이 증가하거나 단백질의 손실이 증가하는 경우에는 단백질의 섭취를 증가시킨다. 알부민이 감소하면 부종이 심해지므로 단백질이 부족하게 되지 않도록 하고, 심근이나 폐의 근육을 강화시키기 위해서도 양질의 단백질을 충분히 섭취하도록 한다.
- 나트륨을 제한하고 수분 섭취를 조절하여야 한다. 이뇨제를 사용하고 저염식을 할 경우에는 수분의 과도한 제한은 필요하지 않다.
- 이뇨제를 사용할 경우에는 손실되는 수용성 비타민과 전해질이 보충될 수 있도록 주의하여야 한다. 특히 마그네슘·칼륨·엽산·티아민의 영양상태에 주의한다.
- 소량의 식사로 자주 하는 것이 심장에 대한 부담을 줄이는 데 도움을 줄 수 있다.
- 지나친 식이섬유의 섭취는 소화장애를 일으키기 쉽고 가스 생성을 초래하여 심장에 부담을 줄 수 있으므로 과하지 않도록 한다.

6) 심근경색

심근경색myocardial infarction은 심장에 혈액을 공급하는 혈관이 동맥경화나 혈전 때문에 막혀서 혈액이 제대로 공급되지 못해 심근조직의 일부가 괴사되는 것을 말한다. 심근경색 환자의 경우 영양관리의 목적이 치료보다는 심근경색으로 인한 증상을 조절하고 재발을 예방할 수 있도록 하는 데 있다.

울혈성 심부전이나 부정맥을 예방하는 데 도움을 줄 수 있도록 영양관리를 한다. 나트륨 섭취를 조절하고 카페인 함유 식품의 섭취를 제한하며 소량의 식사를 자주 공급하여 심장의 부담을 줄인다. 비만한 경우 체중 조절이 요구되며 동맥경화의 진행을 늦추기 위해 콜레스테롤과 포화지방산의 섭취를 제한하는 고콜레스테롤혈증의 영양관리 원칙을 적용한다.

7) 뇌졸중

뇌졸중stroke은 뇌혈관의 순환장애로 뇌혈관이 막히거나 터져서 뇌조직에 손상이 일어나는 질환이다. 뇌조직의 손상으로 언어장애, 의식장애, 반신마비 등의 장애가 일어난다. 뇌졸중은 크게 뇌출혈cerebral hemorrhage과 뇌경색cerebral infarction으로 구분할 수 있다. 뇌출혈은 고혈압 등의 원인에 의해 뇌혈관이 터져 피가 뇌조직을 압박하고 손상을 입혀 뇌기능이 마비되는 상태로, 출혈 부위나 출혈 정도에 따라 뇌기능 장애의 정도가 달라진다. 뇌경색은 동맥경화증 때문에 뇌동맥이 좁아지고 혈전이 뇌혈관을 막아 혈액이 공급되지 못하여 뇌기능이 손상되는 것을 말한다. 뇌혈관에서 진행된 동맥경화증 때문에 혈전이 생겨 뇌혈관이 막히게 된 것을 뇌혈전증cerebral thrombosis이라 한다. 심장이나 다른 부위의 혈관에서 진행된 동맥경화증으로 생긴 색전이 혈관을 통해 순환하다가 뇌혈관을 막아 생긴 뇌경색을 뇌색전증cerebral embolism이라고 한다.

뇌졸중이 이미 발생한 경우에는 영양관리를 통한 치료는 어려우며, 환자의 상태에 따라 적절하게 영양공급을 하도록 한다. 혼수상태에 있는 경우, 관급식을 통해 영양공급을 하고 표준체중에 맞도록 영양을 공급하며, 뇌부종이나 뇌압 항진이 발생하지 않도록 전해질과 수분의 공급에 주의한다. 의식은 있으나 근육이 마비되어 연하곤란 증세를 보이면 유동식을 공급한다.

뇌졸중을 예방하거나 재발을 방지하기 위해 고혈압, 동맥경화증, 이상지질혈증 등의 심장 순환기계 질환과 당뇨 및 비만 등 만성 질환에 적용되는 식사 처방을 적용한다.

CHAPTER

6

당뇨병

1. 당뇨병의 이해
2. 당뇨병의 치료

이 장을 보기 전에

당뇨병은 현대사회에서 유병률이 지속적인 증가 추세를 보이고 있는 대표적인 성인질환으로, 합병증의 발현을 예방하기 위해서는 체계적인 치료와 지속적이고 적극적인 자기관리가 요구된다. 특히 안정된 혈당조절과 적절한 영양소 섭취를 통한 건강유지를 위해서는 식품교환표를 활용한 식사요법의 시행이 필요하다.

학/습/목/표

1. 당뇨병의 증상을 설명할 수 있다.
2. 당뇨병 진단에 사용되는 검사방법을 설명할 수 있다.
3. 당뇨병의 원인에 따른 혈당조절 기전 이상의 차이를 구별할 수 있다.
4. 당뇨병 합병증의 종류를 열거할 수 있다.
5. 당뇨병 치료의 3가지 기본 요법을 설명할 수 있다.
6. 식품교환표를 활용하여 당뇨병 환자의 식단을 작성할 수 있다.

1. 당뇨병의 이해

우리나라 당뇨병 유병률은 서구에 비해서는 아직 낮은 편이나, 2001년에 만 30세 이상 성인 인구 중 8.6%, 2007년 9.5%로 지속적으로 상승하는 결과를 보이고 있다. 당뇨병diabete mellitus에 대한 국민의 인지율 및 치료율은 지속적으로 상승하고 있으나, 아직도 선진국 수준에는 못 미치고 있는 실정이다. 당뇨병을 방치할 경우 동맥경화증, 신경성망막증 및 만성신부전 등의 합병증으로 발전할 수 있으므로, 정확한 진단, 치료 및 자기관리 교육 프로그램의 실천을 통한 적극적인 당뇨병 관리가 시행되어야 한다.

1) 당뇨병의 증상

혈당이 신장 역치인 180~200 mg/dL 이상인 경우 당이 신장에서 재흡수되지 못하고 소변으로 배설되어 당뇨glycosuria 현상을 나타내고, 당이 소변으로 배설되면서 다량의 수분을 동반하게 되어 다뇨증polyuria, 다음증polydipsia이 나타난다. 일부 환자의 경우 인슐린 결핍에 따른 세포 내 에너지 부족으로 체중감소가 일어나고, 심한 공복감으로 다식증polyphagia을 보이기도 한다. 고혈당 증상은 세포 내 당 공급의 부족 때문에 심한 피로감을 느끼고, 안구 조직 내의 삼투압 상승에 따라 시야가 흐려지는 현상이 나타나기도 한다.

2) 당뇨병의 진단

당뇨병의 선별검사로는 혈액 내의 포도당 농도, 인슐린 농도, C-펩타이드 농도, 당화혈색소glycosylated hemoglobin: HbA1c 함량을 측정하는 방법과, 간단히 소변의 포도당을 측정하는 검사가 있다.

(1) 혈당검사

당뇨병은 인슐린의 부족이나 작용의 결함 때문에 고혈당이 야기되는 대사질환으로, 대한당뇨병학회에서 제시한 국내의 당뇨병 및 공복혈당장애, 내당능장애의 진단기준은

표 6-1 한국인 당뇨병 진단기준

당뇨병	1. 당뇨병의 전형적인 증상(다뇨, 다음, 설명되지 않는 체중감소)과 임의 혈장 혈당 ≥ 200 mg/dL 또는 2. 8시간 이상의 공복 혈장 혈당 ≥ 126 mg/dL 또는 3. 75g 경구 당부하검사 후 2시간 혈장 혈당 ≥ 200 mg/dL 또는 4. 당화혈색소 ≥ 6.5%
공복혈당장애	공복혈당 : 100~125 mg/dL
내당능장애	75 g 경구 당부하검사 후 2시간 혈장 혈당 : 140~199 mg/dL

출처 : 대한당뇨병학회(2013), 당뇨병진료지침 2013

표 6-1과 같다.

(2) C-펩타이드

C-펩타이드는 인슐린 분자 2개 고리에 연결되어 있어, 인슐린이 프로인슐린으로 분할될 때 동일한 양의 C-펩타이드가 췌장에서 분비되므로 당질 섭취 후 연속적으로 측정하면 인슐린 분비시각과 양을 예측할 수 있다. C-펩타이드의 정상범위는 공복 시 1~2 ng/mL, 당부하검사 2시간 후 4~6 ng/mL이다.

(3) 당화혈색소

당화혈색소HbA1c는 적혈구의 헤모글로빈이 포도당과 결합하여 생긴 분자이며 혈당이 높아지면 헤모글로빈 중 A1c 분자구조 끝에 포도당이 결합하여 당화혈색소가 증가하며, 이 반응은 비가역적으로 발생한다. 당화혈색소는 3개월 동안의 혈당치의 평균을 반영하므로 비교적 장기간에 걸친 혈당 수준을 평가할 수 있다.

당화혈색소가 6.5% 이상인 경우 당뇨병으로 진단한다.

(4) 요당

신장의 포도당 재흡수 역치인 200 mg/dL 이상인 경우 신세뇨관에서 포도당 재흡수가 불가능하여 당뇨가 나타나게 되므로, 요당검사는 검사 스틱에 소변을 묻혀 색의 변화를 봄으로써 간단히 소변의 포도당 유무를 검사할 수 있다.

3) 당뇨병의 분류

당뇨병은 크게 제1형과 제2형 당뇨병으로 구분되며표 6-2, 내분비질환, 간질환, 특정약물, 스트레스 등 여러 요인에 의한 당뇨병과 임신 기간에 발병되는 임신성 당뇨병도 있다.

표 6-2 제1형 당뇨병과 제2형 당뇨병의 특징

특징	제1형 당뇨병	제2형 당뇨병
유병률	전체 당뇨병의 5~10%	전체 당뇨병의 90~95%
발생연령	30세 미만(유년기, 학동기)	40세 이상
관련요인	자가면역질환, 바이러스감염, 유전적 요인	비만, 노화, 유전적 요인
발병형태	췌장 β세포 파괴: 인슐린 결핍	인슐린 저항성: 상대적인 인슐린 결핍
혈장인슐린	0, 극소량	적정량, 과량, 서서히 감소하나 존재
인슐린치료	반드시 필요	경우에 따라 필요
케톤증	흔함	드묾
식사요법	필요함, 그러나 불충분	식사조절만으로도 치료가능
경구혈당강하제	효과가 적음	효과적임

출처 : DeBruyne 외 2인(2008), Nutrition & Diet therapy, 7th ed. Thomson

(1) 제1형 당뇨병Type I diabetes mellitus

제1형 당뇨병은 전체 당뇨병의 5~10% 정도를 차지하며, 췌장의 베타세포가 자가면역autoimmune에 의해 파괴되어 발생한다. 자가면역 유발요인은 아직까지 확실하지는 않으나, 유전적인 소인과 환경적인 요인이 작용하는 것으로 알려져 있다. 제1형 당뇨병은 주로 유년기와 청소년기에 발생하며, 인슐린의 절대량이 부족하므로 반드시 인슐린 치료를 실시하여야 한다. 대표적 증상으로는 다뇨·체중감소·갈증이 있고, 갑작스러운 케톤체의 다량 생성으로 케톤산증ketoacidosis이 나타나기도 한다.

(2) 제2형 당뇨병Type II diabetes mellitus

제2형 당뇨병은 전체 당뇨병의 90~95%를 차지하며, 인슐린 분비의 결함 및 세포가 인슐린에 대하여 반응하지 못하는 인슐린 저항성insulin resistance에 의해 발생한다그림 6-1.

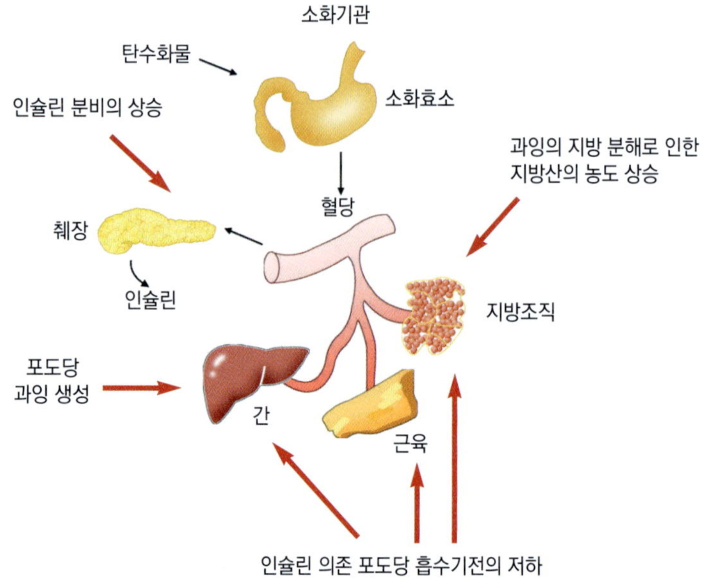

그림 6-1 인슐린 저항성

제2형 당뇨병의 발병위험은 연령, 비만(특히 복부비만)도가 증가함에 따라 높아지며, 활동이 저하될 경우에도 높아진다. 특히 비만인 경우 조직의 인슐린 수용체와 인슐린 민감도가 저하되어 고혈당이 유발된다. 제2형 당뇨병의 발병은 특정 인종(흑인, 라틴아메리카, 미국원주민, 아시아인)에서 유병률이 상대적으로 높게 나타나 유전적인 소인도 크게 작용하는 것으로 알려져 있다.

(3) 임신성 당뇨병Gestational diabetes mellitus

임신성 당뇨병은 정상인이 임신 중 인슐린 저항성에 의한 포도당 내성저하로 발생하며, 출산 후 정상으로 회복 가능하나 출산 후에 제2형 당뇨병의 위험성이 높으므로 주의하여야 한다. 임신성 당뇨병 환자는 혈당을 철저히 관리하여 태아에게 발생 가능한 거체구증, 선천적 기형, 심한 저혈당, 호흡곤란 등의 증세를 예방하여야 한다. 또한 모체의 경우도 부적절한 혈당관리 시 불임증, 저혈당, 고혈당, 유산 및 고혈압 발생 가능성이 있으므로 주의하여야 한다.

임신성 당뇨병의 진단

- 임신 전 비만(체질량지수 30 kg/m^2 이상), 당뇨병의 가족력, 이전에 임신성 당뇨병이 있었던 경우, 이전에 4 kg 이상의 아기를 분만한 경우 등 임신성 당뇨병 고위험군인 경우 임신 초기부터 당뇨병 선별검사가 필요
- 위험도가 높지 않은 임산부의 경우는 임신 24~28주에 임신성 당뇨병 선별검사 시행
- 진단방법은 75 g 경구 당부하검사와 2단계(two-step) 접근법으로 시행

75 g 경구 당부하검사

	2단계
당부하검사	5 g 포도당 경구 당부하검사
공복 혈장농도	92 mg/dL
1시간 후	180 mg/dL
2시간 후	153 mg/dL

2단계 접근법

	1단계	2단계
시기	임신 24~28주	
당부하검사	50 g 포도당 경구 당부하검사	100 g 포도당 경구 당부하검사
공복 혈장농도	95 mg/dL	95 mg/dL
1시간 후	140 mg/dL 이상이면 2차검사 (고위험 산모의 경우 130 mg/dL 이상)	180 mg/dL
2시간 후	-	155 mg/dL
3시간 후	-	140 mg/dL

출처 : 대한당뇨병학회(2013), 당뇨병진료지침 2013

의료 긴급상황에서 본인이 당뇨병 환자임을 알리고 적절한 치료를 받을수있음.

그림 6-2 당뇨병 인식 목걸이

4) 합병증

당뇨 합병증은 크게 급성과 만성 합병증으로 나뉜다.

(1) 급성합병증

급성합병증으로는 저혈당, 당뇨병성 케톤산증 및 고혈당 등이 있다.

① 저혈당hypoglycemia

주로 제1형 당뇨병 환자에서 혈당이 50~60 mg/dL 이하로 떨어졌을 때 나타나는 현상으로 식사를 거르거나 시간이 지연되었을 때, 과량의 인슐린이 투여되었거나 경구혈당강하제를 복용하였을 때, 과다한 운동을 하였을 경우 발생한다표 6-3. 주된 증상으로는 오심, 쇠약감, 시력장애, 의식수준의 변화가 나타나며, 심할 경우 혼돈, 환상, 경련 등의 증상을 보인다. 저혈당 증상이 있을 경우는 혈당을 측정하여 확인한 후 바로 단순당 15~20 g 정도가 포함된 주스나 사탕을 공급하여 혈당을 회복시키도록 한다.

표 6-3 저혈당이 발생할 수 있는 경우

구분	경우
식사	식사량이 갑자기 줄었거나 굶었을 경우 식사시간이 지연되었을 경우 식사시간이 불규칙할 경우 과음을 했거나 공복에 술을 마신 경우 설사나 구토가 심할 경우
운동	운동을 평소보다 심하게 할 경우 공복 상태에서 운동을 할 경우 혈당이 낮은데 운동을 할 경우
약물	인슐린 주사량이 많은 경우 경구혈당강하제를 처방량보다 많이 복용한 경우 인슐린 필요량을 높였던 문제(다른 질병, 스트레스 등)가 해결된 경우

출처 : 대한당뇨병학회(2007), 당뇨병 진료지침. p.80

② 당뇨병성 케톤산증diabetic ketoacidosis

제1형 당뇨병에서 인슐린 용량이 부적당하거나 인슐린 주사를 중단한 경우, 처방된 식사량 및 내용을 지키지 않고 과다하게 섭취하였을 때 인슐린의 절대적인 부족으로 발생하는 현상이다. 체내의 인슐린이 부족할 경우 에너지원으로 포도당이 이용되지 못하고 대신 체내 지방이나 단백질이 에너지원으로 이용되는 과정에서 완전히 연소되지 못한 중간 대사산물인 케톤체의 생성이 증가하여 산독증이 발생한다. 증상은 구토, 갈증, 탈수, 식욕부진, 호흡곤란 등이 나타나고 호흡 시에 과일 냄새acetone breath가 나며, 심할 경우 혼수상태diabetic coma에 빠지고 사망에 이를 수 있다그림 6-3.

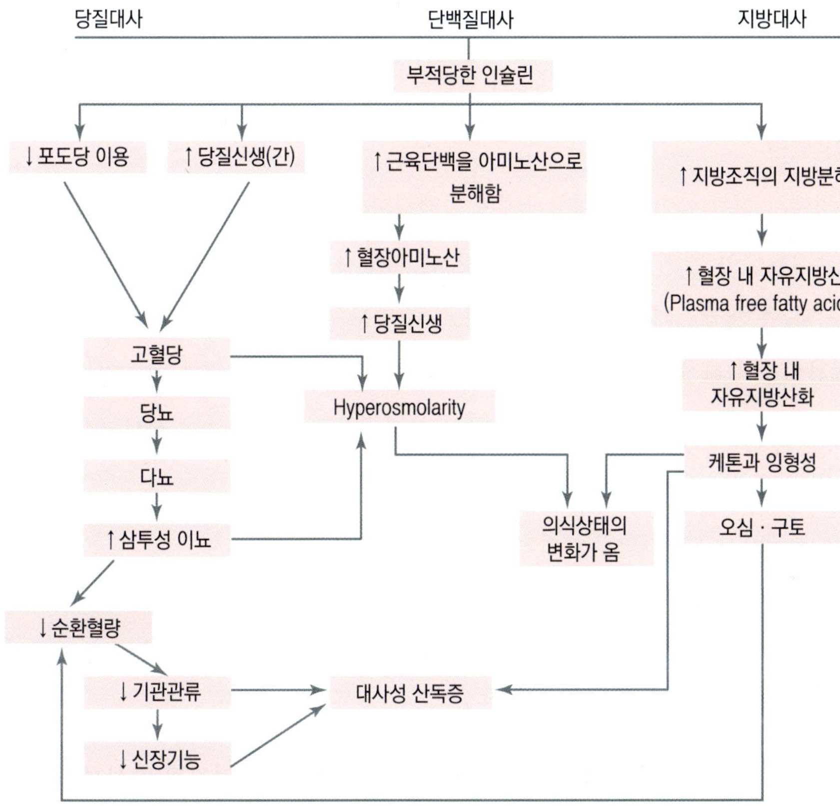

그림 6-3 당뇨병성 케톤산증의 병태생리

③ 고삼투압성 고혈당hyperosmolar hyperglycemic state

제2형 당뇨병 환자에서 감염, 췌장염, 스테로이성 약물의 투여, 혹은 스트레스에 의해 인슐린의 작용이 감소되어 혈당이 600~2,000 mg/dL까지 상승되어 나타나는 증상이다. 고혈당으로 인한 삼투압의 상승에 따른 탈수 때문에 다식·다음·다뇨·저혈압·빠른 호흡 증상이 나타나며, 심할 경우 의식이 나빠져서 혼수상태로까지 진행되기도 한다. 저삼투압성 용액 보충과 인슐린 투여로 치료하여야 한다.

(2) 만성합병증

만성합병증은 대혈관병변macrovascular complication, 미세혈관병변microvascular complication과 신경병증neuropathy으로 구별된다. 당뇨병 환자의 혈당 상승은 세포와 조직의 손상을 유발하며, 또한 당생성물이 단백질과 결합하여 당화 최종산물AGE: advanced glycation end product이 생성되고 세포에 축적되어 혈관을 손상하게 된다.

① 대혈관병변

당뇨병에서 혈관 합병증은 대혈관에서 동맥경화증이 시작되어 관상동맥질환, 뇌졸중, 하지동맥경화증이 올 수 있다. 당뇨병 환자는 이상지질혈증과 고혈압이 동반되어 혈중 중성지방과 총 콜레스테롤 농도가 증가하고, 고밀도지단백HDL 수준이 감소하여 죽상경화성 혈관질병과 관상동맥질환 진행을 촉진한다. 대혈관병변을 예방하기 위해서는 혈당 조절이 가장 우선되어야 하며, 고혈압 및 이상지질혈증을 조절하는 식사조절과 금연을 하여야 한다.

② 미세혈관병변

당뇨병성 신증

당뇨병이 진단되고 대략 10년 후에는 신장의 모세혈관 손상으로 단백질이 소변으로 배설되는 단백뇨 현상을 보이다가 더 진행되면 사구체경화를 초래하고 노폐물이 배설되지 않아 혈중에 쌓이는 요독증uremia이 되고, 결국 신장기능이 정지된 만성신부전chronic renal failure 상태가 된다.

당뇨병성 망막병증

당뇨병 환자에게서 가장 흔한 눈의 합병증은 망막 모세혈관에 생기는 병변으로 약해진 모세혈관 부분이 늘어지는 미세동맥류가 나타나고, 손상된 모세혈관으로 지질이나 단백질의 투과도가 상승하여 조직괴사와 망막 부위의 혈관 손상이 발생한다.

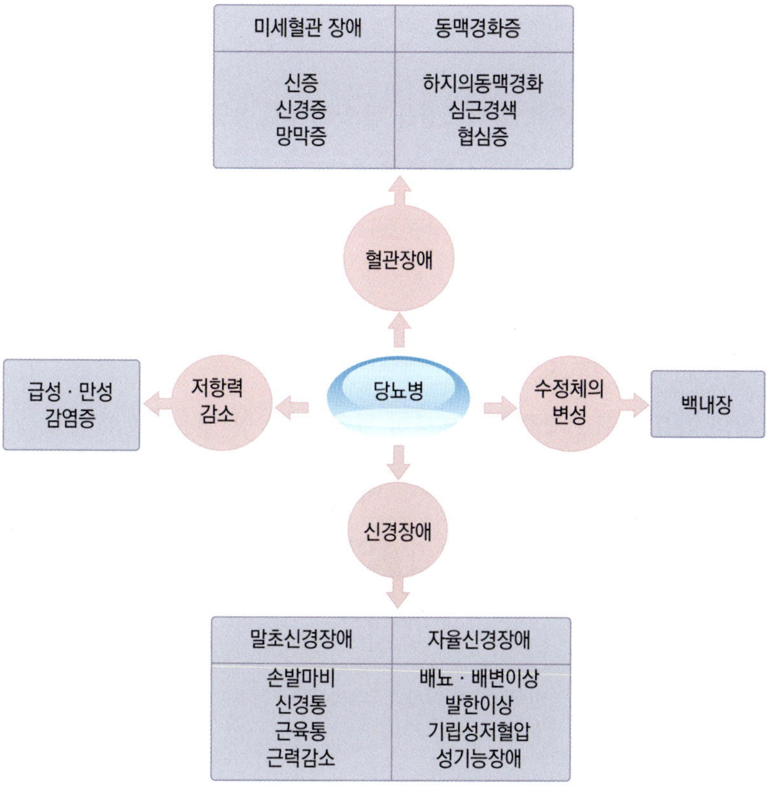

그림 6-4 당뇨병의 합병증

③ 당뇨병성 신경병증

당뇨병 환자의 말초신경 손상은 팔·다리로의 신경자극의 전달이 저하되어 감각을 잃거나, 심할 경우 발과 다리가 부패되는 괴저gangrene 현상을 보이기도 한다. 또한 위장관의 신경전달 이상은 위정체gastroparesis와 위배출 지연delayed gastric emptying 증상을 유발하여 위장에서 소장으로의 영양소 배출을 지연시켜 소장에서의 영양소 흡수가 인슐린 작용시간이 지난 후 이루어져 혈당상승 현상을 일으키기도 한다.

2. 당뇨병의 치료

당뇨병의 치료는 적극적으로 혈당조절을 함으로써 합병증을 예방하고, 발병된 합병증의 진행속도를 지연시켜 좋은 영양상태를 유지하도록 하는 것이다. 당뇨병의 치료는 크게 식사요법, 약물요법, 운동요법으로 구분된다.

1) 식사요법

식사요법의 목표는 표준체중을 유지하며 혈당, 혈압 및 혈중지방의 농도를 정상으로 조절하여 합병증을 지연 및 예방하며, 좋은 영양상태를 유지하는 데 있다.

알아두기

자가혈당관리

당뇨병 합병증의 위험을 줄이고 저혈당을 예방하기 위해 매일 규칙적으로 혈당을 환자 스스로 검사하여야 한다.

(1) 식사요법의 원칙

① 열량

비만한 제2형 당뇨병 환자에서 열량섭취 제한은 인슐린 저항성 감소에 따른 혈당 개선 효과가 있으므로 표준체중을 유지하도록 열량섭취 조절을 하여야 한다. 필요열량은 연령, 성별, 활동량, 비만도, 질병 정도, 평소섭취량, 혈당조절 정도, 환자의 수응도 등 개인의 특성을 고려하여 적정수준으로 결정한다. 3대 영양소의 배분은 탄수화물 55~60%, 단백질 15~20%, 지방 25% 이내로 한다. 정상 체중환자의 필요열량은 아래와 같이 활동정도에 따라 계산한다.

1일 필요열량(kcal) = 표준체중(kg) × 활동별 열량(kcal/kg)

표준체중(BMI를 이용한 계산법)

- 남자 : 표준체중(kg) = 키(m) × 키(m) × 22
- 여자 : 표준체중(kg) = 키(m) × 키(m) × 21

활동별 열량

활동 정도	활동별 열량(kcal)
육체활동이 거의 없는 환자	25~30
보통의 활동을 하는 환자	30~35
심한 육체활동을 하는 환자	35~40

알아두기

소아의 경우

성장기 : Trisman 방법 이용

칼로리 요구량 = 1,000 + 만 나이 × 100

성장기 이후(남 18세, 여 12~15세)

1일 필요열량(kcal) = 표준체중 × 30~35

저체중의 경우는 500 kcal/일 추가 열량을 섭취하여 1주일에 0.5 kg의 체중증가가 필요하다. 체중감량은 비만으로 인한 인슐린 저항성을 개선하고 심혈관질환의 위험인자(고혈압, 고혈당, 이상지질혈증 등)를 줄여준다. 따라서 과체중 또는 비만의 경우에는 표준체중 유지를 위해 열량섭취를 줄여야 하며, 현재체중이 비만도 130% 이상인 경우 조정체중을 이용하여 열량을 계산하여야 한다.

조정체중(kg) = 표준체중 + (실제체중 − 표준체중) × 0.25

② 탄수화물

탄수화물의 종류나 형태보다는 총 섭취량이 혈당에 더 중요한 영향을 미친다. 동일한 양의 당질을 함유한 식품을 섭취하여도 식품의 당지수에 따라 식후 혈당 변화에 차이를 보여, 당지수glycemic index/당부하지수glycemic load를 활용할 경우 탄수화물의 총량만 고려하여 식사조절을 하는 것보다는 혈당조절에 약간의 부가적인 도움을 준다. 그러므로 식단 작성 시 총 탄수화물 섭취량을 정한 후에 식품의 선택을 당지수/당부하지수를 고려하여 결정한다. 수용성 섬유소는 위배출 및 소장의 당 흡수를 지연시켜 식후 혈당 상승을 억제하고 콜레스테롤 합성을 감소시키며 담즙산 배설을 증가시켜 혈중 지질을 개선하는 효과가 있으므로 야채 및 해조류, 생과일, 잡곡 등을 통해 한국인 영양소섭취기준과 동일하게 1일 1,000 kcal당 12 g 이상 섭취하여야 한다.

당지수(glycemic Index : GI)

탄수화물의 질을 나타낸 수치로 당질 50 g을 함유한 표준식품(포도당 또는 흰빵)을 섭취한 후 2시간 동안의 혈당 반응 곡선의 면적을 '100'으로 기준하여 당질 50 g을 함유한 각각의 식품과 비교하여 수치로 표시한 것이다. 당질의 구조, 섬유소량, 식품의 가공과정, 식품의 성숙 정도 및 저장상태, 조리방법, 단백질이나 지질 함량 등에 따라 수치가 다르다.

당지수	식품
100	포도당, 흰 식빵
90	통밀빵, 건포도, 떡, 찹쌀밥
80	밥, 오트밀, 감자
70	수박, 늙은 호박, 바나나, 전곡류
60	고구마, 오렌지, 두류, 스파게티
50	현미밥, 호밀빵, 요구르트
40	우유, 사과, 배

당부하지수(glycemic load : GL)

당지수에 식품의 1회 섭취량의 영향을 반영한 것이다.

당부하지수 = 당지수 × 1회 섭취분량에 함유된 탄수화물의 양 / 100

③ 단백질

제2형 당뇨병 환자의 경우 일반적인 단백질 섭취는 총 에너지의 15~20%를 섭취하도록 권장된다. 임신·수유·영양부족·수술 또는 창상치유와 같은 급성 이화작용 시에는 단백질의 추가공급이 필요하다. 당뇨병성 신증의 초기단계에는 단백질 섭취량을 0.8~10 g/kg/일로 제한하며, 만성 콩팥병 3~5단계에는 0.8 g/kg/일 이하로 제한하여야 한다.

④ 지방

심혈관계 합병증 예방을 위해 총 지방섭취는 25%가 넘지 않도록 조절하여야 하며, 포화지방은 총 열량의 7% 이내, 콜레스테롤은 1일 200 mg 미만으로 섭취하여야 한다. 트랜스지방산의 섭취 증가는 LDL-콜레스테롤을 높여 관상동맥 심장질환의 위험을 상승시키므로 트랜스지방산이 많이 함유된 제빵, 스낵, 쿠키, 도넛, 쇼트닝으로 튀긴 음식 등의 섭취를 최소화하여야 하며, 오메가-3 지방산은 혈중 중성지방의 농도를 낮추고 염증억제, 혈액응고 방지 및 혈압강하 작용을 통하여 심혈관질환의 예방에 도움이 되므로 부족하지 않게 섭취하여야 한다.

⑤ 비타민 및 무기질

식사섭취가 적절하면 추가로 섭취할 필요는 없으나 1일 1,200 kcal 이하의 극심한 저열량식의 경우에는 비타민 및 무기질의 보충이 필요하다. 비타민 E, 카로티노이드(비타민 A), 비타민 C, 플라보노이드 등의 항산화 물질이 많이 포함되어 있는 식품을 충분히 섭취하여야 하나, 보충제supplement의 사용은 권장되지 않는다.

당뇨병 합병증인 고혈압과 관상동맥경화증을 예방하기 위해 일반적으로 1일 나트륨 섭취를 2,400~3,000 mg 정도로 제한하며, 특히 고혈압이 있거나 신장합병증(1g/일 이상의 단백뇨)이 동반된 경우에는 2,000 mg 이하로 제한하여야 한다.

마그네슘 결핍은 인슐린 저항성, 탄수화물 불내성intolerance, 죽상경화증의 촉진, 고혈압 등을 유발할 수 있으므로 적당량 마그네슘 섭취가 필요하다.

⑥ 알코올

알코올은 1 g당 7 kcal의 열량을 내므로, 1일 식사계획에 열량원으로 포함해야 한다. 또한 간에서의 포도당 신생을 방해하여 저혈당을 유발할 수 있고, 혈중 중성지방의 상승을 유발할 수 있으므로 남자의 경우 2알코올 당량(1알코올 당량 : 알코올 9 g, 맥주 200 mL, 포도주 100 mL, 소주 50 mL), 여자의 경우는 1알코올 당량 정도로 섭취량을 제한하여야 한다.

알아두기

탄수화물 종류에 따른 혈당 상승 정도 비교

포도당 > 서당 > 과당 > 당알코올 > 아밀로펙틴 > 아밀로오스 > 저항성 당분

⑦ 인공감미료

설탕 대용으로 사용되고 있는 감미료로는 사카린, 아스파탐, 과당, 당알코올류(sorbitol, xylitol, mannitol) 등이 있다. 음식의 맛을 증진하기 위해 감미료를 사용하고자 할 경우 감미료의 특성, 단맛 정도, 안전성, 혈당조절에 끼치는 영향 등을 고려하여 적정량을 사용하여야 한다표 6-4.

표 6-4 감미료의 종류

감미료	유도체	감미도*	설명	사용
칼로리를 내는 감미료(nutritive sweetener)				
설탕(sucrose)	이당류(과당+포도당)	1.0	• 대사 시 인슐린이 필요함 • 4 kcal/g	식탁용 감미료
과당(fructose)	단당류	1.1~1.7	• 간에서 대사되며 대사시 인슐린 불필요. 인슐린이 불충분한 경우 당 신생합성 촉진, 글리코겐 합성 감소, 혈당 상승 • 일부 당뇨병 환자에서 중성지방 상승 • 4 kcal/g	식탁용 감미료, 음식, 음료수, 약제
솔비톨, 만니톨(sorbitol, mannitol)	glucose polyalcohol 유도체	0.5~0.7	• 과당과 같은 대사경로. 솔비톨 30~50 g 또는 만니톨 20 g 섭취 시 삼투압성 설사를 일으킬 수 있음 • 3.5 kcal/g	무가당껌, 사탕
자일리톨(xylitol)	xylose polyalcohol	1.0	• 혈당에 다소 영향을 미침 • 30~40 g 섭취 시 삼투압성 설사를 일으킬 수 있음 • 3.5 kcal/g	잠재적 독성이 의심됨
덱스트로오스(dextrose)	전분가수분해물	0.7	• 대사시 인슐린 필요 • 4 kcal/g	액체로 된 음식에 사용
폴리덱스트로오스(polydextrose)	polymer dextrose	<1.0	• 혈당에 대한 영향은 불명확함 • 1 kcal/g	설탕 대체품

(계속)

감미료	유도체	감미도*	설명	사용
칼로리를 내지 않는 감미료(non-nutritive sweetener)				
아스파탐** (aspartame)	디펩타이드(dipeptide)	180~200	• 단백질과 비슷하게 대사됨 • 열에 불안정함 • 4 kcal/g	안전성 의심 <50 mg/kg/d
사카린 (saccharin)	phthalic anhydride 유도체	300~400	• 뒷맛이 씀	안전성 의심 적당량 섭취 필요
아세설팜K (acesulfame-K)	dimethyloxathiazine	200	• 온도에 안전함	15 mg/kg/d
수크랄로오스 (sucralose)	trichlorogalactosucrose	600	• 온도에 안전함	50 mg/kg/d

* 설탕의 감미를 기준으로 한다.
** 아스파탐은 칼로리를 내지만 감미가 높아 소량으로도 단맛을 내므로 총 칼로리 섭취에 크게 영향을 주지 않는다.
출처 : 대한영양사협회(2008), 임상영양관리지침서

(2) 식단 작성

① 식단 작성의 실제

식단계획 시 환자의 다양한 상황을 고려, 개별화하여 작성하여야 한다. 1일 필요열량을 한꺼번에 섭취하는 것보다 조금씩 자주 나누어 먹는 것이 혈당조절 및 체중조절에 도움이 되므로 3끼 식사와 2~3번의 간식(우유와 과일)으로 나누어 섭취하여야 한다. 경구혈당강하제나 인슐린을 사용하는 경우, 혈당의 심한 변동을 줄이고 저혈당을 예방하기 위해 약이나 주사의 작용시간에 따라 식사와 간식을 배분하여야 한다. 식단은 식품교환표를 활용하여 작성한다.

알아두기

당질계산법Carbohydrate counting

당질계산법은 DCCT(Diabetes Control and Complication Trial)에서 사용했던 식사계획 방법으로 당질의 종류보다는 총 당질의 양에 중점을 두고 계산하는 방법이다. 미국영양사협회는 미국당뇨병학회와 공동으로 2008년 식품교환표 개정작업을 하여 당질 선택(carbohydrate choice)에 대한 개념을 도입하여 교육에 활용하고 있다. 환자는 당질의 교환군(곡류군, 과일군과 우유군)과 섭취 당질 목표 및 당질 섭취를 계산하는 법을 배워야 한다. 식품에 함유된 당질의 함량은 식품교환표, 식품의 영양표시나 기타 당질의 양을 참고할 수 있는 자료를 이용한다.

표 6-5 열량별 각 식품군 교환단위수의 예

열량(kcal)	곡류군	식품군					
		어육류군		채소군	지방군	우유군	과일군
		저지방	중지방				
1200	5	1	3	6	3	1	1
1300	6	1	3	6	3	1	1
1400	7	1	3	6	3	1	1
1500	7	2	3	7	4	1	1
1600	8	2	3	7	4	1	1
1700	8	2	3	7	4	1	2
1800	8	2	3	7	4	2	2
1900	9	2	3	7	4	2	2
2000	10	2	3	7	4	2	2
2100	10	2	4	7	4	2	2
2200	11	2	4	7	4	2	2
2300	11	3	4	8	5	2	2
2400	12	3	4	8	5	2	2
2500	13	3	4	8	5	2	2
2600	13	3	5	8	5	2	2
2700	13	3	5	9	6	2	3
2800	14	3	5	9	6	2	3

② 1일 식단의 예

1,600 kcal(탄수화물: 228 g, 단백질: 76 g, 지방: 45 g)

탄수화물 : 단백질 : 지방 = 57% : 19% : 25%

식품군		1일	아침		점심		저녁	
곡류군		8	2	보리 10 g 백미 50 g	3	보리쌀 30 g 백미 60 g	3	백미 50 g 차조 10 g
어육류군	저지방군	2	1	물오징어 50 g	1	북어 15 g		
	중지방군	3	1	달걀 55 g	2	두부 80 g		
채소군		7	2.5	시금치 35 g 가지 70 g 양파 35 g 당근 35g	2	도라지 40 g 배추김치 50 g	2.5	아욱 70 g 양송이 50 g 배추김치 25 g
지방군		4	1	식용유 5 g	1	식용유 5 g	2	식용유 10 g
우유군		1	1	우유 200 g				
과일군		1					1	토마토 350 g
완성 식단			• 보리밥 • 시금치된장국 • 오징어볶음 • 가지나물 • 우유		• 보리밥 • 북엇국 • 달걀찜 • 도라지볶음 • 배추김치		• 조밥 • 아욱국 • 두부조림 • 양송이볶음 • 배추김치 • 토마토	

2) 약물요법

(1) 인슐린

인슐린 치료는 식사요법과 운동 및 경구 혈당강하제로 조절되지 않는 제2형 당뇨병, 제1형 당뇨병, 임신성 당뇨병, 케톤산증이나 고삼투압성 비케톤성 혼수 응급환자 및 수술, 감염 등 스트레스로 인해 인슐린 요구량이 급증하는 때에 실시한다. 인슐린은 식사 시 인슐린, 기저 인슐린, 혼합형 인슐린으로 나눌 수 있고, 종류에 따라 작용시간이 다르다. 환자의 혈당조절 패턴에 따라 효과 발현시간과 지속시간이 다른 인슐린을 적절히 병합하여 사용해야 한다표 6-6.

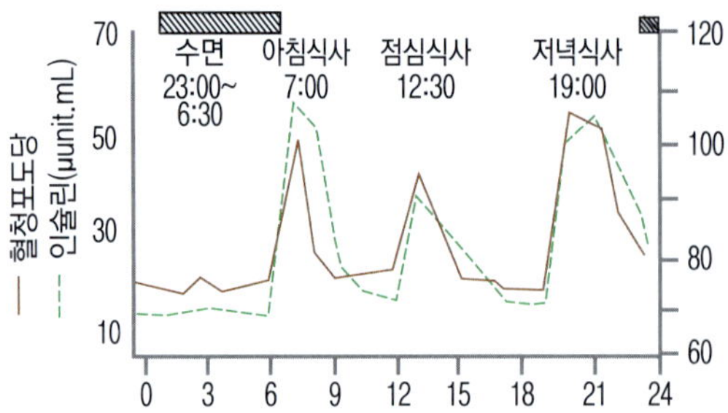

식후 건강인의 혈청포도당과 인슐린 농도

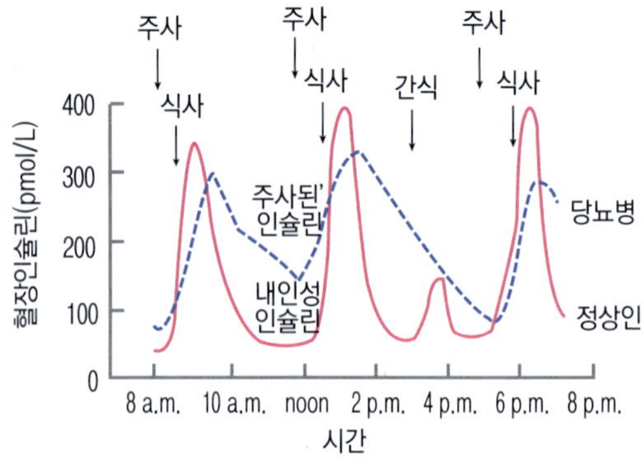

제1형 당뇨병에서 인슐린 주사 후와
정상인에서 혈장 인슐린 변동

알아두기

지속적 피하 인슐린 주입법Insulin Pump

정상인에서의 인슐린 분비와 같이 지속적으로 소량의 인슐린을 복부 피하지방을 통해 주입하고 매 식사 전에 식사의 당질량에 맞추어 속효성 또는 초속효성 인슐린을 투여한다. 환자에게 적절한 교육이 필요하며, 자가혈당 측정을 계속하면서 인슐린 투여량 등을 조절할 수 있어야 한다.

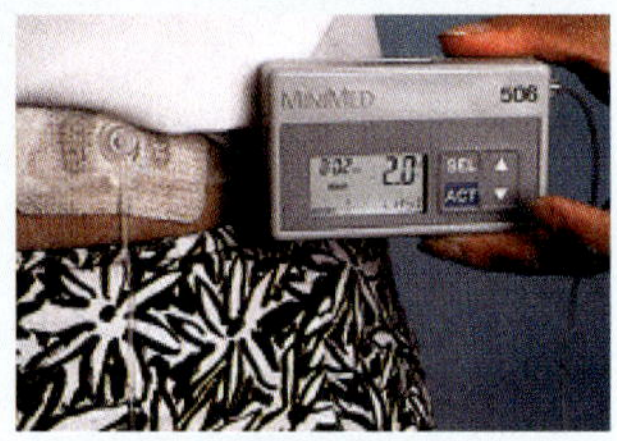

인슐린 펌프

표 6-6 인슐린 종류 및 특성

인슐린 종류(상품명)		작용시작	최고작용	작용시간
식사 시 인슐린				
속효성 인슐린 유사체(투명)	인슐린아스파르트(NovoRapid)	10~15분	1~1.5시간	3~5시간
	인슐린리스프로(Humalog)	10~15분	1~2시간	3.5~4.75시간
	인슐린글루리진(Apidra)	10~15분	1~1.5시간	3~5시간
속효성 인슐린(투명)	휴물린 R	30분	2~3시간	6.5시간
기저 인슐린				
중간형 인슐린(혼탁)	휴물린 N	1~3시간	5~8시간	18시간까지
장시간형 기저인슐린 유사체 (투명)	인슐린 디터미어(Levemir) 인슐린 글라진(Lantus)	90분	없음	24시간까지 (디터미어 16~24시간, 글라진 24시간)

(계속)

혼합형 인슐린		
혼합형 속효성 인슐린	NPH(혼탁) 30/70	바이알 또는 펜형 인슐린 안에 고정 비율의 인슐린이 섞여 있는 형태 (속효성 인슐린 또는 속효성 인슐린 유사체와 중간형 인슐린)
	휴물린 30/70	
혼합형 인슐린 유사체(혼탁)	노보믹스 30, 50	
	휴마로그 믹스 25, 50	

출처 : 대한당뇨병학회(2013), 당뇨병 진료지침. 2013

(2) 경구용 혈당강하제

환자의 혈당조절 작용기전에 따라 크게 설폰요소제, 비구아나이드계, 알파글루코시데이즈 억제제, 티아졸리딘디온계, 메글리티나이드계 등으로 구분된다. 이러한 약제들은 당뇨병 환자를 치료하는 데 단일 또는 병합하여 사용된다. 설폰요소제는 췌장 베타세포를 자극하여 인슐린 분비를 증가시키며, 간에서 당신생을 억제하고 말초조직에서의 인슐린 저항성을 감소시키는 효과를 보인다. 인슐린 저항성 개선제인 비구아나이드제와 탄수화물 흡수억제제인 알파글루코시다제억제제는 식욕감소, 구역, 구토, 복통, 소화장애, 복부 팽만감, 설사 등의 소화기계 증상을 유발할 수 있으므로 식사 직전 또는 식사와 함께 복용하도록 한다.

표 6-7 혈당강하제의 종류 및 작용기전

종류	작용기전과 용법	체중 증가	저혈당(단독)
설폰요소제 (gliclazide, glipizide, glimepiride, glibenclamide)	췌장 베타세포에서 인슐린 분비 증가, 식전 복용	있음	있음
비구아나이드(Metformin)	간 당생성 감소, 말초 인슐린감수성 개선, 소량부터 시작 식사와 함께 복용	없음	없음
알파글루코시데이즈억제제 (Acarbose, Voglibose)	상부 위장관에서 다당류 흡수를 억제, 식후 고혈당 개선, 하루 3회 식전 복용	없음	없음
티아졸리딘디온(Pioglitazone)	근육, 지방의 인슐린감수성 개선, 간 당생성 감소, 식사 관계없이 일 1회 복용	있음	없음
메글리티나이드 (Repaglinide, Natiglinide, Mitiglinide)	인슐린 분비 증가, 식후 고혈당 개선, 하루 3회 식사 직전 복용	있음	있음

3) 운동요법

운동요법은 당뇨병 치료의 식사요법, 운동요법과 함께 3대 기본치료의 하나로 혈당을 개선하고, 인슐린민감성을 향상하는 데 효과가 있다표 6-8.

표 6-8 운동의 장단점

장점	단점
• 급속한 혈당강하와 만성 합병증의 개선 • 인슐린 감수성의 증가 • 혈중 LDL-콜레스테롤 및 지방산의 저하 HDL-콜레스테롤의 증가 • 경증-중증도 고혈압의 개선 • 체중감소를 위한 칼로리 소비 증가 • 휴식 시 맥박수 저하 및 심부하의 감소 • 육체적 수행력의 증가 • 삶의 질과 만족감 개선	• 중증도 혹은 장시간 운동 시 저혈당 발생 • 심한 강도의 운동 시 고혈당 발생 • 대사조절 불량자에서 혈당과 혈중 케톤의 급격한 증가 • 기왕의 심혈관계 합병증의 위험성 증가 - 심근경색증, 부정맥, 급사 • 퇴행성 관절염의 악화 • 연조직(soft tissue)의 손상 • 당뇨병의 만성 합병증 악화 - 증식성 망막증 : 안구 내 출혈, 망막 박리 - 신증 : 일시적인 단백뇨 증가 - 말초 신경병증 : 연조직과 관절 손상 증가 - 자율 신경병증 : 운동에 대한 심장 반응 저하, 최대수행능력의 감소, 탈수에 대한 반응 저하

출처 : 대한영양사협회(2008), 임상영양지침.

그러나 운동에 의한 열량소비로 저혈당 증세가 나타날 수 있으므로 운동 전에 미리 혈당을 검사한 후 적당한 간식을 보충하여야 한다.

표 6-9 운동 종류에 따른 당질 섭취 지침

운동 형태	운동 예	운동 전 혈당 (mg/dL)	추가로 필요한 당질량	이용식품 (교환단위)
가벼운 단시간 운동	걷기(1 km), 천천히 자전거 타기(30분 이하)	<100	시간당 10~15 g	과일 1단위 (또는 곡류 0.5단위)
		>100	추가당질 필요 없음	

(계속)

운동 형태	운동 예	운동 전 혈당 (mg/dL)	추가로 필요한 당질량	이용식품 (교환단위)
중정도 운동	1시간 정도의 청소, 테니스, 수영, 골프, 자전거, 정원 손질	<100	운동 전 25~50 g 후에 운동시간마다 10~15 g	우유 1단위(또는 과일 1단위)와 곡류 0.5단위 추가가능
		100~180	시간당 10~15 g	과일 1단위 (또는 곡류 0.5단위)
		180~300	추가당질 필요 없음	
		> 300	운동은 위험	
심한 운동	1~2시간 이상의 축구, 농구, 자전거, 수영, 라켓볼 등	<100	운동 전 50 g 정도 혈당을 자주 측정	우유 1단위(또는 과일 1단위)에 곡류 1단위
		100~180	운동 정도와 시간에 따라 25~50 g 정도	우유 1단위(또는 과일 1단위)에 곡류 0.5단위 추가가능
		180~300	운동시간당 10~15 g 정도	곡류 0.5단위
		> 300	운동은 위험	

*운동 중에 많은 양의 수분이 땀 등으로 손실되므로 운동 전 또는 도중에 수분을 보충할 필요가 있다. 탈수는 고혈당증을 유발할 수도 있으므로 주의한다.

출처 : Etzwiler DD (1987), Learning to live well with diabetes. Minnesota. Minn:DCI Publishing

4) 아플 때 관리

감기, 부상, 수술 등의 질병으로 스트레스 호르몬의 변화가 생기면 혈당이 상승되고 인슐린의 요구량이 증가한다. 제1형 당뇨병 환자에게는 인슐린 투여량이 부족하거나 탄수화물 섭취가 부족할 경우 탈수와 고혈당에 따른 케톤증이 발생할 수 있다. 또한 제2형 당뇨병 환자의 경우도 수분 부족으로 인한 고삼투압성 비케톤성 혼수에 빠질 수 있다. 따라서 아픈 경우에는 적절한 양의 수분을 공급하고 적절한 양의 탄수화물을 섭취하는 것이 중요하다. 가능한 한 평소 식사량을 먹기 쉬운 형태로 먹도록 하며 최소한 3~4시간마다 50 g의 당질을 섭취하며, 또한 매시간 1~1.5컵 정도의 수분(물, 차, 맑은 국)을 섭취하도록 한다.

CHAPTER

7

비만 및 섭식장애

1. 비만

2. 섭식장애

이 장을 보기 전에

비만은 에너지 섭취량과 에너지 소비량의 불균형 때문에 발생되지만 사회 · 문화적요인, 유전적, 생리적, 대사성 요인 등 여러 요인이 복합적으로 영향을 미치는 질환이라 볼 수 있다. 비만은 당뇨병, 지방간, 고혈압, 대사증후군, 동맥경화 및 암 등의 다양한 질환을 야기하는 원인이 되므로 식사조절, 운동요법, 행동수정요법을 통한 생활습관의 변화를 통해 점진적으로 치료해 나가야 한다. 또한 섭식장애는 체중과 음식섭취에 대한 지나친 강박관념에서 비롯되므로 정신적 · 영양적 · 심리적 · 의학적인 측면을 고려한 종합적인 접근이 필요하다.

학 / 습 / 목 / 표

1. 비만의 판정 기준 및 방법을 설명할 수 있다.
2. 비만의 합병증을 이해할 수 있다.
3. 비만의 치료 방법을 설명할 수 있다.
4. 식사장애의 정의와 원인을 이해할 수 있다.
5. 식사장애로 인한 대사장애 및 건강에 미치는 영향을 설명할 수 있다.
6. 식사장애의 치료방법을 제시할 수 있다.

1. 비만

비만obesity은 체지방이 과도하게 축적된 상태로서 당뇨병, 심혈관질환 및 암 등 각종 만성 질환의 발병 위험도를 증가시킬 뿐만 아니라 삶의 질을 감소시킨다.

1) 비만의 유형

비만의 유형은 비만이 된 시기에 따라 소아비만과 성인비만으로 나눌 수 있으며, 체지방의 분포 형태에 따라 남성형 비만과 여성형 비만으로 나눌 수 있다.

체지방의 증가는 지방세포의 수가 증가하거나 지방세포의 크기가 커짐으로써 이루어진다. 지방세포의 수가 늘어나는 지방세포증식형hyperplastic 비만은 주로 성장시기에 일어나며, 일단 지방세포의 수가 증가하면 체중감소가 일어나더라도 크기만 줄어들 뿐 지방 세포의 숫자는 그대로 있게 된다. 성장이 멈춘 성인기에 생기는 비만에서는 주로 지방세포의 크기가 커지는 지방세포비대형hypertrophic 비만이 나타난다. 그러나 성인에서도 지방세포의 크기가 최대한도에 이르게 되면 지방세포의 수가 늘어나게 된다.

남성형android 비만은 복부비만 또는 사과형 비만이라고도 하며 대사증후군, 당뇨병, 고혈압, 이상지질혈증, 뇌졸중 등의 위험요인이 된다. 복부비만은 지방세포가 복강의 내장 기관 주변에 축적되는 내장지방형 비만과, 지방이 허리둘레의 피부 바로 아래에 피하지방의 형태로 축적되는 피하지방형 비만으로 분류할 수 있다. 복부비만 중에서도 내장지방형 비만이 특히 만성질환의 위험을 증가시키게 된다. 여성형gynoid 비만은 서양배형 비만이라고도 하며 주로 하체 부분(엉덩이와 대퇴부)에 지방이 축적되는 양상을 보인다. 여성형 비만은 복부비만에 비해서는 만성질환에 대한 위험도가 덜한 편이나 여성의 경우에도 체중이 과다하게 증가하면 하체비만뿐만 아니라 복부비만까지 동반하게 된다. 또한 폐경 이후의 여성은 남성형의 복부비만이 나타나서 만성질환의 발생 위험이 높아지는 경우가 많다.

2) 비만의 진단

체지방량과 체지방의 분포를 측정하여 비만의 진단 및 평가를 할 수 있다.

(1) 체격지수

① 성인의 표준체중

브로카broca 변형법에 의한 표준체중은 다음과 같다.

- 신장이 160 cm 이상일 경우

$$표준체중 = [신장(cm)-100] \times 0.9$$

- 신장이 150 cm 이상, 160 cm 미만일 경우

$$표준체중 = [신장(cm)-150] \times 0.5 + 50$$

- 신장이 150 cm 미만일 경우

$$표준체중 = 신장(cm)-100$$

체질량지수를 이용한 표준체중의 계산은 다음과 같이 한다.

- 남성: 표준체중 = 신장(m)^2 × 22
- 여성: 표준체중 = 신장(m)^2 × 21

② 소아의 표준체중

아동 및 청소년의 경우 표준체중은 한국소아청소년 표준 성장도표(부록 참조)에 근거한다. 성별, 연령별, 신장별 체중 50백분위수를 표준체중으로 한다.

③ 표준체중백분율 또는 이상체중비% ideal body weight : %IBW

비만도를 계산하는 방법으로 사용되기도 하는데, 다음과 같이 계산한다.

$$표준체중백분율(\%) = (실제체중/표준체중) \times 100$$

표준체중백분율이 90~110%일 경우 정상으로 볼 수 있으며, 90% 미만일 경우 저체중, 110~120%일 경우 과체중, 120% 이상일 경우 비만으로 평가할 수 있다.

④ 체질량지수

일명 Quetelet index라고도 하는 체질량지수body mass index : BMI는 체지방도의 직접적인 척도는 되지 못하나 비교적 편리하고 신뢰할 수 있으며 체지방량과의 상관관계가 높아, 체지방도를 가늠하는 도구로 사용되고 비만을 판정하는 지표로 이용된다. 체질량지수는 다음과 같이 계산한다.

$$체질량지수 = 체중(kg) / 신장(m)^2$$

한국인의 경우 체질량지수 18.5 이상 23.0 미만이 정상 체중에 해당되며, 25.0 이상은 비만이라고 할 수 있다.

(2) 체지방량 측정방법

① 피부두께측정법Skinfold thickness measurement

캘리퍼caliper를 이용하여 피하지방의 두께를 측정하는 것으로 보통 삼두근, 이두근, 견갑골 하부, 장골 상부, 가슴, 겨드랑이 중간, 복부, 허벅지 등을 측정한다. 피부두께측정법은 피하지방이 전체 지방의 50%를 차지한다는 가정하에 이루어지므로 심한 비만으로 내장지방이 증가되었을 경우 체지방량이 낮게 측정될 수 있다.

② 수중밀도측정법Hydrodensitometry, underwater weighing

수중에서의 체중과 물 밖에서의 체중을 측정하여 신체의 부피와 밀도를 알아내고 제지방 조직의 밀도가 체지방의 밀도보다 크다는 원리를 이용하여 체지방량을 공식에 의해 산출해 낸다. 수중밀도측정법은 신체 구성성분을 측정하는 데 가장 정확한 방법으로 인식되고 있으나, 측정설비의 설치가 용이하지 않고 측정의 침습성 때문에 주로 연구용으로 많이 이용되고 있다.

③ 생체전기저항측정법Bioelectrical Impedance Analysis: BIA

인체에 약한 전류를 통하게 한 뒤 전기의 저항정도를 측정하고 주로 수분과 전해질로 이루어진 제지방 조직이 체지방보다 전기저항이 낮다는 원리를 이용하여 체지방량, 수분함량, 제지방량, 골격근량 등을 산출해 낼 수 있다. 이 방법은 비교적 정확하고 안전하며, 측정이 용이하고 측정 설비의 이동이 가능하며, 측정대상에 대한 침습성이 낮아 일반 건강 진단 시 많이 사용되고 있는 방법이다.

④ 이중에너지 방사선 흡수 계측법Dual-energy x-ray absorptiometry: DEXA

에너지 레벨이 다른 두 가지 엑스선을 동시에 투과시켜 광자의 흡수 정도를 측정하며 수분, 지방, 뼈 등 신체조직의 광자 흡수율이 다르다는 원리를 이용하여 체지방량을 산출한다. 원래는 골밀도를 측정하는 목적으로 개발되었으나 체지방의 양과 분포를 측정하는 데에도 사용되고 있다. 매우 비만한 사람의 경우 측정테이블의 크기 때문에 누워서 스캔을 할 수가 없으며 몸통의 두께가 두꺼울수록 정확성이 떨어진다.

⑤ 컴퓨터단층촬영Computed Tomography: CT

CT 촬영은 복강 내 내장지방을 측정하는 데 많이 활용되나 방사선 노출의 문제가 있다. CT 촬영으로 내장지방의 면적이 100 cm^2를 초과하면, 내장지방형 비만이라고 볼 수 있다.

(3) 비만의 진단 기준

한국인의 비만 진단 기준은 체질량지수에 근거하여 아시아-태평양 지역의 진단기준에 따라 설정하였으며, 복부비만의 기준은 내장지방 면적과 허리둘레의 관계를 비교한 연구보고를 고려하여 허리둘레에 근거하여 대한비만학회에서 정하였다. 한국인의 비만 기준은 서양의 기준과는 다르다.

소아·청소년의 비만은 2세 이상의 모든 소아 청소년에서 2017년 소아청소년 성장도표를 기준으로 성별 연령별 체질량지수 백분위수를 이용하여 진단한다. 체질량지수 85 백분위수 이상 95 백분위수 미만은 과체중, 95 백분위수 이상은 비만으로 판정한다.

표 7-1 한국 성인의 비만 기준

분류	체질량지수(kg/m²)	허리둘레(cm)	비고(서양의 기준: 체질량지수)
저체중	<18.5		<18.5
정상	18.5~22.9		18.5~24.9
비만전단계 (과체중, 위험 체중)	23.0~24.9	남성 > 90 여성 > 85 일 때 복부 비만	25.0~29.9
1단계 비만	25.0~29.9		30.0~34.9
2단계 비만	30.0~34.9		35.0~39.9
3단계 비만(고도비만)	≥ 35		> 40일 때 고도비만

출처 : 대한비만학회(2020), 비만 진료지침

3) 비만의 원인

비만의 발생 원인은 기본적으로는 에너지 섭취가 에너지 소비보다 더 많은 상태가 지속되어 여분의 에너지가 지방의 형태로 체내에 저장되기 때문이다. 하지만 신경 내분비 시스템, 약물, 생활습관 등과 같은 여러 요인이 음식섭취를 조절하고 에너지 대사에 영향을 미칠 수 있기 때문에 비만의 원인은 다양하다고 볼 수 있다.

(1) 유전적 요인

정상적인 체중 조절에 관여하는 호르몬 및 신경계 요인들은 유전적인 영향을 많이 받는다. 지방세포의 수와 크기, 체지방의 분포 양상, 기초대사율 등에 있어서도 유전적인 영향이 크다. 이는 체중과 체지방의 분포 양상이 이란성 쌍생아보다는 일란성 쌍생아에서 더 비슷한 것을 보면 알 수 있다. 입양아들의 체중은 입양한 부모보다는 친부모와 더 연관성이 많다는 연구결과가 유전적 소인의 영향을 뒷받침한다. 부모와 자녀의 체중을 비교한 연구결과를 보면 자녀가 비만일 확률은 양쪽 부모가 모두 비만일 경우 80%, 한쪽 부모만 비만일 경우는 40%, 양쪽 부모 모두 정상일 경우에는 14% 정도라고 한다. 유전적인 소인이 비만 발생에 40~50% 정도 관여한다고 보고되기도 한다. 그러나 비만의 발생에 관여하는 유전인자는 어느 한 가지라고 꼬집어 말할 수 없으며, 최근 급격히 증가하는 비만 유병률의 증가가 유전적 요인의 변화에 기인한다고는 볼 수 없으므로 유전적인 요인에 환경적인 요인이 부합되어 비만이 발생된다고 볼 수 있다.

(2) 신경, 내분비성 요인

뇌에는 섭식조절에 관여하는 부분이 있는데, 이 부분에 질환이 생기면 섭식조절에 이상이 생겨 체중조절이 제대로 되지 않게 된다. 체내에서 생성되는 여러 호르몬이 에너지 대사에 관여하기 때문에, 이러한 호르몬 분비에 이상을 초래하는 질환으로 인해 비만이 될 수 있다.

① 시상하부질환

뇌의 시상하부에는 공복감을 느끼게 하는 섭식중추와 포만감을 느끼게 하는 포만중추가 있어 음식물의 섭취를 조절하게 된다. 시상하부에 종양, 외상 또는 감염증의 질환이 생겨 섭식중추와 포만중추가 지나치게 자극이 계속되거나 신호의 전달이 제대로 되지 않게 되면 정상적인 공복감이나 포만감을 느끼지 못해 음식물의 과다한 섭취를 하게 될 수 있다.

② 갑상선질환

갑상선 기능이 저하되어 갑상선호르몬이 부족하게 되면, 기초대사율이 저하되어 체내 에너지 소비가 감소하고 체중이 증가하게 된다.

③ 인슐린 분비 이상

췌장에 양성종양이 있는 인슐린종의 경우 인슐린insulin이 과다하게 분비되어 공복감을 느끼게 되고 과식을 하게 되며, 인슐린 농도의 증가는 에너지를 더욱 효과적으로 지방의 형태로 축적하도록 하는 효과를 나타낸다.

④ 성장호르몬

성장호르몬growth hormone이 결핍되었을 경우에 내장지방이 증가하고 복부비만이 발생하는 것으로 알려져 있다.

(3) 약물

일부 향정신성 약물, 항우울제, 항전간제, 당뇨병 치료제, 호르몬 제제 등이 체중 증가를 유발하는 것으로 알려져 있다.

체중을 증가시키는 약물들의 예는 표 7-2와 같다.

표 7-2 체중을 증가시키는 약물

항정신병약	Thioridazine, Olanzepine, Clozapine, Quetiapine, Risperidone
항우울제	Amitriptyline, Nortriptyline
항전간제	Valproate, Cabamazepine, Gabapentin
당뇨병 치료제	Insulin, Sulfonyurea, Glinide, Thiazolidinedione
스테로이드 제제	경구피임제, 당질 코르티코이드 제제
세로토닌 길항제	Pizotifen
선택적 세로토닌 재흡수 억제제	Paroxetine
항히스타민제	Cyproheptadine
베타차단제	Propranolol
알파차단제	Terazosin

(4) 과잉 에너지 섭취

과식 또는 고열량식의 섭취로 인한 에너지의 과잉 섭취는 가장 주요한 비만의 원인이다. 에너지의 과잉 섭취는 식사량, 식사의 조성, 식습관과 밀접한 관계를 가지고 있다.

① 과식

에너지 소비량 이상의 과식은 비만을 유발한다. 특히 1회 섭취 분량이 많은 경우에는 과량의 에너지를 섭취하게 되며, 많은 식사량에 익숙하게 되어 과식이 습관화될 가능성이 높다.

② 식사 패턴

비만인 사람은 정상체중인 사람에 비해 당류나 지방이 많은 식사를 하는 경향이 강하다. 지나친 당류의 섭취는 인슐린의 분비를 촉진하여 에너지를 더 효과적으로 지방으로 저장하게 한다. 지방은 탄수화물이나 단백질에 비해 열량이 높아 지방이 많이 함유된 음식은 에너지 밀도가 높다. 따라서 같은 양의 음식을 먹더라도 더 많은 에너지를 섭취하게 되어 체중 증가를 초래하게 된다. 또한 지방이 많은 음식은 풍미가 좋아 맛있게 느껴져서 과식을 초래할 가능성이 높다.

과도한 알코올의 섭취는 비만과 밀접한 관계가 있다. 2007년도 국민건강영양조사 결과에 의하면 비만인 사람들의 음주량이 더 높은 것으로 나타났다. 알코올은 1 g당 7 kcal의 에너지를 공급하기 때문에 에너지 섭취가 높아지기 쉽다.

빈번한 외식과 패스트푸드의 섭취는 비만과 관련이 있는 것으로 보인다. 일반적으로 패스트푸드들은 지방이나 당류의 함량이 높으며 채소나 과일이 적어 고열량 음식인 경우가 많다. 또한 음식점에서 제공하는 음식의 양은 가정에서 식사를 할 경우에 비해 많기 때문에 과식을 할 가능성이 높아지게 된다.

과도한 청량음료나 주스류의 섭취 또한 당류의 섭취 증가와 쉽게 에너지를 과잉 섭취하게 되는 원인이 된다.

③ 식습관

식사를 한꺼번에 몰아서 너무 많은 양을 먹거나, 너무 빠르게 먹거나, 밤에 주로 먹는 식습관을 가진 사람들은 비만이 될 위험이 높다.

식사 횟수

동일한 열량이라도 여러 번에 나누어 먹을 경우에 체중 증가 정도가 덜하다. 식사 횟수가 적을 경우 지질 및 당 대사에 변화가 생겨 더 지방합성이 잘 일어나게 될 수 있으며, 폭식을 하게 될 가능성이 높아진다.

식사 시간

지나치게 빠르게 식사를 하게 되면 포만감을 느끼기도 전에 많은 양의 음식물을 섭취하게 되어 과식을 할 가능성이 더 높아지게 된다.

야식 증후군

야식증후군은 밤에 집중적으로 많이 먹는 것으로(하루 섭취 열량의 25% 이상을 저녁식사 이후 다음 날 아침까지 섭취) 비만인 사람에게서 많이 나타난다.

(5) 에너지 소비 감소

보통은 전체 에너지 소비량의 60~70%는 기초대사량이며, 식품의 열량소대사량은 10%, 활동대사량은 약 30% 정도를 차지한다. 활동대사량은 개인의 생활 습관에 따라 차이가 많이 날 수 있는 부분이다. 기초대사량이나 식품의 열량소대사량은 개인의 노력에 의해 많이 변화시킬 수 없으나 활동대사량은 운동이나 생활습관의 변화에 의해 증가시킬 수 있는 부분이다.

① 활동량의 감소

활동량의 감소는 체중의 증가를 유발하는 주요한 원인이 된다. 에너지 섭취량은 과거에 비해 크게 변하지 않았으나 비만 유병률이 증가하는 것은 생활환경의 변화로 에너지 소모량이 감소하였기 때문으로 보고 있다. 에스컬레이터, 자동차, 리모컨의 등장으로 일상생활에서 육체적인 활동이 저하되었으며 TV 시청과 컴퓨터 게임으로 활동을 하는 시간이 많이 감소하였다.

② 기초대사량의 저하

나이가 들면서 근육량이 감소하면 기초대사량이 저하되어 체중이 더 쉽게 증가한다. 근육은 지방조직에 비해 기초대사를 위한 에너지 소모가 많기 때문에 근육량이 많으면 기초대사량이 더 높아진다. 이러한 이유로 운동이 부족하게 되면 활동에너지가 저하될 뿐만 아니라 근육량이 감소하여 에너지 소모량이 감소한다.

(6) 심리적 요인

과도한 스트레스는 식욕 저하를 일으킬 수도 있으나 과식을 초래하여 비만의 원인이 될 수도 있다. 불안, 외로움, 스트레스를 먹는 것을 통해 해소하려고 함으로써 에너지의 과잉 섭취를 유발할 수 있다.

4) 비만의 동반 질환

체질량지수와 사망률은 높은 상관관계를 보이는 것으로 보고되고 있다. 체질량지수

25 이상이 되면 사망률이 증가하기 시작하며, 30 이상이 되면 급격히 증가하는 양상을 보인다. 비만은 각종 만성 질환의 위험도를 높이는 것으로 알려져 있는데 특히 제2형 당뇨병, 이상지질혈증, 수면 무호흡증, 고혈압, 관절염, 대장암, 유방암, 난소암, 지방간 등의 발생이 증가한다.

(1) 당뇨병diabetes mellitus

제2형 당뇨병의 발생과 비만은 밀접한 관계를 가진다. 특히 복부비만일 경우 그 위험도가 더 높다. 체중이 증가하면 인슐린 감수성insulin sensitivity이 저하되어 인슐린 저항성insulin resistance을 초래한다.

(2) 지방간fatty liver

비만인 사람의 30~40% 정도가 단순한 지방증 이상의 간질환을 보이며, 비알코올성 지방간nonalcoholic fatty liver disease 환자의 60~100%가 비만이라는 연구 결과가 비만과 지방간의 밀접한 관련성을 뒷받침한다. 비알콜성 지방간은 지방대사의 이상으로 말미암아 간조직으로 과도한 유리지방산이 유입되고, 지단백질의 생성과 분비에 이상이 생겨 간에서의 지방 배출이 저하되어 간조직에 지방이 축적되어 일어나며, 심해지면 간조직의 경화와 섬유화까지 진행된다.

(3) 심혈관질환

높은 체질량지수는 심혈관질환으로 인한 사망의 주요 예측인자이다.

① 고혈압hypertension

비만인 사람은 정상인에 비해 고혈압이 두 배 이상 더 많다. 체중 증가로 심박출량과 혈류량이 증가하게 되고, 따라서 혈관에 미치는 압력도 높아지게 된다.

② 이상지질혈증dyslipidemia과 동맥경화arteriosclerosis

비만이 되면 지방조직에서의 유리지방산의 방출이 증가되고 간에서의 중성지방 합성이 증가하면서 혈중 중성지방과 LDL 콜레스테롤이 높아지고 HDL 콜레스테롤이 낮아져 동맥경화에 걸릴 위험성이 높아진다.

(4) 호흡기계 장애

비만은 수면무호흡증과 같은 호흡기계 장애와 밀접한 관련이 있다. 또한 비만인 사람에게서 천식 증상이 더 많이 나타나는 것으로 알려져 있다.

(5) 암cancer

비만인 사람은 유방암, 대장암, 췌장암, 신장암, 전립선암, 자궁경부암 등에 걸릴 위험이 높아진다. 비만으로 체지방이 증가하게 되면 에스트로겐과 테스토스테론이 더 많이 생성되어 세포의 증식능력이 증가하면서 암 발생 위험이 높아지게 된다.

(6) 관절염arthritis

비만으로 지방조직이 증가하면 체내 염증성 반응이 증가하게 되어 관절염의 발생을 초래한다. 또한 과다한 체중은 관절에 무리를 주게 되어 증상을 악화시킨다.

5) 비만의 치료 지침

비만의 치료는 기본적으로 식사요법, 운동요법, 행동수정을 통하여 이루어지도록 하며, 이러한 방법의 효과가 없는 경우에 약물요법이 사용된다. 그러나 약물요법을 사용하더라도 식사조절과 운동 그리고 행동수정이 이루어지지 않으면 체중 감량 정도는 크지 않게 되고 체중 감소 효과를 유지할 수 없다. 극심한 고도비만으로 인해 건강이 위험할 경우 수술요법을 사용하기도 한다.

(1) 치료 목표

비만의 치료 목표는 체중의 감량뿐만 아니라 감소된 체중을 성공적으로 유지하는 데 중점을 두어야 한다. 단기간의 극심한 체중감소보다는 장기간에 걸쳐 꾸준히 조금씩 체중을 감소시키는 것이 체지방을 감소시키고, 체단백질의 감소를 최소화하며, 기초대사량의 감소를 예방하는 데 더 효과적이다. 기초대사량의 감소로 인한 감량의 어려움을 막기 위해서는 한 달에 2~3 kg 정도를 감량하는 것이 바람직하다. 감량 목표는 현실적으로 성취 가능한 정도로 정하도록 하고 6개월 동안 10% 정도의 감량을 목표로 한다.

(2) 식사요법

비만의 치료에 식사 조절은 필수적인 요소이다. 에너지 평형에서 음의 평형을 이루어 체중 감소를 유도하기 위해서는 에너지 섭취량의 감소가 이루어져야만 하기 때문이다. 열량 섭취가 제한되더라도 다른 영양소의 섭취량은 부족하지 않아야 건강하게 체중감소를 이룰 수 있으므로 주의하여 식사조절을 계획하여야 한다.

① **초저열량식**very low calorie diet

초저열량식은 하루에 400~800 kcal의 에너지를 섭취하도록 하여 단기간에 많은 체중을 감소하도록 유도하는 방법이다. 단백질의 섭취량은 0.8~1.5 g/kg 조정체중 정도로 부족하지 않게 섭취하므로 전체 에너지대비 단백질의 섭취량이 많다고 할 수 있다.

탈모, 두통, 피로, 변비, 현기증, 탈수, 근육경련, 부정맥 등의 부작용이 나타날 수 있다. 실시 초기에는 급격한 체중감소 효과를 얻을 수 있으나 장기적으로는 저열량식에 비하여 체중조절 효과가 뛰어나지 않은 것으로 알려져 있다. 따라서 안전성에 있어 문제의 소지가 있으며 장기적인 감량 효과가 뛰어나지도 않으므로 일반적인 사용은 권장하지 않고 있다. 실시할 경우에는 의학적 감시하에 12~16주의 단기간 동안 실시하도록 한다.

② **저열량식**low calorie diet

체중 감량을 위한 저열량식은 체중 유지를 위한 하루 에너지필요량에서 500~1,000 kcal를 적게 섭취함으로써 일주일에 0.5~1.0 kg의 감량을 달성하기 위한 것이다. 에너지 섭취량과 제한 정도는 개인의 체중 감량 목표, 체격, 활동 정도 등을 고려하여 1일 에너지 필요량을 파악한 뒤에 정한다.

에너지

비만인 사람들은 에너지 필요량을 계산할 때 실제 체중에 근거하여 계산하면 필요량이 과다하게 산출되므로, 조정 체중을 이용하여 에너지 필요량을 계산하도록 한다. 조정 체중은 다음과 같이 구한다.

조정체중 = 표준체중 + (실제체중 - 표준체중) / 4

조정체중을 이용하여 나이와 활동정도를 고려한 1일 에너지 필요량을 계산한 뒤 500 kcal를 뺀 수치를 1일 에너지 섭취량으로 설정하여 실시하면 일주일에 0.5 kg 정도를 감량할 수 있다.

지방

지방은 무게당 열량이 높은 식품이므로 제한하는 것이 바람직하다.

탄수화물

체내 단백질의 소모를 막고 케톤증의 예방을 위해서는 하루에 100 g 이상의 탄수화물을 섭취하는 것이 바람직하다. 탄수화물의 섭취가 부족할 경우에는 인슐린 분비가 감소하며, 케톤증이 일어나고 포도당을 유일한 에너지원으로 사용하는 조직에 에너지를 공급하기 위하여 체단백질이 분해되어 포도당으로 전환된다. 그러나 지나친 당류의 섭취는 인슐린의 분비를 증가시키고 혈중 중성지방의 수치를 증가시키는 결과를 초래하게 된다. 따라서 총 에너지의 50~60% 정도의 탄수화물 섭취를 권장하고 있다.

단백질

에너지 제한으로 인한 체단백질의 손실을 예방하기 위해서는 양질의 단백질을 적정 수준에서 공급해 주는 것이 중요하다. 특히 에너지의 제한 정도가 클수록 단백질의 섭취 상태에 신경을 써야 한다. 일반적으로는 표준체중 kg당 0.8~1.0 g이 권장되며, 한국인 영양소 섭취기준(2020)에서는 단백질의 에너지 적정비율을 7~20%로 제시하였다.

비타민과 무기질

에너지는 제한한다 하더라도 무기질과 비타민의 섭취량은 필요량을 충족시키도록 하여야 한다. 따라서 무기질과 비타민이 풍부한 음식을 다양하게 섭취하도록 한다. 그러나 1,200 kcal 이하의 에너지제한식을 하는 경우에는 식품을 통해 무기질과 비타민을 충분히 섭취하는 데 어려움이 있으므로 비타민 및 무기질 보충제를 별도로 복용하는 것이 권장된다.

수분

에너지제한식으로 말미암아 단백질이 분해되어 생기는 질소 산물의 배설이나 저당질 식사 시 생성될 수 있는 케톤체의 원활한 배설을 위해서는 수분을 충분히 섭취하는 것이 중요하다.

알코올

효과적인 체중 감량을 위해서는 알코올의 섭취를 제한하는 것이 매우 중요하다. 알코올은 1 g당 7 kcal의 에너지를 공급하며 다른 영양소는 없어 체중조절에 좋지 않은 영향을 미치게 된다. 또한 회식이나 모임에서 음주를 하게 될 경우 알코올의 섭취뿐만 아니라 안주의 섭취 때문에 과도한 열량 섭취를 하게 되어 체중조절의 효과를 보지 못하게 될 수 있다.

③ 식사조성이 체중감량에 미치는 영향

식사의 에너지영양소의 조성은 호르몬의 분비, 포만감, 탄수화물 및 지방대사 등에 영향을 주어 체중조절에도 영향을 미치게 된다.

표 7-3 저지방 중당질 식사와 저당질 고단백 식사의 비교

저지방 중당질식(전통적인 다이어트식)	저당질 고단백식이(케톤식)
• 지방 에너지비 : 15~20% 내외 단백질 에너지비 : 20~25% 탄수화물 에너지비 : 50~60% • 체중이 천천히 빠지나 체지방이 더 많이 빠진다. • 오래 계속할 수 있다. • 배고픔을 더 느끼나 채소나 해조류의 섬유소와 물을 사용해 조절한다. • 고지방, 고당분, 알코올만 제한하면 특별히 못 먹는 식품은 없다. 1,200 kcal 미만이 되지 않으면 여성의 경우 철을 제외하고 별로 영양소 결핍이 없다. • 기초대사량의 감소 폭이 적다.	• 지방 에너지비 : 30~40% 단백질 에너지비 : 30~40% 탄수화물 에너지비 : 30~40% • 체중이 빨리 빠진다. 많은 부분이 체단백, 체수분이 빠지는 것에 기인한다. • 인슐린 분비가 감소하고 지방의 분해산물인 케톤체가 많아진다. 케톤체가 소변으로 빠져나가면서 탈수가 생기기 쉽고, 칼슘이 함께 빠져나가 뼈가 약해진다. 혈중 요산 증가로 신장에 부담이 늘고, 통풍이 악화된다. • 식사가 단조로워 오래 계속하기 힘들다. • 케톤체 증가와 고단백식이로 인해 배고픔을 덜 느낀다. 그러나 메스꺼움, 피로, 저혈당이 온다. • 단백질이 많은 육류·생선·닭고기·달걀 위주 식사, 우유와 치즈 일부 섭취하나 채소, 과일, 전곡류 섭취가 줄어들어 비타민, 무기질, 식이섬유가 결핍되기 쉽다. • 기초대사량 감소폭이 크다.

출처 : 손숙미 외(2006), 임상영양학

④ 영양교육

성공적으로 체중을 감량하고 감량된 체중을 유지하기 위해서는 식사조절을 제대로 자발적으로 할 수 있도록 영양교육을 해야 한다. 특히 다음과 같은 내용에 중점을 두도록 교육하는 것이 중요하다.

- 다양한 식품들의 열량에 대해 안다.
- 식품의 성분(지방, 탄수화물, 단백질)에 대해 이해한다.
- 영양표시를 읽고 식품의 성분과 열량을 아는 연습을 한다.
- 식품 구매 시 열량이 낮은 음식을 선택한다.
- 식품의 조리 시 열량이 높은 재료를 사용하지 않는다.
- 고열량 식품의 과식을 제한하는 연습을 한다.
- 수분을 충분히 섭취한다.
- 1회 섭취 분량을 작게 하는 연습을 한다.
- 알코올의 섭취를 제한한다.

⑤ 체중감량 식사관리의 실제 적용

- 하루 3끼 규칙적인 식사를 하고 간식은 자제한다.
- 식사는 천천히 한다.
- 기름에 튀긴 음식, 부침 등 기름을 많이 사용하여 조리한 음식은 피한다.
- 음식은 짜게 먹지 않는다.
- 인스턴트식품이나 패스트푸드는 될 수 있으면 먹지 않는다.
- 식이섬유가 많은 음식을 먹는다.
- 수분을 충분히 섭취한다.
- 마요네즈나 기름을 사용한 소스보다는 간장소스, 마늘소스, 겨자장 등을 이용한다.
- 알코올의 섭취를 자제한다.
- 집에서 사용하는 식기와 숟가락은 작은 것을 이용한다.
- 가급적 외식의 횟수를 줄인다.

- 청량음료나 주스 등 당류가 많이 함유된 음료는 자제한다.
- 떡이나 케이크, 빵 종류는 부피에 비해 열량이 높으므로 많이 섭취하지 않도록 한다.
- 고기류는 조리하기 전에 기름을 제거하도록 한다.
- 과일류는 당분이 있으므로 너무 많이 섭취하지 않도록 한다.
- 신선한 채소류를 충분히 섭취한다.

(3) 행동요법

비만의 치료는 행동의 수정 없이는 이루어질 수 없다. 약물이나 질병으로 인한 체중 증가가 아니라면, 비만은 생활습관으로 인한 질환이라고 할 수 있다. 따라서 행동수정을 통한 생활습관의 변화가 이루어져야 효과적으로 체중감량을 이룰 수 있다. 행동수정이란 체중조절을 위해 잘못된 생활습관이나 식습관을 수정하는 것으로 자기 감시, 자극 조절, 보상의 3단계로 이루어진다.

① 자기 감시

자기 감시는 먹는 음식과 먹는 행동에 영향을 주는 요인들을 추적하는 것으로, 체중조절일기를 쓰는 것이 이에 해당된다. 체중조절일기를 쓰면 먹는 시간과 장소, 먹은 음식의 형태와 양, 함께 먹은 사람과 느낀 점 등을 기록하면서 문제점을 찾게 된다.

② 자극 조절

자극조절 단계에서는 체중조절을 방해하는 충동적 요인들을 최소화하기 위해 환경을 변화시키는 노력을 하게 된다.

- 식품구매 단계에서 자극 조절을 하기 위한 방법으로는 배부른 상태에서 장보기, 구매 목록을 작성하여 충동구매를 억제하기, 꼭 필요할 때까지 장보기를 미루기 등이 있다.
- 식사의 계획 단계에서는 필요한 만큼만 먹도록 계획하거나 세 끼 식사와 간식을 정해진 시간에만 먹도록 계획하기 등의 방법으로 자극을 조절할 수 있다.
- 식사의 실행 단계에서는 충동적인 음식 섭취를 피하기 위해 음식을 안 보이는 곳에 치워 놓기, 식사는 정해진 곳에서만 하기, 냄비째로 식탁에 놓지 않기, 작은 크기의

그릇과 수저를 이용하기 등의 방법을 이용할 수 있다.

- 식사 방법에 있어서는 음식을 약간 남기기, 음식을 충분히 씹고 천천히 먹기, 음식을 먹는 중간중간에 쉬는 시간을 주어 식사시간을 길게 하기, 식사 중에 다른 일을 하지 않음으로써 무의식적으로 먹는 것을 피하기 등의 방법을 적용할 수 있다.

③ 보상

보상 단계에서는 자기 감시 기록을 기준으로 충동조절을 잘하였을 때 상을 주거나, 특정 행동에 대해 특정 상을 주도록 계약을 설정하거나, 가족이나 친구들에게 잘한 행동에 대해 상을 주도록 협조를 구하는 등의 강화 기법을 적용한다.

(4) 운동요법

① 운동요법의 효과

운동은 활동에너지를 증가시켜 에너지 소모량을 증가시키는 데 기여하고 근육량을 유지시키는 역할을 하여, 체중감소와 함께 동반되는 기초대사량의 저하를 막아주어 더 효과적으로 감량 효과가 생길 수 있도록 한다. 운동은 또한 심장과 폐의 기능을 튼튼히 하고, 심리적 스트레스를 해소시키는 데 도움을 주며, 인슐린 수용체의 감수성을 높여 당뇨병의 발생을 예방하는 데 기여하고, HDL 콜레스테롤의 수치를 증가시켜 심혈관질환의 예방에 도움을 준다. 따라서 운동은 단순히 체중 감량의 효과만 있는 것이 아니라, 비만으로 인해 발생 위험도가 높아지는 만성질환의 발병 기전에 관여함으로써 예방에 기여한다.

② 운동요법의 기본 원리

운동요법은 개개인의 건강 상태, 운동 능력, 기호, 생활 여건 등을 고려하여 운동 유형, 강도, 시간, 빈도, 기간들을 적절하게 구성하여야 한다.

운동요법을 계획할 때는 안전성, 유효성, 과부하와 적응, 점진성, 특이성, 가역성, 지속성의 원리들을 고려하여야 한다.

표 7-4 근력운동과 유산소운동의 비교

구분	유산소운동	근력운동
정의	호흡수 증가로 산소흡입량을 충분히 하여 체내 지방을 연소시킬 수 있도록 충분한 시간 동안 행해지는 운동	호흡수가 증가하지 않으면서 중력만을 사용하여 근육에 평상시보다 큰 자극을 주는 운동
종류	• 팔 근육 사용 : 수영, 노젓기 • 다리 근육 사용 : 달리기, 걷기, 하이킹, 계단오르기, 인라인 스케이트 타기, 자전거 타기 • 팔과 다리 근육 모두 사용 : 줄넘기, 크로스컨트리, 스키	역기운동, 덤벨운동, 팔굽혀펴기, 윗몸일으키기, 요가, 필라테스
생리적 효과	• 에너지 소비량 증가 • 고정점을 낮춤 • 식욕을 낮춤 • 기초대사량 상승 • 스트레스, 우울증 완화 • HDL-콜레스테롤 증가 • 인슐린 감수성 개선	• 기초대사량 상승 • 제지방량(근육량) 증가 • HDL-콜레스테롤 증가 • 인슐린 감수성 개선
건강효과	• 심장기능 향상 • 혈관기능 향상 • 폐기능 향상	• 근육크기 증가 • 운동능력 증가 • 근력 증가 • 골밀도 증가
주의사항	• 지나친 맥박상승 시에 고혈압 주의(250~300 mmHg에 달함) • 협심증이 있는 경우 지나친 강도 시에 악화 우려	• 낙상과 상해 예방 • 순간적인 혈압상승 때문에(300 mmHg) 고혈압, 심장병인 사람은 피함 • 사춘기 이전 어린이는 성장판에 손상 우려
에너지 사용량	7~10 kcal/분	유산소운동의1/3~1/4

출처 : 손숙미 외(2006), 임상영양학

표 7-5 운동종류에 따라 시간당 소모되는 에너지와 지방 1 kg을 감량하기 위해 필요한 시간

	강도	체중 50 kg		체중 65 kg		체중 80 kg	
	Mets	1시간	지방 1 kg	1시간	지방 1 kg	1시간	지방 1 kg
걷기(천천히)	2.0	105 kcal	73시간	137 kcal	56시간	168 kcal	46시간
걷기(시속 4 km)	3.0	158 kcal	49시간	205 kcal	38시간	252 kcal	31시간
걷기(속보 6 km)	5.0	263 kcal	29시간	341 kcal	23시간	420 kcal	18시간
달리기(시속 8 km)	8.0	420 kcal	18시간	546 kcal	14시간	672 kcal	11시간
고정식 자전거(저강도)	3.0	158 kcal	49시간	205 kcal	38시간	252 kcal	31시간

(계속)

	강도	체중 50 kg		체중 65 kg		체중 80 kg	
	Mets	1시간	지방 1 kg	1시간	지방 1 kg	1시간	지방 1 kg
고정식 자전거(중강도)	5.5	289 kcal	27시간	375 kcal	21시간	462 kcal	17시간
자전거(도로)	8.0	420 kcal	18시간	546 kcal	14시간	672 kcal	11시간
수영(자유형)	6.0	315 kcal	24시간	410 kcal	19시간	504 kcal	15시간
테니스, 배드민턴	7.0	368 kcal	21시간	478 kcal	16시간	588 kcal	13시간
등산	8.0	420 kcal	18시간	546 kcal	14시간	672 kcal	11시간

*1시간당 소비 칼로리 계산공식 = (Mets × 3.5 × 체중 × 60분)/200
*지방1 kg = 7,700 kcal
출처 : 대한비만학회(2020), 비만 진료지침

(5) 약물요법

약물요법은 식사요법, 운동요법, 행동수정요법을 대신할 수 없으며 이러한 비약물적 치료법으로 체중을 감량하는 데 성공하지 못하였거나 비만으로 인한 건강상의 문제가 많을 때 의학적 감시하에 보조적으로 시행하도록 한다. 약물요법은 비만을 완치하는 약이 아니라 체중의 조절 및 관리의 개념으로 접근하여야 하며 생활습관 교정을 시행하면서 보조적으로 시행하여야 한다.

체중 감량의 목적으로 사용할 수 있는 약물은 크게 포만감을 유도하여 식욕 조절을 하는 약물과 장내 지방의 흡수를 저해하는 약물로 나눌 수 있다.

올리스타트Orlistat는 위장관 및 췌장 리파아제에 대한 억제제로, 중성지방이 지방산으로 분해되어 장관 내에서 흡수되는 것을 저해하게 된다. 장관 내 중성지방의 흡수를 30% 정도 억제하는 것으로 알려져 있다. 지방의 흡수를 억제하는 작용기전 때문에 지용성 비타민의 흡수를 감소시키게 되므로 장기적으로 사용할 경우에는 지용성 비타민인 비타민 A, D, E, K의 추가적인 공급이 필요할 수도 있다.

날트렉손Naltrexone과 부프로피온Bupropion을 조합하여 비만에 쓰이는 새 용도로 허가된 콘트라브Contrave는 단기간 사용이 가능하며 부작용으로는 구역, 변비, 두통, 어지럼증, 불면, 떨림, 불안, 이명, 요로감염, 고혈압, 혈압상승, 미각이상 등이 있을 수 있다. 펜터민phentermine과 토피라메이트topiramate를 조합한 큐시미아Qsymia는 펜터민에 의한 아드레날린성 식욕억제 효과와 더불어 시상하부에서 에피네프린의 분비를 촉진하는 효과와 토피라메이트의 GABA수용체를 자극하여 포만감을 증가시키는 효과로 체중감소를 유도하는 식욕억제제이다. 부작용으로는 미각이상, 수면장애, 인지장애 등이 있다. 리라글루티드Liraglutide는 삭센다라는 상품명으로 판매되고 있는 주사제로 원래는 당뇨 치료제로 개발된 약제이다. GLP-1Glucagon like peptide 1의 유사체로서 포만감을 유발하여 식욕을 저하시킨다. 부작용으로는 구역, 변비, 소화장애, 복통, 복부팽만감, 위염, 저혈당, 피로, 무력, 어지러움증, 미각변화, 수면장애, 담석 등이 있을 수 있다.

(6) 수술요법

수술요법은 고도비만 환자를 대상으로 시행한다. 2020년 대한비만학회의 비만치료지침에 의하면 체질량지수 35 kg/m^2 이상이거나, 체질량지수 30 kg/m^2 이상이면서 심각한 동반질환을 가지고 있는 사람이 수술요법의 대상이 된다.

① 수술방법

수술방법에는 여러 가지 위성형술을 이용하여 음식물의 섭취를 제한하는 방법, 소장우회술을 이용하여 음식물의 흡수를 억제하는 방법, 그리고 섭취제한과 흡수억제 방법을 합친 절충형 방법이 있다.

조절형위밴드술adjustable gastric banding과 위소매절제술sleeve gastrectomy이 음식물의 섭

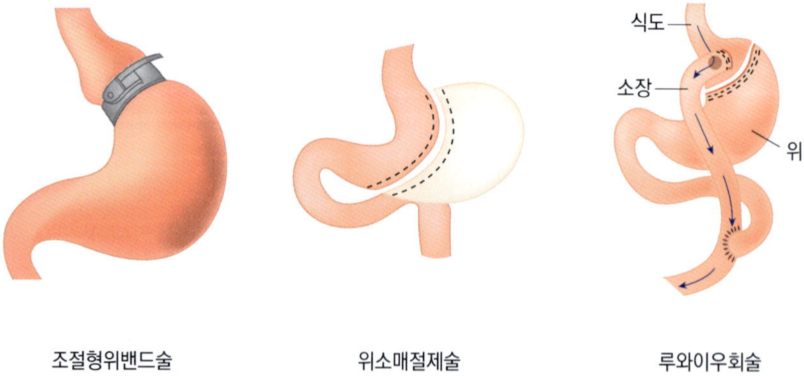

그림 7-1 고도비만 환자의 수술방법

취제한 수술방법에 속한다. 소장우회술에 해당하는 공장-회장우회술과 담췌우회술은 근래에는 많이 시술되지 않는다. 루와이우회술Roux-Y gastric bypass은 대표적인 절충형 방법이다. 루와이우회술은 위의 용량을 약 30 mL로 적게 만들고 위와 공장을 연결하여 음식물이 바로 소장으로 넘어가도록 한다.

② 수술 후 관리

수술 후 환자는 약 3개월간 식사 적응에 어려움을 겪으며, 소화와 흡수 장애 및 식사량 감소로 인해 비타민과 무기질을 포함한 영양결핍이 나타난다. 특히 철분, 비타민 B_{12}, 엽산, 지용성 비타민 A·D·E가 결핍될 수 있다.

식사는 유동식에서 시작하여 연식, 고형식으로 진행하며, 고형식은 800~1,000 kcal의 열량을 공급한다. 소량의 식사를 6회에 나누어 천천히 먹도록 한다. 비타민 B_{12}, 철분, 칼슘을 충분히 공급하고 단백질을 적절히 섭취하도록 한다. 당류의 섭취는 피한다.

2. 섭식장애

섭식장애는 체중과 먹는 것에 대해 과도하게 집착하며 자신의 체중이나 체형에 대한 이상한 인식을 가지고 있어 섭식 행동에 이상을 초래하는 정신적 장애이다. 섭식장애는 크게 신경성 식욕부진anorexia nervosa과 신경성 폭식증bulimia nervosa으로 나눌 수 있다.

1) 섭식장애의 종류

(1) 신경성 식욕부진anorexia nervosa

신경성 식욕부진은 의도적으로 굶거나 토하거나 운동을 많이 하여 체중을 조절하는 것이다. 최소한의 정상체중 유지도 거부하면서 계속해서 음식의 섭취를 제한하는 것이 특징이다. 자신의 체형에 대한 잘못된 이미지를 갖고 있어 체중이 정상 이하로 매우 낮음에도 불구하고 여전히 본인이 뚱뚱하다고 생각한다. 또한 본인의 저체중 상태(보통 정상체중의 85% 이하 또는 체질량지수 17.5 이하)의 심각성을 부인한다. 음식을 먹으면 몸의 일부가

되며 먹는 만큼 살이 찐다는 생각을 가지고 음식 섭취를 두려워하며 무월경증을 보인다. 신경성 식욕부진에는 식사제한형과 폭식 후 하제사용형이 있다. 식사제한형의 신경성 식욕부진증 환자는 폭식을 하거나 구토제 혹은 이뇨제를 사용하지는 않으며 음식물의 섭취를 제한한다. 폭식 후 하제사용형 신경성 식욕부진증 환자의 경우 폭식을 하고 체중의 증가를 막기 위해 강제로 구토를 유발하거나 이뇨제, 설사약 등을 사용한다.

(2) 신경성 폭식증bulimia nervosa

신경성 폭식증은 폭식 후에 체중 증가를 막기 위해 부적절한 보상행동(의도적인 구토, 하제나 이뇨제 사용)을 하며 이러한 행동을 일주일에 2회 이상 3개월 동안 계속할 경우를 말한다. 자신의 폭식 행동을 부끄럽게 생각하며 자아존중감이 낮은 경우가 많다. 폭식을 할 때는 보통 사람이 먹을 수 있는 양보다 훨씬 많은 양의 음식을 먹으며, 먹는 것을 조절하는 능력이 부족하다고 생각한다. 보통 체중은 정상 범위 전후인 경우가 많다. 신경성 폭식증은 대체로 신경성 식욕부진을 경험한 후에 발병한다.

2) 섭식장애의 원인

섭식장애의 발병원인은 명확히 알려져 있지는 않으나 환경적 요인, 성격적 특성, 유전적 요인 등 여러 요인이 복합적으로 작용하는 것으로 볼 수 있다.

(1) 환경적 요인

환경적 요인으로는 특히 가족적 요인이 주요하게 작용할 수 있다. 가족의 정서불안, 육체적 학대, 가족 간의 지지 부족 등이 요인으로 작용할 수 있다. 사회적·문화적으로 날씬함을 동경하고 요구하는 분위기, 어릴 때 체중 때문에 놀림받은 기억 등 또한 섭식장애의 발병에 기여할 수 있다. 섭식장애는 특정 직업군에서 높게 나타나는 경향이 있다.

(2) 성격적 특성

강박적 성격을 가지거나 자아존중감이 낮은 사람에게서 신경성 식욕부진증이 더 많이 나타나며, 신경성 폭식증을 가진 사람들은 부정적인 경험이 많고 충동적인 성향을 갖고 있다.

(3) 비만

과거에 체중이 많이 나갔던 사람이 어느 정도 체중감량에 성공한 뒤에 섭식장애가 나타날 수 있다.

3) 섭식장애 관련 건강 이상

섭식장애 환자들은 대부분 섭식장애 자체보다는 섭식장애로 말미암은 건강 이상 때문에 병원에 가는 경우가 더 많다. 섭식장애로 말미암은 건강 이상은 신체 전반에 걸쳐 나타나며 생명에 치명적인 영향을 미칠 수도 있다.

(1) 신경성 식욕부진 관련 이상

신경성 식욕부진증으로 말미암은 건강 이상 또는 생리적 변화에는 무월경, 전해질 이상, 심장 기능 이상, 빈혈, 골다공증, 탈모, 치매 양상, 변비와 소화 장애 등이 있다.

① 전해질 이상electrolyte disorders

저칼륨증·저마그네슘증·저칼슘증이 나타나며, 이러한 전해질의 이상은 부정맥을 초래하게 된다.

② 골다공증osteoporosis

심각한 골밀도의 감소가 나타나며 조기에 골다공증에 걸릴 위험이 높아지게 된다. 음식물의 섭취가 제한되어 있어 충분한 영양소를 섭취하지 못해 골밀도를 축적하기가 힘들게 되며, 에스트로겐 분비 이상 또한 골밀도의 감소를 초래하게 된다.

③ 소화기계의 이상

위무력증과 변비가 흔히 나타난다. 특히 하제를 많이 사용하여 습관성이 될 경우 자발적인 능력에 손상이 있게 된다.

④ 심혈관계 이상

맥박이 느려지고 부정맥이 나타나며 저혈압이 나타난다. 심장마비는 신경성 식욕부진 환자의 주요 사망 원인이다.

⑤ 호르몬 이상

호르몬 분비에 이상이 생겨 우울증이 생기고, 여성호르몬의 감소로 무월경증을 경험하게 된다.

(2) 신경성 폭식증으로 인한 이상

신경성 폭식증의 합병증은 대부분 구토나 강제적인 배설을 유도하기 위한 방법의 사용 후유증에 기인한다고 볼 수 있으며, 일반적으로 생명에 아주 위험하지는 않다. 식도염, 변비, 치아부식, 부정맥 등이 동반된다.

표 7-6 섭식장애 시 흔히 나타나는 임상 징후와 증상

임상 징후	신경성 식욕부진증	신경성 폭식증
전해질 이상	저칼륨혈증, 저마그네슘혈증, 저인산증	저염소성 알칼리증과 동반된 저칼륨혈증
심혈관계	저혈압, 불규칙하고 느린 맥박	부정맥, 심계항진, 허약
위장계	복통, 더부룩함, 변비, 위배출 지연, 포만감, 구토	변비, 위배출지연, 조기 포만감, 식도염, 위장운동장애, 더부룩함, 위식도역류, 위장관 출혈
내분비계	추위에 민감(피부에 솜털), 피로, 저혈당, 고콜레스테롤혈증, 무월경	불규칙한 월경, 부종
영양결핍	단백질-에너지 영양불량, 미량 영양소 결핍	다양함
골격 및 치아	운동 시 뼈의 통증, 골감소증, 골다공증	충치, 치아의 에나멜 침식
근육계	근육소모, 허약	허약
체중상태	저체중	다양
정서상태	강박, 완벽주의	우울, 충동적
성장상태	성장 및 성숙 저해	일반적으로 영향을 받지 않음

출처 : 대한영양사협회(2008), 임상영양관리지침서

4) 섭식장애의 식사요법

섭식장애의 치료는 의학적·정신과적·심리학적·영양학적 면을 고려한 다각적이고 포괄적인 접근이 필요하다.

(1) 신경성 식욕부진증의 식사요법

신경성 식욕부진 환자의 치료 목표는 환자의 체중을 표준체중의 90% 정도 수준까지 증가시키고, 체중 감소를 유발하는 행동들을 멈추게 하며, 식사 습관을 개선하고, 정서적·정신적 건강을 증진하는 것이다.

식사 계획을 할 때는 에너지 공급 계획, 환자의 신체적 활동, 환자의 식사 유형과 식습관을 고려하여 환자가 거부감 없이 식사에 적응하도록 함으로써 점진적으로 체중 증가가 이루어질 수 있도록 해야 한다. 에너지 필요량은 기초 에너지필요량과 식사력 조사에 의한 칼로리 섭취를 고려하여 결정한다. 초기에 급격히 과도한 에너지를 섭취하도록 하면 환자가 거부감을 느끼고 체중 증가에 대한 불안감으로 치료를 포기할 가능성이 높다.

1일 최소 1,200 kcal 이상 칼로리를 섭취하도록 하며 탄수화물 50%, 단백질 25%, 지방 25%의 조성으로 계획한다. 영양의 재공급에 대한 반응으로 체내에서 전해질의 불균형이 일어날 수 있으므로 수분이나 전해질의 보충이 필요한지 확인한다. 비타민이나 무기질의 보충이 필요한지 살펴보고 특히 골밀도의 감소를 예방하기 위해 칼슘과 비타민 D의 섭취가 적절한지 살펴본다.

(2) 신경성 폭식증의 식사요법

폭식증 환자의 경우 주요 치료 목표는 폭식과 강제 배설의 악순환을 중단하고, 규칙적이고 정상적인 식습관을 회복시키는 것이다. 대부분 폭식증 환자의 체중은 정상 범위에 속하므로 체중 증가에 중점을 둘 필요는 없다. 강제 배설 행위 때문에 전해질의 불균형, 탈수, 대사적 알칼리증의 문제가 있을 수 있으므로 이를 확인하고 조정하여 수분과 전해질의 균형이 유지되도록 한다. 배가 고프면 폭식행위를 유발하므로 배고픔을 느끼지 않도록 식사량, 식사 횟수, 에너지를 배분하고 적당량의 지방 그리고 과일이나 채소와 같이 부피가 큰 식품을 이용한다.

CHAPTER

8

신장질환

1. 신장의 구조와 기능
2. 신장질환 검사
3. 신장질환
4. 신장질환을 위한 식품교환표

이 장을 보기 전에

신장은 인체 내에서 노폐물 배설, 산 · 염기 균형 유지, 혈압 조절 및 내분비작용 등 여러 기능을 담당하고 있는 주요 장기이다. 따라서 신장 질환자의 경우 체내 대사작용의 여러 변화에 따른 장애가 발생할 수 있으며, 심할 경우 생명에 위협을 받을 수도 있다. 그러므로 질환의 치료 및 악화를 예방하고 건강유지를 위하여 다양한 신장질환에 따른 적절한 식사요법의 시행이 필요하다.

학/습/목/표

1. 신장의 구조와 기능을 설명할 수 있다.
2. 신장질환 진단에 사용되는 검사방법을 설명할 수 있다.
3. 신증후군의 특징적인 증상을 열거할 수 있다.
4. 만성콩팥병, 혈액투석 및 복막투석의 식사요법의 차이점을 비교 · 설명할 수 있다.
5. 신장질환을 위한 식품교환표를 활용하여 만성콩팥병 환자의 식단을 작성할 수 있다.
6. 급성콩팥병의 원인을 크게 3가지로 구분하여 설명할 수 있다.
7. 다양한 신결석 종류에 따른 제한식품을 제시할 수 있다

1. 신장의 구조와 기능

1) 신장의 구조

신장은 한 쌍의 후복막retroperitoneum에 위치한 강낭콩 모양의 장기로 제11, 12 흉추의 좌우로 하나씩 위치하고 있다. 오른쪽에 위치한 신장은 간 때문에 좌측보다는 약간 아래에 위치한다. 성인의 신장 한 개의 무게는 120~170 g이며 길이는 11 cm, 폭은 5~7.5 cm, 두께는 2.5 cm 정도이다. 신장은 각각 약 100만~125만 개의 신원nephron이 있고, 각 신원은 신장이 기능을 하는 데 최소의 단위인 사구체glomerulus와 세뇨관tubule으로 구성되어 있다. 신원 안에서는 사구체 여과glomerular filtration, 세뇨관 재흡수tubular reabsorption 및 세뇨관 분비tubular secretion 과정을 통하여 소변이 형성된다. 신장을 수직으로 자르면 뚜렷한 두 부위인 피질과 수질로 나누어진다. 피질에는 주로 사구체가 있고, 수질에는 대부분 세뇨관이 있다. 세뇨관은 근위세뇨관proximal tubule, 헨레고리Henle's loop, 원위세뇨관 distal tubule 그리고 집합관collecting duct으로 구성되어 있다.

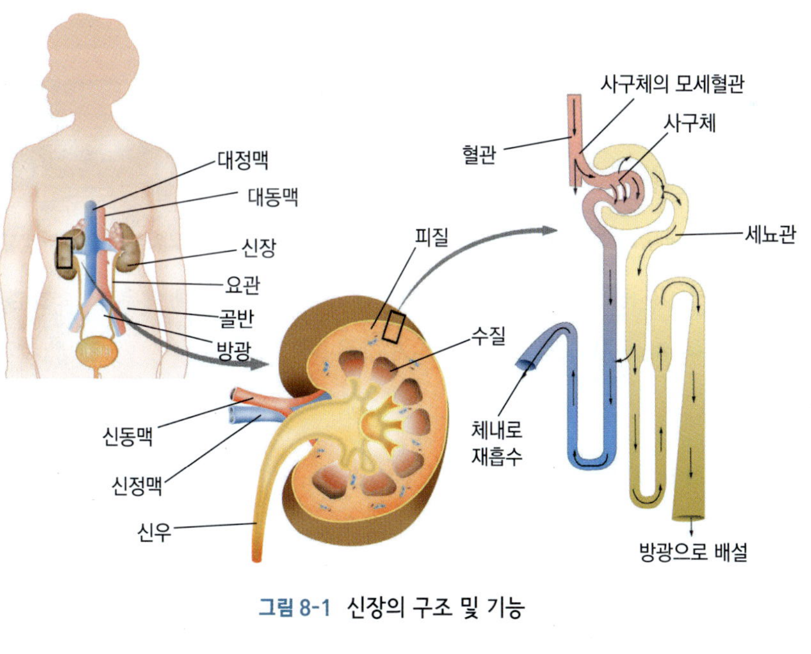

그림 8-1 신장의 구조 및 기능

2) 신장의 기능

신장의 주요 기능은 세포외액의 부피와 삼투압, 전해질 및 산·염기 균형을 조절하여 신체의 평형을 유지시키는 것이며, 노폐물 배설과 혈압 및 내분비 조절작용 등이 있다.

(1) 배설기능

소변의 형성은 혈장성분이 사구체와 보우만주머니Bowman's capsule를 통하여 초여과가 이루어짐으로써 시작된다. 수분이나 작은 용질들은 자유롭게 투과되지만 혈액 세포, 대부분의 단백질과 큰 분자는 투과되지 못한다. 여과된 체액이 보우만주머니에 모여서 신세관으로 들어가 다시 돌아서 나가는 동안 대부분의 사구체 여과액이 흡수되지만 어떤 물질들은 분비되기도 한다. 마지막 생성물인 요는 신우로 배액되었다가 요관을 통해 방광에 모인 다음 체외로 배설된다. 식사 중 단백질은 체내에서 대사된 후 요소, 요산, 크레아티닌 및 기타 질소 분해산물을 생성한다. 이는 신장을 통하여 반드시 배설되어야 하는데, 이러한 노폐물의 양을 부하량load이라고 하며 사구체의 여과력이 저하되면 혈액 내에 이들 노폐물이 축적된다. 따라서 신장기능이 저하됐을 때는 혈중 크레아티닌 및 요소 수치가 상승하게 된다.

(2) 조절기능

① 체액의 평형 유지

신체 내 모든 세포의 환경을 일정하게 유지시키기 위해 체액의 농도를 조절하는 것은 매우 중요한 작용이다. 신장은 나트륨, 칼륨, 염소이온 등의 전해질 농도 조절 및 수소이온 농도 조절을 통하여 산·염기의 평형 유지 작용을 담당한다.

② 혈압 조절

혈액량이나 혈압의 저하로 신동맥압이 떨어지면, 수입세동맥 관벽 내의 사구체옆기관juxtaglomerular apparatus에서 혈압상승 효소인 레닌renin이 분비된다.

레닌은 안지오텐시노겐angiotensinogen을 안지오텐신angiotensin으로 전환시키며, 안지오텐신은 부신피질에서 알도스테론aldosterone의 분비를 촉진한다. 분비된 알도스테론은 신장의 세뇨관에서 나트륨의 재흡수를 촉진해 체액을 늘려서 저하된 혈압을 상승시키는 역할을 하게 된다. 따라서 신장병의 진행은 레닌-안지오텐신-알도스테론 시스템Renin-Angiotensin-Aldosterone System: RAAS에 이상 발현을 유발하여 혈압 조절에 이상이 생긴다.

③ 조혈 조절

신장혈관 내피세포에서는 골수에서 적혈구의 생성을 자극하는 에리트로포이에틴erythropoietin이라는 당단백질이 생성된다. 만성콩팥병 환자는 에리트로포이에틴의 감소로 빈혈이 발생하게 된다.

④ 무기질 평형 유지

신장은 칼슘, 인 그리고 비타민 D의 대사에 관여함으로써 무기질의 평형을 유지시킨다. 신장에서는 25(OH)D_3이 1,25(OH)$_2$$D_3$으로 전환된다. 1,25(OH)$_2$$D_3$은 비타민 D의 활성형으로, 혈액 내 인이나 칼슘의 농도가 저하되어 부갑상선호르몬parathyroid hormone: PTH의 분비량이 증가될 경우 신피질에서 형성되어 장에서의 칼슘과 인의 흡수를 증가시킬 뿐만 아니라, 뼈에서의 칼슘의 이동도 돕는다.

2. 신장질환 검사

신장질환의 존재 및 종류는 요검사, 생화학검사와 방사선검사를 통해 알 수 있다.

1) 요검사

요검사urinalysis는 육안이나 현미경적으로 소변 속에 존재하는 물질을 확인하는 단순하고 저렴한 검사이다. 요검사는 요색, 요비중 및 요성분인 단백질, 적혈구, 백혈구, 상피세포와 각종 원주세포를 측정한다.

표 8-1 요검사

검사명	정상치
색	미색
비중	1.005~1.030
pH(산도)	4.5~8.0
단백질(Albumin)	검출되지 않음(-)
당	검출되지 않음(-)
케톤	검출되지 않음(-)
빌리루빈(Bilirubin)	검출되지 않음(-)
혈뇨	검출되지 않음(-)
적혈구(RBC)	0~4
백혈구(WBC)	0~4
원주체(Casts)	없음
결정체(Crystals)	없음

2) 생화학검사

신장기능의 저하 정도는 사구체여과율을 간접적으로 나타내는 요소질소Blood Urea Nitrogen: BUN 및 크레아티닌creatinine 농도를 측정함으로써 평가된다. 또한 생화학 검사를 통하여 영양상태, 빈혈, 골이영양증, 고인산혈증 및 고칼륨혈증 등의 진단이 가능하다.

표 8-2 생화학검사

검사명	정상범위	신장질환 3~4단계	비정상 결과 원인
콜레스테롤	150~200 mg/dL	120~240 mg/dL	• 증가 : 고콜레스테롤/고지방식사, 유전성 지질대사 질환, 신증후군, 코르티코스테로이드 치료 • 감소 : 급성 감염, 기아
알부민	3.3~5.0 g/dL	3.5~5.0 g/dL	• 증가 : 탈수, 수액 과공급 • 감소 : 과수화, 만성 간질환, 지방변, 영양불량, 신증후군, 감염, 화상
나트륨	136~145 mEq/L	136~145 mEq/L	• 증가 : 탈수, 설사, 요붕증 • 감소 : 수분의 과잉축적, 부적절한 이뇨제 사용, 과도한 나트륨 제한, 화상, 기아

(계속)

검사명	정상범위	신장질환 3~4단계	비정상 결과 원인
칼륨	3.5~5.0 mEq/L	3.5~5.5 mEq/L	• 증가 : 신부전, 조직분해, 산증, 탈수, 고혈당, 변비, 감염, 소화관 출혈, 부적절한 투석 • 감소 : 이뇨제, 알코올 남용, 구토, 설사, 흡수불량, 관장제 남용
크레아티닌	0.7~1.5 mg/dL	↑	• 증가 : 급/만성 신부전, 근육손상, 이화, 심근경색, 근이영양증 • 감소 : 체근육의 과다 손실
BUN	4~22 mg/dL	↑	• 증가 : 급/만성 신부전, 생물가가 낮은 단백질과 총 단백질의 과도한 섭취, 위장관 출혈, 악성종양, 이화작용(화상, 수술, 감염) • 감소 : 단백질 섭취의 부족, 구토, 설사, 잦은 투석, 과수화, 흡수불량
칼슘	8.5~10.5 mg/dL	8.4 mg/dL	• 증가 : 비타민 D 과잉, 골연화성 질환, 부갑상선기능 항진증, 탈수, 위장관 흡수증가 • 감소 : 인 수치 증가, 지방병증, 비타민 D 결핍, 흡수불량, 부갑상선기능 저하증
인	2.5~4.7 mg/dL	2.5~4.6 mg/dL	• 증가 : 비타민 D 과잉, 신부전, 부갑상선기능저하증, 마그네슘 결핍, 골질환 • 감소 : 비타민 D 결핍, 인슐린 과잉증, 부갑상선기능 항진증, 인 결합제 과잉복용, 과다한 식이제한, 골연화증
요산	4.0~8.5 mg/dL	↑	• 증가 : 통풍, 신기능 부전, 관절염, 고단백질 식사, 백혈병, 부갑상선 기능 저하증, 알코올의 남용 • 감소 : 간부전, salicylate의 과다 사용
헤마토크릿	♂35~39% ♀34~36%	33~36%	• 증가 : 탈수, 다혈구증 • 감소 : 빈혈, 혈액손실, 만성콩팥병, 조혈부족
페리틴	12~300 ng/mL	10~80 ng/mL	• 증가 : 철분 과부화, 탈수, 감염, 간질환 • 감소 : 철분 결핍
헤모글로빈	12.0~17.0 g/dL	11.0~12.0 g/dL	• 증가 : 탈수 • 감소 : 과수화, 철분 결핍, 빈혈, 혈액손실, 만성콩팥병

3) 방사선검사

방사선검사는 신요로계 결석 및 방광 이상을 판별할 수 있으며 신장의 크기, 형태를 볼 수 있다. 신장 초음파검사는 신장의 크기와 형태를 알 수 있을 뿐만 아니라, 수신증과 신장의 병소 진단에 이용된다.

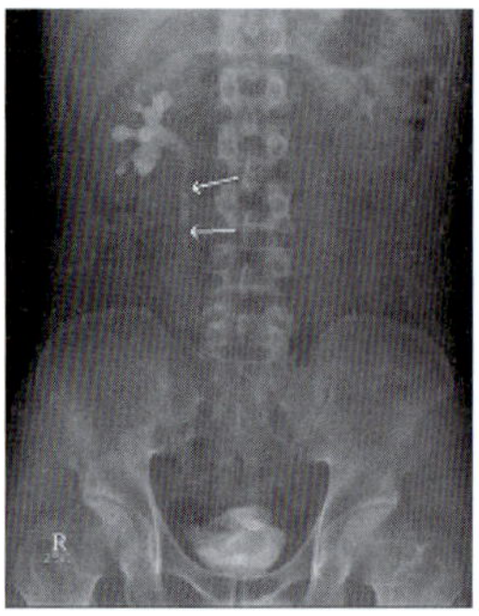

그림 8-2 신결석 환자의 단순방사선 검사 결과

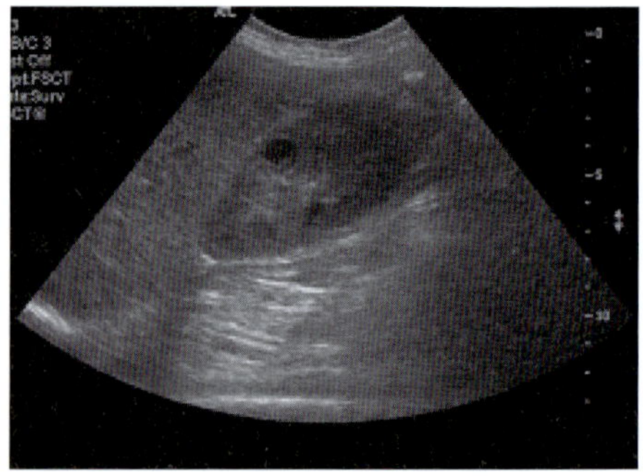

그림 8-3 신장 초음파검사 결과

3. 신장질환

1) 신증후군Nephrotic syndrome

(1) 원인

신증후군은 사구체신염, 전신성 혈관염, 간염으로 인한 신장염, 당뇨병성 신증, 악성종양 등과 동반되어 나타난다.

(2) 증상

신증후군은 사구체의 투과성이 증가되어 단백질이 배설되는 증상으로, 성인의 경우 소변으로 단백질이 3.5 g/day 이상 배설될 경우 신증후군으로 진단한다. 과도한 단백질 손실로 저알부민혈증, 이상지질혈증, 부종 등이 나타난다. 일반적으로 얼굴이나 수족에 부종이 생기며 심할 경우 복수·흉수에 의해 복부팽만, 호흡곤란 등이 동반되기도 한다. 또한 혈액 내 면역글로불린의 손실로 감염의 위험성이 높아지며, 비타민 D 결합단백질의 결핍으로 칼슘 및 비타민 D 농도가 저하되어 구루병이 동반되기도 한다. 혈액응고를 저해하는 단백질의 손실 때문에 혈전 생성이 증가하여 뇌경색증 및 심장질환의 발병 위험이 높아지게 되고, 전신권태감, 설사, 식욕부진 등의 증세도 흔히 나타나며, 부종 치료를 위해 이뇨제 사용 시 급격한 조직의 수분 손실과 혈액량 감소로 저혈량증이 발생하기도 한다.

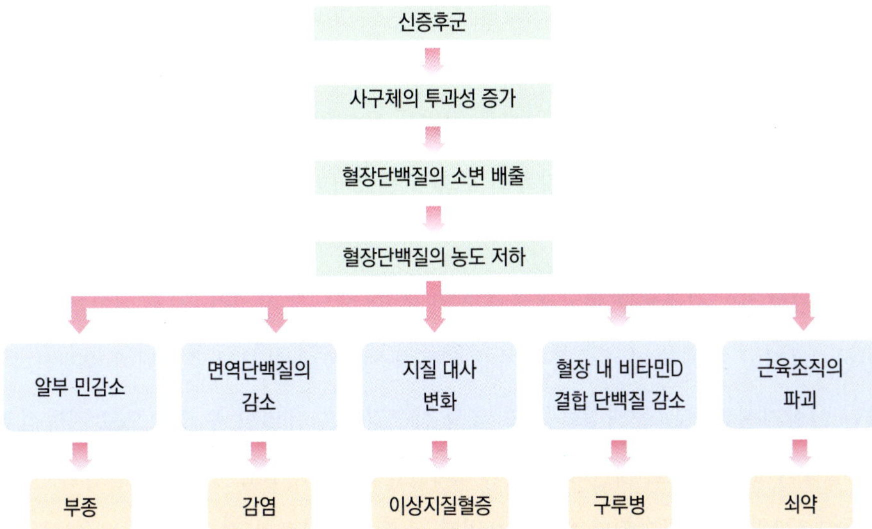

그림 8-4 신증후군으로 인하여 발생 가능한 증상

(3) 식사요법

신증후군 환자의 식사요법의 목표는 혈압을 조절하고 부종을 치료하며 충분한 열량을 공급하여 근육의 이화작용을 막는 데 있다. 또한 요단백의 손실을 줄이고 단백질 영양불량을 치료하며, 신질환의 진행을 지연시키는 것이다.

① 단백질

단백질 손실로 인한 체단백 분해를 막고 신장기능을 보호하기 위해 1일 단백질 필요량은 표준체중 1 kg당 0.6~0.8 g에 소변으로 손실되는 단백질량을 합하여 정한다. 단백질은 가능한 한 생물가가 높은 양질의 단백질을 50% 이상 섭취하도록 한다. 지나친 고단백 식사는 사구체의 손상을 유발해 신질환의 진행을 가속화할 수 있다.

② 열량

부족한 열량 섭취는 체단백의 분해를 유발하여 저알부민혈증을 악화시킬 수 있으므로, 1일 표준체중 1 kg당 35 kcal 이상의 충분한 열량이 필요하다.

③ 나트륨과 칼륨

신장기능을 보존하고 혈압과 부종의 조절을 위해 나트륨 섭취를 1일 2,000~4,000 mg(소금 5~10 g) 정도로 제한한다. 부종 치료를 위해 이뇨제 사용 후 칼륨의 과다한 손실로 인한 저칼륨혈증이 있을 경우 칼륨의 보충이 필요하다.

④ 지질 및 콜레스테롤

이상지질혈증은 신증후군 환자에게서 흔히 볼 수 있는 증상이다. 심한 저알부민혈증으로 인한 2차적인 결과로 간에서 중성지방과 콜레스테롤의 합성이 증가되어 발생한다. 지속적인 이상지질혈증은 동맥경화증 및 급성 심근경색을 유발할 수 있으므로 지방섭취량은 총 열량의 15~20%로 제한하며, 콜레스테롤은 1일 200 mg 이하로 제한한다. 이상지질혈증이 3개월 이상 지속된다면 식사요법과 함께 약물치료가 필요하다.

2) 만성콩팥병Chronic Renal Failure

(1) 원인

우리나라의 경우 만성콩팥병의 주요 3대 원인질환으로는 당뇨병, 고혈압 및 만성 사구체신염이 있다. 그 외에 신독성 약물, 결석, 종양 및 전신성 홍반성 낭창과 같은 혈관질환 등에 의해 유발된다. 신장이 여러 요인으로 손상을 받게 되면, 대부분은 사구체여과율이 점진적으로 감소하고 비가역적으로 진행되어, 신질환의 원인이 소멸된 뒤에도 신손상은 여전히 계속되어 결국 말기 신부전으로 이행된다.

(2) 증상

만성콩팥병은 사구체의 기능저하로 말미암아, 대사산물의 체내축적과 신장의 내분비 및 대사의 기능 장애에 의해 요독증과 신체 각 기관에서 다양한 이상 현상이 발생한다.

- 요독증 : 혈중 요소질소BUN와 크레아티닌creatinine 상승
- 수분 및 나트륨 대사장애 : 체액 과다에 따른 부종 및 고혈압
- 칼륨 배설 장애 : 고칼륨혈증
- 칼슘 및 인 대사장애 : 신성 골이영양증, 부갑상선 기능 항진증
- 조혈기능 이상 : 빈혈
- 대사성 산증
- 심혈관계 이상 : 동맥경화증

미국 신장재단National Kidney Foundation에서는 만성신장질환의 정의와 진행단계를 구체적으로 제시하여 만성신장질환 환자의 진단 및 치료를 표준화하기 위한 지침을 발표하였으며, 전 세계적으로 이 기준에 의거하여 치료의 기준을 잡고 있다.

표 8-3 만성신장질환의 단계(Stage of Chronic Kidney Disease)

단계	정의	GFR*(mL/min/1.73 m^2)
1	신장 손상(GFR* 정상 또는 증가)	≥90
2	신장 손상(경한 GFR 감소)	60~89
3	신장 손상(중등도 GFR 감소)	30~59
4	신장 손상(중한 GFR 감소)	15~29
5	말기신부전	15 > (또는 투석)

* GFR: glomerular filtration rate

출처 : National Kidney Foundation(2002)

(3) 식사요법

만성콩팥병 환자의 식사요법의 목표는 나트륨 섭취량을 제한하여 부종을 예방하고 혈압을 조절하며, 충분한 열량을 공급하여 근육의 이화작용을 막으며, 단백질 섭취량을 제한하여 혈액 내의 질소 분해산물 축적을 막고, 요독증을 예방하여 신장질환의 진행을 지연시키는 데 있다.

① 열량

만성콩팥병 환자의 대부분은 요독증에 의한 영양소 섭취의 감소, 체내 조절 작용의 변화, 합병증의 발현 등 다양한 원인에 의하여 칼로리-단백질 결핍의 영양불량의 위험성이 높다. 따라서 영양불량의 상태를 방지하기 위하여 충분한 열량공급이 필요하다. 열량은 표준체중 1 kg당 35 kcal 이상이 권장되며, 이때 주요 열량 보충원으로 탄수화물과 식물성지방을 이용한다.

② 단백질

신장에 노폐물 부하량을 줄이고 요독증을 예방하기 위해 1일 단백질 섭취량은 신장기능에 따라 0.55~0.75 g/kg으로 제한한다. 질소 노폐물의 생성을 줄이고 체내 단백질의 효율을 향상하기 위해서는 단백질 섭취량의 50% 이상은 생물가가 높은 단백질로 구성하여야 한다. 단백질 섭취를 0.3 g/kg 정도로 엄격히 제한할 경우에는 질소기가 없는 케토아미노산keto amino acid을 채식 위주의 식사와 함께 제공하여 질소 노폐물의 생성을 최대한으로 줄일 수도 있다.

③ 나트륨

혈압 조절, 부종의 치료, 체액 과다의 예방 및 치료 등을 위하여 저염식이 필수적이다. 만성콩팥병에서 부종이나 고혈압이 동반되는 경우 1일 나트륨 1,000~3,000 mg 이하로 제한하도록 한다.

④ 칼륨

소변량이 정상으로 유지되는 동안에는 고칼륨혈증의 위험이 적으나, 신장 기능이 저하됨에 따라 소변량이 감소하면 칼륨 제거 능력의 저하로 고칼슘혈증이 유발된다. 1일 칼륨 섭취량은 40~70 mEq 정도로 제한한다.

고칼륨혈증(Hyperkalemia)

근육의 마비로 손발이 저리고 다리가 무거우며 혈압이 떨어지고, 부정맥 등의 심장장애 증상을 나타낸다.

⑤ 칼슘과 인

신기능 저하로 인의 배설이 감소되면 고인산혈증이 발현되며, 이 때문에 부갑상선항진증이 유발, 결국은 신성 골이영양증이 생기게 된다. 그러므로 만성콩팥병 초기부터 엄격한 인 섭취제한이 요구된다. 일반적으로 1일 인 섭취량 표준체중 1 kg당 10 mg 이하로 제한하며, 칼슘과 인의 균형을 유지하기 위하여 인의 조절과 병행하여 칼슘 섭취량을 1,400~1,600 mg 정도로 유지하여야 한다.

⑥ 비타민 및 무기질

많은 영양소의 제한으로 수용성 비타민, 특히 비타민 B_1, 비타민 B_2, 비타민 B_6, 엽산, 비타민 C와 철분 등이 부족해질 수 있으므로 엽산과 철분이 포함된 신장환자용 비타민을 보충해야 한다. 신장기능의 저하로 활성 비타민 D(1,25-다이히드록시콜레칼시페롤)가 부족할 경우 약제로 보충이 필요하다.

⑦ 지방

만성콩팥병 환자는 동맥경화성 질환의 발생률이 정상인에 비해 더 높고, 혈청 내 지질이상은 심혈관계 합병증뿐 아니라 신질환의 악화를 유발하므로 만성콩팥병 환자의 지질이상의 교정이 필요하다. 이상지질혈증과 혈중 지단백 이상을 방지하기 위해 총 지방섭취량을 총 칼로리의 25~35% 조절하는 동시에, 특히 포화지방산이 다량 함유된 버터, 치즈, 크림, 육류의 섭취를 제한한다.

칼륨 섭취를 줄이는 방법

- 감자, 고구마, 당근, 무 같은 채소는 얇게 저민 후 따뜻한 물에 최소 2시간 이상 담근 후 헹궈서 냉동시켜 놓고 조금씩 사용한다.
- 푸른잎 채소는 재료의 10배 정도 되는 물에 담갔다 데친 후 사용한다.

표 8-4 만성신장질환자(3~5단계) 영양소 섭취기준

영양소		기준
단백질(g/kg/일)		0.55-0.6~0.75(환자의 순응도에 따라 상한치 조절) 섭취량의 50% 이상 고생물가 식품섭취
열량(kcal/kg/일)		60세 미만 : 35 이상 60세 이상 : 30~35
지방(%총열량)		25~35
무기질	나트륨(mg/일)	1,000~3,000
	칼륨(mEq/일)	40~70
	인(mg/kg/일)	≤10
	칼슘(mg/일)	1,400~1,600
	마그네슘(mg/일)	200~300
	철분(mg/일)	≥10~18
	아연(mg/일)	15
	수분(mL/일)	최대 3,000(환자의 상태에 따라 조절)
비타민		수용성비타민 : 필요한 경우 보충제 처방

출처 : Kopple JD, Massry SG (2003), Nutritional management of renal disease 2nd Ed, Baltimore, Williams & Wilkins

표 8-5 만성콩팥병 식단의 예

재료와 분량			염분량	열량(kcal)	단백질(g)	칼륨(mg)	인(mg)
아침	쌀밥 1공기	쌀 90		334.8	5.8	146.7	126
	팽이버섯	팽이버섯 20	(된장 1/2 t)	5.8	0.5	73.6	17.8
	갈치튀김	갈치 40	(소금 1/4 t)	59.6	7.4	104	76.4
		식용유 5		44.2			
	마늘종볶음	마늘종 20	(간장 1/3 t)	10.2	0.5	54.6	12.8
		식용유 5		44.2			
	저염물김치	배추 15		1.5	0.1	35.9	3.75
		무 15		2.7	0.1	32.0	3.45
간식	양갱	70(1조각)		191	2.2	16.1	18.9

(계속)

재료와 분량			염분량	열량(kcal)	단백질(g)	칼륨(mg)	인(mg)
점심	쌀밥 1공기	쌀 90		334.8	5.8	146.7	126
	미역국	건미역 1	(간장 1/3 t)	1.0	0.2	5.5	0.3
	닭살냉채	닭가슴살 40		83.2	7.5	94	43.2
		오이 5		0.6	0.1	15.6	3.9
		양파 3		1.0	0.0	4.3	0.9
		마요네즈 15	1 T	110.6	0.2	1.4	5.4
	깻잎찜	깻잎 5		1.8	0.2	19.5	3.6
	무초절임	무 30		5.4	0.24	63.9	7.9
간식	요구르트(액상)	소 2개(140)		97.5	2.3	195	42
저녁	잡채밥	쌀 90	(간장 1 t)	334.8	5.8	146.7	126
		당면 30		104.7	0.0	1.5	7.8
		쇠고기 40		76	7.7	110.8	61.6
		양파 10		3.4	0.1	14.4	3
		당근 15		5.1	0.2	59.3	5.7
		표고버섯 15		0.17	0.3	27	4.2
		식용유 5		44.2			
		참기름 5		44.2			
	저염와사비무깍두기	무 30		5.4	0.2	63.9	7.9
간식	파인애플통조림	180(3조각)		111.6	0.7	198	7.2
총계				2,059.47	48.14	1,630.4	715.7

3) 급성콩팥병Acute Renal Failure

급성콩팥병은 수 시간에서 수 주 내에 급격하게 신기능이 저하되는 것을 말하며 외상, 약물의 오남용, 패혈증 등에 의해 갑작스럽게 세뇨관이 손상되어 사구체여과율이 감소되는 질환이다. 증상으로는 질소노폐물의 체내 축적, 체액량과 전해질 및 산-염기의 항상성 이상, 요량이 현저히 감소되어 핍뇨 상태나 무뇨 상태가 나타나기도 한다.

(1) 원인

급성콩팥병의 원인에 따라 신전성, 신성, 또는 신후성으로 진단한다.

표 8-6 급성콩팥병의 원인

신전성 원인 (prerenal factor, 60~70%)	신성 원인 (intrarenal factor, 25~40%)	신후성 원인 (postrenal factor, 5~10%)
• 저혈압, 체액 부족 : 출혈, 화상, 감염, 이뇨제 사용 • 색전증, 혈관협착 • 심부전 : 심장박출량 감소 • 간부전	• 세뇨관 손상 : 장시간 허혈, 신독성 약제(방사선 조영제), 식중독 • 신장 손상 : 악성 고혈압, 혈관염, 전신성 홍반성 낭창증, 사구체병증, 항암요법 후 요산 침착, 다발성 골수종 • 신장 내 폐색 : 색전증, 감염, 악성종양, 신결석	• 요도 폐쇄 : 혈괴, 결석, 종양 • 방광 출입구 폐쇄 : 신경성 방광, 양성 전립선 비대증

(2) 증상

급성콩팥병 환자의 약 50%는 사구체여과율 감소로 하루 소변 배설량이 400 mL 이하인 핍뇨 상태가 지속된다. 핍뇨기에는 수분이 체내에 저류되며, 나트륨, 칼륨, 인, 마그네슘 등의 배설이 감소되어 체내에 축적된다. 또한 사구체여과율의 감소로 질소노폐물이 체내에 축적되어 요독증을 보인다.

(3) 식사요법

① 열량

총 열량은 체중감소 및 이화작용을 방지하기 위해 충분히 35~50 kcal/kg/일을 공급한다. 질병 초기에는 요독증으로 구토, 식욕저하 증상이 나타나는데, 이 때문에 식사 섭취량이 저하될 때는 적절한 열량 공급을 위하여 경관급식이나 정맥영양을 실시한다.

② 수분 및 나트륨

채액량을 정확히 판단하여 체액 부족이 발생하지 않도록 하는 것이 중요하다. 체액량이 교정되면 0.45% 생리식염수를 이용하여 배설량에 불감손실량(하루 500 mL)을 합한 양을 공급한다. 혈청 전해질을 자주 측정하여 전해질의 손실이 없도록 하는 것 또한 중요하다. 혈압을 조절하고 체액 과다의 예방 및 치료 등을 위하여 나트륨을 1,000~3,000 mg 이하로 제한한다.

③ 단백질

투석을 실시하지 않는 경우 단백질은 하루 0.6~0.8 g/kg으로 제한하여 질소 노폐물의 생성을 막는 것이 좋다. 투석을 실시하면 단백질은 하루 1.0~1.5 g/kg으로 증량시키며, 지속적인 신대체요법을 시행하는 경우 손실된 단백질 보충을 위하여 단백질 섭취량을 하루 1.5~2.0 g/kg까지 증량한다.

④ 칼륨

고칼륨혈증이 있는 경우 1일 칼륨 섭취량을 40~70 mEq 정도로 제한한다. 이뇨 시기에는 저칼륨혈증이 발현될 수 있으므로 규칙적인 혈액 검사를 시행하며, 필요시 약제로 보충한다.

4) 혈액투석Hemodialysis

(1) 방법

혈액투석은 말기 신부전증 치료 방법으로서 약 30년이 넘는 기간 동안 시행되고 있다. 혈액투석은 기계를 이용하여 혈액 속의 과잉 수분과 노폐물을 반투과막을 통해 투석액으로 여과 또는 제거하는 것이다. 투석은 동정맥문합 또는 동정맥이식을 통해 혈관 접근 장치를 만들어 사용한다. 혈액투석 환자의 식사는 주당 투석 횟수, 잔여 신기능, 환자의 체격에 따라 달라진다. 일반적으로 투석은 1회에 4~5시간씩, 1주 2~3회 시행한다. 투석으로 인한 영양소의 손실로 환자의 영양상태 불량이 유발될 위험성이 높으므로 지속적인 영양관리가 필요하다.

(2) 특징

혈액투석 환자의 사망률과 이환율은 일반인에 비하여 높고 평균 여명도 비슷한 연령의 일반인의 1/4 내지 1/3 정도이다. 이와 같은 높은 사망률과 이환율은 부적절한 관리에 의한 합병증의 발현과 더불어 영양불량 현상이 주요 원인이다. 그러므로 환자의 사망률과 이환율을 향상하기 위해서는 합병증을 사전에 예방하기 위한 적절한 치료와 적극적인 식

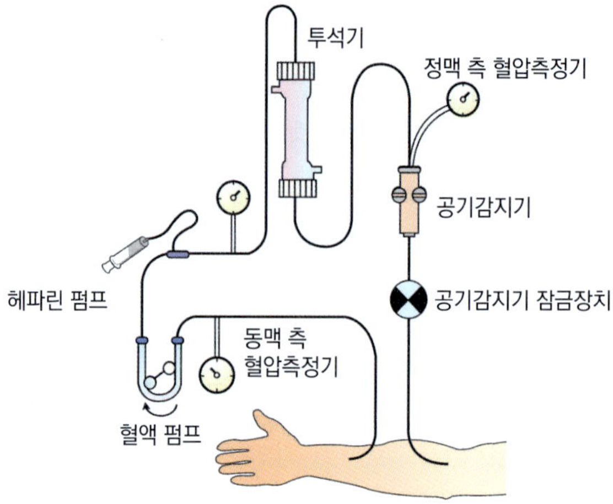

그림 8-5 혈액투석 방법

사요법이 요구된다.

(3) 식사요법

식사요법 시행 시 다음과 같은 점을 충분히 고려하여 영양관리의 목표를 설정하도록 한다.

① 열량

혈액투석 자체가 체조직의 이화작용을 상승시켜 열량 필요량이 정상인에 비해 상승되므로, 체조직의 분해를 막고 단백질이 열량원으로 사용되는 것을 방지하기 위해 표준체중 1 kg당 30~35 kcal의 충분한 열량 섭취가 필요하다.

② 단백질

지나친 단백질 섭취는 질소노폐물의 체내 과잉 축적으로 요독증을 유발하며, 반면에 단백질 결핍은 영양불량을 초래하여 투석 환자의 유병률 및 사망률을 높이므로 양의 질소평형 유지positive nitrogen balance를 위해 정확한 필요량 산정이 요구된다. 투석 과정 중 아미노산과 펩티드가 손실되므로 이를 보충하기 위하여 일반적으로 주당 2~3회 투석을 하는 경우 단백질은 1.0~1.2 g/kg (표준체중) 공급하며, 단백질 섭취량의 최소한 50% 이상은 생물가가 높은 식품으로 제공하도록 한다.

③ 나트륨 및 수분

나트륨은 고혈압과 부종을 조절하고 심장기능에 부담을 줄이기 위해 보통 1일 나트륨 2,000~3,000 mg(소금 5~8 g) 이하가 권장된다. 나트륨 섭취를 줄이면 갈증이 둔화되어 과량의 수분 섭취로 인한 체중증가 및 혈압상승을 막을 수 있다. 수분의 섭취는 투석 간 체중증가가 건조 체중의 4~6% 이내가 되도록 조절한다.

> **알아두기**
>
> **조미료의 염분 함량**
>
> 소금 1 g(1/2t) = 간장 5 g (1 t)
> = 된장 10 g (1/2 T)
> = 고추장 10 g (1/2 T)
> = 토마토케첩 40 g (3 T)
> = 마요네즈 40 g (6 T)

④ 칼륨

고칼륨혈증은 근육 무력감, 심장 부정맥cardiac arrhythmia, 심장 마비 등을 일으킬 수 있으므로 혈액투석 환자의 칼륨 제한은 필수적이다. 칼륨의 섭취량은 투석액의 농도에 따라 조정되나 보통 1일 40~60 mEq(1,600~2,400 mg) 이하로 한다.

⑤ 칼슘 및 인

고인산혈증으로 야기될 수 있는 부갑상선기능항진증을 예방하고, 골이영양증을 방지하기 위하여 칼슘과 인의 조절이 필요하다. 일반적으로 1일 인 섭취를 표준체중 1kg당 15~17 mg 이하로 한다. 또한 칼슘 및 인의 조절은 식사 조절과 병행하여 인산결합제, 칼슘보충제의 사용이 요구된다.

⑥ 수용성 비타민과 기타 무기질

투석 시 수용성 비타민과 무기질 특히 티아민Thiamin(비타민 B_1), 리보플라빈Riboflavin(비타민 B_2), 피리독신Pyridoxine(비타민 B_6), 엽산, 비타민 C, 철분 등이 손실될 수 있으므로 엽산과 철분이 포함된 종합 비타민의 보충이 필요하다.

표 8-7 혈액투석 식단의 예

재료와 분량			염분량	열량(kcal)	단백질(g)	칼륨(mg)	인(mg)
아침	쌀밥 1공기	쌀 90		334.8	5.8	146.7	126
	제육볶음	돼지고기 40	(고추장 1/2 t)	96.4	7.1	20.4	71.6
		양파 10		3.4	0.1	14.4	3
		식용유 2		17.7			
	연두부양념찜	연두부 150	(간장 1/3 t)	61.5	7.8	142.5	111
		참기름 2		17.7			
	청경채나물	청경채 35	(소금 1/4 t)	4.9	0.5	79.5	13.3
		올리브유 2		18.4	0.02	0.18	
	저염물김치	배추 15		1.5	0.1	35.9	3.8
		무 15		2.7	0.12	32.0	3.5
간식	카스텔라	30(1/2조각)		96.9	2.01	27	34.8
점심	쌀밥 1공기	쌀 90		334.8	5.8	146.7	126
	미역냉국	건미역 1	(소금 1/4 t)	1.0	0.2	5.5	0.3
		오이 10		1.1	0.1	31.2	7.7
	탕수육	돼지고기 60	탕수육소스 (간장 1/3 t)	144.6	10.7	30.6	107.4
		피망 5		0.9	0.1	10.5	1.1
		홍피망 5		1.2	0.1	19.5	1.2
		양파 5		1.7	0.1	7.2	1.5
		목이버섯 5		12.4	0.5	43.1	11.4
		파인애플 15		9.3	0.1	16.5	0.6
		식용유 5		44.2			
	무생채	무 35	(소금 1/4 t)	6.3	0.3	74.6	8.05
		참기름 2		17.7			
간식	요구르트	액상 140(소 2개)		97.5	2.3	195	42

(계속)

재료와 분량			염분량	열량(kcal)	단백질(g)	칼륨(mg)	인(mg)
저녁	쌀밥 1공기	쌀 90		334.8	5.8	146.7	126
	달래된장국	달래 15	(된장 1/2 t)	4.05	0.1	56.9	9.9
	조기구이	조기 40	(소금 1/4 t)	37.2	7.32	152	70
		식용유 2		17.7			
	굴전	굴 50		32	4.5	129.5	62.5
		달걀 10(1/6개)		13.8	1.2	14.3	16.2
		밀가루 5		18.9	0.6	5.4	3.9
		식용유 3		26.5			
	숙주나물	숙주 35	(소금 1/4t)	3.9	0.8	43.1	11.2
		참기름 2		17.7			
	저염와사비무깍두기	무 30		5.4	0.2	63.9	7.9
간식	사과	사과 100(1/2개)		57	0.3	95	8
총계				1,897.55	64.65	1,785.62	990.03

5) 지속성 복막투석Continuous Ambulatory Peritoneal Dialysis

(1) 방법

복막투석은 복막 내에 투석액을 주입하고 복막을 통하여 체내의 수분과 노폐물을 제거하는 자가투석 방법self-dialysis technique이다. 수술을 통해 복막 내에 카테터를 설치하고 2L의 투석액(포도당 농도 1.5~4.25%)을 하루 4~5회 교환한다.

(2) 특징

복막투석의 장점은 지속적으로 투석이 수행되어 체내의 노폐물, 전해질, 수분 등이 일정한 상태로 유지되므로 엄격한 식사제한에서 벗어날 수 있다는 점이다. 반면에, 단점으로는 합병증으로 복막염 발생 위험이 높고 이상지질혈증이 나타날 수 있다는 점이다. 복막투석 환자의 영양권장량은 환자의 체격 및 잔여 신장기능과 함께 투석액의 교환 횟수, 투석액의 양, 투석액의 농도를 고려하여 결정된다.

(3) 식사요법

식사요법 시행 시 다음과 같은 점을 충분히 고려하여 영양관리의 목표를 설정하도록 한다.

① 단백질

지속성 복막투석으로 손실되는 단백질은 1일 약 6~10 g이다. 양의 질소평형을 유지하고, 매일매일 투석액으로 유출되는 필수아미노산 및 질소를 보충하기 위해 1일 표준체중 1 kg당 1.2~1.3 g이 필요하다. 투석액의 복강 내 잔류로 인한 복부 팽만감 및 복압의 상승은 환자의 소화력을 저하시켜 단백질 섭취가 부족하게 되는 경우가 빈번하므로 단백질 섭취가 결핍되지 않도록 지속적인 영양관리가 요구된다.

② 열량

일반적으로 총 열량 요구량은 표준체중 1 kg당 30~35 kcal 정도이나 투석액으로부터 흡수되는 덱스트로오스는 중성지방을 높이고 체중증가의 원인이 될 수 있으므로 열량 섭취를 조절하여야 한다. 1일 식사로부터의 필요열량은 투석액에서의 열량 흡수를 감안하여 결정한다.

- 식사에서 필요한 열량 = 총 열량 요구량 − 투석액으로부터 얻는 열량
- 투석액으로부터 얻는 열량 = 덱스트로오스 농도(g/L) × 3.4 kcal × 0.8 × 투석액량(L)

③ 나트륨 및 수분

부종, 갈증, 혈압을 조절하기 위해 나트륨을 3,000~4,000 mg(소금 8~10 g) 정도 섭취한다. 그러나 혈압 조절이 어렵고 투석으로 충분한 수분이 제거되지 않을 경우 체내에 수분이 축적되는 것을 막기 위해서 엄격한 나트륨 제한(2,000 mg 이하)이 필요하다. 일반적으로 수분섭취 제한은 필요하지 않으나, 고혈압 또는 부종이 있는 경우 나트륨 제한과 함께 수분 제한이 필요하다.

④ 칼륨

일반적으로 칼륨 제한은 필요하지 않다. 그러나 고칼륨혈증이 있는 경우 칼륨을 1일 약 60~70 mEq(2,400~2,800 mg) 정도로 제한한다.

⑤ 인

고인산혈증hyperphosphatemia을 예방하기 위하여 복막투석만으로는 인이 충분히 제거되지 못하므로 인 섭취를 표준체중 kg당 17 mg 이하로 제한하며, 고인산혈증을 치료하기 위하여 인산결합제, 칼슘보충제를 사용하기도 한다.

⑥ 수용성 비타민과 기타 무기질

투석으로의 수용성 비타민과 무기질의 손실이 있으므로 엽산과 철분 등이 포함된 비타민제의 보충이 필요하다.

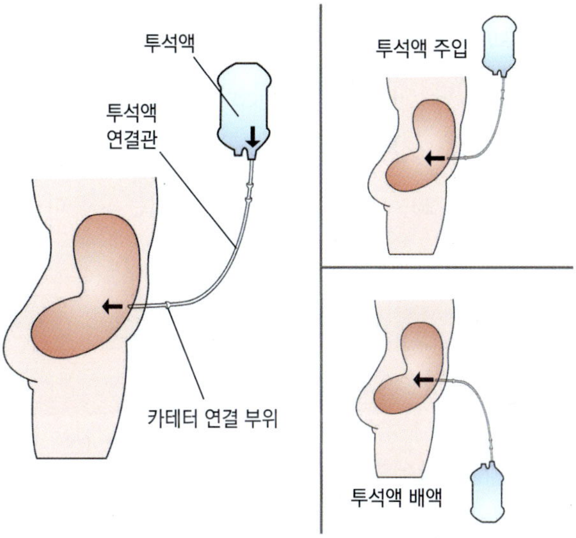

그림 8-6 복막투석 방법

6) 신결석증nephronophthisis

(1) 원인과 증세

신결석nephrolith은 소변의 성분이 결정화되어 나타난다. 결석은 한 개로 된 것과 여러 개가 결합된 것이 있으며, 소변량의 감소, 요로 폐색 또는 결석 형성 물질의 농도 증가 등이 원인이 되어 형성된다. 신장결석의 치료는 요중 결정물질의 용해와 배설을 촉진하고, 결정의 생성을 억제하는 방법을 사용한다. 요관결석과 신장결석의 가장 특징적인 증상은 결석이 신우 안에서 요도를 침해하거나, 요도 통과 시 요도벽의 연근육을 이완하였다가 수축할 때 심한 통증이 갑자기 나타나는 것이다. 결석이 요로를 막으면 통증과 혈뇨, 발열, 구토, 창백, 발한 등이 생긴다.

(2) 종류

신결석은 성분별로 보면 신결석 환자의 75% 정도는 칼슘수산염과 칼슘인산염의 혼합형으로 칼슘을 함유하고 있다. 이 외에 마그네슘 암모늄 인산염(스트루바이트Struvite)결석이 15% 정도이며, 약 10%가 요산과 시스틴결석이다. 신결석 발병률을 보면 남자가 여자보다 3~4배 더 많고, 연령은 20~50대가 많으며, 어린이는 드물다.

(3) 영양치료

표 8-8 결석 원인별 식사요법

수산칼슘 결석, 인산칼슘 결석		
원인	칼슘의 배설률 증가 부갑상선 기능항진 부동화 자세 악성 종양으로 인한 골연화증	칼슘의 비정상적인 소화관 흡수 비타민 D의 과잉섭취 신세뇨관에서의 칼슘 재흡수 장애 특발성 과칼슘뇨idiopathic hypercalciuria
식사요법	단백질, 칼슘, 나트륨	• 동물성 단백질을 많이 섭취하면 칼슘의 배설이 증가하므로 과량의 생선, 육류, 가금류, 달걀 등은 피하는 것이 좋다. • 칼슘은 칼슘결석 환자에게 흔하게 나타나는 고칼슘혈증을 치료하고 고수산증과 음(-) 칼슘평형을 방지하기 위해 600~800 mg 정도 권장한다. • 다량의 나트륨 섭취는 사구체여과율의 증가, 칼슘 재흡수의 감소 등으로 인해 소변으로의 칼슘 배설을 증가시켜 칼슘결정을 형성하므로 나트륨을 중정도(90~150 mEq)로 제한한다.

(계속)

식사요법	수산	• 수산은 수산칼슘 결석을 형성하는 데 칼슘보다 더 큰 영향을 미친다. 식사 내 칼슘의 섭취와 장내 수산의 흡수는 반비례하는데, 칼슘은 수산의 흡수를 저해하므로 칼슘을 심하게 제한하면 수산의 흡수를 높여 소변으로의 수산 배설을 증가시킬 수 있다. • 수산은 적은 양으로도 결정체를 형성할 수 있고, 소변 내 수산 농도는 식사의 성분에 따라 영향을 많이 받으므로 식사 내 수산을 제한하는 것이 효과적이다. • 수산이 비타민 C의 최종 대사산물이므로 비타민 C 보충제 복용은 삼가야 한다.
	수분	• 수분 섭취를 많이 하여 하루에 소변을 2리터 이상 배출시키면 소변이 희석되어 결석 형성 물질의 농도를 상대적으로 낮추므로 수분 섭취량을 시간당 약 250~300 mL 정도로 증가시킨다.
요산 결석		
원인	요산염 배설의 증가 수분결핍 요산도의 저하 원발성 통풍	
식사요법	동물성 단백질이 많은 식사는 과량의 칼슘, 수산, 요산 배설을 증가시키므로 제한하고, 통풍과 같은 퓨린 대사이상 환자는 식사 내 purine의 함량을 조절해야 하므로 육류, 전곡, 두류 섭취량이 감소하도록 주의한다.	
시스틴 결석		
원인	상염색체의 열성장애 원인 산성뇨 신세뇨관의 선천성 장애로 인한 시스틴 재흡수 장애	
식사요법	저단백 식사를 해야 하나 거의 모든 식품에 시스틴이 함유되어 있으므로 큰 효과를 기대하기는 힘들다. 수분은 하루 4 L 이상 섭취하고 알칼리성 식사요법을 병행하여 소변의 pH를 7.5 정도로 유지한다.	

알아두기

퓨린 함량이 높은 식품

- 육류의 내장 부위(간, 지라)
- 고기즙, 멸치

수산 함량이 높은 식품

옥수수, 고구마, 두부, 콩, 부추, 케일, 호박, 근대, 치커리, 포도, 딸기, 귤, 땅콩, 은행, 참깨, 호두, 초콜릿, 코코아, 홍차

4. 신장질환을 위한 식품교환표

식품교환표는 비슷한 영양소를 함유한 식품끼리 몇 가지 군으로 분류하여 같은 군 내에서 서로 교환하여 섭취할 수 있도록 만들어 놓은 예시 표이다. 식품교환표를 이용하면 만성콩팥병 환자가 자신의 식단을 계획하고 균형 잡힌 영양소 섭취 및 식사구성을 용이하게 할 수 있다. 각 나라별로 각국의 실정에 맞는 기준을 설정하여 사용하고 있다. 현재 우리나라에서는 1997년에 개정된 신장질환자용 식품교환표를 사용하고 있다. 각 군의 영양소 함량은 표 8-9와 같다.

표 8-9 단백질, 나트륨, 칼륨 조절을 위한 식품교환표

식품군		단백질(g)	나트륨(mg)	칼륨(mg)	인(mg)	열량(kcal)
곡류군		2	2	30	30	100
어육류군		8	50	120	90	75
채소군	1(칼륨 저함량)	1	미량	100	20	20
	2(칼륨 중등함량)	1	미량	200	20	20
	3(칼륨 고함량)	1	미량	400	20	20
지방군		0	0	0	0	45
우유군		6	100	300	180	125
과일군	1(칼륨 저함량)	미량	미량	100	20	50
	2(칼륨 중등함량)	미량	미량	200	20	50
	3(칼륨 고함량)	미량	미량	400	20	50
열량보충군		0	3	20	5	100

(계속)

곡류군 - 단백질: 2 g, 나트륨: 2 mg, 칼륨: 30 mg, 인: 30 mg, 열량: 100 kcal

식품	무게(g)	목측량	식품	무게(g)	목측량
쌀밥	70	1/3공기	가래떡	50	썬 것 11개
*국수(삶)	90	1/2공기	백설기	40	6×2×3 cm
*식빵	35	1쪽	인절미	50	3개
백미	30	3큰스푼	절편(흰떡)	50	2개
찹쌀	30	3큰스푼	카스텔라	30	65×5×4.5 cm
밀가루	30	5큰스푼	크래커	20	5개
마카로니(건)	30	콘플레이크	30	3/4컵	

* 단백질과 나트륨 함량이 높으므로 1일 1회 이내로 사용 제한

※ 주의식품 - 칼륨 및 함량이 높음!!(†: 칼륨 함량> 60 mg, ‡: 인 함량> 60 mg)

식품	무게(g)	목측량	식품	무게(g)	목측량
감자†‡	180	대 1개	토란†‡	250	2컵
고구마†	100	중 1/2개	검은쌀†‡	30	3큰스푼
보리쌀†	30	3큰스푼	은행†‡	60	
현미쌀†‡	30	3큰스푼	메밀국수(건)†	30	
보리밥†	70	1/3공기	메밀국수(삶)†	90	
현미밥†‡	70	1/3공기	시루떡†	50	
녹두†‡	30	3큰스푼	보리미숫가루†	30	5큰스푼
율무†‡	30	3큰스푼	빵가루†	30	
차수수†‡	30	3큰스푼	오트밀†‡	30	1/3컵
차조†‡	30	3큰스푼	핫케이크가루†	25	
팥(붉은것)†‡	30	3큰스푼	옥수수†‡	50	1/2개
호밀†	30	3큰스푼	팝콘†	20	
밤(생것)†	60	중 6개			

(계속)

어육류군 - 단백질: 8 g, 나트륨: 50 mg, 칼륨: 120 mg, 인: 90 mg, 열량: 75 kcal

식품	무게(g)	목측량	식품	무게(g)	목측량
소고기	40	로스용 1장 (12×10.3 cm, 탁구공 크기)	새우	40	중하 3마리 또는 보리새우 10마리
돼지고기	40	〃	문어♣	50	1/3컵
닭고기	40	소 1토막 (탁구공 크기)	물오징어♣	50	중 1/4마리(몸통)
개고기	40	〃	꽃게♣	50	중 1/2마리
쇠간	40	1/4컵	굴♣	70	1/2컵
쇠갈비	40	소 1토막	낙지♣	70	1/2컵
우설	40	1/4컵	전복	70	중 1개
돼지족, 돼지머리	40	썰어서 4쪽	달걀	60	대 1개
삼겹살		(3×3 cm)	메추리알	60	5개
소곱창	60	1/2컵	두부	80	1/6모
소꼬리	60	소 2토막	순두부	200	1컵
각종 생선류	40	소 1토막	연두부	150	1/2개
뱅어포	10	1장			
북어	10	중 1/4토막			

♣ 염분이 많으므로 물에 충분히 담가 염분 제거 후 사용

※ 주의식품 - 칼륨 및 인의 함량이 높음!!(†: 칼륨 함량> 60 mg, ‡: 인함량> 60 mg)

식품	무게(g)	목측량	식품	무게(g)	목측량
검은콩†	20	2큰스푼	치즈‡	40	2장
노란콩†	20	〃	잔멸치(건)‡	15	1/4컵
햄(로스)‡	50	1쪽(8×6×1 cm)	건오징어‡	15	중 1/4마리(몸통)
런천미트‡	50	1쪽(5.5×4×2 cm)	조갯살‡	70	1/3컵
프랑크소시지‡	50	1.5개	깐홍합‡	70	〃
생선통조림‡	40	1/3컵	어묵‡	80	

(계속)

채소군 1 - 칼륨 저함량(단백질: 1g, 나트륨: 미량, 칼륨: 100mg, 인: 20mg, 열량: 20kcal)

식품	무게(g)	목측량	식품	무게(g)	목측량
달래	30	생 1/2컵	양파	50	익혀서 1/2컵
당근	30	〃	양배추	50	〃
김	2	1장	가지	70	〃
깻잎	20	20장	고비(삶)	70	〃
풋고추	20	중 2~3개	고사리(삶)	70	〃
생표고	30	중 5개	무	70	〃
더덕	30	중 2개	숙주	70	〃
치커리	30	중 12잎	오이	70	〃
배추	70	소 3~4장	죽순(통)	70	〃
양상추	70	중 3~4장	콩나물	70	〃
마늘종	40	익혀서 1/2컵	피망	70	〃
파	40	〃	녹두묵	100	〃
팽이버섯	40	〃	메밀묵	100	〃
냉이	50	〃	도토리묵	100	〃
무청	50	〃			

채소군 2 - 칼륨 중등함량(단백질: 1 g, 나트륨: 미량, 칼륨: 200 mg, 인: 20 mg, 열량: 20 kcal)

식품	무게(g)	목측량	식품	무게(g)	목측량
무말랭이	10	불려서 1/2컵	우엉	50	익혀서 1/2컵
두릅	50	3개	풋마늘	50	〃
상추	70	중 10장	고구마순	70	〃
셀러리	70	6 cm 길이 6개	느타리●	70	〃
케일	70	10 cm 길이 10장	열무	70	〃
도라지	50	익혀서 1.2컵	애호박	70	〃
연근	50	〃	중국부추	70	〃

● 인 함량이 높음

(계속)

채소군 3 - 칼륨 고함량(단백질: 1 g, 나트륨: 미량, 칼륨: 400 mg, 인: 20 mg, 열량: 20 kcal)

식품	무게(g)	목측량	식품	무게(g)	목측량
양송이●	70	중 5개	쑥●	70	익혀서 1/2컵
고춧잎	50	익혀서 1/2컵	쑥갓	70	〃
아욱	50	〃	시금치	70	〃
근대	70	〃	죽순	70	〃
머위	70	〃	취	70	〃
물미역	70	〃	단호박	100	〃
미나리	70	〃	늙은호박●	150	〃
부추	70				

● 인 함량이 높음

지방군 - 단백질: 0 g, 나트륨: 0 mg, 칼륨: 0 mg, 인: 0 mg, 열량: 45 kcal

식품	무게(g)	목측량	식품	무게(g)	목측량
들기름	5	1작은스푼	카놀라유	5	1작은스푼
미강유	5	〃	쇼트닝	5	1.5작은스푼
옥수수기름	5	〃	마가린	6	〃
유채기름	5	〃	버터	6	〃
콩기름	5	〃	마요네즈	7	〃
참기름	5	〃			

※ 주의식품 - 단백질, 인, 칼륨 함량이 높음!!

식품	무게(g)	목측량	식품	무게(g)	목측량
베이컨	7	1조각	참깨	8	1큰스푼
땅콩	10	10개(1큰스푼)	피스타치오	8	10개
아몬드	8	7개	해바라기씨	8	1큰스푼
잣	8	1큰스푼	호두	8	대 1개 또는 중 1.5개

(계속)

우유군 - 단백질: 6 g, 나트륨: 100 mg, 칼륨: 300 mg, 인: 180 mg, 열량: 125 kcal

식품	무게(g)	목측량	식품	무게(g)	목측량
◕요구르트(액상)	300	1.5컵(100 g 포장단위 3개)	두유	200	1컵
◕요구르트(호상)	200	1컵(100 g 포장단위 2개)	◕연유(가당)	60	1/2컵
우유	200	1컵	조제분유	25	5큰스푼
락토우유	200	1컵	■아이스크림	150	1컵
저지방우유(25)	200	1컵			

1컵 = 200 cc

◕ 요구르트, 연유는 1 교환단위 열량이 기준치의 1.5배

■ 아이스크림은 1 교환단위 열량이 기준치의 2.5배

과일군 1 - 칼륨 저함량(단백질: 미량, 나트륨: 미량, 칼륨: 100 mg, 인: 20 mg, 열량: 50 kcal)

식품	무게(g)	목측량	식품	무게(g)	목측량
귤(통)■	80	18알	자두	80	대 1개
금귤	60	7개	파인애플	100	중 1쪽
단감	80	중 1/2개	파인애플(통)■	120	대 1쪽
연시	80	소 1개	포도	100	19개
레몬	80	중 1개	깐포도(통)■	100	
사과	100	중 1/2개	후루츠칵테일(통)■	100	
사과주스	100	1/2컵			

◆ 시럽은 제외

과일군 2 - 칼륨 중등함량(단백질: 미량, 나트륨: 미량, 칼륨: 200 mg, 인: 20 mg, 열량: 50 kcal)

식품	무게(g)	목측량	식품	무게(g)	목측량
귤	100	중 1개	살구	150	3개
다래	80		수박	200	1쪽
대추(건)	20	8개	오렌지	150	중 1개
대추(생)	60	8개	오렌지주스	100	1/2컵
배	100	대 1/4개	자몽	150	중 1/2개
딸기	150	10개	파파야	100	
백도	150	중 1/2개	포도(거봉)	100	11개
황도	150	중 1/2개			

(계속)

과일군 3 - 칼륨 고함량(단백질: 미량, 나트륨: 미량, 칼륨: 400 mg, 인: 20 mg, 열량: 50 kcal)

식품	무게(g)	목측량	식품	무게(g)	목측량
곶감	50	중 1개	천도복숭아	200	소 2개
멜론(머스크)	120	1/8개	키위	100	대 1개
바나나	120	중 1개	토마토	250	대 1개
앵두	120		체리토마토	250	중 20개
참외	120	소 1/2개			

열량보충 - 단백질: 0 g, 나트륨: 3 mg, 칼륨: 20 mg, 인: 5 mg, 열량: 100 kcal

식품	무게(g)	목측량	식품	무게(g)	목측량
과당	25		양갱	35	
꿀	30		엿	30	
녹말가루	30		물엿	30	
당면	30		젤리	30	
마멀레이드	40		잼	35	
사탕	25		캐러멜	25	
설탕	25		열량-S	25	

※ 주의식품 - 인, 칼륨 함량이 높음!!

식품	무게(g)	목측량	식품	무게(g)	목측량
초콜릿	20		황설탕	25	
흑설탕	25		로열젤리	80	

CHAPTER

9

호흡기 질환

1. 호흡기의 구조와 기능
2. 호흡기 질환

이 장을 보기 전에

호흡기계는 비강, 기도, 기관지, 폐로 구성된 가스교환시스템과 펌프로 작용하는 늑골로 구성되어 있다. 호흡기는 세포의 산소공급 및 이산화탄소의 배출을 위한 필수 기관으로 가스교환 이외에도 면역작용, 계면활성제, 점질다당류, 면역글로불린 등을 합성하는 역할을 담당하고 있다.

호흡기계 질환은 감염에 의한 질환뿐 아니라 영양결핍에 의해서도 발생한다. 호흡기계 질환으로는 폐렴, 폐결핵, 만성 폐쇄성 폐질환 등이 있다.

호흡기계의 감염성 질환은 고열과 급격한 증세가 특징이며, 앓는 기간은 짧지만 수분부족 및 영양결핍이 발생하기 쉽다. 따라서 대사항진과 손실된 질소를 보충하기 위해 고에너지, 고단백, 고비타민식을 기본으로 한다.

학/습/목/표

1. 호흡기계의 구조와 기능을 알 수 있다.
2. 폐렴의 원인과 식사요법을 설명할 수 있다.
3. 폐결핵의 원인과 식사요법을 설명할 수 있다.
4. 감염성 질환의 체내 대사 및 식사요법을 설명할 수 있다.
5. 만성폐쇄성 폐질환의 원인과 식사요법을 설명할 수 있다.

1. 호흡기의 구조와 기능

1) 호흡기의 구조

호흡기respiratory는 비강·인두·후두·기도·기관·기관지와 폐로 구성된 가스교환시스템과, 펌프로 작용하는 늑골로 이루어진다그림 9-1.

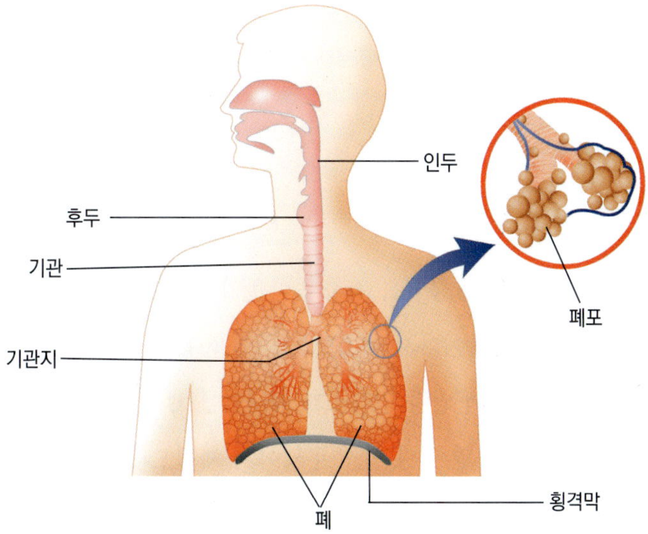

그림 9-1 호흡기의 구조

폐lung는 공기 중의 산소를 흡입하며 체내에서 생성된 탄산가스를 배출하는 주된 호흡기이다. 좌우 각각 2개와 3개의 폐엽으로 나누어져 있으며, 각 폐엽은 늑막이라는 견고한 막으로 둘러싸여 있다. 폐포pulmonary는 근육이 아닌 탄력섬유로 이루어진 조직으로 약 3억 개가 있으며, 횡격막diaphragm과 늑간근육에 의해 수축이완운동이 조절되고 많은 양의 산소를 저장하고 이용할 수 있다.

공기 중의 산소는 코를 통하여 들어와 인후와 기관지를 지나 호흡세기관지가 되고 도관, 폐포낭을 거쳐서 폐포에 이른다. 비강에서 기관지에 이르는 부위에는 섬모가 발달하고 점액분비가 있어서 공기의 온도와 습도 조절을 하며 이물질을 제거한다.

호흡은 외기에 있는 산소를 폐 안으로 흡입하여 혈액을 통해서 산소를 각 세포로 운반하고, 몸안에서 생성물로 발생된 탄산가스를 체외로 배출하는 과정을 말한다. 호흡기는 호흡과정을 거쳐 체액의 산염기의 평형, 수분 발생, 말을 할 수 있게 하는 기관이다.

호흡운동은 흉곽과 횡격막 운동으로 이루어진다. 이는 뇌의 호흡중추에 의해 이루어지며, 호흡중추는 대뇌피질, 시상하부 등 신경계 지배를 받아 호흡을 조절한다. 호흡은 호흡중추에 의해 조절되지만 병적인 상태에서는 과호흡, 환기부족과 저산소증hypoxia 등이 발생할 수 있다.

2) 호흡기의 기능

(1) 체내 산소공급

신체를 구성하고 있는 세포는 공기를 직접 받아들일 수 없으며, 공기는 코를 통해 인후를 거쳐 기관지를 지나 폐로 들어와서 폐정맥의 혈액을 통해 체내세포로 운반된다. 산소는 탄수화물, 지방, 단백질 등의 열량 영양소가 에너지를 생성하는 과정에 필수적인 요소이다. 만약 산소공급이 부족하면 열량 합성이 낮아져 체세포의 기능이 약화된다. 산소가 결핍되면 세포기능이 저하되며, 나중에는 사망하게 된다. 연탄에서 배출되는 일산화탄소는 산소의 이용을 막는 작용을 한다.

(2) 탄산가스의 배출

세포 내에서 탄수화물, 지방, 단백질로부터 ATP를 합성하면서 탄산가스가 생성된다. 이때 생성된 탄산가스는 혈액으로 방출되어 탄산이 되고, 폐로 운반되어 숨을 내쉼으로써 체외로 배출된다. 만약 이러한 배출이 제대로 이루어지지 않으면 혈액 내에 탄산이 많아지게 되면서 산소 이용이 줄게 되어 체기능이 약화된다.

(3) 체액의 산염기 평형조절

체내의 탄산은 체액산도를 pH 7.1~7.4의 좁은 범위 내로 유지하는 데 필요한 산성 물질로서 중요한 작용을 한다.

(4) 수분 및 열 방출

호흡을 통한 성인의 수분 배설량은 1일 400~500mL이다. 호흡에 의한 배출량은 우리가 거의 감지하지 못하는 양이지만 추운 겨울날 입김이 서리가 되는 현상으로 알 수 있다. 우리 몸에서 많은 양의 수분을 방출하여 체온을 조절한다. 이는 땀뿐만 아니라 호흡으로도 배출된다. 몸에 열이 심하게 날 때 호흡수가 증가하는 것도 이 때문이다.

(5) 발성 및 회화

성대의 움직임과 떨림으로 발성이 가능하며, 말을 통하여 감정과 생각의 표현이 가능하다. 즉 성대는 상부기도로서 발성기와 공명통의 역할을 한다.

호흡기의 기능에 이상이 초래되는 질병에는 감기, 폐렴, 폐결핵, 만성폐기종과 만성폐쇄성 폐질환 등이 있다.

알아두기

영양불량이 호흡에 미치는 영향

영양불량은 호흡기장애로 인한 질병발생률과 사망률을 증가시킴

- 폐의 선세포조직의 기능이 감퇴되어 호흡근육이 소모되며 환기기능을 약화시킴.
- 어린이는 계면활성제 생산감소, 항산화제의 기전 손상, 면역작용 감소, 호흡작용 증가
- 횡격막의 질량 감소와 폐 기능 감퇴, 면역기능의 변화, 호흡기질병 전염률의 증가

영양소 결핍과 폐질환과의 관계

- 인의 섭취량 감소 : 저산소 상태로 인해 환기능력 감퇴
- 마그네슘 고갈 : 호흡 근육피로를 초래
- 나트륨 고갈 : 이뇨제 작용 및 식욕저하와 환기기능 감퇴
- 철 결핍 : 급성 폐질환
- 비타민 A 결핍 : 점액분비 억제, 섬모의 손실과 감염에 대한 저항력 감퇴
- 비타민 C 결핍 : 점액분비 억제

2. 호흡기 질환

1) 유행성 감기

(1) 유행성 감기의 원인과 증상

감기influenza는 과로하거나 영양상태 불량, 한랭과 습기 또는 오염된 환경 속에서 저항력이 약해졌을 때, 상부기도에 바이러스가 염증을 일으켜서 유발된다.

감기에 걸리면 저항력이 약화되고 체력이 떨어져서 다른 병에 걸리기 쉬워지므로 주의하여야 한다.

감기의 증상은 콧물, 인후통, 두통, 전신권태, 근육통, 관절통과 발열 등이며 치료를 잘하면 일주일 이내에 완쾌된다. 상기도에 염증이 생겨서 기관지염bronchitis을 일으키기도 하며, 가끔 식욕부진, 구토, 설사 등의 소화기계 장애로 영양부족이 되기도 한다. 감기는 저항력이 약한 사람에게는 폐렴 같은 합병증을 일으킬 수 있으며 다른 질병과 함께 나타나는 경우도 있다.

(2) 식사요법

감기에 걸리면 고열 때문에 체내 영양물질과 에너지의 소모가 크다.

① 고열량·고단백질·고비타민 식사를 실시한다. 특히 비타민 C를 다량으로 섭취해야 한다. 이를 위하여 더운 유자차, 귤차, 모과차, 뜨거운 콩나물국 등을 공급한다.

② 환자의 몸을 보온해야 하므로 차가운 음료나 음식은 피한다. 그리고 우유는 반드시 데워서 제공한다.

③ 체온이 높으면 식욕이 떨어지기 쉬우므로 산뜻한 맛으로 조리해야 한다. 감기 환자가 식사량이 적으면 회복이 지연된다.

④ 환자의 기호도와 소화상태에 따라 달걀, 두부, 흰살 생선, 국, 죽, 과즙, 채소즙 등을 적절히 공급한다.

2) 폐렴

폐렴pneumonia은 폐의 말단 조직인 폐포, 폐포낭, 폐포관 등에 염증이 생긴 상태로 초기 감기 증상이 악화되어 폐렴이 되는 경우가 있다. 폐렴에 걸리면 폐가 충혈되고, 심장에 심한 부담을 주게 되므로 혈액순환 장애가 일어나 사망에 이를 수 있다. 특히 영유아와 노인은 폐렴을 방치하지 않도록 해야 한다.

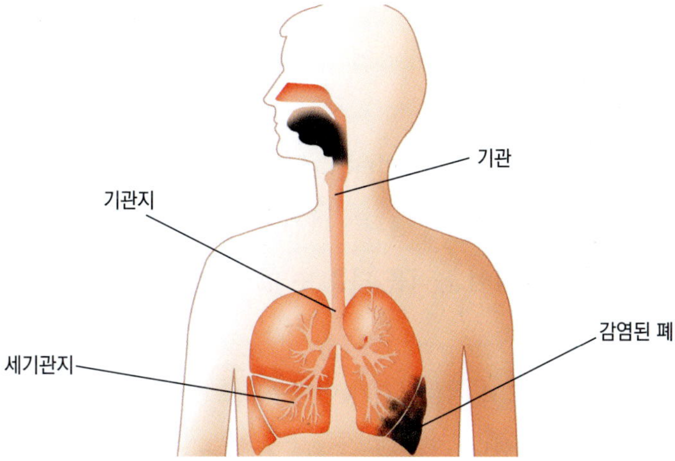

그림 9-2 폐렴

(1) 원인과 증상

폐렴은 급성 감염성 병원체에 의하여 생기며, 폐렴구균이나 바이러스가 폐포에 감염된 후 폐동맥 세포막으로 감염되어 발생한다. 염증에 의해서 세포막에 구멍이 뚫리고 액체와 적혈구, 백혈구 세포가 혈액에서 폐포로 흘러들어 간다. 감염된 폐포는 점차 액체와 혈구로 차게 되며 큰 부분의 폐가 하나의 폐포낭을 이루어 폐 전체가 액체와 혈구로 차게 된다.

심한 기침과 오한, 근육통, 호흡곤란, 흉통, 전신 무력감 등의 전신증상이 나타난다. 열이 나면 대사가 항진되어 정상 시보다 20~50% 정도 대사율이 상승되지만, 식욕부진으로 체단백질이 분해되어 체중이 감소된다.

폐렴이 심해지면 호흡이 매우 곤란해지고 오한과 고열(38°C 이상)이 계속되며, 치료가 불충분하거나 계속해서 치료받지 않으면 기관지확장증이 병발하여 기침, 가래, 각혈 등으로 호흡곤란을 동반하게 된다. 특히 입원 환자에게는 합병증인 병원감염성 폐렴이 많이 발생하므로, 이의 예방과 관리가 중요하다.

(2) 식사요법

폐렴의 식사요법은 대사항진으로 인한 영양소 소모를 보충하고, 발열에 의해 소진된 수분과 나트륨을 보충해 주는 것이다. 몸에 열이 많이 나게 되므로 우선적으로 수분공급을 하는 것이 매우 중요하다.

식사원칙은 고에너지·고단백질·고비타민 식사로 2~3시간 간격으로 식사를 소량씩 공급하여 심장부담을 줄이고, 소화가 잘되는 반유동식을 제공한다.

① 초기에는 호흡이 곤란하여 음식을 먹을 수 없으므로 정맥주사로 수분과 전해질을 공급한다.

② 급성기에는 호흡곤란으로 식품섭취가 어려우므로 정맥주사로 영양분을 2~3시간/일 간격으로 자주 공급한다.

③ 우유를 자주 마시게 하여 환자의 갈증 해소와 필수영양소를 섭취하게 한다.

④ 식사를 하루에 2~3시간 간격으로 자주 공급한다.

⑤ 아이스크림, 우유가 섞인 미음, 맑은 쇠고기 국물, 수프, 과즙 등과 같은 소화가 잘되는 전유동식을 제공한다.

⑥ 회복되면 연식으로 이행하고 가벼운 식사와 함께 일반식을 제공한다.

3) 폐결핵

(1) 원인과 증상

폐결핵pulmonary tuberculosis은 폐가 결핵균*Mycobacterium tuberculosis*에 의해 감염되어 폐에 염증이 생긴 질병이다. 질병이 진행됨에 따라 나타나는 증상도 다르다. 초기에는 증상이 거의 나타나지 않는 경우가 많아 진단과 치료가 어렵다. 흔히 미열이 동반되고, 피로감, 식욕부진, 체중감소 같은 전신증상이 나타나기도 한다. 미열은 주로 오후에 나타나고 식은땀을 동반한다. 호흡기 증상으로는 마른기침이 흔하고, 가래나 객혈을 동반하기도 한다.

만성감염성 질환인 폐결핵은 수개월 내지 여러 해 동안 장기간 앓기 때문에 에너지 및 체단백질의 손실이 커져서 영양결핍 증세가 나타나기 쉽다.

결핵의 치료는 항결핵제를 이용한 내과적 치료가 기본이며, 적어도 3가지 이상의 1차 항결핵제(이소니아지딘, 피라진아미드, 에티온마이드와 카프레오마이신, 스트렙토마이신 등)를 복합적으로 사용하여 1년 이상 치료기간이 필요하다. 결핵은 모든 연령층에서 발생하나 아직도 노인이나 청소년기에 주로 발병되며, 세계적으로도 사망률이 높다. 그러나 항결핵성 예방주사인 BCG 접종으로 영유아기의 폐결핵 이완율은 아주 낮아졌다.

결핵은 과로 또는 장기 영양실조로 저항력의 약화되어 결핵균에 의해 감염되는 일종의 감염성 질병이다. 산업의 발달과 대도시의 인구팽창에 따른 공기오염이나 비위생적인 환경에서 결핵 환자가 증가하고 있다.

급성단계에서는 급격한 체온의 상승과 피로감이 계속되고 체중감소와 기침, 쇠약 상태가 나타난다.

알아두기

폐결핵의 증상

- 감염 초기 : 자각 증상이 별로 없으며, 점차 권태감과 가벼운 기침이 나옴
- 감염 중기 : 기침과 동시에 가래가 나오며 혈담, 객혈 또는 발열이 일어남
- 감염 말기 : 호흡이 곤란해지고 기침이 심해지며 객혈이 많아짐

(2) 식사요법

결핵은 항결핵제를 이용한 화학요법이나 폐절제술, 흉곽성형술 등과 같은 외과적 요법으로 치료한다. 결핵은 계속적인 투약으로 결핵균의 번식을 중지시킬 수 있으나, 저항

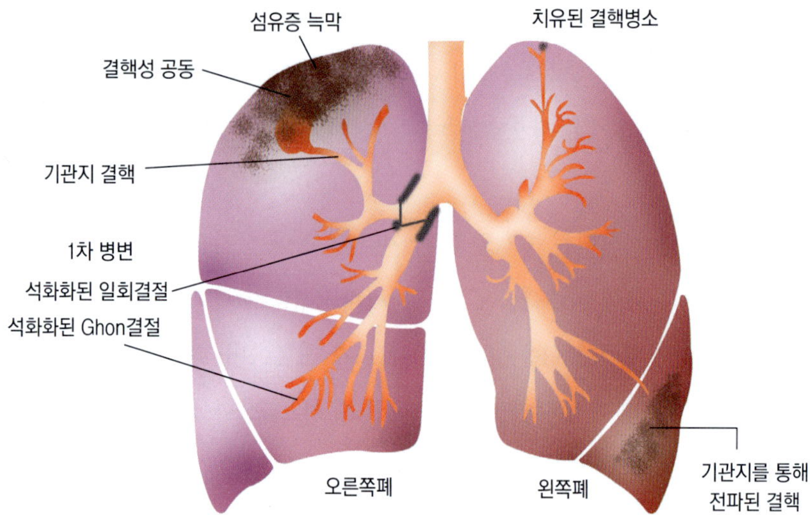

그림 9-3 폐결핵의 병소

력을 높이기 위하여 청결한 환경에서의 휴식과 충분한 영양보충이 필요하다. 식사요법의 원칙은 체중감소, 체조직 소모 방지, 손실된 체단백 보충, 탈수 방지 및 합병증 예방이다.

① 열량

결핵은 체조직의 소모가 심한 질병으로 단백질의 이용을 높이기 위하여 열량을 충분히 섭취한다. 환자의 연령, 운동 정도, 체중, 질환 진행 정도에 따라서 총열량을 정한다. 환자가 식욕이 없고 소화가 안 되어 열량을 충분히 섭취하지 못하면 체단백질의 소모는 더욱 커진다. 환자의 열량 필요량은 보통 체중 kg당 40~50 kcal, 하루 3,000~3,500 kcal로 한다.

② 단백질

체조직의 붕괴와 소모 등으로 체단백질이 많이 소모되므로 충분한 양의 단백질을 공급하는 것이 중요하다. 단백질은 체중 kg당 1.5~2 g으로 1일 75~100 g을 제공하고, 총 단백질의 1/2~1/3은 동물성 단백질로 섭취할 것을 권장한다.

동물성 식품을 사용할 때는 소화가 잘되도록 조리한다. 육류, 어류, 난류, 유류, 대두는 단백질의 중요 공급식품이다. 일주일에 1~2회는 닭간이나 쇠간 등을 섭취한다.

③ 지방

열량원으로 지방을 충분히 제공해야 하며 소화가 잘되는 유지식품, 즉 버터, 우유 등을 많이 이용하고, 동물성지방보다는 식물성기름을 사용한다.

④ 무기질

칼슘은 신경의 안정 작용과 결핵 병소의 석회화에 중요한 역할을 하기 때문에 충분히 섭취해야 한다. 뼈째 먹는 생선, 우유, 양유 및 유제품을 많이 이용한다. 객혈을 하는 경우 조혈작용이 있는 철과 간, 달걀, 생선, 해초, 굴, 성게, 대두, 엽채류 등을 자주 이용하여 영양소의 손실을 보충한다.

⑤ 비타민

비타민 A와 C는 결핵에 대한 저항력을 강화시키는 데 필요하며 지방대사에도 중요하다. 따라서 간, 녹황색채소, 달걀노른자, 신선한 채소 및 과실 등을 많이 이용하며, 식품의 이용을 돕고 간 기능을 보호하기 위해 티아민과 리보플라빈을 충분히 섭취한다. 비타민 D는 칼슘과 인의 대사를 조절하는 데 중요하므로 결핵환자는 말린 버섯, 건어, 달걀 등을 통해 비타민 D를 많이 섭취해야 한다. 이소니아지드INH 치료 시 필요하며 비타민 B_6 보충도 고려한다.

⑥ 기타

- 식욕을 촉진하는 전채요리, 음식의 모양과 색채, 아름다운 상차림, 식사 시의 음악 등을 특별히 배려해서 식사에 싫증이 생기지 않도록 한다.
- 균형 잡힌 식사로 치료 효과를 올릴 수 있다.
- 소화·흡수의 장애가 생기지 않도록 주의해야 한다.
- 환자에게 회복할 수 있다는 자신감과 의지가 중요하다.

4) 만성폐기종

(1) 원인과 증상

만성폐기종emphysema은 주로 흡연에 의해 발생되고, 이외에 대기오염, 노화, 유전, 감염, 유독가스나 만성적 호흡기질환으로 세기관지에 공기 유통이 안 되면 꽈리모양의 폐포가 터져서 영구적으로 풍선처럼 늘어나 호흡곤란을 일으키는 질병이다. 이러한 현상은 흡연으로 기관지염이 발병하는 것과 같다.

만성폐기종의 증상은 호흡곤란으로 숨이 차고 음식물을 씹고 삼키는 것이 어렵다. 따라서 체중감소, 근육조직 감소, 영양상태 불량, 복부의 통증, 위궤양 등이 자주 발생한다. 만성적 기침과 가래가 생긴다.

폐의 확산능력이 감소되어 혈액의 산소공급과 탄산가스 제거능력이 감소되고, 따라서 폐 일부의 공기 유통이 절단되어 조직이 파괴된다. 폐기종은 서서히 진행되며, 저산소증과 탄산과잉증으로 청색증이 나타난다.

표 9-1 폐기종과 만성기관지염의 차이

	폐기종	만성기관지염
발병시기	55세 이상	45세경
체형	야윈형 앉을 때 앞으로 구부림. 양손을 모음	뚱뚱함
호흡상태	내쉴 때 천명, 어깨로 호흡 흡기 시 : 입, 코 벌림 호기 시 : 목혈관 부품	휴식 시 : 호흡안정
객담	소량	과량의 화농성 객담
기침	기침횟수 적음	만성 기침
발병시 주증상	호흡곤란	기침
재발성 감염	거의 문제가 안 됨	심각한 문제
심장	정상	확대
헤마토크릿	정상	상승
만성 저산소증	경증	종종 심하게 나타남
폐활량	증가	약간 감소

(2) 식사요법

호흡근육의 손실을 최소화하고 영양결핍을 교정하고 수분균형을 적절히 유지하도록 한다. 에너지는 kg당 25~30 kcal/일을 공급하고, 단백질은 kg당 1.5~2.0 g/일을 공급하도록 한다.

- 금연하고 폐조직의 보수와 재생을 위하여 고열량·고단백질 식사를 한다.
- 농축된 식품을 소량으로 나누어 자주 공급하며, 고열량의 연질식이를 공급한다.
- 식이섬유가 많거나 질긴 음식은 피하고, 부드럽게 조리하여 공급한다.
- 3끼 식사와 간식은 정규적으로 공급하며, 취침 전에 간식을 먹는다.
- 식욕증진과 소화증진을 할 수 있도록 식품과 조리법 선택을 주의한다.

5) 기관지 천식

(1) 원인과 증상

기관지 천식bronchial asthma이란 폐 속에 있는 기관지가 때때로 협착을 일으켜 호흡곤란, 기침, 거친 숨소리 등의 증상이 반복적·발작적으로 나타나는 질병이다.

기관지 천식은 공기에 있는 외부 물질에 대한 알레르기성 예민성 때문에 생긴다. 특히 식물성 꽃가루에 의한 것이 많다. 알레르기를 일으키는 사람은 IgE라고 불리는 비정상적 항체를 형성하는 경향이 있다. 이 항체가 폐포에 가까이 있는 폐세포와 작용하여 과민성 물질인 히스타민과 부라디키닌 등을 생산한다. 이러한 물질은 폐포벽을 붓게 하고, 폐포강에는 끈적한 점성물질을 분비하며 폐포 연근육을 강직시킨다.

천식의 증상으로는 들이쉬는 숨보다 내쉬는 숨이 훨씬 힘들어지는 호흡곤란증이 온다. 폐 안에 남아 있는 공기량이 많아져서 폐로부터 숨을 내쉬는 것이 어려워지고 계속되면 가슴이 커진다.

(2) 식사요법

기관지 천식은 절대 금연을 해야 한다. 꽃가루와 같이 천식을 일으키는 물질은 가능한

한 피하고 항히스타민제 등을 복용하며, 충분한 영양과 무기질, 비타민 등의 공급이 이루어져야 한다. 알레르기는 몸의 건강 상태가 나쁠 때 과로나 과음 후에 나타나므로 건강 상태를 최상으로 유지하고 과로하지 않는 생활습관을 갖는 것이 중요하다.

6) 만성폐쇄성 폐질환

(1) 원인과 증상

만성폐쇄성 폐질환COPD: chronic obstructive pulmonary disease은 폐와 기도를 통하여 기도하부 쪽에 만성적인 폐색이 나타나는 질환으로 폐기종emphysema, 폐질환pulmonary disease, 만성기관지염chronic bronchitis 등이 점진적으로 진행되는 질환이다. COPD의 발병원인은 90% 이상이 흡연이다. 주요 증상은 호흡곤란이며, 만성적인 기침, 객담 배출, 저산소증, 폐포 모세혈관의 파괴 등이 있다. 호흡곤란이 심해지면 자기 호흡으로 생명을 유지하지 못한다. 식욕부진과 조금만 먹어도 숨가쁨 등으로 충분한 식사를 할 수 없기 때문에 만성적 체중 감소가 나타나는 소모현상wasting의 원인으로 영양소 섭취 감소, 대사량 증가 등이 있다.

2010년 이 병으로 치료받은 환자의 수는 60만 9,000여 명으로 이 가운데 매년 6,000여 명이 사망하여 국내 사망원인 중 6위를 차지하고 있다.

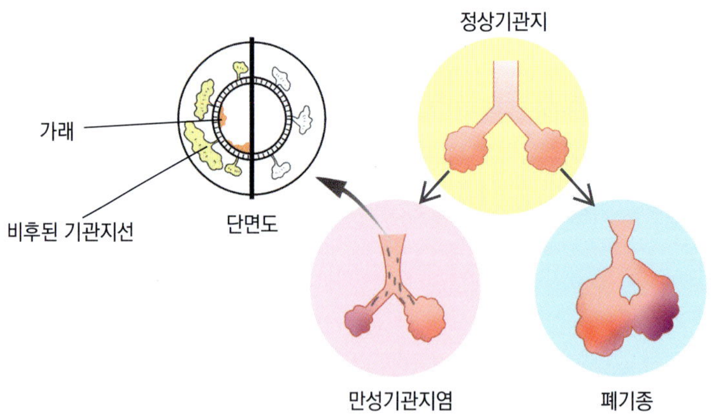

그림 9-4 만성폐쇄성 폐질환

(2) 식사요법

만성적인 영양불량을 해결하기 위해서 고열량·고단백질 식사를 원칙으로 한다.

① 단백질은 기준체중당 1.2~1.5 g/일 정도를 제공하고 열량을 동화작용을 위해 기초대사량의 1.5~1.7배 내외 30~35 kcal/일을 제공한다.

② 비만 환자는 호흡기의 부담을 가중시킬 수 있으므로 점진적인 체중감량을 위해 열량섭취를 줄인다.

③ 지방을 주 에너지원으로 한다. 이산화탄소의 생성이 많은 탄수화물을 제한한다.

④ 음식의 조리법은 씹고 삼키기 쉬운 부드러운 형태로 제공한다.

⑤ 가스가 많이 생기는 음식은 복부팽만감을 증가시키므로 제한하며, 특히 식이섬유가 많은 채소는 점차적으로 섭취량을 늘린다.

⑥ 식사는 소량씩 자주 제공하며 농축된 음료로 간식을 줄 수 있다.

⑦ 탈수를 예방하기 위해서 충분한 수분 섭취를 권장한다.

⑧ 조기 만복감이나 복부팽만감이 있는 경우에는 식후에 수분 섭취를 하도록 한다.

⑨ 경관급식을 통한 영양보충 방법이 효과적이므로 구강이나 비강을 통하여 식사 보충을 한다.

알아두기

COPD의 악화를 예방하는 생활수칙

- 담배를 끊는다.
- 땀이 날 정도로 운동을 한다.
- 인플루엔자와 폐구균 백신을 접종받는다.
- 환절기와 황사철에는 외출을 삼간다.
- 외출할 때는 마스크를 쓴다.
- 손씻기 등의 개인위생을 철저히 한다.

CHAPTER

10

골격계 질환

1. 골격의 구조 및 대사

2. 골다공증

3. 골격계 질환

이 장을 보기 전에

골격계 질환의 대표적인 질환인 골다공증은 뼈가 약해져서 발생하는 질환으로 질환 자체의 문제보다는 질환에 의한 골절 등의 사고로 행동의 제약을 초래함으로써 삶의 질을 떨어뜨리는 심각한 보건문제로 대두되고 있다.

골질환도 초기에는 증상이 나타나지 않아 환자 자신이 질환을 가졌다는 사실을 모르므로 '침묵의 질병'이라고 불리기도 하며, 일단 골절이 발생하고 나면 심각할 정도로 삶의 질이 떨어지게 되므로 예방이 매우 중요하다. 골격계 질환의 예방을 위해 평상시 올바른 영양관리와 운동 등의 생활습관 관리가 가장 중요하다.

학/습/목/표

1. 골격의 구성과 대사를 이해한다.
2. 골격 질환의 원인과 증상에 따른 식사요법을 계획한다.

1. 골격의 구조 및 대사

1) 골격의 구조

골격은 유기질인 뼈 세포와 기질에 축적된 무기질로 구성되어 있으며, 세포는 조골세포osteoblast, 파골세포osteoclast, 골세포osteocyte의 3종류가 있다.

조골세포는 뼈를 형성하는 세포로서 골격 기질의 90%를 차지하며, 당단백질과 콜라겐을 합성하고 칼슘과 인을 침착시키는 역할을 한다. 하지만 파골세포는 뼈에서 무기질을 용출시키고 콜라겐 분해에 관여한다. 골세포는 골격세포 중 가장 일반적인 형태로 뼈에 많이 분포되어 있으며, 조골세포가 골격 속에서 무기질화되도록 한다. 이 세포들은 골격의 세포외액과 혈장 사이에서 무기질 교환기능을 하여 골격의 무기질 항상성을 유지시킨다.

뼈는 하이드록시프롤린hydroxyproline을 다량 함유한 콜라겐 기질을 형성한 후 그 안에 칼슘과 인의 주성분인 하이드록시아파타이트hydroxyapatite가 침착된 조직이다.

뼈는 80%를 차지하는 치밀골cortical bone, compact bone과 20%를 차지하는 해면골trabecular

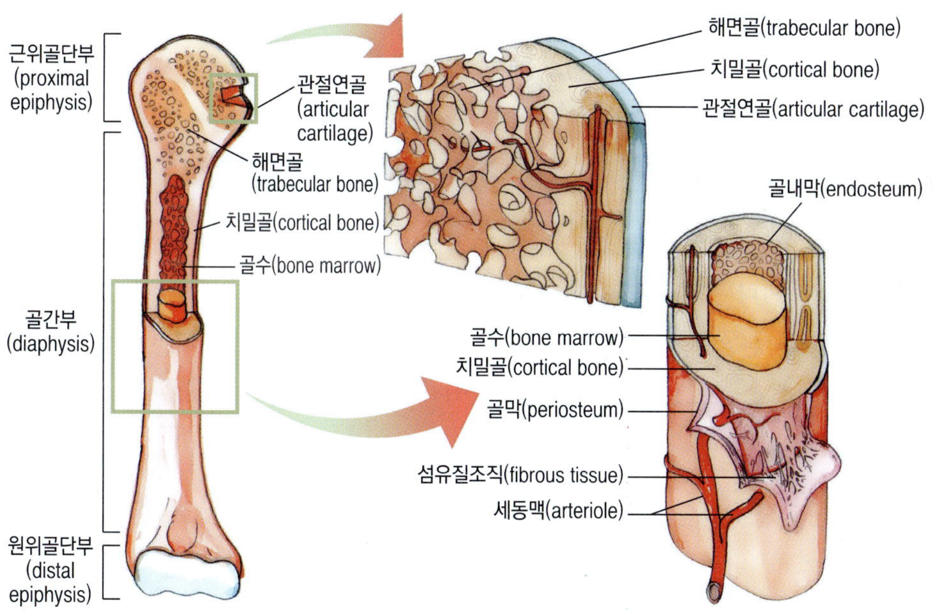

그림 10-1 장골의 구조

bone, sponge bone의 두 조직으로 구분된다그림 10-1. 팔, 다리 등의 긴뼈(장골)와 골격의 겉 부분은 주로 치밀골을 다량 함유하고 있으며 단단하고 대사율이 낮다. 치밀골의 안쪽에 위치한 손목, 발목, 척추, 골반 등의 짧은뼈(단골)는 해면골을 많이 함유하고 있으며, 망상 구조를 이루고, 연하며 대사율이 매우높다.

2) 골격의 대사

뼈는 외관상으로 단단한 조직으로서 끊임없이 뼈조직을 생성·분해하고 보수·재생하는 활발한 조직이다. 이러한 뼈의 생성과 분해를 통한 골격 대사과정은 반복되며, 재형성은 일생 끊임없이 일어난다.

정상적인 골질량을 유지하기 위해 가장 중요한 것은 혈중 칼슘농도를 정상으로 유지하는 것이다. 체내의 칼슘 중 99%는 골격을 형성하며, 나머지 1%는 혈액에 이온의 형태로 존재하면서 여러 생리기능을 수행한다. 혈중에 일정한 농도인 약 10 mg/dL를 유지하는데, 그림 10-2는 혈중 칼슘의 항상성을 유지하는 과정을 설명한 것이다.

우리가 식품으로 섭취한 칼슘은 십이지장에서 능동수송에 의해 흡수되고, 나머지는 소장 하부에서 확산을 통해 흡수된다. 흡수된 칼슘은 혈액으로 방출되고 체내 여러 조직에서 중요한 역할을 수행하며 혈액과 골격 사이에 동적 평형을 이루는데, 대부분은 뼈에 부착 또는 뼈로부터 용해된다.

혈중 칼슘농도를 조절하는 호르몬으로는 부갑상선호르몬parathyroid hormone : PTH, 칼시토닌calcitonin, 비타민 D_3cholecalciferol가 있다.

부갑상선호르몬은 혈중 칼슘 수준이 저하될 때 부갑상선에서 분비되는 호르몬으로 뼈로부터 칼슘의 용출resorption을 증가시키고 신장으로부터의 칼슘 재흡수reabsorption를 증가시킨다.

칼시토닌은 혈중 칼슘의 수준이 증가했을 때 갑상선에서 분비되는 호르몬으로 뼈에 칼슘 침착을 증가시키고 신장의 칼슘 재흡수를 감소시키는 작용을 한다.

비타민 D_3는 자외선에 의해 피부에서 전구체인 7-디하이드로콜레스테롤7-dehydrocholesterol

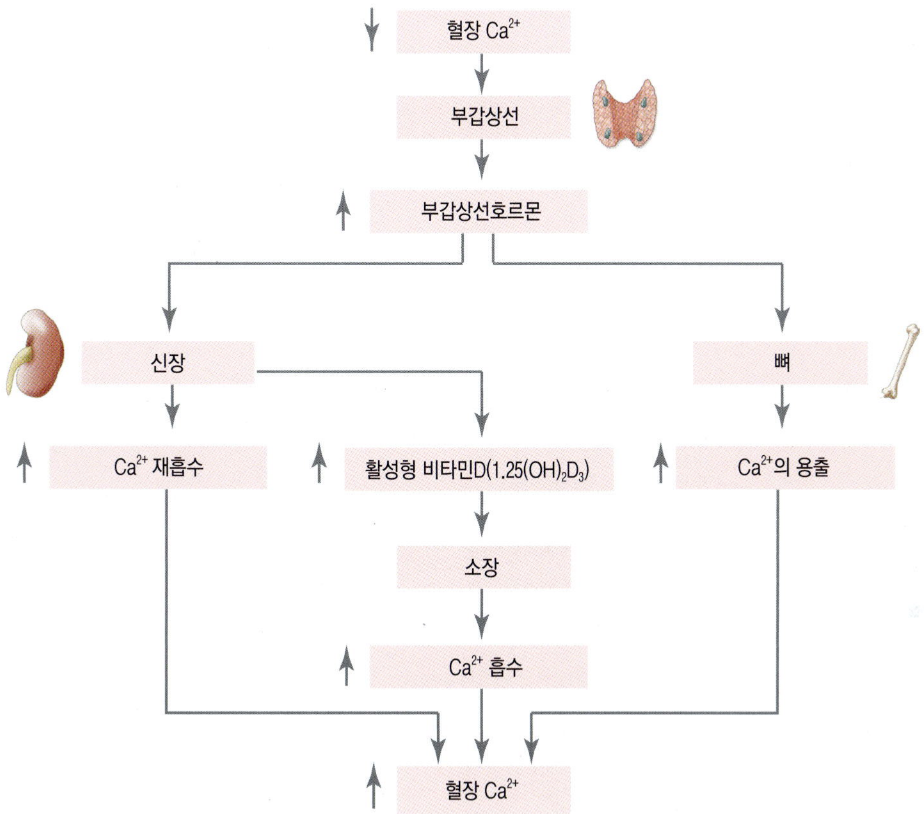

그림 10-2 혈중 칼슘의 농도 조절

로부터 콜레칼시페롤cholecalciferol이 된다. 이것은 간에서 25(OH)D_3로 전환되며, 신장에서 1,25(OH)$_2$D$_3$로 전환된다. 활성형인 1,25(OH)$_2$D$_3$는 소장에서의 칼슘 흡수absorption를 활발하게 하고 뼈의 형성을 촉진하는 작용을 하며 체내 칼슘의 항상성을 유지하는 조절기능이 있다. 이와 같은 호르몬의 대사조절 기능에 의해 혈액 내 정상적인 칼슘농도를 유지하고 골격대사도 정상적으로 이루어진다.

표 10-1 골격대사에 영향을 미치는 호르몬

호르몬	기능
부갑상선호르몬	• 신장에서 1-하이드록시라아제(1-hydroxylase)와 1,25$(OH)_2D_3$ 증가 • 뼈의 칼슘 용출 증가 • 신장에서 인의 재흡수 감소, 신장에서 칼슘의 재흡수 촉진
비타민 D	• 소장에서 칼슘과 인의 흡수 증가 • 신장에서 인의 재흡수 증가 • 골다공증 예방
칼시토닌	• 파골세포에 의해 뼈의 용출 감소 • 신장에서 인의 재흡수 감소 • 뼈의 칼슘 축적 증가 • 혈중 칼슘의 감소
성장호르몬	• 연골과 콜라겐 합성을 자극 • 1,25$(OH)_2D_3$의 생성과 칼슘의 흡수 증가 • 과잉 시 거대증이나 거인증 발생 • 부족 시 어린이에게 왜소증 유발
에스트로겐	• 부족 시 뼈에서 칼슘 용출 증가와 골다공증 유발
갑상선호르몬	• 과잉 시 뼈에서 칼슘 용출 증가로 골다공증 유발 • 부족 시 어린이의 경우 성장지연과 어른의 경우 뼈의 대사율 감소
인슐린	• 조골세포에 의해 콜라겐 합성 촉진 • 부족 시 성장지연과 골질량 감소

2. 골다공증

골다공증osteoporosis은 칼슘대사 불균형으로 인한 골질량의 감소로 나타나는 대사성 골질환이다. 뼈의 구조는 크게 변하지 않지만 조골세포에 비해 파골세포의 활성이 크게 증가함으로써 골질량 또는 골밀도가 감소하여 쉽게 골절된다.

골다공증은 남성에 비해 여성에게서 발병비율이 높은데, 그 이유는 여성이 남성에 비해 최대 골질량이 낮고, 칼슘섭취량이 적고, 폐경기로 에스트로겐 생성이 감소하기 때문이다. 골다공증은 골절이 발생하기 전까지 무증상이지만, 한번 발생하면 치명적이다. 일단 골절이 발생하면 이로 인한 합병증과 2차 골절 증가로 삶의 질이 급격히 저하된다.

1) 골다공증의 분류

(1) 원발성 골다공증primary osteoporosis

① 폐경기성 골다공증(제1형)

에스트로겐estrogen은 뼈에서 칼슘의 용출을 억제하는 역할을 한다. 폐경 후 난소에서 에스트로겐의 분비가 감소하는데, 에스트로겐 부족으로 골질량의 소실이 가속화됨으로써 골다공증이 발병한다. 폐경기성 골다공증postmenopausal osteoporosis은 특히 해면골이 많은 골격 부위에 영향을 주며, 주로 요추의 파열골절을 일으킨다. 지방세포는 에스트로겐의 합성 비율에 영향을 미치기 때문에 비만한 여성에 비해 마른 여성이 골다공증 발병 위험률이 더 높다.

② 노인성 골다공증(제2형)

노화에 의한 불가피한 골 손실로 70세 이후의 남성, 여성 모두에게서 발생한다. 주로 해면골과 치밀골 부위에 영향을 끼치며, 골반에 골절fracture을 일으킨다. 1,25-디하이드록시 비타민 D 합성의 감소와 부갑상선호르몬의 활성 증가가 노인성 골다공증senile osteoporosis의 주요 원인이라 할 수 있다.

표 10-2 제1형 골다공증과 제2형 골다공증의 특징 비교

	제1형 골다공증(폐경기성)	제2형 골다공증(노인성)
발병연령	50~75세	70세 이상
발생기전	교체율 증가 파골세포의 증가	교체율 감소 조골세포의 공급 부족
주요 원인	폐경으로 인한 에스트로겐의 분비저하	뼈의 무기질 함량 감소
발병 부위	해면골	해면골과 치밀골
골절 정도	척추, 요골원위부 요추와 팔목뼈	대퇴골 경부, 경골근위부
부갑상선호르몬	정상 또는 감소	증가
비타민 D 활성형 $(1,25(OH)_2D_3)$	감소	감소
칼슘의 흡수	감소	감소

(2) 이차성 골다공증secondary osteoporosis

이차성 골다공증은 약물의 사용 또는 특정 질환에 의한 뼈조직의 손실 때문에 발생한다. 갑상선 기능항진증, 부갑상선 기능항진증, 부신피질기능항진증, 스테로이드 과다분비질환, 신장질환, 성기능장애, 만성간질환, 일부 암(림프종, 백혈병, 다발성골수증) 등의 질환이나, 코르티코스테로이드, 헤파린, 갑상선호르몬 등의 약물 사용이 원인이 된다.

2) 골다공증의 위험요인

(1) 유전과 종족

최대 골질량은 어느 정도 유전적인 영향을 받는다. 골다공증의 가족력이 있는 사람은 골다공증이 발병할 확률이 높다. 또한 흑인보다는 동양인과 백인에게 골다공증 발병률이 높다.

(2) 연령과 성

골질량은 연령의 증가에 따라 큰 변화를 보이는데 20~30대에 골질량은 최대치를 나타내며, 그 후 큰 변화 없이 유지되다가 45세 이후 해마다 일정 비율로 감소한다.

노령화에 따른 활동량 감소, 칼슘섭취 부족, 칼슘흡수율 감소, 칼슘 배설량의 증가 및 호르몬 분비의 불균형 등은 골다공증의 발병률에 영향을 준다.

뼈 손실은 남성과 여성 모두에게 나타나지만, 남성보다는 여성에게서 골다공증의 빈도가 높다. 폐경 후 여성호르몬의 생성 저하로 골다공증 발병률을 높이는 것으로 보인다.

(3) 에스트로겐

에스트로겐은 부갑상선호르몬의 작용을 억제하여 칼시토닌의 작용을 촉진한다. 따라서 에스트로겐은 뼈의 칼슘 용출을 감소시키고 뼈를 보호하는 역할을 한다. 폐경 후 에스트로겐의 생성이 저하됨에 따라 골다공증의 위험률이 높아진다.

또한 무월경, 생리불순, 조기폐경, 난소절제, 출산 무경험에 따라 에스트로겐의 분비가 불균형일 가능성이 높은 여성들 역시 골다공증의 발생빈도가 높다.

(4) 신체활동

신체활동은 뼈의 재생을 촉진하는 반면, 운동량이 적을수록 뼈 손실량은 증가한다. 따라서 노년기의 질병, 입원 등으로 장기간 움직이지 못하는 경우는 골다공증 유발요인이 된다.

(5) 약물복용 및 알코올과 흡연

스테로이드계 약제를 비롯하여 갑상선호르몬제, 부신피질호르몬제, 항응고제, 항경련제 등도 골다공증을 유발한다. 또한 만성 알코올의존증과 흡연도 골다공증을 유발한다. 과량의 알코올은 뼈생성을 억제하고 칼슘 흡수를 방해하며, 이뇨작용을 촉진해 칼슘의 배설을 증가시킨다. 담배의 니코틴 성분은 에스트로겐 분비를 저하시키므로, 과도한 흡연은 골 손실량을 증가시켜 골다공증 발병률을 높인다.

(6) 식사요인

① 칼슘

칼슘의 섭취는 골다공증의 예방에 매우 중요하다. 특히 성장기에 있는 어린이와 청소년, 임신 및 수유기에 있는 여성은 적절한 칼슘 섭취가 필요하다. 칼슘의 흡수율을 고려하여 우유 및 유제품과 같이 흡수가 잘되는 식품을 섭취한다.

② 인

인은 칼슘과 함께 뼈를 구성하는 성분으로 골량에 영향을 미친다.

적당량의 인의 섭취는 칼슘 흡수를 유익하게 하지만, 지나친 인의 섭취는 부갑상선호르몬의 분비를 자극하여 뼈 손실을 일으킨다. 그러므로 인을 과도하게 섭취하기보다는 인과 칼슘의 섭취비율이 중요하다. 성인의 경우 칼슘과 인의 섭취비율이 1:1일 때 칼슘 흡수가 가장 효율적인 것으로 권장되고 있다. 인산이 첨가된 탄산음료의 섭취는 인과 칼슘의 섭취 불균형을 초래할 수 있으므로 탄산음료의 과다한 섭취는 뼈의 건강을 해칠 수 있다.

표 10-3 식품별 칼슘 함량

식품군	식품명	목측량	분량(g)	칼슘함량(mg)
우유 및 유제품	우유	1컵	200	210
	탈지우유	1컵	200	200
	치즈	1장	20	101
	호상요구르트(딸기)	1컵	200	210
	액상요구르트	1컵	200	76
	아이스크림	1스푼	100	122
어육류	뱅어포	1장	15	147
	잔멸치	1/4컵	15	136
	꽁치 통조림	2/3컵	100	198
	동태	소 2토막	100	233
	참치	소 2토막	100	235
	대하	4마리	100	234
	굴	1/2컵	100	148
야채, 해조류	물미역(건)	1접시(小)	100	1,072
	다시마(건)	1접시(小)	100	708
	고춧잎	생것 2컵	100	211
	무말랭이	불려서 3컵	100	310
	케일	잎넓이 30 cm, 2장	100	320
	들깻잎	잎넓이 10 cm, 40장	100	198
	냉이	1접시(小)	100	116
	돌나물	익혀서 1/2컵	100	212
콩류	순두부	1/2컵	100	148
	두부	1/4모	100	159
	비지	1/2컵	100	103
곡류	메밀국수	1공기	200	120
	녹두	3큰술	30	57
	율무	3큰술	30	45
	팥	3큰술	30	37
	고구마(찐것)	소 1개	100	26
	참깨	1큰술	8	50
과일류	바나나	1개	120	82
	딸기	10알	150	30
	수박	1쪽	200	28

③ 비타민 D

비타민 D는 칼슘의 흡수에 필수적이며, 비타민 D는 간에서 $25(OH)D_3$로 전환되었다가, 신장에서 $1,25(OH)_2D_3$로 활성화되어 칼슘의 흡수를 촉진한다.

비타민 D가 부족하면 $1,25(OH)_2D_3$가 감소되어 혈청의 칼슘농도가 낮아지고 뼈의 칼슘 용출을 증가시킨다. 비타민 D는 장에서의 칼슘 흡수뿐 아니라 신장에서 칼슘 재흡수를 돕는다.

노인의 경우 비타민 D의 섭취가 부족하고 햇빛을 받는 시간도 적어서 비타민 D의 결핍이 흔히 관찰되며, 이것이 골절과 밀접한 연관이 있는 것으로 알려져 있다.

노화가 진행될수록 비타민 D_3의 합성능력이 감소되므로 적당량의 비타민 D를 식품으로 섭취하거나 비타민 D 보충제의 섭취도 권장한다. 비타민 D_2는 효모나 식물에, 비타민 D_3는 고등어, 간유, 난황 등 동물성 식품에 함유되어 있다.

④ 단백질

적절한 양의 단백질은 최대 골질량을 형성하고 유지하는 데 중요하지만, 과량의 동물성 단백질을 섭취할 경우 칼슘 배설을 증가시킨다. 보통 1 g의 단백질이 대사되는 경우 1 mg의 칼슘을 소변으로 배설시킨다. 또한 육류에는 인이 다량 함유되어 있기 때문에 칼슘의 배설을 더욱 촉진한다. 반면, 이소플라본을 많이 함유하고 있는 대두의 경우는 뼈에서 칼슘이 용출되는 것을 방지한다.

⑤ 식이섬유소

섬유소에 함유된 피틴과 수산은 장관 내에서 칼슘, 마그네슘, 아연, 철분 등의 흡수를 방해하고, 대변으로 칼슘 배설을 증가시킨다. 과량의 섬유소 섭취는 무기질의 흡수를 방해하고 골질량을 저하시키므로 적정량을 섭취하도록 한다.

⑥ 비타민 K

비타민 K는 뼈세포의 단백질인 오스테오칼신의 합성에 쓰인다. 오스테오칼신은 뼈 특수 단백질로 뼈기질에 분비되어 과잉석회화를 방지하는 역할을 한다. 또한 혈중 오스테오칼신은 골절의 위험을 예측하는 기준으로 작용한다. 비타민 K의 섭취가 부족한 여성

노인의 경우 엉덩이의 골절 위험이 증가한다.

⑦ 마그네슘

체내 마그네슘 저장량의 반 이상은 뼈조직에 함유되어 있다. 뼈에서 마그네슘은 칼슘 못지않게 중요한 역할을 한다. 마그네슘의 섭취가 제한될 경우, 뼈의 칼슘농도가 낮아져 골 용해를 촉진하고 골 생성을 감소시킨다.

반면, 칼슘의 과잉섭취는 마그네슘의 흡수를 방해한다. 따라서 마그네슘의 흡수를 위해 칼슘과 마그네슘 비율을 2:1 정도로 섭취할 것을 권장한다. 마그네슘은 견과류, 두류 및 곡류식품에 풍부하다.

⑧ 불소

불소는 조골세포의 수를 증가시켜 골 형성을 촉진하는 것으로 알려져 있다. 그러나 불소의 과잉섭취는 뼈를 지나치게 견고한 상태로 만들어 골경화증의 발생률을 높이고, 뼈의 힘은 감소시켜 골절률을 증가시킨다는 보고가 있다.

⑨ 나트륨

나트륨의 과량섭취는 요중 칼슘 배설을 증가시켜 골다공증의 위험을 높인다. 이때 배설되는 칼슘은 뼈에서 용해되어 나온 것이다. 노인은 짠맛에 둔감하여 과량의 나트륨을 섭취하기 쉬우며 칼슘 섭취는 부족하기 쉬우므로 골다공증의 발병률이 높다.

⑩ 카페인

카페인은 섭취 후 단기적으로 칼슘의 손실을 증가시키며, 하루 150 mg의 카페인 섭취는 칼슘 배설량을 5 mg 정도 증가시키는 것으로 알려져 있다. 대략 커피 한 잔이 3 mg 정도의 칼슘 흡수를 방해하게 되는데, 이는 한두 스푼 정도의 우유를 넣어서 마심으로써 상쇄될 수 있는 양이다.

⑪ 철

철은 교원질섬유collagenous fiber 합성에 관여하는 효소의 보조인자로서 골형성에 중요한 역할을 한다. 그러나 체내 과다한 철분 보유는 아연과 구리의 흡수를 방해하며 골질환의 위험을 증가시킨다. 특히, 칼슘과 철을 동시에 과량섭취하면 신장기능이 저하되고 골절의 위험이 더 커진다. 따라서 철이 부족한 상태가 아니면 추가 복용은 권장하지 않는다.

⑫ 스트론튬

스트론튬은 해수에 가장 많이 존재하며 해산물 kg당 25 mg 정도 포함되어 있는 미량 원소이다. 스트론튬은 골형성을 촉진하고 골용출 억제 효과도 가지고 있지만 아직까지 안전성이나 적정용량, 효능성 등에 대한 더 많은 연구가 필요하다.

알아두기

폐경기에는 여성호르몬인 에스트로겐의 급격한 감소에 따라 뼈의 흡수 속도가 더욱 가속화돼 골량의 손실이 커진다. 나이에 따른 골 손실은 매년 전체 골량의 약 1% 정도지만 폐경기에는 3~5%까지 골 손실이 일어난다. 결과적으로 일생 동안 여성은 최대 골량의 3분의 1의 골 손실이 발생한다. 폐경 후에는 골다공증 검사를 받는 것이 중요하다. 무엇보다 칼슘과 비타민 D 섭취가 필수이며 하루 30분 이상, 주 3회 이상 근육강화 운동을 하고 낙상방지 등의 노력도 병행해야 한다.

3) 뼈의 칼슘대사에 관여하는 호르몬

(1) 부갑상선호르몬

부갑상선호르몬은 뼈에서의 칼슘 용출을 증가시키고, 신장에서는 칼슘의 재흡수를 증가시킨다. 즉 부갑상선호르몬의 분비가 증가하면 뼈에서 파골세포의 수가 증가되고, 뼈에서 칼슘을 빠져나오게 하여 혈청칼슘을 증가시킨다. 또한 비타민 D의 활성화를 통해 혈중 칼슘농도를 증가시킨다.

(2) 칼시토닌

갑상선의 C세포에서 생성·분비되며, 뼈에 칼슘이 침착되는 것을 촉진하고, 뼈에서의 칼슘 용출을 억제한다. 칼시토닌과 부갑상선호르몬의 불균형은 칼슘의 흡수를 감소시키고 칼슘의 배설을 증가시켜 골손실을 일으킨다.

(3) 에스트로겐

에스트로겐은 부갑상선호르몬의 분비를 억제하고, 칼시토닌의 분비를 자극한다. 뼈에서의 칼슘 용출을 억제하므로 골다공증을 예방하는 역할을 한다.

4) 골다공증의 진단

X-선 촬영은 30~40% 이상의 골질량이 감소되어야 진단되므로 골밀도 측정기를 이용해야만 조기에 발견할 수 있다. X-선이나 방사선 동위원소를 이용하는 골밀도 측정법은 방사선이 뼈를 통과할 때 빛이 뼈에 의해 흡수되어 약화되는 원리를 이용한 방법이다.

초음파를 이용하는 방법은 초음파의 뼈를 통과하는 속도가 뼈의 밀도와 탄성률에 따라 달라지는 점을 이용한 것으로 대상 환자의 위험인자들과 각 방법의 장단점을 살펴 진단에 적용한다.

골밀도 측정기를 이용한 골다공증의 진단은 환자의 골밀도bone density가 정상 성인의 평균치에서 10% 이내로 감소된 경우를 정상으로 간주한다.

(1) 골밀도를 측정하는 방법

① Single-photon absorptiometry : 손목과 발목 부위의 측정

② Dual-energy x-ray absorptiometryDEXA : 요추와 대퇴골 근위부 촬영

③ Computed tomographyCT : 척추 부위 측정

④ Ultrasonography : 발목, 손목 혹은 손가락 부위 측정

Dual-energy x-ray absorptiometry(DEXA)

2가지의 다른 에너지를 가진 X선을 이용하여 검사하고, 대부분은 요추와 대퇴골 근위부의 골밀도를 측정한다. 측정한 골밀도를 젊은 성인의 평균 골밀도와 비교하여 표준편차를 구하는데 이를 T-score라고 하고, 이는 골다공증의 진단과 골절 위험도를 예측하는 데 흔히 이용하는 지표이다. 세계보건기구의 기준에 의하면 T-score가 −2.5 이하인 경우를 골다공증osteoporosis으로 정의하고, '−2.4~−1.1'인 경우를 골감소증osteopenia, −1.0 이상이면 정상으로 판정한다.

(2) 골밀도 변화를 추적하는 생화학 수치

① 뼈의 생성을 반영하는 검사 항목으로는 osteocalcin, alkaline phosphoatase, pro-collagen peptide가 있다.

② 뼈의 분해를 반영하는 검사 항목으로는 calcium, hydroxyproline, pyridinoline, deoxypyridinoline, telopeptides 등이 있다.

5) 골다공증의 치료

(1) 식사요법

골다공증을 예방하려면 젊었을 때 충분한 칼슘을 섭취하여 최대 골질량을 확보해 두어야 한다. 성인의 칼슘 흡수율은 25~40% 정도로, 칼슘의 흡수를 촉진하는 비타민 C가 많은 과일과 채소, 비타민 D가 많은 버섯, 간, 달걀노른자와 유당 등을 함께 섭취하는 것이 좋다. 과다한 단백질의 섭취는 피하고, 동물성 단백질보다 콩 종류의 식물성 단백질의 섭취를 하도록 한다.

(2) 운동요법

규칙적인 운동은 골다공증을 예방하는 역할을 한다. 육체적인 활동은 조골세포를 자극하여 뼈의 재생을 촉진하는데 걷기, 산보, 조깅 등 골격에 물리적인 힘이 가해지는 운동은 골질량 또는 골밀도를 증가시킨다. 하지만 골격에 무리를 주는 과다한 운동은 피하도록 한다.

(3) 칼슘보충제 복용

우유나 유제품을 통한 칼슘의 공급이 어려울 때, 칼슘보충제의 복용을 권한다. 그러나 무기질 등의 흡수 저해와 변비 등을 초래하고, 오랜 기간 칼슘보충제를 사용할 경우 이상지질혈증, 고칼슘뇨증, 요결석증 등의 증상이 나타날 수 있다. 혈중 칼슘의 농도가 높은 사람과 신결석 환자가 칼슘보충제를 복용할 경우 의사와 상의하도록 한다.

(4) 기타 약물요법

① 비타민 D

비타민 D는 칼슘의 흡수에 도움을 주고 골격의 석회화에 관여하므로 골다공증 환자에게 꼭 필요하다. 비타민 D 보충제는 칼슘과 함께 사용하지 않을 경우 독성이 있으므로 반드시 칼슘과 함께 칼시트리올을 보충하도록 한다. 또한 보충제를 사용할 경우 고칼슘뇨증, 고칼슘혈증이 나타날 수 있으므로 주의한다.

② 에스트로겐

골다공증 환자 중 폐경기 여성에게는 호르몬의 치료가 가장 중요하다. 여성호르몬인 에스트로겐은 뼈의 용출을 억제하여 뼈손실을 방지하고 뼈의 생성을 촉진한다. 대두식품에 풍부하게 함유되어 있는 이소플라본은 에스트로겐의 화학구조와 유사하여 식물성 에스트로겐으로 작용하며 뼈손실 억제효과가 있다.

③ 칼시토닌

칼시토닌calcitonin은 부갑상선호르몬의 효과를 방해하여 파골세포의 작용을 억제, 뼈손실을 감소시킨다. 칼시토닌의 치료는 특히 요추뼈의 골밀도를 증가시키며 골다공증의 재발을 방지한다. 통증이 심한 경우에도 증상완화에 도움이 되지만 가격이 비싸다.

④ 비스포스포네이트bisphosphonate 제제

골흡수억제제로서 가장 많이 사용되며, 파골세포의 과도한 골흡수를 억제시켜서, 골밀도 감소 억제와 골절 예방효과가 있다. 부작용으로 장기사용시 턱뼈괴사 등이 있다.

⑤ 선택적 에스트로겐 수용체 조절제selective estrogen receptor modulator, SERM

SERM은 우수한 골절 감소효과를 보이며, 골감소증 환자에 대한 적응증을 보유하면서, 초기부터 안전하게 골다공증 예방과 치료가 가능하다.

뼈를 건강하게 하려면 어떻게 할까요?

1. 편식하지 않고 여러 가지 식품을 골고루 섭취한다.
2. 칼슘이 많이 함유된 식품을 하루 2~3차례 이상 섭취한다.
3. 비타민 D를 충분히 섭취한다.
4. 과다한 단백질의 섭취를 삼가한다.
5. 과다한 양의 섬유소 섭취는 피한다.
6. 음식은 되도록 싱겁게 먹는다.
7. 과음을 피한다.
8. 담배를 피우지 않는다.
9. 커피, 탄산음료, 인스턴트 식품의 과도한 섭취를 피한다.
10. 정상체중을 유지한다.
11. 체중이 실리는 운동을 규칙적으로 한다.

3. 골격계 질환

1) 관절의 구조와 기능

관절joint이란 골격의 구성요소가 서로 결합되어 있는 부위 또는 그 구조를 뜻한다. 즉 두 개 이상의 뼈가 연결되는 부위로서, 보통 각각 독립적으로 움직이게 되어 있다.

관절염은 주로 활막관절에 의해 발생하는데, 활막관절은 무릎, 손가락, 고관절 등 움직임이 많고 자유로운 관절로서 관절연골, 관절을 싸고 있는 관절낭, 인대 등으로 이루어져 있다.

관절낭 안쪽을 둘러싸고 있는 활막은 활액을 분비하는데, 류머티즘성 관절염의 경우에는 활막이 관절낭의 전면에 지나치게 자라나 연골을 침범하며 관절을 망가트리는 생화학 물질을 분비한다.

2) 골관절염

(1) 골관절염의 이해

골관절염osteoarthritis은 퇴행성 관절염으로 많이 알려져 있으며 관절염 중 가장 흔하다. 비만, 여성, 노화, 백인, 낮은 골밀도, 과다한 관절 사용으로 인한 손상 등이 위험요인으로 작용한다. 골관절염은 만성적인 관절질환으로, 관절을 형성하는 연골이 손상되면서 생기는 관절통과 관절의 변형을 초래한다.

연골은 정상적으로 부드럽게 움직여야 하는데, 연골이 손상되면 부종, 통증, 관절의 변형 등이 나타나며 관절이 점차 약화되어 뼈가 비정상적으로 자라게 된다. 골관절염은 팔과 다리의 관절, 엄지손가락에 많이 생기며, 특히 체중을 지탱하거나 자주 사용하는 무릎·척추·고관절에서 많이 발생하며, 체중과다거나 비만인 사람에게서 자주 나타난다.

(2) 진단

대부분의 골관절염은 X-ray 검사로 진단하지만 미묘한 마모의 정도나 정확한 마모의 위치를 진단하기 위해서는 MRI 검사를 받아야 한다. 연골이 마모된 이후에는 진행 상태

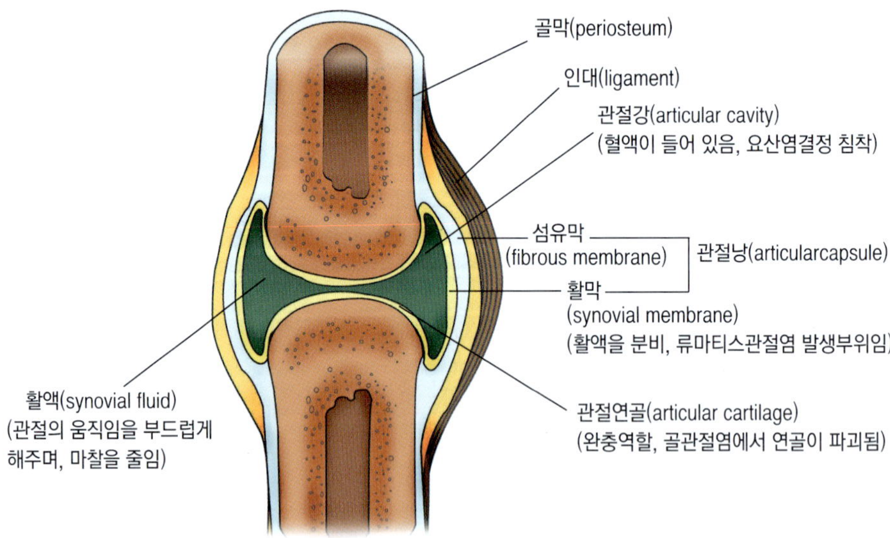

그림 10-3 관절의 구조

에 따라 수술이 진행되기도 한다.

(3) 원인

골관절염은 여러 복합적인 원인에 의해 발생하며 유전적인 요인이 작용하기도 한다. 연골에는 연골세포가 있는데, 이 세포는 연골을 합성하고 분해하는 역할을 같이 하고 있다. 출생 당시 연골세포는 합성의 역할을 주로 하지만, 태어난 후 걷기 시작하면서부터는 합성과 분해 역할이 균형을 이루게 된다. 그런데 여러 요인에 의해 합성보다 분해의 역할이 커져 균형이 깨지면서 골관절염이 발병하게 되는 것이다.

골관절염은 관절의 과다사용으로 발병하며, 비대칭적인 염증으로서 연골이 파괴된다. 반면, 류머티즘성 관절염은 전신적 자가면역성 질환으로서 모든 관절에서 발생할 수 있다.

(4) 증상

초기 증상으로는 관절 부위가 뻣뻣해지고 가벼운 통증이 있으며, 춥고 습기가 많은 날에는 증상이 더 심해진다. 관절을 많이 사용한 날의 저녁에는 더욱 심한 통증을 느낀다. 관절이 붓거나 관절 주위에 통증과 열이 나며, 관절에 물이 차기도 한다.

(5) 식사요법

치료는 관절의 통증을 감소시키고, 관절의 변형과 파괴를 예방하며 질병의 진행속도를 늦추는 것이 필요하다. 치료의 방법으로는 약물요법, 물리치료, 식사를 통한 체중조절, 운동요법 및 수술요법 등이 있다.

약물요법은 비스테로이드성 항염증제non-steroid anti-inflammatory drugs : NSAIDs, 스테로이드제와 아스피린, 아세트아미노펜과 같은 진통제 등을 사용하는데, 최근에는 이러한 약품의 사용을 줄이기 위한 대체요법으로 글루코사민glucosamine, 황산콘드로이친chondroitin sulfate, 허브, 오일 등이 사용되고 있다. 이들 대체요법을 통해 관절의 통증과 움직임이 개선되었다는 보고가 있다.

글루코사민은 1,500 mg/일, 황산콘드로이친은 1,200 mg/일이 안전용량으로 보고되고 있다. 그러나 당뇨 환자나 인슐린의 저항성이 있는 환자는 글루코사민이 인슐린에 부정적인 영향을 줄 수 있으므로 권장되지 않는다. 또한 황산콘드로이친은 혈류개선제와 함께 복용할 경우 과다출혈의 위험이 있으므로 유의한다.

비만하거나 과체중인 사람은 골관절염 발생률이 높으므로 정상체중으로 감량해야 하며 운동요법으로 관절 주위 근육의 강도를 높여 주는 것이 필요하다. 그러나 증상이 악화될 정도의 심한 운동은 피해야 한다. 스트레칭이나 수영, 아쿠아에어로빅 등 체중부하가 없는 유산소운동을 권장하고, 필요시 운동처방사의 도움을 받는다. 관절을 보호하는 운동 프로그램과 보조기구를 사용한 물리치료를 병행하도록 한다.

수술요법으로는 연골을 재생시키는 세포이식, 건강한 세포를 끌어내는 방법, 연골을 이식하는 수술, 조직을 만들어서 넣어 주는 방법이 있고, 그 외 금속을 씌워 관절을 보호하는 관절성형술arthroplasty과 인공관절artificial joint로 바꾸는 인공관절치환술joint arthroplasty도 있다. 수술요법이 증상개선에 도움을 주지만 적정체중의 유지와 운동도 병행해야 한다.

Q1. 글루코사민은 정말 효과가 있나요?

A1. 한국에서 시판되고 있는 대부분의 글루코사민은 약품이 아닌 식품으로 분류된다. 제약회사에서 나오는 제품을 제외하고는 구성 성분부터 제조업체마다 다르고, 치료효과에 대한 검증 자체도 불확실하다. 다만 미국국립보건원에서 연구한 바에 의하면 글루코사민과 콘드로이친을 동시에 복용했을 때 통증 감소의 소견은 보이나, 질병치료에는 도움이 되지 않는다고 보고되었다. 하지만 관절염은 발생 초기부터 정확하게 진단할 방법이 없고 이런 검증 시스템에도 한계가 있어, 검증 결과를 얼마나 확신해야 하는가에 대해서는 아직도 논란이 되고 있다.

Q2. 관절염에 좋다고 알려진 식품들은 효과가 있나요?

A2. 관절염에 좋다고 알려진 민간요법 식품들로는 상어지느러미, 도가니 등이 있다. 식품으로 섭취하는 연골제제들은 과학적인 근거가 밝혀지지 않은 것이다. 다만, 콩, 아보카도 등의 식품은 관절염에 효과가 있는 것으로 알려져 있으나 아직 확실하게 검증이 된 것은 아니며, 연구대상에 포함된 식품이기도 하다.

Q3. 연골건강은 어떻게 유지하나요?

A3. 연골을 건강하게 잘 지키려면, 연골세포의 균형을 잘 유지하는 것이 가장 좋은 방법이다. 연골은 기계적 자극이 필요한 세포인 만큼 관절운동을 통해 꾸준히 기계적인 자극을 준다면 연골세포가 건강해진다. 또한 연골세포는 활액막의 영양소가 필요하므로 관절에 염증이 생기지 않도록 주의하고, 연골에 도움이 되는 약이나 식품을 섭취하는 것도 도움이 된다.

또한 비만이 되지 않도록 적절한 에너지 섭취와 양질의 단백질을 섭취하도록 한다. 지속적인 산화에 의한 세포손상은 많은 퇴행성 변화를 가져오는데 비타민 C, 비타민 E, 베타카로틴, 셀레늄 등의 항산화영양소는 골관절염의 치료에 도움이 될 수 있다. 비타민 D와 칼슘 등의 비타민과 무기질을 공급하여 골다공증과 골연화증의 합병증을 예방하도록 한다.

3) 류머티즘성 관절염

(1) 류머티즘성 관절염의 이해

'류머티스'이라는 말은 희랍어인 '류마Rhewma'에서 유래된 말로 그 뜻은'병을 일으키는 나쁜 액성 물질'이다. 또한 예전에는 '질병에 의한 고통이나 동통'을 뜻하는 말로도 사용했다. 그만큼 류머티즘성 관절염rheumatoid arthritis은 심한 통증을 동반하는 질환이다.

류머티즘성 관절염은 관절의 활막액에서 발생한다. 활막액이 감염되어 연골을 파괴하고 관절의 변형을 가져오며 다른 관절까지 퍼져서 골이나 연골조직에 심한 손상을 가져오는 자가면역성 질환이다. 흔히 손, 발, 무릎 등의 관절에서 대칭적으로 나타나며 세 개 이상의 관절에 이상이 생기면 다발성 류머티즘성 관절염이라고 한다. 남자보다 여자에게서 더 많이 발생하여 류머티즘성 관절염 환자의 80%가 여성이다. 주로 20~50세 성인에서 많이 발병하며, 어린아이에게서 발병하는 경우도 있다.

표 10-4 관절염의 종류별 특징

	퇴행성 관절염	류머티즘성 관절염
증상	• 주로 움직일 때 통증 • 많이 사용하는 관절을 중심으로 통증 심함 • 열은 거의 없음	• 움직이지 않으면 통증이 거의 없음 • 아침에 관절이 뻣뻣해지는 느낌의 통증 • 국소발열
통증 부위	• 무릎, 척추, 고관절 • 체중을 지탱하는 부위	• 손, 발, 무릎 등의 모든 관절 • 전신적 자가면역성 질환으로 체중 지탱과는 무관
발병연령	• 노화로 발병하므로 50세 이상에 많음	• 20~45세 • 남자보다 여자에게서 더 많이 발생
진행정도	• 병의 진행이 류머티즘성 관절염보다 느리며 서서히 진행	• 다발적으로 온몸에서 일어나기도 함 • 병의 진행이 2~3년 정도로 급격히 진행

(2) 원인

류머티즘성 관절염은 유전적 요인과 환경적 요인이 복합적으로 관련되어 나타나므로 정확한 요인은 알려지지 않았으나, 가장 유력한 내용은 '자가면역' 현상이라는 학설로서 인체 면역기능에 이상이 생겨 관절에 염증이 생기는 현상을 의미한다. 류머티즘성 관절염은 전신성 질환이고, 증상이 주로 관절에 나타나는 질환이다.

류머티즘성 관절염의 발병에 기여하는 유전자가 발견되었으나, 이 유전자를 보유하고 있는 사람 모두에게서 발병되지는 않으며 박테리아나 바이러스 등에 감염되면 발병하는 것으로 보인다. 여성의 경우에는 임신, 수유, 피임 시에 나타나는 호르몬의 변화 등과 관련이 있는 것으로 알려졌다.

(3) 증상

류머티즘성 관절염의 증상은 대개 신체가 피로하거나 쑤시고 저리며 뻣뻣해지는 증상으로 시작된다. 한 개 이상의 관절에 부종이 생기거나 반복적으로 관절통증을 경험한다면 류머티즘성 관절염을 의심해야 한다. 특히, 아침에 관절의 강직이 30분 이상 지속되는 현상이 60일 이상 계속되면 류머티즘성 관절염으로 진단한다.

류머티즘성 관절염은 골관절염보다 발병률은 낮지만 증상은 훨씬 심하다. 발병 초기에는 증상이 거의 없지만 점차 진행되면서 손이 비틀어지거나 관절이 붓는 증상이 나타난다.

류머티즘성 관절염이 심할 경우 심각한 통증이 수반되며 관절이 변형된다. 관절이 망가져 변형된 모습으로 굳으면 관절을 정상적으로 움직이지 못하며, 심할 경우에는 인공관절 대치수술을 받아야 한다.

(4) 진단

환자가 호소하는 증상을 살펴보며 신체를 진찰한 후 류머티즘 인자를 검사하는 혈액검사와, 관절염의 병명을 진단하는 관절염 검사를 시행한다. 병이 진행되고 있는 경우나 관절에 손상이 있는 경우에는 X-ray 검사로 확인한다. 경우에 따라서는 염증이 일어난 관절 조직이나 결절 조직을 생검하기도 한다.

(5) 약물치료 및 식사요법

류머티즘성 관절염의 치료 관건은 조기 발견과 치료이다. 또한 치료의 목표는 통증의 완화, 염증의 감소, 골과 연골의 손상 방지와 기능 유지, 전신증상을 조절함과 동시에 관절의 기능 손실을 최소화하여 정상적인 생활이 가능하도록 하는 것이다. 관절 보호를 위한 부목이나 근력강화를 위한 운동 등의 물리치료가 부분적으로 도움이 되지만, 통증과 염증조절을 위한 약물치료가 주된 치료방법이다.

① 약물치료

류머티즘성 관절염의 통증과 염증을 감소시키기 위한 약물로는 비스테로이드성 항염증제인 살리실레이트salicylates, 아스피린aspirin, 부루펜 등이 있다. 부작용으로는 위장장애, 간장애, 신장기능장애 등이 있다.

스테로이드제로는 프레드니손prednisone이 있으며 강력한 소염진통의 효과가 있으나, 장기간 복용하면 보름달형의 얼굴moon face과 같은 쿠싱증후군Cushing's syndrome을 보일 수 있으며 골다공증의 위험이 커져 심각한 부작용을 초래한다.

류머티즘성 관절염의 진행을 억제하기 위해 항류머티즘성 약제disease modifying antirheumatic drugs를 사용한다. 항류머티즘성 약제로는 페니실라민Penicillamine, 골드 컴파운드Gold compound, 하이드록시클로로퀸Hydroxychloroquine, 설파살라진Sulfasalazine, 메토트랙세이트Methotraxate : MTX 등이 있다. 이 가운데 메토트랙세이트가 흔히 사용되는데, 일부 환자에게는 위장관장애, 구강궤양, 간기능 이상, 면역억제 등의 부작용이 나타날 수 있으므로 복용 시 정기적인 추적검사를 시행해야 하며, 엽산 복용 시에는 약제의 효과와 관계없이 부작용이 완화되는 효과가 있다.

② 식사요법

관절의 염증으로 인해 식사준비가 힘들 수 있으며, 구강과 턱관절에 염증이 있을 경우 저작에도 문제가 생길 수 있다. 또한 염증으로 인한 대사율의 증가로 영양요구량이 증가되어 섭취량이 부족할 수 있다.

구강과 코점막의 건조로 인하여 입맛이 변하고 연하곤란과 식욕부진 및 통증으로 식사

섭취량이 줄어든다. 증상에 따라 적절한 식사요법을 시행하고 지속적으로 추적·관찰하는 것이 필요하다.

에너지

염증 반응으로 인한 대사율의 증가는 정확하게 알려져 있지 않으며 활동 정도에 따라 에너지필요량을 정한다. 이상체중을 유지하도록 하는 열량 섭취가 필요하다.

단백질

류머티스 환자의 경우 체단백의 분해가 증가하는데, 이는 성장호르몬인자growth hormone factor, 글루카곤 및 TNT-α 생성 등에 의한 것으로 추정된다. 따라서 1.5~2.0 g/kg/일 정도의 단백질 섭취가 적절하다.

지방

식사 중 지방을 현저하게 감소시키기보다는 지방의 형태를 바꾸는 것이 바람직하다. 등푸른 생선과 같은 오메가-3지방산의 보충이 장려되고 있는데, 이는 오메가-3지방산에 항염증성 기능이 있기 때문이다. 이외에도 올리브유와 달맞이꽃종자유 등이 항염증효과가 있다. 류머티즘성 관절염 환자의 상당수가 고혈당, 고혈압, 고호모시스테인혈증 등과 같은 심혈관계 질환에 노출되어 있으므로 포화지방과 트랜스지방 및 콜레스테롤이 많은 식품은 피하도록 한다.

비타민과 무기질

류머티즘성 관절염 환자는 칼슘과 비타민 D의 흡수가 불량하여 뼈의 무기질이 손실되는 것이 특징이다. 또한 칼슘, 비타민 D, 엽산, 비타민 E, 아연, 셀레늄, 비타민 B군 등을 보충하도록 한다. 이들 비타민과 무기질의 부족은 골다공증이나 골연화증과 같은 합병증을 빈번하게 초래하기도 한다. 하지만 비타민 D를 과량으로 공급할 경우 신장결석 같은 부작용을 일으킬 수 있으므로 유의해야 한다.

또한 류머티즘성 관절염의 진행을 억제하기 위한 약물인 메토트랙세이트나 아스피린을 사용하는 환자의 경우, 엽산의 결핍이 초래되어 고호모시스테인혈증이 유발될 수 있으므로 유의해야 한다.

허브와 대체요법

달맞이꽃종자유에 포함되어 있는 오메가-6지방산인 감마리놀렌산gamma linolenic acid은 아라키돈산으로 전환된다. 오메가-3지방산과 오메가-6지방산은 같은 효소에 대해 경쟁하므로 상대적인 섭취비율이 중요하다. 오메가-3지방산의 섭취량이 높으면 아침의 뻣뻣한 강직과 관절 통증이 완화되었다는 보고가 있다.

Q. 류머티즘성 관절염을 예방하려면 어떻게 해야 할까요?

A. 류머티즘성 관절염을 예방하려면 먼저 튼튼한 관절을 만드는 것이 중요하다. 관절을 보호할 수 있는 자전거 타기, 수영, 걷기 등으로 꾸준히 운동하는 것이 좋은 방법이다. 이 외에도 관절을 보호하는 기본원칙에 맞게 생활하는 것이 중요하다. 관절에 무리가 가는 일은 삼가도록 한다. 관절의 운동 범위와 근력을 유지하는 것도 중요하다. 관절의 변형을 불러오는 자세를 피하고, 오랫동안 같은 자세를 유지하지 않도록 노력한다. 또한 작은 관절보다는 힘센 관절과 근육을 사용하는 것도 좋은 방법이다.

4) 통풍Gout

(1) 통풍의 이해

통풍은 고대부터 잘 알려진 대사병으로서 알렉산더 대왕, 루이 14세, 뉴턴, 다윈이 이 질환을 앓았던 것으로 기록되어 있다. 통풍은 체내 퓨린 대사의 이상으로 그 최종 대사산물인 요산uric acid이 비정상적으로 체내에 축적되는 질환이다.

요산나트륨이 연골과 관절 및 조직에 축적되어 통풍결절이 형성되며, 염증과 극심한 통증을 유발한다.

통풍은 여자보다는 35세 이상의 남자에게 많다. 여성에게도 폐경기 이후 발병 가능성이 증가하기 때문에 연령대가 높아지면 발병률이 비슷하다. 통풍은 비만 환자에게서 많이 발생하며 과식, 과음, 심한 운동 시에도 증상이 나타날 수 있다.

(2) 원인

혈중요산은 음식섭취로 말미암은 외인성 요산과, 신체 내에서 분해되어 유래되는 내인성 요산이 있다. 혈중요산의 농도는 요산의 생성량과 배설량의 균형에 의해 조절되는데,

체내 요산 생성이 증가하거나 요산 배설이 감소하여 체내요산이 과잉 축적됨으로써 발생한다.

혈중요산치에 더 중요한 역할을 하는 것은 내인성 요산인데, 매일 대사되는 퓨린의 2/3 정도는 내인성이고 1/3 정도는 외인성이다. 통풍은 대개 장기간 혈중요산 농도가 높게 지속되다가 증상이 나타난다.

심장, 간, 콩팥, 뇌와 같은 내장 부위와 육즙, 등푸른 생선, 조개, 멸치국물 및 곡류와 두류의 배아 등의 섭취 후에 요산이 다량 생산된다. 체내 세포가 파괴되어 핵산으로부터 과량의 요산이 생성되거나 기아, 스트레스, 과량의 알코올 섭취, 과식, 과로, 육류의 과다 섭취, 티아지드계 이뇨제 및 항결핵제의 사용으로 요산 배설이 감소될 경우에도 통풍이 발생한다.

(3) 증상

통풍의 증상으로 관절의 연골이나 관절 부위의 연부조직에 요산이 침착하고 귓바퀴, 발가락, 손가락 관절, 팔꿈치의 관절 등에 통풍결절이 생성된다. 통풍이 진행되면 통풍의 주기가 빨라지고 발열과 오한, 두통 등이 나타난다.

통풍결절이 커져서 서로 융합하게 되면 관절조직을 파괴시켜 만성관절염을 유발한다. 또한 장기에 침범하여 고요산혈증, 통풍성관절염, 통풍성신우염, 통풍성신결석을 유발한다. 통풍은 고혈압, 비만, 동맥경화, 이상지질혈증, 당뇨병 등 여러 질병과 관련이 있으며, 특히 비만과 밀접한 관계가 있다.

(4) 약물치료 및 식사요법

① 약물요법

통풍의 급성발작 및 염증을 조절하는 약물은 콜히친colchicine, 비스테로이드성소염제, 스테로이드제 등이 있다. 콜히친의 부작용으로는 설사, 오심, 구토 등이 있으며 비스테로이드성 소염제인 인도메타신indomethacin은 소화불량, 두통, 발진 등이 부작용으로 동반된다. 심한 증상을 보일 때는 스테로이드제를 투여한 다음 증상이 호전되면 단시간 내에 용량을 줄이며 중단한다.

혈중요산을 감소시키는 약물로는 요산 형성을 방해하는 알로퓨리놀allopurinol이 있으며, 그 부작용으로는 피부발진과 위장장애가 있다.

요산 배설이 촉진되도록 하는 약물인 프로베네시드probenecid는 통풍결절을 용해시키며 관절 내 요산의 침착을 방지하는 것이다. 이 약물의 부작용은 식욕부진, 오심, 구토, 위장장애, 신결석 형성 위험이 증가하기 때문에 충분한 수분을 섭취하여 소변 내 요산의 농도를 희석시키도록 한다.

② 식사요법

통풍의 식사요법은 퓨린purine 함량이 높은 식품의 섭취를 엄격히 제한하고 수분섭취를 증가시켜 퓨린의 배설을 증가시킨다. 비만한 사람의 경우 체중 감량을 통해 정상체중을 유지하여 인슐린 민감도를 증가시킨다. 그러나 급격한 체중 감소는 오히려 케톤체의 생성을 촉진해 요산 배설을 억제한다.

육류, 내장, 등푸른생선, 멸치, 멸치국물, 고기 국물, 해산물, 알코올의 섭취를 제한하고 식품의 1회 섭취량을 조절한다. 이상지질혈증의 경우 단순당의 섭취를 감소시키도록 한다. 전체 단백질 섭취량보다도 육류와 해산물의 섭취량이 증가하면 혈액 내 요산이 증가한다.

심한 통풍 환자는 1일 100~150 mg 정도로 퓨린의 섭취량을 제한한다. 또한 요산 배설을 촉진하고 신결석의 형성을 최소화하기 위해 하루 2.8~3 L의 수분을 섭취하도록 한다.

고탄수화물식·중단백질·저지방식을 권장하며, 이는 요산 배설이 탄수화물에 의해서 증가하고 지방에 의해서는 감소하는 경향이 있기 때문이다. 저지방 유제품·비타민 C는 통풍의 예방효과가 있는 것으로 보이며, 맥주의 섭취는 혈액 내 요산농도를 상승시켜 통풍의 위험을 증가시킨다. 알코올은 퓨린 생성을 증가시켜 고요산혈증과 고산성혈증을 유발하고 요산 제거를 방해한다. 저녁 늦게 과식하는 것은 삼가야 하는데, 이는 요산결석 형성을 촉진할 우려가 있기 때문이다.

표 10-5 퓨린 함량에 따른 식품 분류

식품군	제1군(0~50 mg)	제2군(50~150 mg)	제3군(150~800 mg)
곡류	곡류(오트밀, 전곡 제외), 빵	-	-
어육류	달걀, 치즈	고기류, 가금류, 생선류, 조개류, 두류	내장부위, 육류, 조개, 고기국물, 등푸른 생선, 멸치, 멸치국물, 엔초비
채소류	2군 제외 채소	시금치, 버섯, 아스파라거스	-
지방류	-	-	-
우유류	우유	-	-
과일류	과일류	-	-
기타 설탕	-	-	

CHAPTER

11

신경계 질환

1. 신경계의 이해

2. 신경계 질환

이 장을 보기 전에

신경계는 사고 · 기억 · 판단 · 감각 · 운동 · 인지 · 대화 · 행동 · 인격을 관장하는 중추로서, 신체 내 · 외부에서 일어나는 자극을 받아들이고 지각 · 감각 · 운동 · 정신 작용으로 자극에 적절하게 반응함으로써, 신체 여러 체계의 기능에 직접적인 영향을 미친다. 신경계의 다양한 장애는 즉각적으로 생명을 위협할 뿐만 아니라, 신경학적 결손과 같은 심각한 합병증을 일으켜 정서적 · 심리적 변화와 사회적 · 경제적 문제를 일으킨다.

학/습/목/표

1. 신경의 구조와 기능을 이해한다.
2. 신경계 질환의 종류 및 원인을 학습한다.
3. 질환의 원인과 증상에 따른 식사요법을 계획한다.

1. 신경계의 이해

신경계는 중추신경계와 말초신경계로 구성된다. 중추신경계는 뇌와 척수로 구성되고, 말초신경계는 뇌신경·척수신경·자율신경계로 구성되며, 자율신경계는 다시 교감신경과 부교감신경으로 나뉜다.

1) 신경계의 기본 구조

신경계의 기본단위는 뉴런neuron이라는 신경세포인데, 뉴런은 세포체cell body와, 자극을 받아들이는 수상돌기dentrites, 자극을 전달하는 축삭axon으로 구성되어 있다그림 11-1.

신경세포의 자극은 세포막의 활동전위를 통해 전달되며, 한 뉴런의 축삭에서 다른 뉴런의 수상돌기로 자극이 전달된다. 이 축삭과 수상돌기의 연접을 시냅스synapse라 하며, 시냅스전 뉴런의 축삭 말단에서 다양한 신경전달물질이 방출되어 화학적 시냅스를 형성한다.

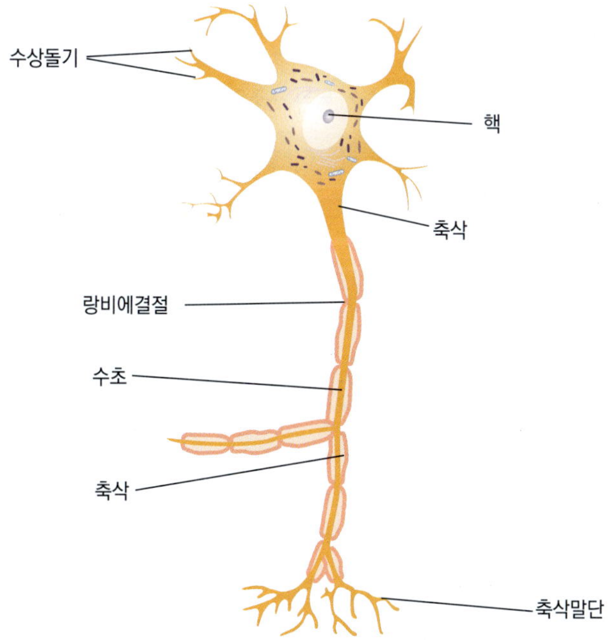

그림 11-1 뉴런의 구조

2) 중추신경계 : 뇌와 척수

성인의 뇌 무게는 체중의 약 2%인 1,300~1,500 g이다. 뇌brain는 작용과 기능에 따라 대뇌·소뇌·간뇌·뇌간으로 구분되고, 뇌간brain stem은 중뇌·뇌교·연수로 구성된다그림 11-2.

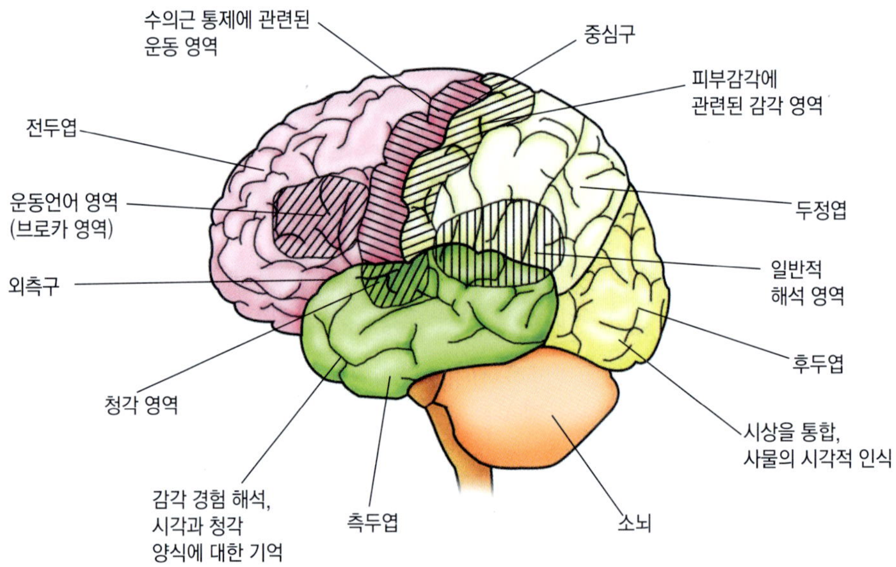

그림 11-2 뇌의 구조와 기능

척수는 뇌간과 연결되며 길이는 약 40~45 cm, 지름은 약 1 cm, 무게는 25 g인 원주상의 연한 백색 장기이다. 척수는 상행로와 하행로로 구성되어 있다.

3) 말초신경계 : 척수신경, 뇌신경, 자율신경계

(1) 척수신경spinal nerve

척수신경은 척수 양쪽에서 분지되며 기점에 따라 8쌍의 경신경cervical nerves, 12쌍의 흉신경thoracic nerves, 5쌍의 요신경lumbar nerves, 5쌍의 천신경sacral nerves, 1쌍의 미신경coccygeal nerve으로 구성된 총 31쌍의 신경이다. 척수의 후근은 감각정보를 전달하고(구심성), 전근은 운동정보를 전달한다(원심성).

(2) 뇌신경cranial nerves

뇌신경은 뇌저에서 나와 12쌍으로 구성되어 있으며, 감각신경·운동신경·혼합신경으로 구성되어 있다. 뇌신경 중 제10뇌신경인 미주신경은 내장기관을 관장하는 부교감신경계를 구성한다.

(3) 자율신경계autonomic nervous system

자율신경계는 내장·혈관·샘에 분포되어 있고 무의식적으로 작용하며, 호흡·소화·순환·대사·체온·분비·생식 등 생명유지를 위한 항상성을 유지하는 데 중요한 역할을 한다. 자율신경계는 교감신경계와 부교감신경계로 구성되며, 서로 길항작용을 한다.

(4) 교감신경계sympathetic nervous system

교감신경계는 신체가 응급상황에 재빨리 반응할 수 있게 돕는다. 공포나 분노는 교감신경계를 자극하여 스트레스에 대한 신체 반응을 강화하기 위해 에피네프린epinephrine과 노르에피네프린norepinephrine을 분비하고 심박동과 수축력을 증가시키며, 골격근 혈관 확장, 혈관 수축과 혈당 상승, 땀 분비 증가, 신혈관 수축, 갑상선 자극 등을 일으킨다.

(5) 부교감신경계parasympathetic nervous system

부교감신경계는 교감신경과는 반대로, 에너지를 절약하여 신체에 저장하는 작용을 한다. 즉 심장 수축력을 감소시키고, 장의 연동운동을 증가시키며, 괄약근을 긴장 이완하여 소화와 영양소의 흡수를 지연한다. 부교감신경의 신경전달물질은 아세틸콜린acetylcholine이다그림 11-3.

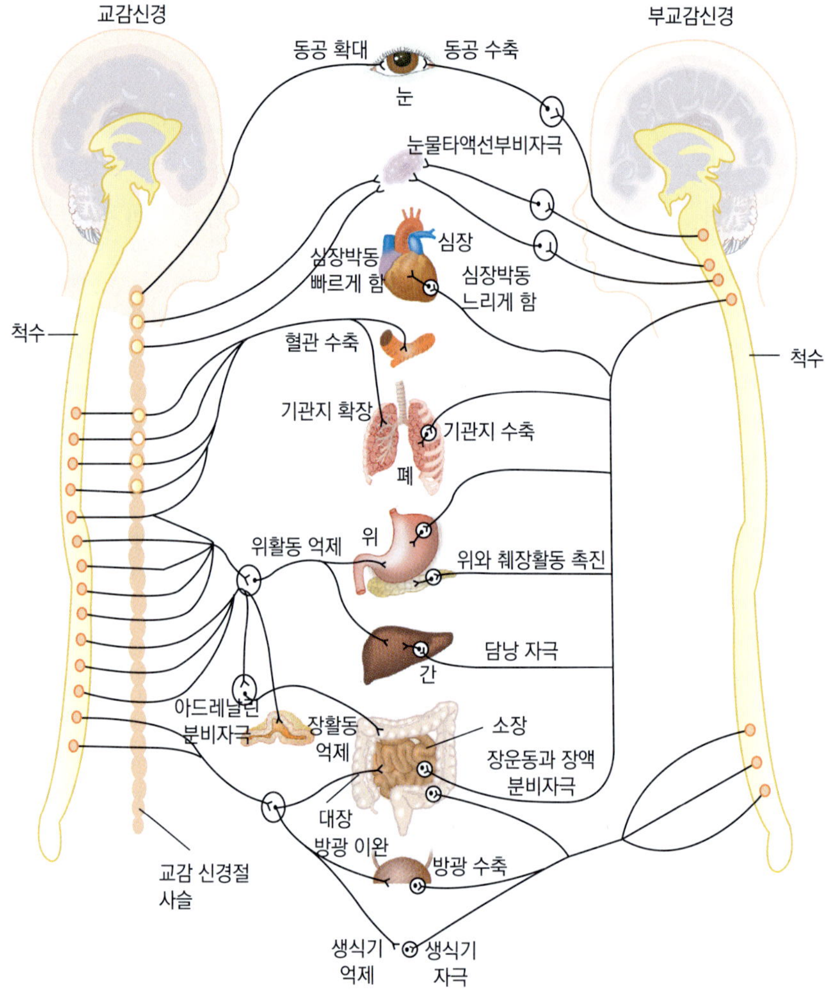

그림 11-3 자율신경계

2. 신경계 질환

1) 간질epilepsy

(1) 원인

발작seizure은 뇌신경세포가 급작스럽게 과도한 전기를 방출시켜 일어나는 경련, 감각

장애, 의식불명 등의 신경계 증상을 말하며 이러한 발작이 반복적으로 나타나는 질환을 간질이라고 한다. 간질은 유전, 출생 시의 뇌 손상, 머리의 외상, 뇌의 감염, 열성 경련, 알코올의존증, 중금속 중독, 혈액의 성분 이상(저칼슘혈증, 저마그네슘혈증, 저혈당증 등), 뇌출혈, 뇌경색, 치매 등에 의해 발생하며, 원인을 알 수 없는 경우가 50%나 된다. 우리나라의 간질 환자는 약 30만~50만 명으로, 대부분 어린이와 노인에게서 증상이 나타난다.

(2) 증상

간질의 전형적인 증상인 발작은 전신발작과 부분발작으로 나뉜다. 전신발작은 아무런 전구증상 없이 갑자기 의식을 잃고 쓰러지며, 전신의 근육에 수분 정도 경련이 일어난다. 부분발작은 스스로 전구증상을 느끼며 손, 발, 입 등에 자신도 모르는 반복적인 행동을 보이는 경우가 흔하다.

(3) 치료

간질의 치료는 항경련성 약물을 사용하는데 이 중 페노바르비탈phenobarbital, 페니토인phenytoin, 프리미돈primidone 등은 간에서 비타민 D 대사를 증가시켜 칼슘의 장내 흡수를 방해한다. 따라서 장기간 약물치료를 받는 경우 골연화증, 구루병이 생길 수 있으므로 비타민 D의 보충이 필요하다.

엽산 보충은 페니토인 대사를 방해하여 약효를 떨어뜨린다. 경관급식을 진행할 때에는 페니토인의 흡수가 억제되므로, 이때는 약물의 용량을 크게 증가시켜야 한다. 약물 투여 전후 2시간 동안 경관급식을 중지하면 저용량으로 약물의 흡수를 증가시킬 수 있다.

(4) 식사요법 : 케톤식ketogenic diet

간질의 기본적인 식사요법은 항경련성 약제와 함께 균형 잡힌 적절한 식사를 공급하는 것이다. 약물에 대한 내성이 없거나 항경련제 약제에 대하여 전혀 반응이 없는 일부 환자들에게는 케톤식이 발작을 조절하는 데 도움이 된다. 이는 혈장 내 케톤체의 수준이 높을 때 항경련성 효과가 있기 때문에 케톤증ketosis을 유도하도록 식사를 공급하는 것으로, 10세 이하의 아동에서 효과가 크다.

케톤식은 당질을 엄격하게 제한하고 지질을 총 에너지 섭취량의 80~90%까지 증가시킨다. 일반식사는 케톤성ketogenic인 지방과 항케톤성antiketogenic인 단백질 및 탄수화물의 비율이 1:3 정도이나 경련seizure을 조절할 수 있을 만큼의 케톤증을 유발하기 위해서는 3~5:1 정도까지 조절되어야 한다. 급속한 케톤증을 유도하기 위해서는 일정 기간의 절식이 필요한데, 3~5일의 절식기간에는 제한된 양의 물, 고기국물, 차, 과일, 180~240 mL 정도의 무가당 오렌지주스를 공급한다.

좀 더 쉽게 케톤증을 유발하기 위해 중간사슬중성지방MCT oil을 사용할 수도 있다. 단백질은 어린이의 적절한 성장이 이루어질 수 있도록 1~1.2 g/kg을 공급하며, 당질은 총 에너지의 10% 미만으로 극히 소량만을 공급한다. 수분은 65 mL/kg 정도로 제공하며 하루 섭취량이 2 L를 넘지 않도록 한다.

케톤증이 유발된 경우 소변에는 옥살산oxalic acid, 디아세트산diacetic acid, 아세톤acetone 등 케톤체ketone body를 배설하게 된다. 케톤식을 할 경우 메스꺼움과 구토, 설사, 체중감소, 과민반응 등의 부작용이 나타날 수 있으며, 심한 경우에는 호중구의 기능 저하로 감염되거나, 저혈당증이 나타날 수도 있다.

케톤식은 극도로 맛이 없기 때문에 어린이들이 섭취하기 매우 어렵고, 성인의 경우에도 오랜 기간 섭취하는 것이 어렵다. 따라서 식사를 맛있게 하기 위해 다음의 노력이 요구된다.

- 버터, 기름, 지방을 소화하기 어려운 경우 소화제를 처방한다.
- 열량이 적은 감미료로 단맛을 낸다.
- 얼린 크림에 적당량의 과일주스와 인공감미료를 섞어 아이스크림을 만든다.
- 크림과 달걀을 이용하여 커스터드나 에그노그를 만든다.
- 크림과 채소즙을 혼합한 크림수프를 만든다.
- 젤라틴을 사용한 후식으로 식욕을 돋운다.
- 마요네즈와 기름을 이용한 샐러드를 만든다.
- 버터나 마가린을 익힌 채소와 함께 공급한다.

2) 치매Dementia

치매는 일상생활에 지장을 주는 기억과 인지능력이 점차적으로 소실되는 상태를 말하며, 뇌의 병변 때문에 발생하는 증후군이다. 정상적인 노화과정에서 나타나는 생리적인 건망증과는 구별된다. 치매의 원인질환에는 알츠하이머병과 뇌졸중(혈관성 치매), 파킨슨병, 루이소체치매, 헌팅톤병, 크로이츠펠트-제이야콥병, 픽병 및 뇌종양, 두부 손상, 만성 알코올의존증 등 여러 가지가 있다.

(1) 알츠하이머병Alzheimer's disease : AD

① 원인

알츠하이머병은 가장 흔한 치매의 원인질환으로서, 뇌에 비정상적인 물질들이 모여 형성한 노인성반senile plaque과, 신경세포 안에 뉴런 섬유들이 비정상적으로 꼬여 있는 신경섬유원 농축neurofibrillary tangle이 특징이다. 원인은 아직 명확하게 밝혀지지 않았으나 화학적 불균형, 환경 요인, 유전 요인, 면역 변화 등과 같은 여러 위험 요인이 관여한다. 알츠하이머병의 원인으로 제시되고 있는 것은 금속 침착(알루미늄 독성), 대상포진이나 단순포진 같은 바이러스 요인, 두부손상의 경험 등이다.

② 증상

알츠하이머병은 장기간에 걸쳐서 서서히 완만하게 진행된다. 초기 증상으로는 기억력의 감퇴가 나타나고, 이후 병이 진행되면서 언어구사력·이해력·읽고 쓰기 능력 장애가 나타나며, 행동 및 인격의 변화와 운동장애 등으로 이어져 결국에는 몸을 움직이지 못하고 지적 활동이 멈추는 상태로 된다.

알츠하이머병 환자의 인지 변화는 해마·전두엽·두정엽의 기능장애로 말미암은 정보 수정 능력의 결핍, 새로운 기억력의 장애와 실행증apraxia, 실어증aphasia, 명칭실어증anomia, 실인증agnosia 등이다. 인격적으로는 공격성, 특히 언어적·신체적 학대 경행이 증가하고, 급격한 기분 변화, 특히 밤에 혼돈 증가, 피로, 배회, 도벽 등의 행동양상이 나타나 가족에게 큰 어려움을 준다. 또한 외모에 대한 흥미가 감소하여 기후나 상황에 맞지 않는 옷차림을 하거나 배변과 배뇨 조절 능력을 상실하고 식욕 감소와 먹는 방법을 잊어버리는 등의 증상 때문에 점차 의존적인 삶을 살게 된다. 인격이 붕괴되는 반면, 감정 변화가 없고 본인의 병에 대한 인식은 끝까지 하지 못한다.

(2) 혈관성 치매vascular dementia

① 원인

혈관성 치매는 다발성 뇌경색성 치매라고도 하며, 알츠하이머병에 이어 두 번째로 빈번하게 나타난다. 뇌의 크고 작은 혈관이 막히거나 좁아져서 뇌혈류가 장애를 받아 발생하며, 주로 고혈압·흡연·당뇨·동맥경화·이상지질혈증 같은 순환기계 질환이 원인이 된다. 발생하면 완치될 수 없으나, 초기에 진단을 받고 적절한 치료를 받으면 악화를 막을 수 있다.

② 증상

혈관성 치매는 갑자기 발생하고, 인지 및 정신기능이 저하되고 한동안 유지되다가, 다시 저하되고 유지되는 양상을 보인다. 증상은 뇌경색이 나타나는 부위와 범위에 따라 다르고, 운동장애·언어장애·시야장애가 흔히 나타난다. 뇌경색의 위치에 따른 증상이 표 11-1에 제시되어 있다.

표 11-1 좌우 대뇌반구에 나타난 혈관성 치매의 주요 특성

특성	좌뇌반구	우뇌반구
언어	실어증, 실독증, 실서증	유머 감각 상실
기억	결핍 가능	시간, 사람, 장소에 대한 기억 상실 대면 인식 곤란
시각	독서 문제, 오른쪽 시야 결핍	시각적 공간 인지 결손, 깊이 인지 상실
행동	느림, 조심성 증가, 우울, 죄책감, 걱정, 좌절과 분노, 지적 능력 손상	충동적, 인지 결핍, 작화증confabulation, 계속 웃음, 질병을 부정, 판단력 감소, 자기 능력 과대평가
듣기	결손	없음 음조에 대한 듣는 능력 상실

③ 식사요법

혈관성 치매는 위험요인을 제거하는 것이 우선이므로 동맥경화증, 고혈압, 심장질환, 이상지질혈증 등의 기존 질환을 적절히 치료하기 위하여 심혈관질환의 식사요법에 준하여 실시한다.

(3) 노인성 치매senile dementia

① 원인

주로 지능의 기능저하로 일어나는데, 65세 전후부터 70세의 노년기에 일어나는 경우를 말한다. 노인성 변화로는 육안으로는 특히 전두엽에서 현저한 뇌의 위축을 볼 수 있으며, 조직학적으로는 신경세포의 감소, 신경세포 내의 리보프스틴 증가, 노인반점의 출현, 신경원섬유의 비후肥厚 등을 들 수 있다.

② 증상

심한 건망증과 기억장애로 시작하여 그런 장애를 얼버무리기 위한 당혹작화 또는 지각저하가 생기고, 사고 면에서는 군소리를 늘어놓는 우원증circumstantiality이나 의욕만 앞서는 보속증perseveration이 나타난다. 판단력과 추리력이 저하되고, 생산적 사고가 소실되며, 계산력이 쇠퇴하고, 사태에 대한 판단이 불가능해지는 등의 증세가 나타난다.

감정이 둔해지고 활동성이나 지구력이 저하되며 흥미나 집중력이 감퇴하므로 정신생활이 빈약해진다. 또한 감정의 불안정성이 뚜렷하여 쉽게 흥분하고 억울감과 회의감을 잘 느끼며 피해망상을 일으키기도 한다. 완고하며 화를 잘 내고 자기중심적이며 아집적인 성격변화가 뚜렷해지며, 이러한 성격의 변화는 본래의 성격 특징이 강화되어 나타나는 경우가 많다.

③ 식사요법

노인성 치매 환자에서는 높은 감염률, 에너지 소모량 증가 및 식욕부진으로 인한 부적절한 식사 섭취로 체중감소와 탈수의 위험이 높다. 영양불량 상태가 되기 쉬우므로 지나친 체중감소나 체중증가를 예방하고 정상체중을 유지하도록 하며, 변비와 탈수 및 피부궤양을 예방하고 혼자 스스로 식사할 수 있는 능력을 키워주는 것을 식사 목표로 해야 한다. 치매 환자에 대한 구체적인 식사지침은 다음과 같다.

- 영양밀도가 높은 식품을 제공한다.
- 비타민 E, 셀레늄, 콜린을 충분히 공급한다.
- 수분을 적절히 섭취하게 한다.
- 간식을 자주 먹게 한다.
- 도구 사용이 어려운 경우에는 손가락 음식finger food을 제공한다.
- 서두르지 말고 천천히 식사하도록 한다.
- 연하곤란이 있는 경우에는 적절한 조치를 취한다.

3) 파킨슨병Parkinson's disease

파킨슨병은 신경계의 퇴행성 질환으로 중추신경계의 진행성 장애를 초래한다. 50대 이후 발생률이 높고 남녀 모두에게서 나타난다. 이 병은 운동능력에 영향을 미치는 소모성 질환으로서 네 가지 대표적인 증상은 진전tremor, 경직rigidity, 운동 장애akinesia, slow movement, 자세 불안정postural instability 등으로 TRAP로 표현한다.

(1) 원인

파킨슨병은 4번째 염색체의 유전적 결함과 관련이 있으며 노화 과정, 도파민성 신경세포를 파괴하는 바이러스, 뇌종양, 뇌수종, 허혈성 뇌 손상, 독성물질(일산화탄소, 망간, 수은)의 흡입 등과 관련이 있다. 병리적으로는 도파민dopamin의 분비가 감소하여 수의적인 섬세한 움직임과 자발적인 행동의 개시와 통제가 어려워지므로 운동장애가 나타난다.

(2) 증상

- 진전tremor : 가장 흔한 초기증상이다. 휴식 시에 불수의적으로 손으로 약을 굴리는 듯한 행동을 하거나 머리를 앞뒤로 흔들거나 목소리가 떨린다.
- 경직rigidity : 후두근이 경직되면 씹고 삼키기 힘들어지며 침을 흘리게 된다. 안면근육의 경직과 안면운동의 결여, 고정된 시선으로 인해 표정 없는 얼굴로 변한다.

- 운동장애akinesia : 관절의 강직과 통증으로 일상생활 활동이 느려진다.
- 자세 불안정postural instability : 몸을 앞으로 구부리기와 걷기의 시작은 어려우나 일단 시작하면 가속화되어 정지하기가 힘들다. 보폭은 짧고 질질 끄는 종종걸음을 하며 보행 시 팔을 흔들지 않는다. 몸을 돌릴 때 동상처럼 한꺼번에 몸을 돌리는 경향을 보인다.

(3) 식사요법

파킨슨 환자는 혼자 식사하는 것이 어렵고 손발의 떨림으로 에너지 소모가 증가되며, 말기에는 연하곤란 증상이 나타나므로 충분한 영양소를 섭취하도록 지원하는 것이 중요하다. 식품을 작게 자르거나 부드러운 형태로 주며, 큰 숟가락이나 포크를 사용하여 혼자 식사할 수 있도록 돕는다. 빨고 삼키는 반사능력이 감소하면 반고형식 형태로 공급하거나 빨대를 이용하도록 한다.

L-도파levodopa는 파킨슨병의 주 치료약이다. 도파민은 뇌혈관장벽brain blood barrier을 통과할 수 없으므로, 전구물질인 L-도파를 투여하여 뇌 안에서 도파민으로 전환하게 한다. 식사요법의 목표는 도파민 효과를 돕는 식사, 식사능력 증진, 적절한 체중 유지, 변비 예방, 신체적 기능 유지에 있다.

- L-도파는 공복 시 흡수가 잘되지만, 오심이 있으면 음식과 함께 투여한다.
- 부작용으로 구강건조가 나타나면 사탕이나 껌을 씹도록 권한다.
- 알코올은 L-도파와 길항작용을 하므로 금한다.
- 단백질은 L-도파의 흡수를 방해하므로 0.5~0.8 g/kg을 주되 생물가가 높은 단백질 급원을 이용한다. 저단백의 아침, 점심과 고단백의 저녁식사는 증상을 호전시킨다.
- 피리독신은 간에서 L-도파의 전환을 증가시키고 뇌에서의 전환은 감소시키므로, 비타민 B_6의 보충제는 금한다.

4) 다발성 신경염polyneuritis

(1) 원인

말초신경계의 장애가 좌우대칭형으로 일어나는 증상으로서 기아상태, 임신 중의 계속적인 구토, 식욕부진 등으로 인한 극심한 영양결핍, 알코올의존증, 간경변증, 위장질환에서 나타난다.

(2) 증상

다발성 신경염은 비타민 B 복합체의 섭취나 흡수 불량으로 나타난다. 비타민 B_1의 결핍은 베르니케뇌질환, 말초신경염, 다발성 신경염을 일으킬 수 있으며, 우울·냉담·근심·신경과민을 보인다. 니아신의 결핍은 신경의 퇴화가 진행되어 펠라그라와 함께 냉담·우울·근심·정신이상이 나타난다. 비타민 B_6의 결핍은 경련·우울·신경과민을 일으킬 수 있다. 판토텐산의 결핍은 신경염과 불안·신경과민·피로를 일으키고, 비오틴은 우울·권태·고독을 가져온다. 비타민 B_{12}의 결핍은 신경과민·불면증·건망증·편집증을 일으키고, 엽산의 결핍은 영아의 경우 정신발달을 지연시키며, 성인의 경우 건망증·불면·우울을 일으킨다. 비타민 C의 결핍은 권태와 피로의 원인이 된다.

(3) 식사요법

신경염은 영양소의 장기적인 결핍으로 일어나며 한 가지 영양소의 결핍으로 다른 많은 영양소의 흡수와 이용을 방해할 수 있으므로, 식사는 모든 영양소를 골고루 포함시켜야 한다. 특히 충분한 양의 비타민을 함유하고 있어야 하며, 필요하면 비타민 B 복합체를 보충한다. 예를 들어 악성빈혈성 신경계질환은 비타민 B_{12}를, 펠라그라성 정신증상에는 니아신을 보충한다.

환자의 대부분은 노인으로 신경이 예민한 초기증상을 보이며, 만성질환이나 약물복용으로 인한 영양불량을 겪고 있다. 그러므로 적절한 영양을 섭취시키고 심리적·사회적 문제를 해결하기 위한 노력이 요구된다.

5) 다발성 경화증multiple sclerosis : MS

(1) 원인

다발성 경화증은 중추신경계의 수초탈락demyelination으로 뇌와 척수의 전기화학적 전도에 장애를 초래하는 만성 진행성 퇴행성 신경계 질환으로서, 악화되면 영구적 신경 손상이 초래된다. 원인은 밝혀지지 않았으나 바이러스나 면역, 유전과 관련된 것으로 알려져 있다. 바이러스는 수초탈락과 염증반응을 일으키며, 뇌·척수·시각계의 자가면역반응으로 인한 발병 가능성이 제시되고 있다. 유전적 소인이 부모에게서 유전되며, 추운 지방에 사는 사람에게 발병률이 높다.

(2) 증상

증상은 뇌·척수·시각계 등 중추신경계의 여러 부위가 경화되어 운동성 약화, 부분적인 마비, 경련, 떨림, 연하곤란, 시각장애 등으로 보행능력과 일상생활 능력이 감퇴된다. 치료 시 악화-완화를 반복하는 재발성이 나타나며, 신경계의 손상이 심해진다.

(3) 식사요법

다발성 경화증 환자는 활동량의 감소와 우울증에 의한 체중증가가 일어나므로, 적절한 체중의 유지가 식사요법의 목표이다. 환자는 배뇨와 배변 조절이 어려우므로 수분의 조절과 배변을 돕는 고섬유소식을 공급한다.

다발성 경화증을 관리하기 위한 식사요법이 여러 가지로 제안되었으나 효과적인 것은 없었다. 포화지방 10 g과 다가불포화지방 40~50 g만을 함유하는 저지방식이 제안되었으나 연구결과의 부족으로 받아들여지지 않았고, 글루텐 제거식사와 고리놀레산식이 제안되었으나 일관된 효과가 나타나지 않았다.

6) 중증 근무력증myasthenia gravis

(1) 원인

중증 근무력증은 수의근을 침범하는 만성 신경근성 자가면역질환으로 근육 약화를 초래한다. 흉선thymus은 사춘기 이후 면역활동이 중지되지만 중증 근무력증 환자의 약 85%는 사춘기 이후에도 흉선이 활동하는 것으로 나타났다. 항체가 신경근접합부에 있는 아세틸콜린acetylcholine 수용체를 공격하여, 아세틸콜린 수용체의 수가 20% 정도 감소하고 근수축을 방해한다. 안근육을 침범하는 가벼운 상태부터 사망을 초래할 만한 호흡부전의 상태까지 다양하다. 근육을 사용하면 근쇠약이 악화되고 휴식을 취하면 회복되며, 완화기와 악화기가 반복된다.

중증 근무력증은 서서히 진행되나 감염, 감정 기복, 임신, 마취 등에 의해 갑자기 발병할 수 있다. 예방접종, 월경, 고온이나 저온 노출에 의해 일시적으로 근육 약화가 나타날 수 있다. 20~30세에서 가장 많이 발생하며 여자가 남자보다 3배 정도 발병률이 높다.

(2) 증상

부완전 마비가 나타난 근육이 휴식으로 증상이 완화된다면 중증 근무력증으로 진단한다. 주요 증상은 불안정한 자세, 안구마비, 안검하수, 눈감는 기능 저하, 복시, 호흡곤란, 배뇨·배변조절 능력의 약화, 피로, 근육통, 감각이상, 후각과 미각의 감퇴 등이 있다.

(3) 식사요법

식사는 소량으로 자주 공급하며 영양적으로 농축되고 부드러운 질감의 식품으로 구성한다. 밤 동안의 휴식으로 아침에는 근육 강도가 최대의 상태이므로 아침식사는 영양적으로 가장 농축된 것을 제공한다.

CHAPTER

12 암

1. 암의 이해
2. 항암치료와 치료법에 따른 영양문제
3. 암환자의 식사요법

이 장을 보기 전에

암의 예방 및 성공적인 치료를 위하여 적절한 식사요법이 필수적이다.

종양이 발생하면 대사 · 영양상의 변화로 영양불량 등 영양문제를 초래하며, 항암 치료과정 중에도 여러 영양문제가 발생하므로 적절한 영양관리가 필요하다. 암환자를 위한 영양관리의 목표는 균형 잡힌 식사로 좋은 영양상태를 유지하는 것이다.

학/습/목/표

1. 암 발생의 원인에 대해 학습한다.
2. 암 발생 및 예방과 관련된 식사요인을 파악한다.
3. 암발생으로 인한 대사 변화와 영양문제를 이해한다.
4. 암의 치료에 따른 영양문제를 파악한다.
5. 암 환자의 식사요법을 학습한다.

1. 암의 이해

전 세계적으로 매년 1,000만 명의 새로운 암환자가 발생하고 있으며, 650만 명이 암으로 사망하고 있다. 우리나라의 경우 암(악성신생물)은 사망원인 1위로, 2014년 전체 사망자의 28.6%가 암으로 사망하였다. 전체 사망에서 암이 차지하는 비율이 1983년 11.5%, 1990년 16.3%, 2000년 23.8%, 2020년 27.0%로 암이 계속 증가하는 추세임을 알 수 있다.

식사요인은 암의 발생과 밀접한 관련이 있는 것으로 밝혀져 있으며, 암환자의 40~80%가 영양불량 상태이고, 암환자의 사망원인 중 20% 이상은 질병 자체보다는 영양불량과 관련이 있다. 따라서 암의 예방, 그리고 암의 성공적인 치료를 위하여 적절한 식사요법이 필수적이다.

1) 암의 정의 및 진단

(1) 암의 정의

암cancer이란 악성종양malignant tumor, 혹은 악성신생물malignant neoplasm의 일반적인 명칭이다. 암이란 인체 내에서 비정상세포가 생체기능에 불필요하게 증식하여 인접조직을 파괴하거나 내분비적 또는 화학적으로 장애를 일으키고, 다른 부위까지 암세포가 옮아가서 증식하는 질환을 말한다. 암은 기본적으로 세포가 조절되지 않고 과잉 성장하는, 즉 계속적인 세포분열에 의해 형성되는 변형된 세포의 집단이다. 정상세포가 암으로 변형된 다음 분열할 때는 새로이 얻어진 여러 가지 암세포의 특성이 계속 자세포로 이어져서 같은 특성을 갖는 암세포가 늘어나게 된다.

알아두기

암세포의 특징

- 비정상적인 자가증식을 한다.
- 세포성장을 위하여 영양분을 과도하게 끌어들여 주변세포의 정상적인 성장과 기능을 방해한다.
- 빠른 분열을 멈추지 않고 성장하여 주변조직을 파괴한다.
- 원래 정상조직의 기능과 분화 특성을 상실한다.
- 신체의 다른 조직으로 전이가 가능하다.

(2) 발암 기전

암증식이 일어나는 단계는 시작과정initiation, 촉진과정promotion, 진행과정progression의 3단계로 나누어 설명할 수 있다.

① 시작과정 : 화학물질, 방사선, 바이러스 등의 발암물질에 의해 정상세포의 유전자 DNA 손상이 일어나는 과정이다. 이 과정은 빨리 일어나나 촉진인자를 만나 암으로 진행되기까지의 기간은 경우에 따라 다르다.

② 촉진과정 : 유전자 손상이 증가하고, 변성된 비정상 세포군이 복제·증식되는 시기이다. 이 과정은 느리게 일어나 사람의 경우 수십 년이 걸리며, 종양 촉진인자에 의해 가속화되기도 한다.

③ 진행과정 : 종양 세포군이 응집하고 성장, 진전되어 악성신생물, 즉 악성종양을 유발하는 단계이다.

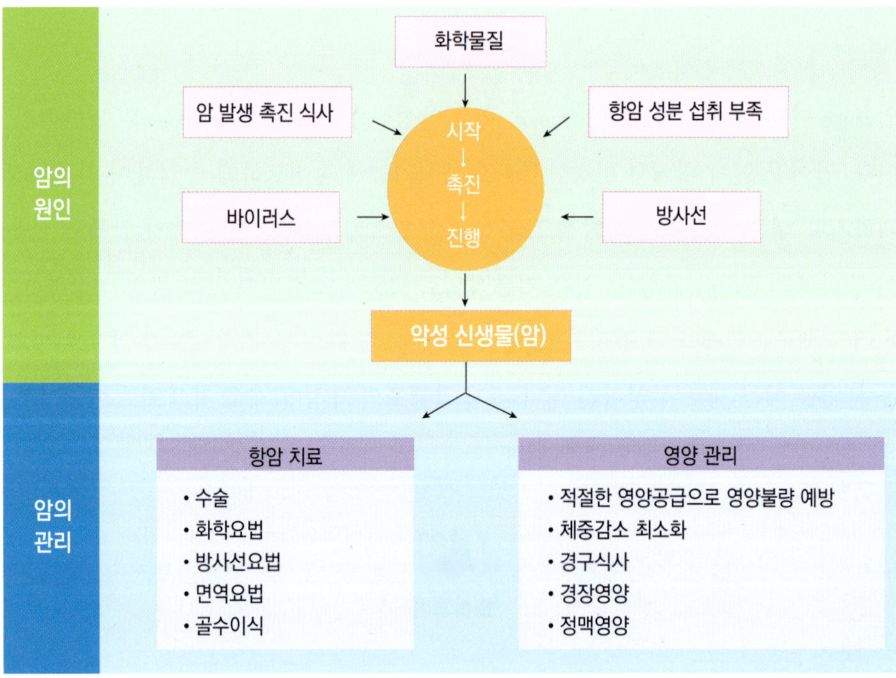

그림 12-1 암의 원인과 관리

출처 : John J.B. Anderson, PhD, and Sanford C. Garner, PhD(2000).

2) 암의 원인 및 식사요인

(1) 암 발생 원인

암의 원인은 유전적 요인(유전적 소인, 면역, 호르몬 대사)과 환경적 요인(음식, 흡연, 음주, 대기오염 등의 화학물질, 바이러스, 기상조건)이 모두 작용하며 생활수준, 교육, 스트레스 등의 사회·심리적 요인에 의해서도 영향을 받는다. 유전인자보다는 환경인자의 영향이 더 커서 암 발생 원인의 80~90% 정도를 차지한다고 알려져 있다.

① **돌연변이**Mutation

세포 내 특정 유전자가 손실되거나 손상되어 조절 기능을 상실함으로써 발생되며, 이것만으로는 암의 요인이 되기엔 불충분하고 암의 발생을 촉진하는 또 다른 환경적 요인에 노출되어야 암으로 발전하게 된다. 돌연변이는 유전될 수 있어 대장암 같은 일부 암은 유전적 요인이 강하게 나타난다.

② **화학적 발암물질**Chemical carcinogens

발암물질에 의해 돌연변이가 유발되고, 유전자 조절을 손상시켜 잠복해 있는 바이러스를 활성화함으로써 암이 발생된다. 발암물질로는 흡연, 살충제, 물이나 공기의 오염, 식품의 오염물질 등이 있다.

③ **방사선**Radiation

X-ray, 방사능물질, 햇볕 등에서 기인한 방사선에 노출될 경우 DNA 손상이나 염색체 이상이 초래될 수 있다. 햇볕에 과다 노출되는 것은 피부암과 관련이 있다.

④ **종양성 바이러스**Oncogenic virus

암을 일으키는 바이러스가 조절 유전자의 기능을 방해하여 암을 유발한다. 동물실험에서는 바이러스의 발암성이 확인되었으나, 사람에서의 증거는 불충분하다.

⑤ **스트레스 요인**Stress factors

스트레스와 같은 심리적인 상태도 암 발생에 중요한 영향을 미친다. 스트레스에 과다 노출될 경우 면역 기능이 저하되고 식행동 및 영양상태 변화 등으로 암 발생의 위험성이 커진다.

⑥ 역학적 요인 Epidemiologic factors

인종, 종교, 성별, 연령, 유전적 소인, 직업, 식생활 등의 역학적 요인들 또한 암 발생에 중요한 영향을 미친다.

(2) 암 발생 및 예방과 관련된 식사요인

암 발생의 약 1/3은 식이와 관련된다고 알려져 있을 정도로 식사요인은 암 발생과 밀접한 관련을 갖는다. 식사요인 중에는 많이 섭취하였을 때 암 발생을 촉진하는 요인이 있는가 하면, 암 발생을 억제하는 요인도 있다. 식사요인이 암 발생에 미치는 영향은 표 12-1과 같다. 일반적으로 고지방식이는 유방암이나 대장암 등 서구에 많은 암 발생을 촉진하는 것으로 알려져 있다. 동물성지방의 과다섭취와 육류를 고열에서 구울 때 생성되는 다환방향족탄화수소polycyclic aromatic hydrocarbon 등은 발암성 식사요인이다. 반면 항산화영양소(비타민 C, 비타민 E, 카로티노이드, 셀레늄 등)와 식물성 화학물질phytochemical의 충분한 섭취는 암의 발생을 억제하는 효과가 있다. 항암효과가 있는 식물성 화학물질로는 카로티노이드, 플라보노이드, 페놀류, 인돌류, 알리움allium 화합물, 식물성 스테롤, 이소티오시아네이트isothiocyanate, 설포라판sulforaphanes, 리모넨limonene 등이 있다.

그러나 β-카로틴 등의 항산화 비타민 자체보다는 채소와 과일 등 식품의 형태로 섭취했을 경우 항암효과가 훨씬 크다. 실제로 몇몇 대규모 역학 조사 결과, 항산화영양소를 보충제로 섭취한 경우 별다른 항암효과를 얻지 못한 반면, 과일이나 채소를 충분히 섭취한 경우는 암 발생률이 적은 것으로 나타났다. 과일, 채소에는 암 발생을 억제하는 항산화영양소와 섬유소, 그리고 식물성 화학물질 등이 다양하게 함유되어 있기 때문이다표 12-2.

암 예방 식사에 있어 암을 예방할 수 있다고 하는 특정 식품, 또는 영양소, 보충제만을 과량 섭취할 때 야기될 수 있는 부작용에 주의하고, 이에 대한 맹신을 버려야 한다.

표 12-1 식사요인이 암 발생에 미치는 영향 및 기전

식사요인	암 발생에 미치는 영향	관련 기전
열량	• 열량 제한이 암 발생을 낮춤 • 열량 과다는 유방암, 자궁암, 난소암, 신장암 발생과 상관성이 있음	• 암세포의 자동사망(apoptosis) 촉진 • 암세포에 영양소 공급 제한 • 산화적 스트레스 감소
지방	• 고지방식은 대장암, 직장암, 유방암, 식도암, 담낭암, 자궁암, 췌장암, 신장암의 위험인자 • 특히 동물성 지방은 전립선암, 유방암, 폐암의 위험인자 • ω-3/ω-6 지방 비율 증가가 유방암 발생을 낮춤	• 담즙분비 촉진하여 결장 박테리아에 의한 이차담즙산(발암물질)으로 전환 • 지방조직에서 에스트로겐 생성을 촉진하여 자궁내막암과 유방암의 발생 촉진 • 프로락틴 농도 증가로 황체호르몬 분비를 촉진하여 전립선암 성장 촉진
단백질	• 육류의 과다섭취 시 대장암, 전립선암, 유방암 발생 위험 증가 • 일반적으로 식물성식품 위주의 식사가 동물성식품 위주의 식사보다 암 발생 위험 낮춤 • 단백질 섭취 증가는 육류 섭취 증가, 고지방, 저섬유소 식사가 되기 쉽기 때문에 단백질이 암 발생에 미치는 영향을 판단하기 어려움 • 암 발생 부위에 따라 영향이 다름	• 장내 세포와 세균에 의한 암모니아 생성이 증가되어 대장상피세포의 수명 단축, DNA 손상 및 점막세포 증식으로 대장암 발생 증가함
단순당	• 단순당 과다 섭취 시 유방암 사망 위험 증가 • 혈당지수(glycemic index)가 높은 식품 섭취는 난소암, 자궁내막암, 유방암, 대장암, 췌장암, 폐암 발생과 연관성 있음	• 혈중 인슐린이 높으면 암세포 성장 촉진
섬유소	• 대장암, 직장암, 유방암, 난소암 발생 낮춤	• 대변의 수분 함유량 증가 • 장 통과시간 단축으로 발암물질 희석 및 흡수 억제 • 장내 미생물 대사 변화 • 대장세포 증식 자극
과일, 채소	• 과일, 채소의 충분한 섭취는 입, 인두, 후두, 식도, 폐, 위, 신장, 대장, 직장, 난소, 방광의 암 발생 위험 낮춤 • 암 예방을 위해 하루 5~9 serving 섭취를 권함(미국 암 연구소)	• 항산화 영양소 : 세포의 노화 상해를 방지하고 DNA, 지질, 세포막 등의 산화반응을 차단하여 암을 예방 • 식물성 화학물질 : 해독효소 유도, 질산아민(nitrosamine)형성 억제, 항종양물질의 형성을 위한 기질 제공, 소화기관 내에서 발암물질 희석 및 배설 촉진, 호르몬 대사 변화, 항산화제로 작용
대두soy	• 대두로 만든 식품은 유방암 예방 효과 • 특히 성인기 이전에 섭취했을 경우 효과 있음 • 유방암 발생 후의 이소플라본 섭취는 오히려 해로울 수 있음	• 대두의 식물성 에스트로겐, 즉 이소플라본 섭취가 유방암 위험을 낮춤
알코올	• 특히 입, 인두, 후두, 식도의 암 발생 위험을 높이고, 여기에 흡연은 상승효과를 보임 • 맥주는 특히 대장암, 직장암, 유방암과 관련성 있음	• 알코올의존자의 영양불량도 암 발생의 위험 증가시킴

표 12-2 채소, 과일의 식물성 화학물질

색깔	식물성 화학물질	채소, 과일
빨간색	리코펜	토마토, 자몽, 수박
빨간색, 보라색	안토시아닌, 폴리페놀	베리류, 포도, 적포도주, 자두
오렌지색	α-카로틴, β-카로틴	당근, 망고, 호박
오렌지색, 노란색	β-크립토잔틴, 플라보노이드	복숭아, 오렌지, 파파야
노란색, 녹색	루테인, 제아잔틴	시금치, 아보카도
녹색	설포라판, 인돌	양배추, 브로콜리, 콜리플라워, 브뤼셀 스프라우트
흰색, 녹색	아릴 설파이드sulphide	양파, 마늘

출처 : Heber D. Vegetables, fruits and phytoestrogens in the prevention of disease. J Postgrad Med 50:145, 2004

Q. 암에 좋은 식품?

A. 특정 식품 혹은 영양소가 암 발생에 미치는 영향을 단순하게 판정하는 데는 어려움이 있다. 그 이유는 다음과 같다.

- 식사는 다양한 식품으로 구성되어 있으므로 식사 중 특정 성분을 변화시키면 동시에 다른 변화가 초래된다.
- 대부분의 종양은 오랜 잠복기를 거친 후 발현되는데, 식이는 종양의 시작initiation이나 촉진promotion 과정에 영향을 미치기 때문에 오랜 기간의 추적연구를 통해서야 원인을 추정할 수 있다.
- 식이요인은 암 발생과 억제에 상반되게 영향을 미칠 수 있다.
- 식이요인은 암의 종류에 따라서 다른 영향을 줄 수 있다표 12-3.

Q. 질산아민(nitrosamine)이란?

A. 강력한 발암물질로서, 질산이나 아질산이 식이 중의 아민이나 아마이드와 결합하여 생성된다. 이러한 질산화과정N-nitrosation은 위 · 대장 · 방광뿐 아니라 타액에서도 쉽게 일어난다. 채소 · 과일 · 항산화제 섭취는 질산아민의 생성을 억제하므로, 암 발생의 초기와 진행단계에 모두 효과적으로 작용할 수 있다.

질산아민의 노출 경로

- 질산염 : 채소, 식수를 통해 섭취
- 질산나트륨, 질산칼륨 : 식품가공 과정 중 많이 이용
- 질산아민 : 흡연을 통해서도 체내로 들어옴

표 12-3 부위별 암 예방과 관련된 식사요인

식사요인	대장암	유방암	전립선암	폐암	구강암 위암	췌장암	식도암	자궁 내막암
채소, 과일 섭취 증가	A2	A3	A3	A2	A2	A2	A3	A3
붉은 육류 섭취 제한	A2	B	A3	B	B	C	A3	B
신체활동 증가	A1	A1	B	B	B	B	B	A2
과체중 방지	A1	A1	C	B	A2	C	A3	A1
알코올 섭취 제한	A3	A2	C	B	A1	C	A3	B
대두식품 섭취	B	B	B	B	B	B	B	B
β-카로틴 보충제	B	B	C	D	B	B	B	B
비타민 E 보충제	B	B	A3	C	B	B	B	B
비타민 C 보충제	B	B	B	B	B	B	B	B
엽산 보충제	A3	A3	B	B	B	B	B	B
셀레늄 보충제	A3	B	A3	A3	B	B	B	B

A1 유익하다는 근거 확실(Convincing evidence for a benefit)
A2 유익할 것으로 보임(Probable benefit)
A3 유익할 가능성 있음(Possible benefit)
B 유익/위험의 근거 불충분(Insufficient evidence to conclude benefit or risk)
C 유익하지 않음(Evidence of lack of benefit)
D 해로움(Evidence of harm)

출처 : Byers T et al. American Cancer Society's Guidelnes on nutrition and physical activity for cancer prevention: reducing the risk of cancer with heathy food chocies and physical activity, Ca Cancer J Clin 52:92, 2002

알아두기

암 예방을 위한 권장사항(대한암협회)

1. 편식하지 말고 영양분을 골고루 균형 있게 섭취한다.
2. 표준체중을 유지하고 과식하지 않는다.
3. 지질섭취를 줄인다.
4. 채소, 과일, 곡물 등 섬유소를 많이 섭취한다.
5. 비타민 A, C, E를 적당히 섭취한다.
6. 너무 짜고 매운 음식과 너무 뜨거운 음식은 피한다.
7. 발암성분이 많이 포함된 숯불구이, 염장 훈제식품의 섭취를 줄인다.
8. 곰팡이가 생기거나 부패한 음식은 피한다.
9. 흡연하지 않으며 과음을 피한다.
10. 태양광선, 특히 자외선에 과다하게 노출하지 않는다.
11. 적당한 운동을 하되 과로는 피한다.
12. 스트레스는 피하고 기쁜 마음으로 생활한다.
13. 목욕이나 샤워를 자주하여 몸을 청결하게 한다.

3) 암의 증상과 암 관련 영양문제

(1) 암의 증상

종양이 발생하면 여러 가지 대사·영양상의 변화가 생긴다. 암환자의 일반적 증상은 다음과 같다

① 심한 영양결핍

암은 만성 소모성 질환으로, 질병이 진행되는 과정과 치료하는 과정에서 다른 질환보다 영양불량의 가능성이 매우 크다. 암환자에게 흔히 나타나는 영양불량은 식욕부진, 만복감, 소화불량, 흡수불량, 저작 및 연하 곤란, 구토, 체단백 소모 등에 의해 발생된다. 영양불량은 조직의 기능과 보수뿐만 아니라 면역기능에 영향을 주고, 간 기능의 변이로 약물대사에도 변화를 일으킬 수 있다. 때문에 치료효과는 떨어지고 화학요법이나 방사선요법 같은 항암치료를 잘 견디지 못하게 되고 사망률도 증가한다.

② 면역기능 저하

암세포가 골수 침범 시 골수 기능이 파괴되고, 항암제 투여로 골수세포 생성이 저하되어 면역결핍 상태를 일으킬 수 있으며, 영양결핍은 골수의 기능을 약화시킬 수 있다.

③ 간기능 및 신장기능 저하

간은 대부분 암의 주된 전이 기관이고, 간독성 또는 신장독성을 가진 항암제의 투약으로 장기간 항암제 치료를 받은 환자는 간과 신장기능이 저하된다.

(2) 암 관련 영양문제

① 악액질 Cachexia

종양tumor이 진전됨에 따라 흔하게 나타나는 증상은 단백질-에너지 영양불량으로, 이러한 증상을 악액질이라 한다. 악액질은 식욕부진, 점진적인 체중감소, 쇠약, 빈혈, 조직기능의 손상, 무기력, 수분과 전해질 불균형, 영양소 대사이상, 면역기능 저하, 체중감소 등이 특징이다. 흔히 환자들은 극히 쇠약해져 있으며, 암환자의 조기 사망원인의 20~40%는 극심한 영양불량으로 추정된다. 특히 소화기계 종양일 때 심하게 나타나며, 유방암은 악액질이 나타나지 않는다.

악액질은 식품섭취량 감소와 종양의 증식에 따른 에너지 소모 증가가 주된 원인으로 추정되며, 종양을 제거하면 악액질 상태는 없어진다. 종양이 악액질을 일으키는 정확한 기전은 밝혀지지 않았으나 암세포에서 생성되는 사이토카인cytokine이 식욕부진과 체내 지방과 단백질 소모를 유도하는 쪽으로 대사를 변화시키는 것으로 알려지고 있다. 악액질을 유발하는 사이토카인으로는 종양괴사인자tumor necrosis factor: TNF-α, β, 인터루킨interleukin: IL-1,6, 인터페론interferone-α 등이 있다.

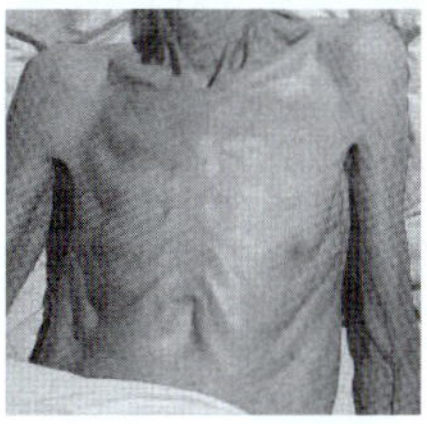

그림 12-2 악액질

② 식품섭취량 감소

식욕부진

암세포가 분비하는 사이토카인에 의해 미각 및 냄새에 대한 감각이 변하게 된다. 일반적으로 쓴맛에 예민해지고 단맛, 짠맛, 신맛에 대한 민감도는 감소하며, 냄새에 예민해져 육류·생선의 섭취가 힘들어진다. 혈액 내 혈당·유리지방산·아미노산 농도 변화로 식욕이 감소되고, 식욕조절 호르몬 대사도 변화하게 된다. 구토, 메스꺼움 등으로 식욕부진은 더욱 심해진다.

포만감

암환자는 조금만 먹어도 포만감을 쉽게 느끼는데, 소화기계 분비물의 감소, 느린 소화, 소화기관 상피세포나 근육벽 위축 등이 원인이 된다.

기계적 요인

머리나 목, 식도, 소화기계 및 소화관련 기관에 생긴 종양은 환자들이 식품을 섭취하는데 장애가 된다.

정신적 스트레스

질병에 대한 걱정, 죽음에 대한 두려움, 암 치료 과정 중의 우울증 등 스트레스가 높아지면 먹는 즐거움이 저하되어 식품섭취를 줄이는 원인이 될 수 있다.

③ 영양소 소화·흡수·이용률 저하

소화기계 암은 소화흡수 불량이 더욱 심한데, 소장에서 융모세포의 감소로 소화흡수가 저하되거나, 췌장효소와 담즙산염의 부족 혹은 불활성화 때문에 섭취한 영양소의 이용률이 매우 낮다. 또한 체내 영양소에 대해 종양세포와 경쟁을 하게 되는데, 일반적으로 정상세포는 영양소 이용률이 종양세포에 비해 매우 낮아 영양소 이용에도 문제가 생긴다.

④ 영양소 대사의 변화

에너지

암세포에서는 기초대사량이 증가하고, 따라서 에너지 소비가 증가하게 됨으로써 체중감소가 빈번하다.

탄수화물

암환자는 인슐린 저항성이 커지면서 정상세포로 포도당 유입과 글리코겐 합성이 감소한다. 동시에 코리회로 활성 증가 및 젖산으로부터 당신생gluconeogenesis이 증가하고, 해당작용glycolysis도 증가한다.

단백질

단백질 합성이 감소하고 체단백질의 소모가 급증하여 혈중 알부민과 여러 효소의 농도가 저하되며 면역체계가 손상된다. 특히 당신생이 활발하여 근육 소모가 크며, 근육 손실은 체중감소의 주요 원인이 된다.

지질

암환자는 체지방 분해가 증가하여 혈중 유리지방산 농도가 증가하고, 동시에 체내 저장지방이 고갈된다. 이는 암세포에서 지방분해를 촉진하는 사이토카인이 분비되고, 에너지 소모량이 증가하며 탄수화물이 지방으로 전환이 잘 되지 않는 것 등이 원인이 된다.

수분과 전해질

설사나 구토 환자의 경우 수분과 혈중 나트륨, 칼륨 수준이 감소하고, 수용성 비타민들의 손실이 초래된다. 어떤 경우에는 부종 때문에 체중감소가 잘 드러나지 않는 경우도 있다.

표 12-4 암환자 영양불량의 원인

요인		예상 원인
섭취	식욕	• 암세포에서 식욕억제 사이토카인 분비 • 맛, 냄새 감각 변화 • 혈중 혈당, 지방산, 아미노산, 식욕호르몬 변화로 식욕 감소
	포만감	• 쉽게 포만감을 느껴 섭취량 감소
	기계적 요인	• 입, 식도, 소화기계 종양일 경우 섭취 장애
	정신적 요인	• 정신적 스트레스로 섭취량 저하
이용	소화·흡수	• 특히 소화기계 암일 경우 소화흡수 불량
	세포 이용률	• 정상세포와 종양세포의 영양소 경쟁
대사	에너지	• 기초대사량 증가로 에너지 소비 증가
	탄수화물	• 인슐린 저항성 증가 • 코리회로, 당신생 증가
	단백질	• 단백질 분해 증가 • 골격근으로부터 당신생을 위한 아미노산 이용
	지질	• 지방분해 증가 • 지방조직에서 유리지방산 방출 증가

2. 항암치료와 치료법에 따른 영양문제

현재 암 치료에는 수술, 화학요법, 방사선요법, 면역요법, 골수이식 등의 방법이 단독 또는 병행으로 사용된다. 항암치료는 대부분 환자에게 큰 신체적 스트레스를 가하게 되고 많은 영양문제를 일으키므로, 이에 대한 적절한 영양관리가 필요하다.

1) 수술

(1) 치료법

암은 초기에 발견하여 수술이 가능한 경우 절제하는 것이 가장 좋은 방법으로 수술은 암의 일차적인 치료가 되며 약 60%의 암환자가 수술을 시행받는다. 수술은 암의 전이를 막고 증세의 치료나 호전을 위해 화학요법이나 방사선요법과 병행이 가능하다.

(2) 영양문제

수술부위에 따라 연하곤란, 덤핑증후군dumping syndrome, 영양소 흡수불량 등의 부작용들이 나타날 수 있다.

2) 화학요법Chemotherapy

(1) 치료법

화학요법이란 항암제anticancer drug를 이용한 내과적인 약물치료로, 종양 절제가 불가능하거나 암이 전이되었을 때, 수술 후 재발한 암에 대한 치료목적으로 많이 사용된다. 항암제는 무제한적으로 급속히 성장하는 특성을 가진 암세포에 작용하여, 세포의 성장 방해, 합성 저해, 세포분열 억제, 분화 억제, 증식 차단 등을 통해 암세포를 죽이는 역할을 한다.

항암제는 암세포뿐 아니라 정상세포 중 빠르게 성장하는 위장관 점막, 머리카락, 골수, 생식계 세포에 영향을 끼치기도 한다. 따라서 골수에 부작용으로 백혈구와 혈소판 감소가 나타나고, 생식계의 부작용으로 무정자증, 월경불순 등이 일어나며, 머리털을 만들어 내는 세포에 영향을 끼쳐 머리카락이 빠지는 현상이 나타난다.

(2) 영양문제

항암제를 사용하면 위장관의 부작용으로 오심, 구토, 구내염, 설사 등을 일으켜 환자의 영양상태에 큰 영향을 줄 수 있다. 장기간의 항암제 복용은 미각장애와 이상후각증으로 식품 혐오감 증세가 나타날 수 있다.

3) 방사선요법Radiation Therapy

(1) 치료법

방사선요법은 종양 제거를 위해 광범위하게 이용되고 있는 방법으로, X-선, γ-선, 전자선 등 고에너지의 방사선을 이용하여 악성종양이나 일부 양성질환을 치료하는 것을 말한다. 단독 혹은 다른 치료와 병행하여 사용되며 새로운 DNA 합성을 파괴함으로써 빠르게 분열하는 세포를 죽인다. 그러나 혈구나 위장점막 세포와 같이 분열 속도가 빠른 정상세포도 함께 파괴하게 된다.

(2) 영양문제

방사선요법은 국소치료로 치료부위에 따라 부작용이 다르며 같은 부위라도 환자의 전신상태, 다른 치료와의 병행여부, 치료범위, 방사선조사량에 따라 부작용의 정도가 다르다. 머리나 목, 식도의 방사선 치료는 식품섭취에 문제를 야기할 수 있고, 인후의 방사선 치료는 식도염의 원인이 되어 연하곤란을 초래하거나 식도협착이나 폐색으로 이어질 수도 있다. 복부 방사선 치료의 경우 급성위염이나 장염을 일으켜 구역질, 구토, 설사, 식욕부진을 초래하기도 하고 심할 경우 영양소 흡수불량을 초래하거나 만성적인 형태로 진행되어 장관내벽의 궤양 생성, 염증, 폐색이나 누관 형성, 협착 등으로 영양불량을 더욱 악화시킬 수 있다. 가장 일반적인 부작용은 메스꺼움, 식욕부진, 전신피로감 등이 있다.

4) 면역요법Immunotherapy

(1) 치료법

면역요법은 환자가 보유하고 있는 면역체계를 자극하여 암세포를 파괴하는 치료법이다. 암환자의 경우 백혈구 중 암세포를 죽이는 자연살해세포natural killer cell의 기능이 저하되어 암의 증식이 더욱 촉진되는데, 면역요법은 이 자연살해세포를 활성화시켜 암세포의 증식을 막는다. 면역치료제로는 단일클론성 항체monoclonal antibody, 인터페론, 인터루킨-2 등이 있다.

(2) 영양문제

일반적으로 면역요법은 화학요법보다 증세가 가볍다고는 하나, 이 역시 섬유증, 협착, 누공, 장괴사, 천공, 메스꺼움과 구토, 설사, 구강통증, 구강건조, 식욕부진 등의 증세와 음식에 대한 맛의 변화, 심부전, 소화계 이상, 점막궤양 등이 나타나므로 증상에 따른 영양관리가 필요하다.

5) 골수이식hematopoietic stem cell transplantation: HSCT

(1) 치료법

주로 백혈병, 림프종과 같은 혈액암의 경우 골수이식을 한다. 이 경우 환자는 화학요법과 전신 방사선치료로 인체의 면역반응을 억제하고 골수 제공자로부터 정맥으로 골수를 주입받는다.

(2) 영양문제

골수이식 후 식욕부진, 구토, 설사, 연하곤란, 점막염, 위염, 식도염, 미각변화 등의 부작용이 나타날 수 있다. 따라서 골수이식 환자는 면역상태가 증진되고 구강영양이 가능해질 때까지 정맥영양을 공급받아야 한다. 특히 이식거부증graftversus-host-disease: GVHD이 있는 경우가 가장 어려운 문제로 장기간의 치료와 식이처방이 필요하다.

표 12-5 항암치료에 따른 영양문제

치료 방법	치료 부위 영양 문제	
수술	뇌, 목 부분	• 영양섭취에 변화를 주어 심한 영양불량 유발 • 저작곤란, 연하곤란
	식도	• 위 운동 감소, 위산 생성 감소 • 누공 생성, 식도침착, 연하곤란
	위	• 덤핑증후군, 탈수, 포만감 빨리 느낌 • 지방과 단백질 흡수불량 • 비타민, 무기질 흡수불량(비타민 B_{12}, D, 칼슘, 철분)
	소장	• 유당불내증, 설사, 담즙손실 • 수분, 전해질 불균형 • 비타민, 무기질 흡수불량(비타민 B_{12}, A, D, E, K, 칼슘, 철분, 아연)
	대장	• 설사, 탈수 • 수분, 전해질 불균형 • 비타민, 무기질 흡수불량(비타민 B_{12}, 나트륨, 칼륨, 마그네슘, 칼슘)
	췌장	• 고혈당 • 지방, 단백질, 지용성 비타민, 무기질 흡수 분량
화학요법		• 메스꺼움, 구토, 식욕부진, 설사, 변비 • 구강 또는 인후 통증, 점막염 • 미각 변화
방사선요법	중추신경계(뇌, 척수)	• 메스꺼움, 구토, 식욕부진, 피로 • 혈당 증가(스테로이드 주입으로)
	뇌, 목 부분(혀, 후두, 인두, 편도, 턱)	• 구내염, 구강건조증, 구강 인두궤양 • 미각장애, 미각감퇴증, 점성타액 • 개구장애, 누공 형성
	흉부(식도, 폐, 유방)	• 연하곤란, 연하통증 • 식욕부진, 피로 • 식도염, 식도섬유종, 식도협착 • 심막염, 폐렴
	복부, 골반 부분	• 메스꺼움, 구토, 식욕부진 • 위장궤양, 장염, 흡수불량, 유당불내증 • 장내누공, 천공, 섬유증, 협착, 출혈
면역요법		• 메스꺼움, 구토, 설사 • 구강통증, 구강건조 • 미각변화, 식욕부진

3. 암환자의 식사요법

항암치료 효과와 암으로 인한 스트레스에 대한 방어능력을 높이고, 치료로 인한 부작용을 최소화하기 위해서는 암환자가 좋은 영양상태를 유지할 수 있도록 해야 한다. 따라서 환자의 영양상태를 정확히 파악하고 영양불량 상태가 되기 전에 가능한 한 조기에 적절하고 적극적인 영양관리를 해주는 것이 중요하다. 암을 치료하는 특별한 식품이나 영양소는 없으며 균형 잡힌 식사로 좋은 영양상태를 유지하는 것이 가장 중요하다.

알아두기

암환자를 위한 영양관리의 목표

- 적절한 영양상태를 유지하여 체중감소 방지
- 체지방 · 체단백질의 손실 최소화
- 영양결핍에 의한 면역기능 저하 방지
- 치료 효과 극대화
- 항암치료에 의한 합병증 예방
- 환자의 삶의 질 향상

Q. Macrobiotic therapy란?

A. 현미 등 전곡류와 콩, 채소 등을 위주로 하고, 가공식품과 정제된 식품을 피하는 식사요법으로 항암대체요법으로 사용된다. 과식을 금하고 음식물을 오래 씹는 것을 권한다. 일반적으로 식품의 항암효과에 대해서는 확실하게 밝혀진 사실이 극히 일부이므로 어떤 음식을 지나치게 많이 섭취하면 오히려 해로울 수도 있으므로 주의한다. 그리고 대체요법이나 민간요법으로 흔히 사용되는 식품들이 오히려 혈액 독성이나 간 독성 때문에 성공적인 항암치료에 장애가 될 수도 있으므로 주의해야 한다.

표 12-6 암 치료와 관련된 식사요인

식사요인	전립선암	유방암	소화기암	폐암
식품의 안전성(safety)	A1	A1	A1	A1
암 치료 중 체중 감량(과체중일 경우)	E	E	E	E
암 회복 후 체중 감량(과체중일 경우)	B	A2	A3	B
지방 섭취 감소	A3	A2	A3	B
과일, 채소 증가	B	A3	A2	A2
신체활동 증가	A3	A2	A2	B
알코올 감소	B	A3	A3	B
금식요법(fasting therapies)	D	D	D	D
주스요법(juice therapies)	B	A3	A3	A3
Macrobiotic therapies	C	C	C	C
채식(vegetarian diet)	A3	A3	A2	A3
비타민, 무기질 보충제	A3	B	B	C
아마씨유(flaxseed oil)	B	B	B	B
생선기름	B	B	A3	B
생강	B	B	B	B
대두식품	C	C	B	B
차	B	B	B	B
비타민 E 보충제	A3	B	B	B
비타민 C 보충제	B	B	B	B
β-카로틴 보충제	C	C	C	E
셀레늄	A3	B	A3	A3

A1 유익하다고 증명됨(Proven benefit)
A2 유익할 것으로 보이나 증명되지는 않음(Probable benefit, but unproven)
A3 유익할 가능성 있으나 증명되지는 않음(Possible benefit, but unproven)
B 유익/위험의 근거 불충분(Insufficient evidence to conclude benefit or risk)
C 해로울 가능성과 유익할 가능성이 모두 있음(Evidence of possible harm as well as possible benefit)
D 유익하지 않음(Evidence of lack of benefit)
E 해로움(Evidence of harm)

출처 : Brown J et al. Nutrition during and after cancer treatment: a guide for informed choices by cancer survivors, CA cancer J Clin 51:153, 2001

1) 암환자의 영양 요구량

(1) 열량

암환자는 대사율이 증가하고 체분해가 촉진되므로 에너지 공급을 증가시켜야 한다. 영양상태가 양호한 성인 환자의 경우 상태유지를 위해 약 2,000 kcal 정도가 필요하며, 영양상태가 불량한 경우 상태에 따라 3,000~4,000 kcal 정도까지 공급한다.

에너지의 많은 부분을 탄수화물로 제공하여 단백질이 에너지원으로 낭비되지 않도록 하고, 지방은 여러 암의 진행에 관련이 많은 것으로 알려져 있으므로 총에너지의 30% 이하가 되도록 제한한다.

(2) 단백질

항암치료로 말미암아 손상된 조직의 재생·회복·재활, 그리고 면역 기능 향상을 위해 단백질을 추가적으로 충분히 공급해야 한다. 단백질이 효과적으로 이용되고 체단백이 소모되지 않도록 총 에너지에 대한 단백질의 비율을 잘 조정해야 한다. 단백질 필요량은 암의 진행 상태와 스트레스 정도에 따라 달라진다.

알아두기

암환자의 단백질 권장량

성인의 권장량 : 0.8 g/kg
정상상태 유지 : 0.8~1.0 g/kg
스트레스가 없는 환자 : 1~1.2 g/kg
과대사hypermetabolic 상태 환자 : 1.2~1.6 g/kg
심한 스트레스 상태 암환자 : 1.5~2.5 g/kg
골수이식 환자 : 1.5~2.5 g/kg

(3) 비타민, 무기질

암환자는 많은 경우 식사장애나 대사항진으로 비타민이나 무기질이 결핍되기 쉽다. 따라서 채소와 과일류의 섭취를 늘리는 것이 권장된다. 그러나 식사를 통한 비타민·무기질 섭취량이 부족할 경우 비타민·무기질 보충제를 사용하게 되나, 영양소 섭취기준DRI : Dietary Reference Intakes을 넘지 않도록 한다.

Q. 암환자는 항산화제 보충제를 먹는 것이 좋은가요?

A. 다량의 항산화물질은 화학요법에 사용하는 약물인 타목시펜의 대사와 관련이 있기 때문에 타목시펜 복용 시 주의해야 한다. 암환자들이 병에 좋을 것이라는 기대로 마늘, 은행, 인삼, 항산화 비타민 보충제 등 항산화물질을 과량 먹음으로써 오히려 해가 될 수 있다. 암환자는 종합비타민제나 무기질 보충제를 먹는 경우가 많은데, 항산화제를 보충제로 섭취할 경우 항암요법과 방사선요법의 치료 효과를 저해할 수 있으므로 주의한다.

(4) 수분

소화기계의 문제나 기타 감염과 발열 등으로 인한 수분 손실을 보충할 수 있도록 수분 섭취량을 증가시킨다. 또한 충분한 수분 섭취는 신장에서 체분해산물이나 약물 등의 배설을 원활하게 하고, 비뇨기계의 염증을 예방하는 차원에서도 유용하다.

2) 암환자의 영양 공급

성공적으로 암을 치료하기 위해서는 환자 개인의 영양상태를 판정하고 환자가 최적의 영양상태를 유지할 수 있도록 적극적으로 영양을 공급하는 것이 필요하다. 환자의 상태에 따라 영양공급 경로를 결정하며, 가능하면 경구로 최적의 영양을 공급하고, 경구섭취oral feeding가 어려울 경우 경관이나 정맥을 통한 영양지원nutrition support을 실시한다.

(1) 경구섭취Oral Feeding

암환자의 증상, 내성tolerance, 암의 종류, 치료의 부작용 등을 고려하여 환자에게 맞는 식사계획을 세운다. 환자의 상태와 적응 정도 및 요구에 따라 유동식, 연식, 일반식 등 식사의 종류를 결정하고, 음식의 내용과 점도 및 분량을 조절해야 한다.

암환자의 경우 대체적으로 극심한 영양불량 상태이므로, 필요하면 영양보충액을 이용하여 열량과 단백질, 각종 영양소 등을 보충한다. 암환자에게 다른 합병증이 있어 식사제한이 필요한 경우라도 암 혹은 암 치료의 과정을 극복하는 것이 우선이므로, 식사제한을 완화해 가능한 한 먹을 수 있도록 하는 것이 바람직하다. 특히 말기 암환자의 경우에는 음식의 양이나 영양소 함량보다는 먹는 즐거움이 강조되어야 한다.

(2) 영양지원Nutrition Support

암환자에 있어 영양지원은 수술 전, 골수이식, 방사선요법 치료 등에 따라 고려하도록 한다. 환자의 삶이 어느 정도 남아 있고 삶의 질이 유지될 수 있다면, 말기 암환자라도 경장영양이나 정맥영양을 통한 적극적인 영양공급을 고려해야 한다.

① 경장영양Enteral Nutrition

경구섭취가 힘들거나 식사를 통한 영양섭취가 불충분할 경우 경관급식tube feeding을 통한 경장영양을 고려한다. 경관급식은 환자의 상태 및 수술부위, 천공의 위치 등을 고려하여 튜브 삽입 위치 및 튜브 종류를 결정하며, 환자의 소화·흡수 능력에 따라 경관급식 내용물 조성성분을 선택한다. 암환자의 혈당이 높은 경우 탄수화물 함량과 단순당 함량이 낮은 제품을 사용하고, 췌장암 등 소화흡수상태가 극히 나쁜 환자는 성분영양식을 사용할 수 있다.

② 정맥영양Parenteral Nutrition

항암치료에 좋은 반응을 보이는 환자가 경구, 경관영양을 할 수 없을 때에는 정맥영양을 고려한다. 주로 두경부암이나 식도암·위암·장암 같은 소화기 계통의 암 때문에 음식의 섭취·연하·소화·흡수에 문제가 있거나, 수술 후 절식이 필요한 경우, 그리고 경구나 경장영양이 가능한 경우라도 환자에 따라 극도의 구토·오심으로 식사 섭취를 할 수 없을 경우, 일시적으로 처방할 수 있다. 그러나 말기 암환자에 있어 단순히 생명을 연장시키는 수단으로 사용하는 것은 지양하여야 한다.

암환자의 영양문제에 따른 해결방안

식욕부진

- 식사시간에 얽매이지 말고 먹고 싶을 때, 상태가 좋을 때 먹는다.
- 소량씩 자주 먹는다.
- 식사량이 적은 경우 과자, 빵, 과일, 아이스크림 등의 간식을 섭취하여 열량을 보충한다.
- 고형물을 먹기 힘든 경우 주스, 수프, 우유, 두유 등의 음료를 마신다.
- 식사시간, 장소, 분위기를 바꾸어 본다.
- 가벼운 산책 등으로 식욕을 증진시킨다.

메스꺼움, 구토

- 조금씩 천천히 자주 먹는다.
- 음식냄새가 나지 않고 환기가 잘되는 쾌적한 장소에서 식사한다.
- 방은 자주 환기시켜 불쾌한 냄새를 제거한다.
- 식후 1시간 정도 앉아서 휴식을 취한다.
- 머리를 약간 높인 상태로 쉬게 하며, 위치를 자주 바꿔준다.
- 축축한 수건으로 얼굴을 시원하게 닦아주고 찬물이나 구강세정제로 입 안을 자주 헹궈준다.
- 화학요법이나 방사선치료 도중 증세가 나타날 수 있으므로, 치료 1~2시간 전에는 먹지 않는다.
- 뜨거운 음식은 메스꺼움을 유발할 수 있으므로 차갑게 해서 먹는다.
- 구토가 멈추면 물이나 육수 같은 맑은 유동식부터 조금씩 먹는다.

면역기능 저하

- 음식을 조리하기 전이나 식사 전 반드시 손을 씻는다.
- 조리에 사용되는 기구, 식기, 수저는 반드시 소독한다.
- 모든 음식은 익혀 먹는다.
  제한식품 : 치즈, 생야채, 생과일, 우유, 아이스크림, 요구르트 등
  허용식품 : 통조림, 두유, 캔주스, 멸균우유, 분유, 청량음료 등
- 조리한 음식은 가능한 한 빨리 먹도록 하며, 밀봉하여 냉동 및 냉장 보관한다.
- 시판되는 간식류(과자, 빵 등)는 오븐에 굽거나 찌거나 전자레인지에 데워 먹는다.

CHAPTER

13

선천성 대사이상 및 내분비질환

1. 선천성 대사이상질환
2. 내분비질환

이 장을 보기 전에

선천성 대사이상은 유전적인 원인에 의해 영양소 대사에 필요한 효소의 부족이나 결함으로 발생되는 질환으로, 부적절한 관리 시 다양한 장기 기능 저하와 뇌손상 및 생명까지 위험할 수 있다. 따라서 조기에 대사 기능 이상 원인에 따른 철저한 식사조절이 요구된다.

학/습/목/표

1. 선천성 대사이상질환의 원인을 설명할 수 있다.
2. 선천성 대사이상질환의 식사요법의 기본 원칙을 제시할 수 있다.
3. 내분비질환의 원인을 설명할 수 있다.

1. 선천성 대사이상질환

1) 페닐케톤뇨증

(1) 정의

페닐케톤뇨증phenylketonuria : PKU은 주로 백인에게 발병되며 아미노산 대사에 영향을 미치는 유전질환 중 가장 흔한 질환으로서, 미국의 경우 11,000~15,000명 신생아 중 1명의 비율로 발병한다.

(2) 원인 및 진단

PKU는 필수아미노산인 페닐알라닌phenylalanine이 티로신tyrosine으로 전환되는 과정에 필요한 효소인 페닐알라닌 수산화효소phenylalanine hydroxylase가 선천적으로 결손됐을 때 발병하는 질환이다그림 13-1. 이 질환은 혈중 페닐알라닌 농도가 현저히 증가되고 페닐피루브산phenylpyruvic acid, 페닐아세트산phenylacetic acid, 페닐글루타민phenylglutamine과 같은 페닐알라닌 대사산물이 혈액 및 소변에서 농도가 현저히 증가된다.

PKU는 가장 흔한 유전대사질환으로 신생아들은 스크리닝 테스트screening test를 통하여 검사한다. 스크리닝 테스트는 생후 24시간 후부터 7일 이내에 실시한다.

혈중 페닐알라닌 농도의 정상치는 약 2~6 mg/dL이며, 식사섭취 후 혈중 페닐알라닌 농도가 16~20 mg/dL 이상, 혈중 티로신 농도 3 mg/dL 이하, 그 외의 페닐알라닌 대사물들이 소변으로 과량 배출될 때 페닐케톤뇨증이라고 진단할 수 있다.

(3) 증상

증상은 페닐알라닌이 티로신으로 전환되지 못하므로 티로신 합성이 중단되어 멜라닌 생성이 감소된다.

따라서 멜라닌 색소의 생성 저하로 피부와 모발색이 희고 연한 색깔을 띠게 되며, 조기에 치료받지 못하면 정신지체와 갑상선호르몬 합성저하로 기초대사율이 낮아져 성장지연, 발작, 도파민의 합성저하로 인한 과운동성hyperactivity, 불쾌한 체취, 부신수질호르몬

그림 13-1 페닐알라닌과 티로신의 대사이상

(에피네프린, 노르에피네프린)의 합성저하로 혈당 및 혈압 저하, 세로토닌 합성이 저하되어 혈관수축의 어려움 등이 나타난다.

정신지체는 과량의 페닐알라닌이 다른 아미노산과 경쟁함으로써 아미노산 불균형을 초래하고, 이 때문에 단백질 합성의 이상이 초래됨으로써 나타난다. 또한 소변에서 페닐아세트산으로 인한 특유의 냄새가 난다. 식이요법은 혈청 페닐알라닌 수준이 12 mg/dL 이상일 때 시작한다.

(4) 식사요법

PKU는 진단 직후 적절한 식사요법 및 치료를 받지 않으면 뇌가 손상되어 저능아가 되기 쉽지만 출생 즉시 식사요법을 할 경우 정상적인 지능지수를 가질 수 있다. 혈중 페닐알라닌의 농도를 2~6 mg/dL로 유지하도록 하며 체조직의 분해를 방지하고 정상적인 성장과 발육을 도모하도록 한다. 식품 중 페닐알라닌을 제한하고 티로신을 공급함으로써 혈중농도를 정상범위로 유지시키는 것이 중요하다.

페닐알라닌은 필수아미노산으로 정상적인 성장과 발달을 위해 아동에게 공급을 해주어야 하며 페닐알라닌을 지나치게 제한할 경우 발육부진, 식욕부진, 빈혈, 저혈당, 설사, 저단백증 등이 나타난다.

시판되는 제품으로는 Lofenalac(Mead Johnson), Phenyl-free(Mead Johnson), XP Analog(SHS), XP Maxamum(SHS), Maxamaid XP(SHS), Phenex-1(Ross Laboratories), Phenex-2(Ross Laboratories), PKU-1(영아용, 매일), PKU-2(성인용, 매일)가 있다. 이들 제품은 페닐알라닌이 제거되어 있거나 페닐알라닌의 함량이 매우 적다. 환자에게 필요한 티로신은 함유되어 있으며 기타 비타민 및 무기질이 함유되어 있다. 이 조제분유로 총 단백질의 85~90%를 공급하며, 나머지는 일반식품에서 보충하되 적절한 수분을 공급하도록 한다.

고단백 식품인 육류, 유제품, 생선, 난류, 견과류는 제한하도록 하며, 과일과 채소는 충분히 섭취하도록 한다. 특히 아연, 니아신, 망간 등이 부족할 수 있으므로 식사에서 보충하도록 한다. 페닐케톤뇨증 영유아의 영양요구량은 정상아와 동일하므로 특수조제분유를 사용할 경우, 전문의사와 영양사의 처방을 따라야 한다.

단백질 필요량은 정상아와 동일하며 장기간 단백질 섭취가 부족하면 체중감소, 성장부전, 혈중 단백질 감소 및 골감소증이 나타난다. 열량 섭취가 부족할 때에도 체중감소와 체단백질 분해로 인한 페닐알라닌이 증가되므로 주의가 필요하다.

표 13-1 페닐케톤뇨증 영아, 소아의 페닐알라닌, 단백질, 열량, 수분의 영양권장량(성인 제외)

연령		영양소			
		페닐알라닌	열량	단백질	수분
영아	단위	(mg/kg)	(kcal/kg)	(mg/kg)	(mL/kg)
	0~3개월 미만	25~70	120(95~145)	3.0~3.5	35~160
	3~6개월 미만	20~45	120(95~145)	3.0~3.5	130~160
	6~9개월 미만	15~35	110(80~135)	2.5~3.0	125~145
	9~12개월 미만	10~35	105(80~135)	2.5~3.0	120~135
소아	단위	(mg/일)	(kcal/일)	(g/일)	(mL/일)
	1~4세 미만	200~400	1,300(900~1,800)	> =30	900~1,800
	4~7세 미만	210~450	1,700(1,300~2,300)	> =35	1,300~2,300
	7~11세 미만	220~500	2,400(1,650~3,300)	> =40	1,650~3,300

출처 : Acosta PB, et al.(2001), The Ross metabolic formula system: Nutrition support protocols, 4th ed. Ross Products Division, Abbot Laboratories, Columbus. p.12

2) 단풍당뇨증Maple Syrup Urine Disease : MSUD

(1) 정의

단풍당뇨증은 루신leucine, 이소루신isoleucine, 발린valine 등의 곁가지 아미노산의 산화적 탈탄산반응oxidative decarboxylation에 관여하는 효소의 결핍으로 초래된다.

이 질병은 상염색체의 열성 유전으로 신생아 225,000명 중 1명꼴로 나타나며, 소변 색깔이 단풍나무 시럽과 비슷하고, 독특한 냄새와 발한 등이 특징이다. 생후 1주일 이내에 진단하여 적절한 치료를 하지 못하면 정신지체와 심한 신경장애, 저혈당, 대사성 산증, 혼수, 사망까지도 초래할 수 있다. 대부분의 환자가 정신지체 증세를 보이며, 질병진단 및 치료시기가 단풍당뇨증 환자의 예후에 중요하다.

(2) 원인

선천적으로 루신, 이소루신, 발린의 세 가지 곁가지 아미노산은 아미노기전이효소transaminase에 의해 α-케토산이 되는데, 단풍당뇨증은 이 케토산의 산화적 탈탄산반응에 관여하는 곁가지 아미노산 탈탄산효소branched chain ketoacid decarboxylase의 결핍으로 초

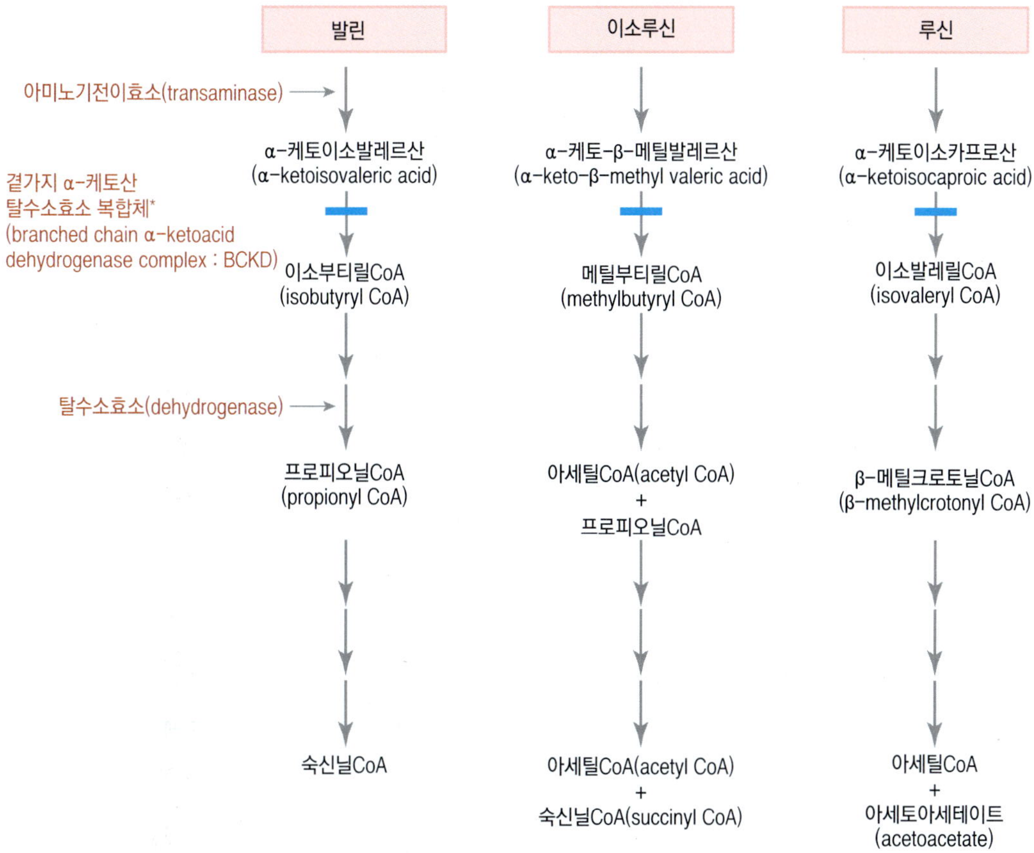

* involves TPP, lipoic acid, FAD, NAD^+ and Coenzyme A(CoA)

그림 13-2 발린, 이소루신, 루신의 대사이상

래되는 질병이다그림 13-2. 혈액과 요 중에 이 세가지 곁가지 아미노산과 이 아미노산에서 유래된 케토산이 축적되어 나타난다.

생후 1~2주 내 혈액과 요 중 루신·이소루신·발린 농도를 분석함으로써 정확히 진단할 수 있다.

(3) 증상

단풍당뇨증 영아는 식욕감퇴, 발육부진, 수유곤란, 구토, 무기력, 경련 등의 증세가 나타나고, 심하면 혼수와 사망에 이를 수 있다. 소변·타액·땀에서 특유의 단풍시럽 냄새가 난다.

(4) 식사요법

영양치료 시 성장상태와 영양섭취 상태를 분석하고, 곁가지 아미노산의 혈청 농도를 주의 깊게 조절해야 한다. 곁가지 아미노산은 성장과 발달에 필수적이며, 특히 혈중 루신 농도를 주의 깊게 관리해야 한다. 이는 다른 곁가지 아미노산보다 루신의 대사가 더 손상되기 쉽기 때문이며, 혈중 루신 농도가 정상범위인 2~5 mg/dL로 유지되도록 한다. 혈중 루신 농도가 10 mg/dL 이상으로 상승하면 α-케토산혈증과 신경증상이 나타나므로, 이때는 곁가지 아미노산의 섭취를 줄이고 당질의 섭취를 증가시킨다.

치료하지 않을 경우에는 정신지체 및 사망에 이를 수 있다. 연령별 영양섭취기준과 비교하여 성장상태가 적절한지 판단하며 혈장 아미노산 농도를 정상범위로 유지하는 것이 중요하다.

표 13-2 단풍당뇨증 영아, 소아의 영양권장량

연령		영양소					
		루신	이소루신	발린	열량	단백질	수분
영아	단위	(mg/kg)	(mg/kg)	(mg/kg)	(kcal/kg)	(mg/kg)	(mL/kg)
	0~3개월 미만	60~100	36~60	42~70	120(95~145)	3.0~3.5	125~150
	3~6개월 미만	50~85	30~50	35~60	115(95~145)	3.0~3.5	120~160
	6~9개월 미만	40~70	25~40	28~50	110(80~135)	2.5~3.0	125~145
	9~12개월 미만	30~55	18~33	21~38	105(80~135)	2.5~3.0	120~135
소아	단위	(mg/일)	(mg/일)	(mg/일)	(kcal/일)	(g/일)	(mL/일)
	1~4세 미만	275~535	165~325	190~400	1,300 (900~1,800)	≥30	900~1,800
	4~7세 미만	360~695	215~420	250~490	1,700 (1,300~2,300)	≥35	1,300~2,300
	7~11세 미만	410~785	245~470	285~550	2,400 (1,650~3,300)	≥40	1,650~3,300

출처 : Acosta PB, et al.(2001), The Ross metabolic formula system: Nutrition support protocols. 4th ed. Ross Products Division, Abbot Laboratories. Columbus. p.85

정상적인 성장과 발달에 필수적인 곁가지 아미노산은 개인차가 크며, 단풍당뇨증의 영양권장량은 표 13-2와 같다.

각 식품군별 루신, 이소루신, 발린의 1일 섭취량에서 루신의 경우 1~2%, 이소루신과 발린의 경우 10~30% 정도의 차이는 허용된다. 식사처방 시 고단백 식품이나 곁가지 아미노산의 함유 여부가 확실하지 않은 식품은 제외한다. 고단백식품은 소량이라도 식사에 포함해서는 안 되는데, 이는 곁가지 아미노산의 섭취량이 증가될 수 있기 때문이다.

- 혈중 루신·이소루신·발린의 농도와 혈중 알라닌의 농도가 안정화되고 필요량을 알게 될 때까지는 매일 평가하며, 그 이후 1세가 될 때까지는 월 1회 평가한다.
- 소변 중 케토산 함유 여부는 생후 6개월까지는 매일, 그 이후는 일주일에 2회 측정한다. 소변에서 케토산이 검출되어서는 안 되며, 만약 검출 시에는 전문의와 상담한다.
- 혈중 알부민과 프리알부민은 1세까지는 3개월마다 측정하도록 하며, 그 이후에는 1년에 2회 정도 측정한다.
- 혈중 철분 상태는 생후 12개월에 측정하며, 그 이후에는 6개월마다 측정한다.
- 성장발달 및 영양상태는 1세까지는 매달, 그 이후는 3개월마다 신장과 체중을 측정한다.
- 단풍당뇨증 영아의 부모는 영양교육을 자주 받도록 하며 식사일기를 기록한다. 식사일기를 통해 아미노산 섭취에 따른 정보를 얻고, 곁가지 아미노산과 단백질 및 열량 섭취량을 충족시킬 기초 자료를 얻는다.

3) 갈락토오스혈증Galactosemia

(1) 정의

갈락토오스혈증은 25,000~50,000명 중 1명 정도로 발생하는 희귀한 질환으로, 간에서 갈락토오스가 포도당으로 전환되는 데 필요한 효소가 결핍되어 나타나는 유전질환이다. 이러한 효소의 결핍으로 혈액과 요 중에 갈락토오스가 비정상적으로 축적된다.

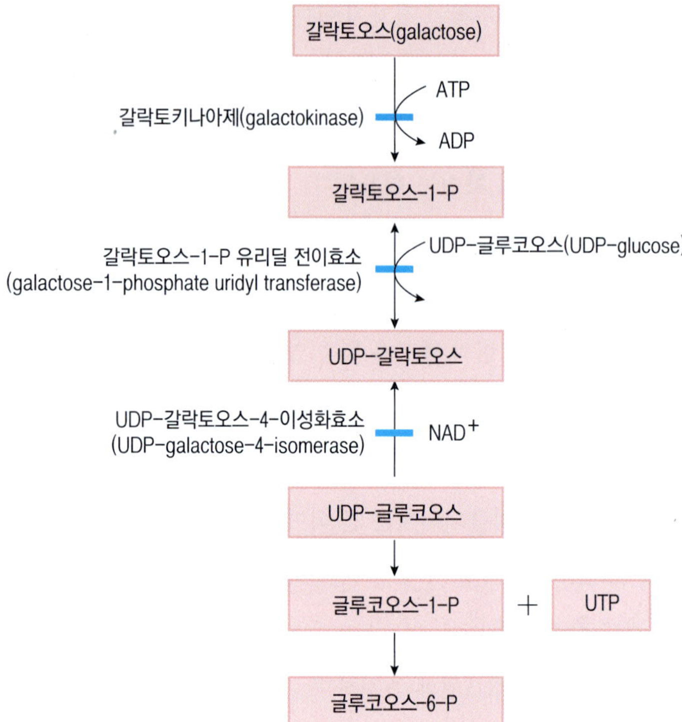

그림 13-3 갈락토오스의 대사이상

(2) 원인

갈락토오스혈증은 대사이상질환으로 갈락토오스 대사에 필요한 galactokinase, uridine diphosphogalactose-4 epimerase(UDP-galactose-4-epimerase), galactose-1-phosphate uridyl transferase(GALT) 중 1가지 효소만 부족해도 발생하며, 이 중에서 galactose-1-phosphate uridyl transferase(GALT)의 결핍이 가장 흔하다. 치료하지 않으면 구토, 설사, 혼수, 성장부진, 정신지체 등이 나타나며, 심하면 사망하기 때문에 일생 갈락토오스를 제한해야 한다.

유당lactose은 락타아제에 의해서 갈락토오스와 포도당으로 분해·흡수된 후, 체내에서 갈락토오스는 포도당으로 전환되어 이용된다. 그러나 갈락토오스 혈증의 경우에는 효소의 결핍 때문에 갈락토오스가 포도당으로 전환되지 못한다.

표 13-3 갈락토오스혈증의 허용식품과 제한식품

구분	허용식품	제한식품
빵류 및 곡류	• 우유, 유제품이 첨가되지 않은 빵 • 건조된 시리얼류와 크래커 • 쌀, 국수, 스파게티, 마카로니 등	• 우유, 유제품, 유당을 함유하고 있는 빵류 • 팬케이크, 비스킷, 머핀, 와플, 달걀빵, 프렌치 토스트 • 버터, 마가린으로 만든 크래커
음료	• 육류를 기초로 한 조제분유 • 유당 제거 우유(락토프리우유) • 콩단백질분유(soy-based formula) • Isomil, Neo-Mull-Soy, Nutramigen, Prosobee, Soyalac • 탄산음료, 과즙음료, 커피, 홍차	• 유당을 함유하고 있는 과즙음료나 제품
과일	• 모든 생과일, 냉동과일 또는 통조림 과일 • 유당을 함유하지 않은 과일주스	• 유당을 함유하고 있는 과즙음료나 제품
육류	• 쇠고기, 돼지고기, 햄, 베이컨, 햄버거, 닭고기, 칠면조고기, 오리고기, 생선, 어패류	• 분유를 함유하고 있는 프랑크소시지류 • 내장육(간, 췌장, 뇌, 신장, 심장)
지방, 유지류	• 땅콩버터, 견과류 등 식물성 유지 • 쇼트닝, 라드 등 동물성 유지 • 유제품이 함유되어 있지 않은 드레싱류	• 버터, 마가린, 치즈 • 유당을 함유한 크림소스류, 샐러드드레싱
채소류	• 모든 생채소 및 가공품 (허용되지 않은 식품 제외)	• 제한된 첨가물로 가공한 제품 • 버터, 크림, 유당첨가 샐러드드레싱과 혼합한 채소류 • 매쉬드포테이토, 프렌치프라이 등의 감자요리
후식류	• 젤라틴, 과일 아이스바, 과일이 들어간 후식류 • 우유를 넣지 않은 제품	• 우유, 크림, 버터, 요거트, 케이크, 쿠키, 커스터드, 푸딩, 파이 • 우유, 젖당, 유제품을 함유한 제품
기타	• 소금, 후추, 양념, 식초, 케첩, 피클, 토마토소스, 코코넛 등	• 유장(Whey), 응고된 유장, 유당, 커드, 카제인, 카제인염을 함유하고 있는 제품, 발효된 간장 등

출처 : Acosta PB, et al.(2001), The Ross metabolic formula system: Nutrition support protocols. 4th ed. Ross Products Division, Abbot Laboratories. Columbus. p.262~267

(3) 증상

지속적인 황달, 구토, 설사, 성장부전, 간비대, 백내장, 정신지체 등이 나타나며, 치료하지 않을 경우 패혈증으로 사망하게 된다. 조기에 진단하여 치료할 경우 정신지체를 예방할 수 있다. 갈락토키나아제galactokinase 결핍 시 백내장이 유발되나, 초기에 진단하여 치료하면 예방이 가능하다.

(4) 식사요법

갈락토오스혈증 영아용 조제식에는 유당과 갈락토오스를 엄격히 제한한다. 유당은 갈락토오스와 포도당으로 가수분해되기 때문에, 식사에서 모유·우유를 제외시키고 버터나 치즈 같은 유제품, 유청분말, 카제인 등 유당을 함유한 제품을 제한한다. 그 대신 두유나 카제인 가수분해물로 만든 제품을 사용하도록 한다.

환자와 보호자에게 적절한 영양교육을 실시해야 하며, 비타민 D와 칼슘의 보충이 필요하다.

4) 티로신혈증Tyrosinemia

티로신혈증은 아미노산인 티로신의 대사과정에 관여하는 효소 작용의 장애로 혈중 티로신 농도가 정상수치를 상승하거나, 간질환·구루병·흡수불량 같은 장애 때문에 혈중 티로신이 증가하여 발생되기도 한다. 티로신혈증의 종류에는 제1형 티로신혈증(유전성 티로신혈증), 제2형 티로신혈증이 있다.

(1) 제1형 티로신혈증

① 원인

제1형 티로신혈증은 유전성 티로신혈증이라고도 한다. 푸마릴아세토아세트산 수산화효소fumarylacetoacetate hydroxylase : FAH의 결핍 때문에 발생하며, 간과 신장에 이상을 초래한다. 푸마릴아세토아세트산을 푸마르산fumaric acid과 아세토아세트산acetoacetic acid으로 분해하지 못하고 비정상적인 티로신, 페닐알라닌과 숙시닐아세톤succinyl-acetone을 생성하여 발병한다. 발병률은 대개 5만~10만 명 중 1명이다.

② 증상

제1형 티로신혈증은 혈액 내의 티로신 농도가 상승하며 요로 수산화인산 페닐피루브산p-OH phenylpyruvic acid과 수산화인산 페닐아세트산p-OH phenylacetic acid이 배설된다. 또한 구토, 황달, 성장부진, 복부팽대, 특이한 냄새, 부종, 출혈, 간비대, 간세포와 신장세뇨관 손상 등이 나타난다. 치료하지 않을 경우, 간부전으로 1년 이내에 70~90%가 사망할 수 있다.

(2) 제2형 티로신혈증

① 원인

제2형 티로신혈증은 티로신 아미노전이효소tyrosine aminotransferase의 결함으로 혈액과 소변에 티로신이 증가한다. 요 중 티로신 대사산물인 N-acetyltyrosine, phenolic acid, tyramine의 배설이 증가한다.

② 증상

제2형 티로신혈증의 주된 증상은 각막궤양, 손발의 각질화 및 정신지체 등이다.

③ 식사요법

혈액 내 티로신과 페닐알라닌이 정상수준을 유지할 수 있도록 식사량을 제한하며, 고당질 식사를 권장한다.

5) 호모시스틴뇨증Homocystinuria

(1) 정의

16만 명 중 1명의 비율로 발생하는 호모시스틴뇨증은 함황아미노산의 대사에 관여하는 효소의 결핍 때문에, 혈액과 요 중에 메티오닌의 중간 대사산물인 호모시스테인homocysteine의 농도가 증가하는 질환이다. 결핍이 되는 효소의 종류에 따라서 3가지 형태로 구분할 수 있다그림 13-4.

제1형은 ① 시스타티오닌 합성효소cystathionine β-synthase가 결핍된 것으로 가장 흔하다. 혈액 중에 메티오닌과 호모시스테인이 축적되고 소변 중 호모시스틴이 많이 배출된다. 반면에, 시스테인과 시스틴은 합성이 되지 않아 결핍 현상을 보인다.

그 외에 ② methylene-tetrahydrofolate reductaseMTHFR가 결핍되어 나타나는 제2형

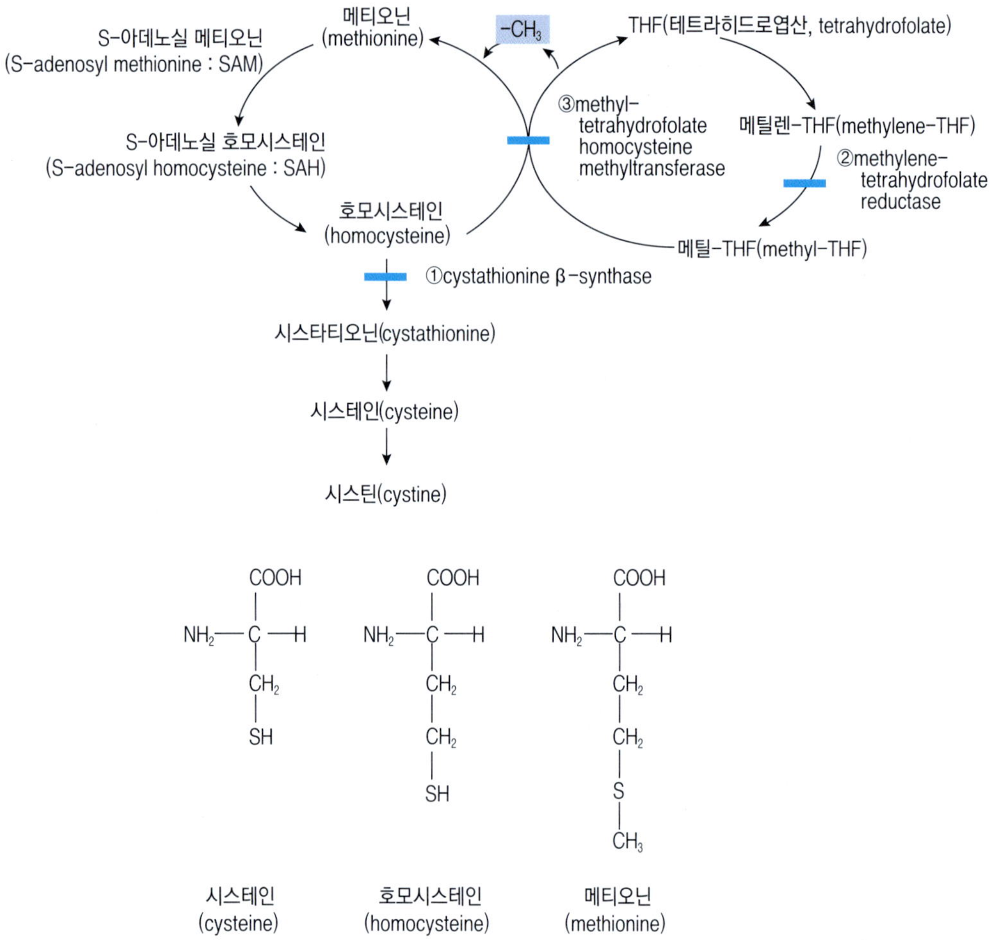

그림 13-4 함황아미노산대사

과, ③ methyl-tetrahydrofolate-homocysteine methyltransferase가 결핍된 제3형이 있다.

(2) 증상

결핍된 효소의 종류에 따라서 증상이 달라지기도 하지만 주된 증상으로는 발육장애, 지능저하, 척추이상, 골다공증, X자형 다리, 혈전증, 심혈관계 장애, 눈의 이상, 경련 등이 있다.

(3) 식사요법

호모시스틴뇨증의 형태에 따라 식사요법을 변화시킨다. 제1형의 영양관리 목적은 호모시스테인의 전구체를 섭취하지 않게 하는 것이다. 음식 중 메티오닌 섭취를 제한하고 시스틴을 공급한다. 부족한 시스타티온 합성효소는 조효소로 비타민 B_6를 필요로 한다. 따라서 비타민 B_6를 하루에 30~1,500 mg 정도로 투여하여 효소활성을 높일 수 있도록 한다.

제2형과 제3형의 경우에는 메티오닌이 감소되므로 메티오닌의 제한은 필요하지 않다. 또한 코발라민의 흡수불량이나 비타민 B_{12} 대사에 결함이 있어 methyltransferase 결핍이 생긴 환자는 코발라민을 정맥투여한다. Methylenetetrahydrofolate reductase가 결핍된 환자는 엽산을 보충하여 증세를 호전시킨다.

6) 당원병Glycogen Storage Disease

당원병은 간이나 근육조직에서 글리코겐이 비정상적으로 축적되어 일어나는 대사이상 질환으로, 결핍되거나 기능에 결함이 있는 효소의 종류에 따라 제 I a, II b, III, IV, VI형으로 분류된다.

(1) 제I형 당원병Type I glycogen storage disease

제I형 당원병GSD-I: Von Gierke's disease은 포도당 신생합성 대사과정의 효소인 포도당-6-포스파타제glucose-6-phosphatase의 결핍으로 글리코겐 전구체로부터 포도당 합성이 일어나지 않는 당질 대사이상질환이다. 당원병 형태가 여러 가지가 있지만 그중 가장 일반적인 것으로 전체 당원병 중 25% 정도를 차지한다.

제I형 당원병은 Ia형type Ia과 Ib형type Ib의 두 가지 형태로 분류할 수 있다. Ia형은 글리코겐 전구체와 간의 글리코겐으로부터 포도당을 합성하는 과정에서의 마지막 단계 효소인 glucose-6-phosphatase의 결핍으로 생기며, Ib형은 glucose-6-phosphate의 미소체막microsomal membrane의 이동이 저해되어 일어난다.

표 13-4 당원병의 분류와 영양관리

유형	손상경로	증상	영양관리
I	glucose-6-phosphatase 결핍증	저혈당, 이상지질혈증, 간비대, 성장지연, 골다공증, 대사성산증	• 과당과 유당을 제한, 전분함량이 많은 식사섭취 • 취침 시 경관급식을 하거나 경구용 옥수수 전분을 섭취
II b	α-1,4-glucosidase 활성 결함 acid maltase deficiency	근육약화, 근력저하	• 단백질 섭취 증가
III	amylo-1,6-glucosidase 결손	간비대, 성장부전, 이상지질혈증, 공복시 저혈당증	• 소량씩 자주 식사 • 20~25% 단백질, 40~50% 당질, 25~35% 지방
IV	간의 phosphorylase 활성 감소	간비대, 성장부전, 이상지질혈증, 공복시 저혈당증	• 옥수수 전분 또는 지속적인 경관급식(고당질 영양액)이 도움
VI	α-1,4-glycan 6-glycosyltransferase의 활성 결함	간기능 악화, 성장부전, 간경변, 문맥고혈압, 복수, 식도정맥류	• 취침시 경관급식이나 경구용 옥수수 전분 섭취

출처 : Nelson JK, et al. (2007), Glycogen storage disease type In Mayo clinic diet manual. 8th ed. Mosby Inc.

식사요법

제I형 당원병의 영양치료는 체내 산증을 최소화하며, 저혈당을 예방하는 것이 주된 목적이다. 저혈당을 예방하기 위해서는 식사를 소량씩 자주 해야 하며 취침 전에 생옥수수 전분을 먹거나 취침 동안에 경관급식을 지속적으로 공급해야 한다.

저혈당 증세는 식후보다는 경관급식을 중단한 직후에 더 잘 발생하므로 경관급식에 주의한다. 또한 혈당을 빨리 상승시킬 수 있는 유당과 과당은 제한한다. 하지만 유당과 과당을 제한함에 따라 우유와 과일이 식사에서 제외되므로 비타민과 무기질을 보충해 주어야 한다. 당원병 환자의 경우 식사요법이 중요하므로 환자와 보호자를 대상으로 허용식품과 제한식품, 식사방법 등에 관한 내용을 교육해야 한다.

(2) 제IIb형 당원병Pompe disease, acid maltase deficiency

제IIb형 당원병은 글리코겐을 라이소좀 내에서 분해하는 역할을 하는 산성알파-글루코시다아제acid α-glucosidase : GAA 효소의 결핍으로 발생하는 드문 유전질환 중의 하나이다. 글리코겐이 라이소좀 내에서 분해되지 못하고 축적되어, 근육의 기능을 손상시키고 호흡곤란 증세를 보인다. 영아기에 발병한 경우에는, 더욱 증세가 심해 심장근육이 약화되어 심근병증이 동반되기도 한다.

식사요법

병세가 심각하여 호흡곤란, 연하곤란 등의 증상이 나타나 인공호흡기를 사용하거나 음식을 삼키기 어려운 경우 경관영양을 시행한다. 제IIb형 당원병에는 호흡근이나 골격근 기능이 향상될 수 있도록 고단백 저당질의 식사가 권장된다.

멘케스증후군(Menkes syndrome)

1962년 Menkes와 동료들에 의해 알려졌으며, 구리 대사의 장애로 체내 구리가 결핍되는 질환이다. 반성 열성 유전질환으로서 남자에게 나타난다. 혈중 셀룰로플라스민 저하, 혈청과 조직의 구리 감소 및 구리의 흡수장애가 병의 원인이다. 특징은 특유의 꼬이고 잘 부서지는 색소 결핍된 모발 이상, 지능과 신체의 발육지연, 저체온, 퇴행성 신경장애와 중추신경 변성이 있다. 치료는 구리를 정맥 내에 투여하는 것이 시도되나 일반적으로 감염증 등으로 대부분 1~3세 이전에 사망한다.

(3) 제III형, 제VI형 당원병Glycogen storage disease type Ⅲ & Ⅵ

제III형, 제VI형 당원병은 제I형과 달리 당신생합성과정은 정상이고 글리코겐 분해과정이 제한되기 때문에, 제I형 당원병보다 저혈당 증세가 심각하지 않다.

(4) 제IV형 당원병Glycogen storage disease type Ⅳ

제IV형 당원병은 간, 피부의 섬유아세포의 분지효소branching enzyme : α-1,4-glycan 6-glycosyl transferase의 결핍으로 발생한다. 출생 시에는 정상이지만 간부전 등에 의해 4세 이전에 사망한다.

7) 윌슨병Wilson's Disease

(1) 정의

윌슨병은 구리의 대사과정이 유전적으로 손상되어 체내 구리의 저장과 이동에 장애가 생긴다. 구리가 담즙으로 배설되지 못하고 간, 두뇌, 각막, 신장, 적혈구 등에 구리가 축적되어 나타나는 선천적 대사질환이다.

(2) 증상

구리가 축적됨에 따라 혈청 셀룰로플라스민ceruloplasmin 농도가 낮아지고, 용혈성 빈혈, 간경화, 간염 등의 만성 간질환이 나타난다. 또한 신경과적·정신과적 증상이 나타나며, 각막에 구리의 침착 때문에 녹색·금색의 색소환이 생기는 카이저 플라이셔 고리Kayser-Fleischer ring 등이 나타난다.

(3) 식사요법

식사요법은 혈청 구리 수준을 감소시키고 체내 구리의 축적을 방지하는 것을 기본으로 한다. 간과 다른 조직에도 손상이 있을 수 있으므로 단백질의 공급으로 이를 최소화한다.

구리는 식품 중에 널리 분포되어 있어, 구리 제한식사를 실시할 경우 영양 불균형을 초래할 수 있으므로 영양소 섭취에 유의한다. 또한 약물요법으로 D-페니실라민을 사용하는 환자의 경우, 이 약물에 항피리독신 효과가 있어 비타민 B_6가 결핍될 수 있으므로 하루 25 mg/dL 정도로 비타민 B_6를 보충해야 한다.

알아두기

대사이상 질환에 대한 제도적 지원 가족보건사업 : 선천성 대사이상 검사

- 선천성 대사이상 검사는 선천성 대사이상질환의 원인을 조기에 발견하여 치료함으로써 정신지체 아동이 더 이상 증가하지 않도록 사전에 예방하기 위해 시행되는데, 검사 비용은 가족보건사업의 일환으로 정부의 지원을 받을 수 있다.
- 생후 3~7일의 신생아를 대상으로 검사를 하고, 미숙아의 경우에는 생후 1주일 후에도 검사가 가능하다.
- 검사항목은 총 6종으로 페닐알라닌혈증(페닐케톤뇨증), 갑상선기능저하증, 호모시스테인뇨증, 단풍당뇨증, 갈락토오스혈증, 선천성 부신과형성증 등이 있다.

2. 내분비질환

내분비계는 호르몬을 직접 혈류로 분비하는 내분비선이 기능적으로 상호 연결된 혼합 구조이다. 내분비계의 주요 기능 단위는 뇌하수체, 갑상선, 부갑상선, 부신, 췌장의 랑게르한스섬, 성선, 솔방울샘 등이다. 내분비선의 주요 기능은 호르몬을 분비하는 것이며, 호르몬은 표적기관으로 알려진 특정 기관에 영향을 미치는 물질이며, 순환계를 통해 표적기관으로 운반된다.

1) 내분비질환의 이해

내분비계는 호르몬을 분비하여 대사과정의 동화와 이화작용, 근육의 기능, 성장과 생식, 에너지 생산, 스트레스 반응, 전해질 균형 등을 조절한다. 내분비계 이상으로 인한 질병으로 대표적인 것이 당뇨병이다. 당뇨병은 인슐린의 부족이나 기능저하 때문에 발생한다. 신장에서 분비되는 에리스로포이에틴은 적혈구를 합성하는 조혈인자로서 빈혈과 관련이 있다. 부신피질호르몬인 알도스테론은 혈류량을 증가시키고, 뇌하수체 후엽에서 분비되는 항이뇨호르몬은 혈류량을 증가시키고 혈관을 수축시키므로 고혈압과 관련이 있다.

에스트로겐과 칼시토닌은 골밀도를 높이고 부갑상선호르몬은 골밀도를 낮춤으로써, 골다공증과 관련이 있다. 그 외 내분비질환으로 뇌하수체기능장애, 갑상선기능장애, 부신피질기능장애, 부신수질기능장애 등이 있다.

2) 뇌하수체기능장애

뇌하수체기능항진증hyperpituitarism은 뇌하수체 종양이나 증식으로 호르몬 음성피드백 조절기전이 정상적으로 이루어지지 못하는 상태로서, 한 가지 이상의 호르몬이 과잉 분비된다. 흔한 원인은 양성 종양인 뇌하수체 선종이며, 이는 호산세포 종양, 호염기세포 종양, 염색세포 종양 등이 포함된다.

호산세포 종양은 성장호르몬과 프로락틴을 과량 생성하여 거인증이나 말단비대증, 성기능 장애를 초래한다.

호염기세포 종양은 부신피질자극호르몬, 갑상선자극호르몬, 여포자극호르몬, 황체호르몬 등을 과잉 생성한다.

염색세포 종양은 뇌하수체 종양의 90%를 차지하며, 부신피질자극호르몬이나 성장호르몬을 과잉 분비한다.

뇌하수체전엽호르몬이 부족하면 성장지연, 대사이상, 성적 미성숙 등이 초래된다. ACTH와 TSH가 결핍되면 부신과 갑상선 부전으로 애디슨병Addison' disease과 갑상선기능저하증이 일어난다. 뇌하수체후엽호르몬이 부족하면 항이뇨호르몬의 결핍으로 요붕증이 일어난다.

(1) 프로락틴과잉증Hyperprolactinemia

유즙분비 종양에 의해 나타나며, 성선기능 저하와 남녀 모두에서 유즙이 분비되는 증상이 보인다. 종양적출술이 가장 좋은 치료법이며 약물로는 팔로델Bromocriptine이 사용된다. 팔로델의 부작용은 체위성저혈압, 위장자극, 오심, 두통, 복부경련, 변비 등이 있으며 부작용을 줄이기 위해 식사나 간식과 함께 약물을 투여한다.

(2) 성장호르몬과잉증 : 거인증과 말단비대증

성장호르몬은 뇌하수체 전엽에서 생성되어 간에서 IGF-1insulin like growth factor-1을 생산하도록 자극함으로써 음성피드백을 통해 생성량을 조절한다. 그러나 뇌하수체 종양은 IGF-1이 상승함에도 성장호르몬을 분비하여 원치 않는 뼈와 연조직의 성장을 초래한다. 성장호르몬이 사춘기 이전에 과잉 분비되면 거인증이 되고, 사춘기 이후에 과잉 분비되면 말단비대증이 된다.

거인증giantism은 영아기나 아동기에 시작되어 골단이 융합될 때까지 계속 신체가 성장한다. 성인의 경우 키가 2 m 이상, 아동은 성장곡선에서 평균 신장보다 표준편차의 3배 이상일 때 거인증으로 진단한다. 신체 장기의 비대와 대사율의 증가, 2차성징의 지연, 당내응력 장애로 인한 고혈당, 당뇨병 등이 나타날 수 있고, 더 진전되면 근육 약화, 골관절염, 척추측만증, 시야 장애 또는 뇌압 상승으로 인한 뇌졸중과 발작이 나타날 수 있다.

말단비대증acromegaly은 사춘기 이후에 발병하므로 특별히 키가 크지는 않지만 신체의 모든 조직(연조직, 기관, 뼈)을 자극하여 넓고 두껍게 자라게 한다. 심장, 간, 신장, 비장, 췌장의 내장 비대와 갑상선, 부갑상선, 부신의 비대 및 관절의 병리적인 변화를 초래한다. 발병 후 몇 년 안에 울혈성 심부전, 고혈압, 당뇨병, 폐렴 등으로 사망하게 된다.

(3) 뇌하수체기능저하증Hypopituitarism

소인증dwarfism이란 유년기에 성장호르몬방출인자가 부족하거나 소마토스타틴이 과잉 분비되었을 때 성장호르몬의 결핍 때문에 나타난다. 키는 작지만 지능은 정상이고 얼굴과 신체 비율은 유아의 비율과 유사하다. 피부에 미세한 주름이 있고 신체는 작지만 정상적으로 형성된다. 성적 성숙은 정상일 수도 있고, 그렇지 않을 수도 있다.

(4) 요붕증

요붕증diabetes insipidus은 항이뇨호르몬의 결핍으로 초래되는 수분대사질환이다. 항이뇨호르몬이 결핍되면 신장의 원위세뇨관과 집합관의 투과성을 손상시켜 다량의 희석된 소변을 배설하므로 수분 손실에 따른 탈수를 초래한다. 탈수로 인한 혈장 삼투압 증가는 갈증을 일으켜 수분섭취를 증가시키지만, 이 보상기전이 적절하게 이루어지지 않으면 증상이 악화된다. 요붕증이 지속되면 방광 용적이 증가하게 된다.

3) 갑상선기능장애

갑상선은 티로닌 T3과 티로신 T4, 칼시토닌을 생산한다. 칼시토닌은 뼈를 표적기관으로 하여 혈청 칼슘 농도를 낮추기 위해 파골세포를 촉진하고 조골세포를 억제하며, 위장관에서 칼슘 흡수를 감소시킨다. 갑상선호르몬의 합성에는 요오드, 단백질, 비타민 A, 비타민 B군이 필요하다.

(1) 갑상선종Goiter

갑상선종은 갑상선이 비대해진 것으로 갑상선기능항진증과 갑상선기능저하증 모두에서 나타날 수 있다. 토양과 물에 요오드가 부족한 지역에 거주하는 사람들 중 청소년이나 임산부 등 갑상선호르몬의 요구가 높은 사람에게 나타나는 것을 단순 갑상선종이라 한다. 단순 갑상선종을 예방하기 위해서는 하루 200~300 mg의 요오드 섭취를 권장한다.

(2) 갑상선기능항진증Hyperthyroidism

갑상선기능항진증의 가장 흔한 원인은 갑상선 전체가 커지면서 갑상선호르몬을 과량으로 생산 및 분비하는 것이다. 이를 그레이브스병Graves' disease 혹은 바제도병Basedow disease이라고 부른다. 실제로 임상에서 경험하는 갑상선기능항진증의 대부분은 그레이브스병으로 90~95%를 차지한다.

갑상선기능항진증의 대부분은 갑상선자극호르몬이 정상치보다 감소되어 있으므로 이 호르몬의 수치를 확인하여 갑상선기능항진증을 진단한다. 혈액검사로는 갑상선자극호르몬thyroid stimulating hormone : TSH과 티록신thyroxine을 측정한다. 이때 안구돌출증상이 있으면 갑상선기능항진증의 한 원인인 그레이브스병으로 진단한다.

그레이브스병은 자가면역질환의 일종이다. 갑상선자극호르몬에 결합하는 수용체를 외부의 침입물질로 오인하여 몸에서 항체를 만들게 한다. 이때 생성되는 항체가 '갑상선자극면역글로불린'이며, 갑상선호르몬을 계속 만들도록 자극한다. 결국 체내에 갑상선호르몬이 과잉되어 갑상선기능항진증이 나타난다. 그레이브스병은 유전적 요인과 환경적 영향, 특히 스트레스의 영향을 많이 받는다고 한다.

갑상선기능항진증 중에서 눈이 튀어나오는 증상은 그레이브스병에서만 나타난다. 이는 안구 후방에 있는 지방이나 안구를 움직이는 근육에 글리코사미노글리칸glycosaminoglycan : GAG 같은 물질이나 림프구가 축적되기 때문에 발생한다. 그레이브스병 환자는 정강이뼈 앞쪽 피부에 점액부종myxedema이 생기기도 한다. 이 역시 자가면역의 결과이다. 갑상선기능항진증의 치료에는 다음과 같은 방법이 있다.

① 베타차단제 치료

고혈압, 협심증, 관상동맥질환을 치료하는 약제로 잘 알려진 베타차단제(베타아드레날린차단제)는 갑상선기능항진증을 치료하는 것은 아니지만 갑상선중독증의 주증상인 심계항진palpitation, 떨림, 불안 등의 증상을 완화한다.

② 무기요오드 치료

요오드는 그 양이 과다하면 갑상선 내로의 이동이 억제된다. 요오드는 산화 및 유기화 과정을 거쳐 갑상선호르몬으로 생성되는데 이 과정 또한 억제되며, 이미 만들어져 갑상선 내에 저장되어 있는 갑상선호르몬의 방출도 신속하게 제약된다. 주로 마지막 효과에 의하여 빠른 속도로 혈액 내의 갑상선호르몬 수치를 떨어뜨린다.

③ 방사성동위원소 치료

방사성동위원소인 요오드I^{131}를 이용한 치료는 가장 간편하고 비용이 적게 들어 현재 북미의 경우 연령에 관계없이 가장 선호하는 치료법이다. 요오드는 갑상선 상피세포를 점진적이고 영구적으로 파괴하여 갑상선호르몬의 생산을 효과적으로 차단한다. 일반인들이 흔히 생각하는 방사선 피폭에 따른 장애는 거의 발생하지 않는다.

식사는 보통 하루 4,000~5,000 kcal의 고단백·고탄수화물식을 제공한다. 과도한 섬유소는 위장을 자극하므로 피하고 카페인도 제한한다. 식간과 취침 전에 간식을 권장한다. 요오드는 갑상선호르몬의 유무와 갑상선의 크기, 혈관의 분포를 감소시키므로 우유나 과일주스와 함께 투여한다. 발한으로 인한 수분 손실을 보충하기 위해 하루 4,000 mL의 수분을 섭취하여 증가된 노폐물을 희석하고 신장으로 배설시킨다.

(3) 갑상선기능저하증Hypothyroidism

임신부에게 발생하는 갑상선기능저하증은 요오드 섭취가 부족하여 발생한다. 선천성 갑상선기능저하증은 크레틴병cretinism이라고도 하며, 모체에서 받은 갑상선호르몬이 고갈되는 생후 6개월 이내에 증상이 관찰된다. 과거에는 영구적으로 정신적 또는 신체적 손상을 입혔으나 현재는 출생 후 5~7일 사이에 실시하는 혈액검사를 통해 갑상선기능저하증으로 진단된 경우 곧바로 치료를 시작하면 정상발육이 가능하다. 치료하지 않을 경우에는 성장장애로 인한 사지가 짧은 왜소증과 지능발달장애 등이 나타난다.

성인의 갑상선기능저하증은 여성이 남성보다 7~10배 정도 많고, 30~60대에서 흔하다. 대개 우울, 무관심증을 겪으며 움직임과 활동이 감소한다. 합병증으로 나타나는 점액수종myxedema은 피부와 다른 조직에 뮤신이 비정상적으로 축적되는 부종으로, 치료하지 않으면 죽상경화증과 LDL의 증가를 초래하게 된다. 기초대사율 감소, 저체온증, 저혈압, 저혈당 등이 나타난다.

식사는 저열량·고단백·고섬유소식을 권장하고, 식욕부진이 있다면 소량씩 자주 먹을 수 있도록 한다. 수분을 충분히 섭취하도록 하고 수분 손실 정도를 평가하기 위해 체중을 측정한다. 변비가 흔히 나타나므로 배변 완화제를 사용한다.

(4) 갑상선염thyroiditis

만성갑상선염은 대부분 하시모토갑상선염으로, 자가항체auto antibody에 의해 갑상선이 파괴되어 갑상선기능저하증을 초래한다.

하시모토갑상선염Hashimoto's thyroiditis은 전 인구의 약 2%가 앓고 있으며, 이 중 약 95%가 여성이다. 어느 연령에서나 발생할 수 있으나 특히 30~50대에 많이 발생하며, 유전적인 요소와 환경적인 요소가 원인으로 보인다.

만성갑상선염에 걸리면 갑상선조직이 파괴된다. 이후에는 갑상선호르몬의 생성이 감소되어 갑상선자극호르몬이 증가한다. 초기에는 증가한 갑상선자극호르몬에 의해 호르몬 생성이 보충되지만 지속적인 파괴로 갑상선기능저하증이 발생한다.

갑상선자극호르몬과 갑상선 자가항체가 높은 수치로 나타나면 만성갑상선염으로 진단한다. 여기에 갑상선기능저하증이 동반된 경우에는 갑상선자극호르몬의 정상수치를 목표로 반드시 갑상선호르몬을 투여한다.

4) 부갑상선기능장애

(1) 원발성 부갑상선기능항진증primary hyperparathyroidism

고칼슘혈증과 저인산혈증, 재발성 신결석, 소화성 궤양, 의식 변화, 과다한 골흡수 증상이 나타난다. 드물게 병이 급격히 나타나 심한 탈수 및 혼수, 즉 '고칼슘혈증 부갑상선 위기'와 같은 심한 합병증이 생기기도 한다. 심한 골 변화, 신결석, 신경정신계 증상, 담석증, 췌장염, 소화성 궤양, 고혈압, 근육 약화 등의 증세를 보이며, 때로는 신장기능부전증으로 사망에 이른다.

그러나 이러한 심각한 증상 대신 대부분 근무력감, 우울증, 만성피로, 식욕 감퇴 등의 경미한 증상인 경우가 많다.

원발성 부갑상선기능항진증은 부갑상선호르몬이 증가한 것을 확인함으로써 진단한다. 우선 혈액검사에서 칼슘수치가 높으면 부갑상선호르몬을 측정해 볼 필요가 있다.

(2) 2차성 부갑상선기능항진증secondary hyperparathyroidism

2차성 부갑상선기능항진증은 신부전의 초기에 관찰된다. 신장기능이 악화되면서 이 증상도 진행된다. 실제로 모든 신장투석 환자는 2차성 부갑상선기능항진증이 발생한다.

신장기능의 저하로 사구체 여과율이 25% 이하가 되면 인이 축적된다. 고인산혈증은 신장에서 칼시트리올calcitriol(비타민 D의 활성형)의 생성을 감소시킨다. 증가한 혈중의 인은 칼슘과 결합, 침착하여 혈중 칼슘 농도를 낮추고 부갑상선호르몬 분비를 증가시킨다. 치료를 위해서는 인의 섭취를 제한하거나 비타민 D를 투여한다. 이러한 치료에도 효과가 없으면 부갑상선절제술을 시행한다.

(3) 부갑상선기능저하증hypoparathyroidism

부갑상선기능저하증은 대부분 일시적으로 나타나는데, 흔히 갑상선 전체를 제거하거나 갑상선암의 수술 시 발생한다. 갑상선의 혈액 공급은 부갑상선 같은 하부 갑상선 동맥에 의해 이루어지는데, 갑상선 수술 시 이러한 호르몬의 혈액 공급과 정맥 내 유입이 원활하지 못하기 때문이다. 대부분 3주에서 3개월 사이에 회복된다. 치료는 증상과 혈중 칼슘 농도에 따라 칼슘을 먹는 약이나 정맥주사를 통해 투여하고, 비타민 D를 함께 공급하여 장내 흡수를 촉진시키는 방법으로 한다.

5) 부신기능장애

부신은 신장의 상부에 좌우 한 쌍이 있으며, 바깥 부분인 피질cortex과 안쪽 부분인 수질medulla로 구성된다.

부신피질은 3층으로 구성되어 있으며, 스테로이드계 호르몬을 분비한다. 외층인 사구대는 염류 코르티코이드인 알도스테론을 분비하고, 가운데층인 속상대는 당질대사에 관련된 당류 코르티코이드인 코르티졸을 분비하며, 내층인 망상대는 성호르몬인 안드로겐과 에스트로겐, 테스토스테론을 분비한다.

부신수질은 카테콜아민 물질인 에피네프린과 노르에피네프린을 분비한다. 카테콜아민은 유리지방산의 분비를 촉진하고 기초대사율을 증가시키며, 혈당을 상승시킨다.

(1) 쿠싱증후군Cushing's Syndrome

당류 코르티코이드인 코르티졸cortisol이 과다하게 분비되는 상태이며, 일반적으로 코르티코스테로이드 약물을 과다 사용하여 나타난다. 과도한 코르티졸로 인해 프로락틴, 갑상선자극호르몬, 생식선자극호르몬의 분비가 감소되며 대부분 수면장애를 경험한다.

단백질의 과도한 이화작용 때문에 근육이 소모되고 골다공증과 골절, 뼈의 통증이 나타나며 피부 콜라겐의 감소로 피부가 약화되고 자색선이 나타난다. 지방 대사의 장애는 비정상적인 지방 분포를 야기하여, 보름달 같은 얼굴이 되고 복부비만과 경부비만이 나타난다. 간에서 글리코겐 형성이 증가하고 식후 고혈당과 당뇨병을 초래하며, 당뇨병이 있는 경우에는 증상이 악화된다.

체중의 증가와 부종, 고혈압, 고칼륨혈증이 나타나며 정서적 불안정과 불안, 우울, 집중력과 기억력 감퇴가 나타난다. 체중증가와 부종은 저당질식·저나트륨식으로 보완할 수 있고, 고단백식으로 증상을 감소시킬 수 있다.

(2) 원발성 알도스테론증Primary aldosteronism

알도스테론이 과도하게 분비되면 신장에서 나트륨 재흡수가 증가하고 칼륨과 수소이온은 배설된다. 나트륨이 재흡수되면서 수분도 함께 저류되어, 고혈압이 초래되고 보통 두통을 동반한다.

체내 칼륨 저하로 근육 약화와 심전도상의 변화가 나타나고, 칼륨이 현저하게 감소하면 신세뇨관의 요농축능력이 상실되어 다뇨·야뇨로 수분 손실이 증가하며 다음·다갈증이 생기고 고나트륨혈증이 나타난다. 저칼륨혈증은 근육 약화, 경련, 피로, 피부 손상, 알칼리증, 마비와 경련을 일으킬 수 있다. 식사는 고단백식을 하고 나트륨은 줄이고 칼륨 섭취를 증가시킨다. 체중감소가 필요하다면 열량을 제한한다.

(3) 갈색세포종Pheochromocytoma

부신수질의 종양 때문에 카테콜아민이 과잉 분비되어 나타나며, 고혈압 환자의 0.1%가 갈색세포종으로 인해 발병한다. 에피네프린을 과다 분비하는 종양인 경우는 발작성paroxysmal으로 다량의 발한, 심계항진, 떨림, 불안, 오심, 구토, 열에 대한 민감성heat intolerance, 안면홍조 후 창백 등 교감신경계 항진의 증상을 보인다. 노르에피네프린을 분비하는 종양은 본태성 고혈압과 비슷한 증상을 보이므로 진단이 매우 어렵다.

(4) 애디슨병Addison's disease

부신기능부전으로 발생하며, 부신에 결핵, 매독, 종양 등이 전이되어 부신이 파괴되거나 자가면역성 및 원인 불명의 위축으로 부신에서 생산되는 부신피질호르몬이 부족해지는 질병이다. 선천적으로 부신에서 당질 코르티코이드를 생성하지 못하거나 수술로 부신을 제거하여 부신피질호르몬이 부족해지는 경우에도 발생한다.

CHAPTER

14

빈혈

1. 혈액의 이해
2. 빈혈의 종류 및 원인
3. 빈혈의 진단
4. 빈혈의 증상과 식사요법

이 장을 보기 전에

빈혈은 개발도상국에서 빈번히 발생하는 대표적인 영양결핍으로 인한 질환이다. 또한 영양과잉이 문제가 되고 있는 현대사회에서도 빈혈은 흔히 발생하는 질환이다. 따라서 WHO에서 적극적인 빈혈 예방을 강조할 정도이다. 빈혈은 질병에 의해 발생하기도 하나 철 · 엽산 · 비타민 B_{12}를 비롯한 혈액조성에 관여하는 영양소의 섭취가 부족해서 발생하는 경우가 대부분이다. 특히 취약계층 즉, 성장기 어린이 · 청소년, 성인여성, 임산부, 수유부, 노년층 등에서 많이 발생하므로 적절한 영양관리가 무엇보다 중요하다.

학/습/목/표

1. 혈액의 조성을 이해하고 빈혈의 진단기준을 학습한다.
2. 빈혈의 종류에 따른 특징을 이해한다.
3. 빈혈과 관련된 영양소를 이해하고 각 영양소별 식사요법을 학습한다.
4. 철결핍성 빈혈의 원인과 특징을 이해한다.
5. 각 종류에 따른 빈혈과 관련된 영양소의 급원식품을 학습한다

1. 혈액의 이해

1) 혈액의 조성

혈액은 약 55%의 체액성분인 혈장plasma과 약 45%의 유형성분인 혈구blood cell로 되어 있다. 혈장은 혈액의 수용성 부분으로 대부분은 수분(91%)이며, 단백질(7%)과 지질(1%) 및 소량의 탄수화물(0.1%)과 무기질(0.9%)로 조성되어 있다그림 14-1. 유형성분인 혈구는 적혈구erythrocyte : rbc, 백혈구leucocyte : wbc, 혈소판platelet으로 구성되어 있는데, 혈액을 구성하는 혈구는 골수에서 같은 줄기세포stem cell로부터 분화된다표 14-1. 혈액은 혈관을 통해 각 조직을 끊임없이 순환하는 세포외액으로, 각 조직에 산소와 영양물질을 공급하고 물질대사로 발생한 노폐물을 운반하여 체외로 방출하는 역할을 담당하는 생명유지에 절대적인 물질이다.

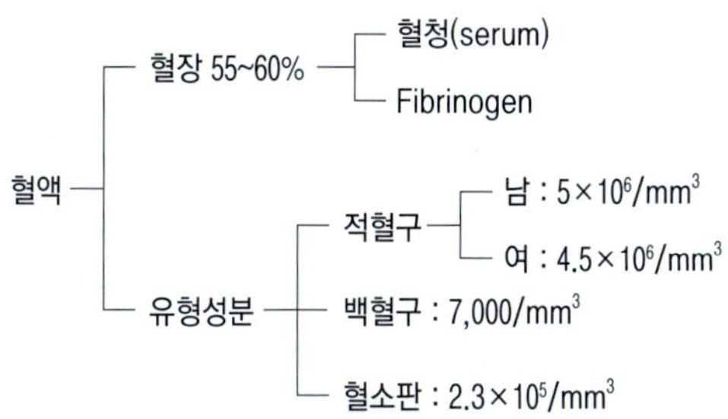

알아두기

혈장과 혈청의 차이

- 혈장 : 혈액의 단백질 중 혈액응고 단백질fibrinogen 포함
- 혈청 : 혈액응고 단백질은 응고하여 침전된 후 남은 수용성 부분

표 14-1 혈액의 조성

	성분	함유량
단백질	전체	5~8 g/dL
	Albumin(혈청, 22% Na_2SO_4에서 측정)	3.5~5.5 g/dL
	Globulin(혈청, 22% Na_2SO_4에서 측정)	1.5~3.0 g/dL
	Fibrinogen(혈장)	0.2~0.6 g/dL
	Hemoglobin(혈액)	남 : 14~18 g/dL, 여 : 12~16 g/dL
당질	Glucose(혈액)(Folin)	80~120 mg/dL
	Glucose(혈액)(true)	60~100 mg/dL
지질	총지질	500~600 mg/dL
	Triglyceride(혈청)	<165 mg/dL
	인지질(혈청)	145~200 mg/dL
	Cholesterol(혈청)	150~280 mg/dL
	Cholesteryl ester(혈청)	전체 cholesterol의 50~60%
	Aldosterone(혈장)	0.003~0.01 μg/dL
	Carotenoid(혈청)	50~300 μg/dL
	Bilirubin(혈청)	0.1~0.4 mg/dL(직접), 0.2~0.7 mg/dL(간접)
	Cortisol(유리, 혈장)	4~18 μg/dL
	Ketone체(혈장)	0.3~2.0 mg/dL
	젖산(혈액, in iodoacetate)	4~16 mg/dL
	Pyruvate(혈액)	0.7~2 mg/dL
비타민	A(혈청)	24~60 μg/dL(26~60 IU/dL)
	B_1(혈청)	5~14 μg/dL
	C(혈장)	0.4~1.5 mg/dL(절식)
	C(백혈구)	25~40 mg/dL
	D(혈청)	1.5~4.5 mg/dL
	E(혈청)	0.9~1.9 mg/dL
무기질	Na(혈청)	310~340 mg/dL
	K(혈청)	14~20 mg/dL
	Ca(혈청)	9~10.6 mg/dL
	Mg(혈청)	1~3 mg/dL
	중탄산염(혈청)	205~235 mg/dL

(계속)

	성분	함유량
무기질	I_2 (BEI)(혈청)	3~6.5 μg/dL
	I_2 (단백질결합성)(혈청)	4~8 μg/dL
	Fe(혈청)	65~175 μg/dL
	Fe 결합능(혈청)	250~410 μg/dL
	암모니아(혈액)	40~70 μg/dL
	염화물(혈청)	350~375 mg/dL
	Cu(혈청)	100~200 μg/dL
	P(혈청)	3~4.5 mg/dL(소아 4~7 mg/dL)
	황산염(혈청 또는 혈장)	0.5~1.5 mEq/dL
비단백질성 질소화합물	NPN(혈청 또는 혈액)	15~35 mg/dL
	요소질소(혈청 또는 혈액)	8~20 mg/dL
	Creatinine(혈청 또는 혈액)	0.7~1.5 mg/dL
	Creatine(혈장)	2~6 mg/dL
	아미노산 질소(혈장)	3~5.5 mg/dL
	Glutamine(혈장)	5~12 mg/dL
	요산(혈청)	3~7.5 mg/dL
효소	Amylase(혈청)	0.8~3.2 IU/L
	Glutamic-oxaloacetic transferase(SGOT)(혈청)	5~40 unit
	Glutamic-pyruvic transferase(SGPT)(혈청)	5~35 unit
	Lipase(혈청)	0.5~1.5 unit(mL 0.1 N NaOH)
	산성 phosphatase(혈장)	0.1~0.63 unit(mL 0.1N NaOH)
	알칼리성 phosphatase(혈장)	0.8~2.3 unit(Bessey-Lowry)

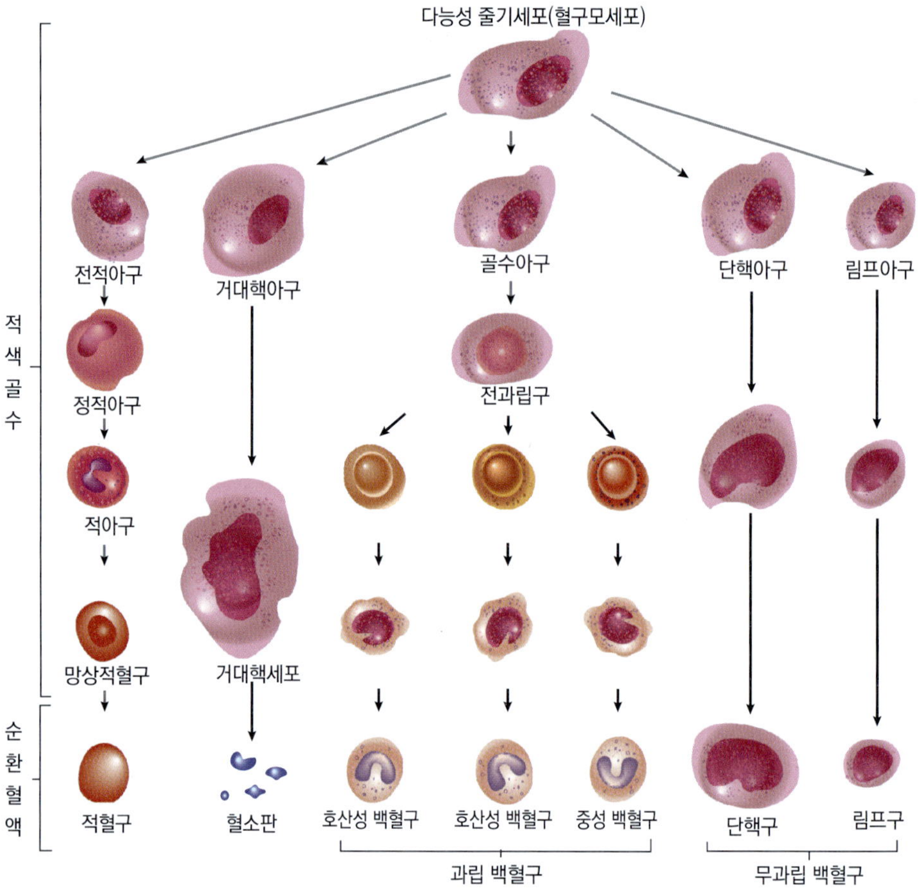

그림 14-1 혈구 종류에 따른 생성과 분화

2) 적혈구

(1) 적혈구의 생성과 헤모글로빈의 합성

적혈구는 직경 7.5~8.0 μm의 중앙이 움푹 들어간 원반형 세포로서, 골수의 줄기세포에서 3~4번의 세포분열을 거쳐 적혈구와 백혈구로 분화된다그림 14-1.

적혈구로 분화하는 세포의 경우 적아구를 거쳐 핵이 세포막의 일부와 함께 방출되면서 핵이 빠져나간 자리에 헤모글로빈이 채워지며 적혈구로 성숙하게 된다.

이 과정에서 분화되고 있는 적아구세포 내에서 헤모글로빈의 합성도 함께 일어난다.

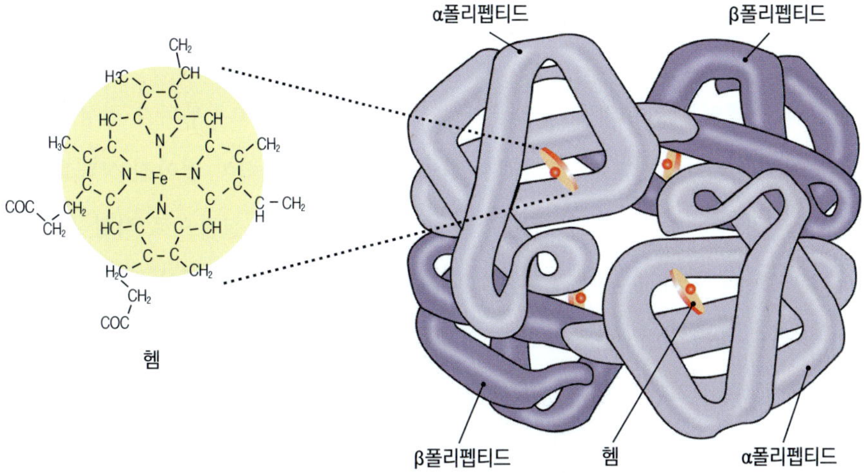

그림 14-2 헤모글로빈과 헴의 구조

헤모글로빈은 분자량 64,000 Da의 산소 결합형 단백질로, 거대한 단백질분자인 글로빈에 4개의 헴heme이 결합되어 있다그림 14-2. 인간의 헤모글로빈은 α사슬계 subunit 2개와 β사슬계 subunit 2개로 구성되어 있는 4량체로서, 각각의 subunit에 프로토포르피린protoporphyrin IX과 철이 결합되어 있는 헴이 각각 결합하여 4개의 헴을 가지며 결합된 철이 각각 한 분자의 산소와 결합할 수 있어, 헤모글로빈은 총 4개의 산소분자를 운반할 수 있다. 이렇게 헴의 일부로 존재하는 철을 헴철heme iron이라 한다. 성인에서는 96.5~98.5%가 HbA1이고 1.5~3.5%가 HbA2이다.

(2) 적혈구의 수명과 철의 재활용

성숙된 적혈구는 핵이 없으므로 더 이상 단백질의 합성이 일어날 수 없으며, 적혈구의 평균수명 120일이 지나면 노화된 적혈구는 구형으로 되고 비장·간·골수에서 대식세포에 의해 식작용을 받아 파괴된다. 파괴된 적혈구에서 나온 헤모글로빈의 글로빈은 아미노산으로 분해되어 체내에서 재활용되고, 헴철은 철로 분해되어 페리틴으로 저장되었다가 재활용된다.

2. 빈혈의 종류 및 원인

빈혈이란 혈액의 단위부피당 적혈구 수가 저하되거나, 크기나 부피가 정상 이하인 상태, 혹은 헤모글로빈의 농도가 낮아져서 혈액의 산소운반능력이 떨어진 상태를 말한다. 빈혈은 원인에 따라 표 14-2와 같이 분류할 수 있는데, 영양소결핍으로 적혈구의 정상적인 성숙이나 분화가 되지 않아 조혈감소가 일어나 발생하는 거대적아구성 빈혈이나, 철 섭취 부족과 출혈에 의한 철 상실 또는 철 흡수 장애에 의해 발생하는 철분결핍성 빈혈, 비타민 E의 부족이 원인인 용혈성빈혈 등은 영양성 빈혈nutritional anemia로 구분되며, 특히 식사요법이 중요한 빈혈로 구분된다.

표 14-2 빈혈의 형태와 원인

형태	질환	원인
출혈	출혈성 빈혈	급성 및 만성 출혈에 의한 혈액 상실
조혈장애	악성빈혈	비타민 B_{12} 결핍: 적혈구 성숙에 필요한 인자 결여에 의한 적혈구 형성 부전 때문에 일어나는 빈혈로 적혈구 생성은 내적인자(위액 등) 및 외적인자(비타민 B_{12})에 의해 자극된다.
	거대적아구성 빈혈	엽산 결핍
	재생불량성 빈혈	약물중독 등에 의한 중독성, 항체 또는 방사선장해 등에 의한 적혈구의 파괴
Hemoglobin 합성저해 (저색소성 빈혈)	철결핍성 빈혈	철이나 단백질의 섭취부족이나 흡수성의 저하, 철의 필요량 증가 (임신, 수유기, 유아기, 청소년기)
	철불응성 빈혈	heme 합성 장애, 예를 들면 uroporphyrin decarboxylase의 결핍
	유전성(transferrin) 결핍증	transferrin 합성 장애
용혈(막의 결함)	구상적혈구용혈성 빈혈(구상적혈구증)	용혈독에 의한 적혈구의 붕괴
	효소저하성 용혈성 빈혈	효소결손, 예를 들면 해당계 또는 오탄당인산회로 효소의 결손
	비타민 E 결핍에 의한 용혈성 빈혈	비타민 E의 결핍은 적혈구의 세포막을 이루는 다가불포화지방산의 과산화로 인한 적혈구 막의 손상을 초래하여 적혈구의 용혈 유발
겸상적혈구 등 hemoglobin증 (병적 hemoglobin(HbS)의 출현)	α-thalassemia (가족성적아구성 빈혈, 지중해성빈혈)	hemoglobin α사슬의 합성저하 또는 합성결손
	β-thalassemia(sickle cell anemia)	hemoglobin β사슬의 합성저하 또는 합성결손
과도한 운동에 의한 빈혈	스포츠 빈혈	과도한 운동은 적혈구를 파괴할 수 있어 만성적으로나 일시적으로 빈혈을 유발할 수 있다. 또한 강도 높은 훈련 과정 중에 혈액의 부피가 늘어나 적혈구 희석 현상을 일으켜 스포츠 빈혈의 원인이 된다.

3. 빈혈의 진단

빈혈은 원인에 따라 여러 종류로 나뉘지만, 특히 증상이 심하지 않고 흔한 철결핍성 빈혈의 경우, 빈혈진단검사를 통해 정기적으로 진단하여 증세가 심해지는 것을 방지하여야 한다. 빈혈을 진단하기 위한 지표는 표 14-3과 같이 다양하며, 이는 빈혈을 간단하게 한번에 진단하기가 쉽지 않음을 반영한다. 표 14-4와 같이 보통 3가지 이상의 자료를 통해 빈혈을 진단하는 경우가 많다.

표 14-3 빈혈진단을 위한 지표

지표	정의	정상치	진단기준
헤모글로빈 농도Hemoglobin concentration(혈색소 농도)	혈액 100 mL(1 dL) 속에 들어 있는 헤모글로빈의 g 수	성인남자 14~18 g/dL, 성인여자 12~16 g/dL	성인남자 13.5, 성인여자 12
헤마토크릿치Hematocrit (혈색소 농도)	전체 혈액 부피 중 적혈구가 차지하는 용적비율	성인남자 43~52%, 성인여자 35~48%	성인남자 40%, 성인여자 35% 미만
적혈구수 RBC : Red Blood Cell count	혈액 1 mm^3에 함유된 적혈구의 개수	성인남자 410만~530만 개/mm^3, 성인여자 380만~480만 개/mm^3	
평균 적혈구용적 MCV : Mean Corpuscular Volume	적혈구용적인 헤마토크릿치를 적혈구 수로 나눈 값으로 적혈구 1개의 평균 용적을 의미 MCV=[(헤마토크릿(%)×100)/적혈구수(백만)]	평균치는 90 fL(80~100)	<80 fL
평균 적혈구헤모글로빈MCH : Mean Corpuscular Hemoglobin	혈색소 농도를 적혈구 수로 나눈 값으로 적혈구 1개의 평균 혈색소 양을 의미 MCH=[(헤모글로빈농도(g/dL)×10)/적혈구수(백만)]	정상범위는 26~32 pg	
평균 적혈구헤모글로빈 농도MCHC : Mean Corpuscular Hemoglobin Concentration	헤모글로빈 농도를 헤마토크릿치로 나눈 값으로 헤마토크릿 1%당의 헤모글로빈 농도를 의미 MCHC=[(헤모글로빈농도(g/dL)×100)/헤마토크릿치(%)]	320~360 g/L blood	
혈청 페리틴농도serum ferritin	페리틴은 철을 저장하는 단백질로 혈청 페리틴 농도는 체내 저장철의 지표임	정상범위는 40~160 μg/L	12μg/L 이하 <12 μg/L
혈청철Serum iron	혈청 트랜스페린에 결합된 철의 양	65~165 μg/100 mL	<40 μg/100 mL
총철결합능 TIBC: Total Iron Binding Capacity	혈청 단백질(트랜스페린)에 결합될 수 있는 철의 양	300~360 μg/100 mL	> 360 μg/100 mL
트랜스페린 포화도 transferrin saturation	$TS=\frac{\text{Serum iron}}{\text{T/BC}}\times 100$	20~50%	<15%
적혈구 프로토포피린 protoporphyrin	헴의 전구체인 프로토포피린의 양이 철결핍에 의해 헴생산이 저하될 때 적혈구에 축적됨	0.622+0.27 μml /l · RBC	> 1.24 μmL/L · RBC

표 14-4 철결핍상태 판정을 위한 4가지 모델에 사용되는 분석내용 및 특징

모델	분석내용	특징
페리틴 모델(ferritin model)	혈청 페리틴, 트랜스페린 포화도, 적혈구 프로토포피린	철결핍 과대평가 가능성, 철 결핍 2, 3단계 판별가능
평균 적혈구 부피모델(MCV model)	MCV, 트랜스페린 포화도, 적혈구 프로토포피린	철결핍 2, 3단계 판별
4변수 모델(four-variable model)	MCV 혹은 혈청 페리틴, 트랜스페린 포화도, 적혈구 프로토포피린	철결핍성 빈혈과 다른 요인에 의한 빈혈을 구분하는 데 사용
헤모글로빈 백분위수 전이모델 (hemoglobin-percentile shift model)	헤모글로빈, 트랜스페린 포화도, 적혈구 프로토포피린	헤모글로빈 중앙값 변화 추정하는 방법, 역학연구에 많이 사용

4. 빈혈의 증상과 식사요법

빈혈의 일반적인 증상은 빈혈이 심해지면서 나타나기 시작하며, 혈액의 산소운반 능력이 저하되면서 두통, 현기증, 허약, 창백, 발한, 권태감 및 극심한 피로 증상을 나타내며, 더욱 심해질 경우 숨이 가빠지고 심장에 무리가 생겨 심장비대를 수반한다. 다음은 서로 다른 원인별 빈혈의 특징적 증상이 있는 경우이다.

1) 출혈성 빈혈posthemorrhagic anemia

(1) 증상

원인에 따라 증상도 다르게 나타날 수 있다. 즉 외상, 수술이나 심한 질병에 의한 출혈의 경우 보통 3일 이내에 혈장이 재생되나, 혈구의 재생에는 시간이 걸리므로 일시적으로 헤모글로빈 농도가 낮게 나타날 수 있다. 갑작스럽게 2 L 이상의 많은 양의 출혈이 일어난 경우 24시간 이내에 수혈을 하지 않으면 사망에 이를 수도 있다. 궤양성 출혈, 자궁출혈, 치질로 인한 출혈, 아스피린 장기복용으로 인한 만성출혈의 경우, 본인이 감지할 수 있는 특별한 증상 없이 헤모글로빈 농도가 낮아지고 혈구 크기가 작아질 수 있다.

(2) 출혈성 빈혈의 식사요법

출혈 시 인체는 혈액의 재생을 위해 혈구를 활발하게 재생한다. 혈구의 재생속도는 영양섭취에 영향을 받으므로 적혈구 재생속도에 영향을 미치는 철, 단백질, 비타민 C 등을 충분히 섭취하며, 수분을 충분히 공급하는 것이 중요하다.

2) 거대적아구성 빈혈

(1) 증상

거대적아구성 빈혈megaloblastic anemia은 악성빈혈이라고도 하며, 비타민 B_{12}나 엽산의 부족이 원인으로 적혈구의 형성과정에서 적혈구의 전 단계인 적아구가 정상적으로 성숙되지 못하여 적혈구로서의 기능을 하지 못해 빈혈이 되는 영양성 빈혈의 일종이다. 엽산 결핍의 증상은 일반적인 빈혈의 증상이 나타나며, 특히 임신부의 엽산결핍은 기형아 출산의 원인되기도 한다. 비타민 B_{12}의 부족 증상은 식욕부진, 체중감소, 허약, 두통 등의 증상으로 서서히 시작되며, 설염과 신경증상이 나타나는데 말초신경 장애에서 시작하여 중추신경계로 옮아가며 이상감각증을 나타내게 된다.

혈구가 형성되는 과정에서 엽산과 비타민 B_{12}는 서로 의존적으로 작용하므로, 거대적아구성 빈혈의 원인이 엽산 결핍 때문인지 비타민 B_{12} 결핍 때문인지는 혈구검사로 판정하기가 쉽지 않다. 비타민 B_{12}의 부족은 혈청 비타민 B_{12}를 측정함으로써 구별할 수 있으며, 일반적인 식사 때 비타민 B_{12}의 결핍 가능성은 적으나 내적인자가 부족한 경우 발견된다. 엽산 결핍에 의한 빈혈은 신경증상을 동반하지 않으나 비타민 B_{12}의 부족은 신경증상이 동반되는 경우가 많고 신경계 증상은 비타민 B_{12}의 결핍이 오래 계속될 경우 치료 후에도 회복이 안 될 수 있으며, 비타민 B_{12}의 결핍으로 인한 거대적아구성 빈혈에 엽산을 투여하면 신경계 증상이 더욱 악화될 수 있으므로, 거대적아구성 빈혈의 원인을 파악하는 것이 중요하다.

표 14-5 거대적아구성 빈혈의 원인별 증상

원인	구분	증상
엽산결핍에 의한 악성빈혈 증상	혈구	• 적아구가 커지며 적혈구의 수는 감소 • 세포분열저하로 다른 과립구와 혈소판의 수도 저하되나 그것 때문에 감염이나 출혈이 일어날 정도는 아님 • 과립구(백혈구)의 모양이 여러 개의 과립구가 겹쳐서 된 것처럼 나타남(multilobed). 골수에 거대적아구가 나타남
	상피세포	• 혀가 매끄러워지면서 위축이 일어나고 설염, 혀 궤양 등이 발생 • 장점막 세포에 영향을 끼쳐 설사(세포분열 둔화로 떨어져 나간 장점막세포가 빨리 새로운 세포로 대체 못함) • 위장장애, 위산분비저하(무산증)
비타민 B_{12} 결핍에 의한 악성빈혈 증상	혈구	• 적아구 크기가 4~5배로 커짐. MCH는 증가 그러나 MCHC는 정상
	신경계	• 팔, 다리마비, 손가락의 섬세한 운동이 잘 안 됨. 걷는 모양이 이상해짐(가위 모양으로 걸음). 기억력감퇴, 정신착란
	뇌혈관	• 심장병, 뇌졸증 발병가능성 높임. 호흡곤란, 심계항진, 허약감, 현기증, 부종
	소화기, 신장	• 설염(악성빈혈환자의 50%에서 나타남), 매끄럽고 윤기 나는 혀, 식욕부진, 설사(악성빈혈환자의 7~50%에서 나타남), 변비(설사보다 더 자주 나타남) • 신기능 손상, 알부민뇨

(2) 거대적아구성 빈혈의 식사요법

거대적아구성 빈혈은 악성빈혈이라고도 하며, 비타민 B_{12}나 엽산의 부족이 원인으로 엽산이나 비타민 B_{12}의 충분한 섭취가 중요하다.

엽산의 부족은 식사를 통한 섭취 부족이나 임신, 유아기 등 생애주기 특성상 요구량이 높아졌으나 보충이 원활하지 않은 경우, 간경화 등의 질병이나 흡수불량 등 소화기 장애가 있는 경우, 그리고 간질약, 경구피임약 등의 복용으로 엽산의 흡수나 대사장애 등이 원인이다. 비타민 B_{12} 결핍은 일반적인 식사를 하는 경우 잘 발생하지 않으나 부족되는 경우, 그 원인은 비타민 B_{12}의 급원식품인 동물성 식품을 섭취하지 않는 장기간의 채식주의자의 경우거나, 비타민 B_{12}의 흡수에 필수적인 위 속의 내적인자나 위산이 선천적으로 결핍되거나, 위절제술·위종양에 의한 흡수불량 등이 있다. 또한 비타민 B_{12}가 흡수되는 부위인 회장 부위의 병변이나 절제, 기생충 감염, 임신 등으로 요구량이 증가된 상태에서 보충이 안 되는 경우 결핍의 원인이 된다.

표 14-6 거대적아구성 빈혈의 원인에 따른 증상과 식사요법

<table>
<tr><th>원인</th><th colspan="2">치료</th></tr>
<tr><td>엽산결핍에 의한 악성빈혈</td><td colspan="2">• 엽산의 투여와 더불어 고열량·고단백·고비타민식을 함께한다.
• 엽산은 하루에 0.5~1.0 mg(500~1,000 μg)의 엽산을 2~3주간 입으로 먹고, 그다음 저장량을 유지시키기 위해 하루에 250 μg 정도 섭취한다.</td></tr>
<tr><th>원인</th><th>B_{12}의 부족원인</th><th>치료</th></tr>
<tr><td rowspan="8">비타민 B_{12} 결핍에 의한 악성빈혈</td><td>• 지나친 채식주의자(고기, 가금류, 생선, 우유, 달걀 등을 먹지 않음)</td><td>• 우유 혹은 달걀 섭취 권유 혹은 비타민제</td></tr>
<tr><td>• 50~60세 이상 성인</td><td>• 종합비타민제나 비타민 B_{12} 알약</td></tr>
<tr><td>• 위 절제 수술</td><td>• 비타민 B_{12} 알약 혹은 주사</td></tr>
<tr><td>• 위축성위염, 위종양</td><td>• 비타민 B_{12} 알약 혹은 주사</td></tr>
<tr><td>• 유전적 원인으로 자가면역에 의해 항체를 생성하여 위의 위축이 일어남</td><td>• 비타민 B_{12} 알약 혹은 주사</td></tr>
<tr><td>• 회장의 병변</td><td>• 비타민 B_{12} 알약 혹은 주사</td></tr>
<tr><td>• 기생충의 감염</td><td>• 비타민 B_{12} 알약 혹은 주사</td></tr>
<tr><td>• 임신, 갑상선기능항진증</td><td>• 비타민 B_{12} 알약 혹은 주사</td></tr>
</table>

엽산 결핍이 원인인 악성빈혈의 치료를 위해서는 엽산 저장량을 보충하기 위해 엽산을 하루에 0.5~1.0 mg 정도씩 약 2, 3주간 경구투여하고, 그 후에는 저장량의 유지를 위해 0.25 mg 정도 섭취케 한다. 비타민 B_{12}의 부족이 원인인 거대적아구성 빈혈은 대부분 내적인자 부족에 의한 흡수부족의 경우가 많으므로 하루에 50~100 μg의 비타민 B_{12}를 1, 2주간 비경구적으로 주사하여야 한다. 그 후 저장량을 보충하기 위해 1달에 100 μg 정도 주사한다. 악성빈혈의 경우 엽산이나 비타민 B_{12} 외에도 충분한 열량, 고단백질, 철 그리고 비타민 B군과 비타민 C의 섭취량도 증가시키는 것이 좋으며, 이들 영양소를 함유한 균형 잡힌 식사가 권장된다. 엽산은 간·녹색채소·바나나·달걀에, 비타민 B_{12}는 동물성 식품, 특히 간·유제품·육류 및 어패류에 함유량이 높다. 또한 비타민 B_{12}는 조리 시 파괴될 염려가 적으나, 엽산의 경우 많은 물과 열을 사용해 조리하면 손실의 우려가 있으므로 조리 시 주의가 필요하다. 엽산과 비타민 B_{12}가 풍부한 식품은 표 14-7과 같다.

표 14-7 식품의 엽산 및 비타민 B_{12} 함량(1인 1회분량)

주요식품의 엽산함량			주요식품의 비타민 B_{12} 함량		
식품명	중량(g)	함량(μg)	식품명	중량(g)	함량(μg)
딸기	200	180	쇠간	60	31.68
시금치	70	147	굴	80	22.48
쇠간	60	130.2	돼지간	60	11.22
돼지간	60	97.8	달걀노른자	50	1.5
달걀노른자	50	70	쇠고기	60	1.2
상추	70	62.16	대구	70	0.7
양배추	70	54.6	우유	200	0.6
달걀	50	21.5	달걀	50	0.45
호두	8	7.32	돼지고기	60	0.18
땅콩	8	4.56			

*쇠간과 돼지간, 달걀노른자는 일반 육류와 난류의 1인1회 분량으로 수치를 적용함

3) 헤모글로빈 합성 저하에 의한 철결핍성 빈혈

(1) 증상

철결핍성 빈혈iron deficiency anemia은 심해질 경우 손톱의 모양이 달라지고 잘 부서지며, 납작하게 되면서 세로줄이 나타나다가 더욱 심해질 경우 손톱이 움푹 패며 숟가락처럼 된다. 또한 혀의 돌기 부분이 위축되며 통증을 유발하면서 구강염이 발생하며, 경우에 따라 손발의 감각이 마비되며 통증을 유발하기도 한다.

(2) 철결핍성 빈혈의 식사요법

철은 흡수율이 매우 낮은 무기질 영양소로서, 일반적인 식사에서 철의 평균 흡수율은 약 10% 정도이다. 식물성 식품 내의 철의 흡수율(3~8%)이 동물성 식품 내의 철의 흡수율(23~35%)에 비해 훨씬 낮기 때문에, 식물성 식품의 섭취가 많은 한국식 식생활에서는 식사를 통한 철섭취량의 부족보다 철흡수량이 낮은 경우가 더 문제가 될 수 있다. 일반적으로 식사 내에 MPFMeat, Poultry, Fish의 동물성 식품이 많이 포함될 경우 철의 함량과 흡

표 14-8 철결핍성 빈혈의 증상

구분	증상
일반증세	피곤, 두통, 발한, 메스꺼움
신경계	피곤, 메스꺼움, 피카(이상 식이증) (어린이-정신운동발달과 지적능력, 문제해결력 손상, 집중시간저하)
근육의 작용	작업 수행 능력이 떨어지고 운동 시에 지구력이 떨어짐
상피세포	성장이상, 상피세포 이상, 위의 산도 감소 시작 • 피부와 결막 : 피부가 창백하고 눈의 결막이 엷은 분홍색임 • 손톱 : 스푼 모양의 손톱, 얇고 잘 부서짐, 손톱에 세로줄, 손톱색깔이 창백 • 혀 : 미봉의 위축, 혀가 아프고 타는 느낌이 들고, 빨갛게 됨. 심한 경우 혀가 부드럽고 왁스 같이 반질반질해짐(설염) • 입 : 구각염 발생 • 위 : 위염이 일어나고 무산증이 발생 • 식도 : 연하곤란 • 여성 : 생리과다(철 결핍 시 더욱 악화됨), 생리 이상
심혈관계	심혈관 질환 유발, 심부전, 호흡곤란, 발목부종, 손발의 감각이 없어지고 따끔거리면서 아픔
면역계	세포 매개성 면역 저하, 뉴트로필(백혈구)의 식작용 감소로 감염 질병에 잘 걸림

수량을 모두 높일 수 있는 헴철heme iron이 풍부하여 철결핍성 빈혈의 식사요법에 중요한 고려사항이다.

철결핍성 빈혈의 경우 무기철 특히 2가의 제일철Fe^{2+}: ferrous iron을 적절한 시간 간격으로 경구투여하면서 적혈구 합성에 필요한 단백질, 열량, 비타민 등도 충분히 보충하도록 한다. 특히 철의 흡수를 돕는 비타민 C는 철과 함께 섭취하도록 한다. 성인의 경우 2가철의 형태로 매일 100~225 mg의 철을 경구투여하고, 어린이는 빈혈 정도에 따라 1.5~2.0 mg/kg의 철을 공급하도록 한다.

철결핍성 빈혈 환자의 철 필요량을 음식으로만 보충하기는 어렵지만 조혈기능을 촉진하기 위해서, 식사요법의 기본방침은 철 함량과 흡수량이 높은 고열량·고단백질·고비타민식을 제공하는 것이 필수적이다. 빈혈식단 작성 시 권장식품과 제한식품 목록표 14-9, 철 함량과 흡수량이 높은 식단 작성 요령표 14-10, 주요식품의 철함량표 14-11이 각각 표에 제시되어 있다.

알아두기

헴철과 무기철

헴철은 헤모글로빈이나 미오글로빈에 결합된 형태의 철을 일컬으며, 특히 고기·가금류·생선(MPF) 같은 동물성 식품에 함유되어 있다. 헴철의 흡수율은 약 40%로 식품 중 철의 평균 흡수율인 10%보다 훨씬 높다. 무기철은 단백질과 결합되지 않은 무기질 상태의 철이다. 무기철은 주로 식물성 식품에 포함되는 형태로, 흡수율은 헴철보다 떨어지나 헴철과 무기철을 함께 섭취할 경우, 무기철의 흡수율이 헴철에 의해 높아진다.

표 14-9 빈혈 식단 작성 시 권장식품과 제한식품

	역할	영양소	함유식품
권장식품	혈색소 생성	단백질 철	달걀, 육류, 생선, 우유, 콩 간, 녹황색채소, 다시마, 깨, 미역, 완두콩, 우유
	조혈촉진	비타민 B_{12} 엽산 비타민 C	간, 굴, 정어리, 분유, 난황 간, 소맥배아, 시금치, 땅콩 신선한 채소·과일
제한식품	철 흡수방해인자		커피, 녹차(식후 1시간 내), 현미

표 14-10 빈혈의 식품 선택 및 식단 작성 요령

식단 선택	• 좋은 영양상태의 유지가 중요하고, 조혈작용에 관여하는 단백질, 철, 구리 같은 무기질과 적혈구 성숙에 필요한 비타민 B_{12}, 엽산 등의 비타민류가 풍부한 식품을 많이 먹도록 한다. • 동물성 식품, 특히 간은 조혈 식품으로서 신선한 상태를 이용하도록 한다. • 생선류 중의 철 함량은 일반적으로 낮으나 철의 흡수율이 좋다. • 육류는 종류에 따라 철 함량이 다른데, 닭고기에는 적으나 쇠고기, 특히 송아지 고기는 함량도 높고 흡수도 좋다. • 녹색채소류의 철 함량은 많지만 흡수율이 불량하다. 대두는 좋다. • 두류 중 검은콩은 흡수율이 불량하나 대두는 좋다. • 과일류는 채소류보다는 조혈효과가 크다. 제일 좋은 것이 살구와 복숭아, 다음이 건포도, 포도, 사과 등이다. • 오렌지주스, 토마토주스 등의 비타민 C는 환원제의 역할을 하여 체내 철 이용 효과를 높인다.
식단 작성	• 철의 좋은 급원 중의 하나인 간을 섭취하도록 한다. 간 특유의 냄새가 싫은 사람은 약간의 소금기가 있는 냉수나 우유에 담근 후, 생강, 양파, 카레가루 등의 향신료와 함께 튀긴다. • 철, 비타민 C 함량이 높은 녹색채소, 과일을 동물성 식품과 잘 배합하여 아침, 점심, 저녁으로 균등하게 섭취한다. • 지방은 과다하게 섭취하면 조혈식품에 대한 식욕을 감퇴시키고 철 흡수를 방해할 수 있으니 조심하여야 한다. • 철을 너무 많이 섭취하면 장운동을 억제하여 변비가 될 수 있으므로 섬유질이 많은 채소와 버섯류를 충분히 섭취하도록 한다.

표 14-11 철이 많이 함유되어 있는 식품

식품명	중량(g)	함량(mg)
쑥	70	7.6
굴	80	6.4
호박나물	70	6.4
무청	70	4.1
근대	70	3.5
미나리	70	2.9
현미	90	2.9
보리쌀	90	2.7
쇠고기	60	2.1
두부	80	1.8

4) 용혈성 빈혈hemolytic anemia

(1) 증상

구상적혈구 용혈성 빈혈, 효소저하성 용혈성 빈혈, 비타민 E 부족에 의한 용혈성 빈혈 등 여러 원인에 의한 용혈성 빈혈이 있다. 용혈성 빈혈은 적혈구가 쉽게 파괴되어 나타나는 빈혈로, 철의 양이 부족되어 생기는 경우와 달리 파괴된 적혈구에서 나온 철의 양은 충분하며, 오히려 체내 철함유량이 높아 아연결핍증상을 나타낼 수 있다.

(2) 용혈성 빈혈의 식사요법

① 구상적혈구 용혈성 빈혈

충분한 아연 섭취, 철, 비타민 C가 적은 식사, 고엽산 식사, 비타민 E 공급이 중요하다.

② 비타민 E 결핍에 의한 용혈성 빈혈

비타민 E의 충분한 섭취, 그 외의 항산화 영양소 비타민 A나 C의 섭취는 항산화의 시너지 효과를 내어 비타민 E의 작용을 더 상승시킨다. 조제분유를 섭취하는 미숙아·조산아·저체중아의 경우, 출생 시 체내 비타민 E의 보유량이 부족한 상태에서 철과 불포화지방산 함량이 높은 조제분유를 섭취하면, 철의 산화작용에 의한 불포화지방산의 과산화가 촉진되며 용혈성 빈혈을 일으키기 쉬우므로 주의가 필요하다.

알아두기

철에 의한 지질의 과산화 촉진

철은 전이원소로서 2가지 이온가를 가진다. 2가 철이온(제1철, Fe^{2+} : Ferrous ion)과 3가 철이온(제2철, Fe^{3+} : Ferric ion)의 형태가 존재한다. 체내에서 3가의 철이온이 2가 이온으로 변하며 불포화지방산을 산화시켜 지질의 과산화를 촉진하게 된다. 따라서 철은 인체 내에서 자유롭게 존재하지 못하고 항상 운반 혹은 저장 단백질과 결합한 형태로 존재하나 철의 체내 보유량이 너무 많아질 경우 결합단백질의 부족으로 자유롭게 된철분자에 의해 세포막 등의 지질의 과산화가 촉진될 수 있다. 비타민 C는 3가의 제이철을 흡수가 잘되는 형태인 2가의 제일철로 환원시켜 철의 흡수를 돕는다.

5) 겸상적혈구 빈혈drepanocytic anemia

(1) 증상

유전적으로 병적 헤모글로빈의 출현이 원인인 빈혈로 헤모글로빈의 α사슬의 합성 저하 내지 합성결손으로 발생하는 α-thalassemia(가족성적아구성 빈혈 혹은 지중해성빈혈)나, β사슬에 이상이 생기는 β-thalassemiasickle cell anemia가 있다그림 14-3. 이런 겸상적혈구는 적혈구로서의 기능을 제대로 하지 못하며 쉽게 파괴된다. 산소 운반량이 줄어들며 파괴된 적혈구로부터 철이 과하게 배출되어 간 등의 조직에 쌓여 조직을 손상시킨다. 또한 적혈구 용혈 시 배출된 아연이 과다하게 소변으로 배출되어 아연결핍 증상을 나타내, 남성의 경우 성기능 저하, 저체중, 거친 피부, 식욕저하 등의 증상이 나타난다.

그림 14-3 sickle cell anemia의 적혈구

(2) 겸상적혈구 빈혈의 식사요법

적혈구가 쉽게 파괴되므로 파괴된 적혈구에서 나온 철이 체내 철 보유량을 높이며, 소변을 통한 아연 배출량이 많아지므로 충분한 아연 섭취가 필수적이다. 또한 철과 철의 흡수를 촉진하는 비타민 C가 적은 식사를 하여야 하며, 적혈구 생성을 돕기 위해 고엽산 식사(400~600 μg/day)를 할 필요가 있고, 비타민 E의 공급이 중요하다.

CHAPTER

15

수술과 화상

1. 수술과 영양
2. 화상과 영양

이 장을 보기 전에

수술을 받았거나 화상을 입은 환자들은 대사적 스트레스로 체내 영양요구량이 급격하게 상승하게 되므로 단시간 내에 심한 영양불량이 초래되기 쉽다. 영양불량 때문에 상처회복지연이나 합병증 등이 생길 수 있으므로 적절한 식사요법과 영양관리는 빠른 회복에 필수요건이다. 이 장에서는 수술이나 화상 상태에서의 영양요구량과 영양관리에 관하여 살펴본다.

학 / 습 / 목 / 표

1. 수술 전후의 영양관리 필요성을 이해한다.
2. 수술 전후의 영양요구량과 식사요법에 관하여 학습한다.
3. 화상 후 체내변화와 영양관리 필요성을 이해한다.
4. 화상과 에너지 요구량 산정법, 영양관리 등에 관하여 학습한다.

1. 수술과 영양

1) 수술 전 영양

수술 전 환자의 영양상태는 수술 후 회복에 중요한 영향을 끼치게 된다. 심한 체중감소나 영양불량 상태에서 중한 수술을 받았다면, 회복 시 상처치유가 잘 안 되고 감염 등 이차적인 합병증이 쉽게 유발된다. 수술 전에는 질병으로 인한 영양불량과 식욕부진, 소화불량, 통증 등으로 섭취량이 충분치 않아 체중감소나 영양불량 상태가 되기 쉽다. 어느 경우에서나 수술 전에는 영양평가를 시행해야 하며, 영양불량이 심한 경우 적절한 영양관리가 필요하다.

(1) 영양관리 및 식사

수술 전 영양관리는 합병증 발생 및 사망률 감소, 재원일수 단축 등의 효과를 볼 수 있다. 영양불량이 심한 환자에게 약 7~10일 정도의 영양지원을 하게 되면 그 효과는 더 크다고 볼 수 있다. 경구섭취를 할 경우 수술 직전 2~3일간에는 저잔사식을 공급하여 수술 후 생기는 가스 등을 방지할 수 있다. 대장 수술을 받는 환자에게는 수술 직전 식사는 맑은 유동식이 더 적당할 수 있다. 일반적으로 수술 전날 저녁에는 아무것도 먹이지 않는다.

(2) 영양요구량

① 에너지

수술을 위해서는 충분한 에너지가 필요하다. 환자 상태에 따라 영양불량이 심한 경우 요구량이 더 증가될 수 있으나, 일반적으로 평소보다 30~50% 더 증가해 준다.

② 단백질

단백질은 수술 시 상처나 혈액손실, 대사항진 등으로 부족하기 쉬운 영양소이므로, 가급적 수술 전 충분한 단백질 공급이 필요하다. 특히 수술 전 1~2주간의 충분한 단백질 공급은 상처치유 및 면역기능 상승에 매우 중요하다. 일반적으로 1일 요구량은 1.2~1.5

g/kg이나 영양불량이거나 대사량 항진 상태에서는 필요시 더 증가할 수 있다.

③ 비타민과 무기질

비타민과 무기질은 상처회복에 중요한 영양소이므로, 수술 전 충분한 보충이 필요하다. 특히 비타민 A, 비타민 C, 아연, 철분 등은 상처치유 과정에 필수적인 영양소이다.

④ 수분

수술 시 환자의 수분 상태는 매우 중요하다. 수술하는 동안 혈액 및 전해질, 수분 손실 등이 이루어지므로 수술 전 탈수되지 않도록 충분히 섭취하게 한다. 경구섭취가 부족할 경우, 정맥을 통한 충분한 수분과 전해질 공급이 필요하다.

2) 수술 후 영양

수술은 종류에 따라 차이가 있으나 인체에 가해지는 스트레스로 인하여 호르몬의 변화가 일어나 대사량이 증가하고 체내 대사도 변화한다표 15-1. 수술로 인한 손상으로 스트레스를 받으면 카테콜아민catecholamine이 자극되어 에피네프린epinephrine, 코르티솔cortisol, 글루카곤glucagon 등의 호르몬이 촉진된다. 이러한 호르몬은 대사율 상승과 항이뇨호르몬 분비, 고혈당, 근육 이화작용 등을 촉진한다. 이 과정에서 혈액 및 전해질, 내장단백질, 근육 등의 손실이 커지기 때문에 수술 후에는 상처 치유와 빠른 회복을 위하여 적절한 영양공급이 필수적이다.

표 15-1 수술로 인한 체내 대사 변화

종류	대사 변화
당질대사	간 글리코겐 분해 촉진, 당신생 촉진 ⇒ 고혈당 유발
단백질대사	체단백질 분해 촉진, 체단백질 합성 억제 ⇒ 요중 질소화합물 다량 배설 ⇒ 음질소 초래
지질대사	지방조직 분해 촉진 ⇒ 에너지원으로 이용 ⇒ 체지방량 감소
요량 감소	항이뇨호르몬 분비 ⇒ 요량 감소, 나트륨 배설 감소

(1) 영양관리

수술 후 영양관리는 수술의 종류와 상태, 환자의 영양상태에 따라 다르다. 수술 후 처음 며칠간은 인체의 모든 기능이 저하되므로 소화관을 통한 영양공급을 할 수 없다. 서서히 장기회복이 시작되면 경구를 통한 영양공급을 시작한다. 수술 직후부터 경구섭취가 가능해지는 이 시기까지는, 일반적으로 정맥을 통한 수분과 전해질, 포도당 정도를 공급한다. 단기간 정맥을 통한 포도당과 전해질 용액을 공급하여 체내 단백질이나 다른 영양소의 결핍을 일으키지 않을 정도로 영양을 공급하는 것이 가능하지만, 가능한 한 빨리 입으로 음식 섭취를 시작하여야 한다. 그러나 7일 이상 장기간 금식이 예상될 경우, 정맥을 통한 영양공급이 필요하다. 영양상태가 불량할 경우 가급적 빠른 시일 내 영양공급을 시작하도록 한다.

(2) 수술 후 식사

일반적으로 수술 후 식사는 맑은 유동식, 일반 유동식, 연식으로 진행되며 그 이행 속도는 수술의 종류 및 환자의 반응 정도에 따라 달라진다. 유동식 공급은 의사의 판단하에 위장이 정상적으로 기능을 한다면 시작할 수 있다. 대체로 식사는 장의 연동운동 소리가 들리고 가스의 배출이 있을 때 가능하다. 어떠한 경우에라도 복부팽만, 경련 혹은 다른 이상 증세가 있다면, 식사의 공급을 중단하거나 그 이전 단계의 식사로 다시 시작한다.

(3) 영양요구량

① 에너지

수술 후 대사량 변화는 에너지 요구량을 증가시킨다. 수술 종류나 환자 상태에 따라 요구량은 다를 수 있으나, 일반적으로 평상시 필요량보다 10~30% 이상 증가시킨다. 다발성 외상이거나 복합수술의 경우에는, 50% 이상으로 요구량이 증가하게 된다.

② 단백질

수술 후 이화작용과 수술로 말미암은 조직 손상, 체액 및 혈액 손실 등은 체단백 분해와 소변으로의 질소배설을 증가시킨다. 때문에 수술 후 가장 많이 필요한 영양소는 단백질인데 필요량만큼 충분히 공급해야 한다. 수술 후 단백질 공급이 부족하여 저단백혈증이 있으면, 상처치유가 느리고 면역기능 저하로 감염 등의 합병증 위험이 높아진다. 따라서 상처치유와 환자의 빠른 회복을 위하여 일반적으로 1일 1.2~1.5 g/kg 이상의 충분한 공급이 필요하다.

③ 비타민과 무기질

수술로 생긴 상처 부위의 상피조직 재생을 위하여, 비타민과 무기질 공급은 필수적이다. 비타민 C는 조직의 콜라겐 형성, 비타민 A는 세포의 조직구성에 필요하며, 아연은 상처치유와 면역기능 유지를 위하여 충분히 공급해야 한다. 비타민 K는 부족 시 혈액의 지혈에 지장을 주므로 수술 전후로 충분하게 보충해야 하며, 당질과 단백질 대사에 필요한 비타민 B 복합체도 원활한 대사를 위하여 충분히 공급해야 한다.

④ 수분

수술하는 동안 다량의 혈액 손실과 전해질 및 수분 손실은 수술 직후 탈수로 말미암은 위험을 초래하게 되므로, 정맥을 통해 지속적인 수분과 전해질 공급이 중요하다. 수술 후 구강으로 충분한 수분을 섭취할 수 있을 때까지 정맥을 통해 지속적인 공급이 필요하다.

2. 화상과 영양

체표면적 20~30% 이상 화상burn은 심각한 외상 중 하나로서 피부 보호막의 손상으로 영양소 손실이 많고 호르몬 부족, 박테리아 감염이 쉬우며, 면역반응 및 대사의 변화에 의한 과대사 상태가 된다. 따라서 환자의 영양상태는 화상으로 인한 이환율과 사망률을 좌우하는 경우가 종종 있으므로 충분한 영양공급은 매우 중요하다. 화상 상태에서는 다른 어떤 요인보다도 환자의 영양상태가 감염에 대한 저항력, 면역반응 능력 및 상처회복에 더 많은 영향을 줄 수 있다.

1) 화상 후 체내 변화

화상을 입은 후의 대사적 변화는 화상 직후부터 초기단계 3~5일 정도에는, 대사율이 감소하고 산소소비량·심장박출량·혈압·체온이 저하된다. 이 시기에는 다량의 수분 손실을 보충하기 위한 수분 공급이 이루어져야 한다. 다음 단계로 순환 혈액량이 호전되면서 카테콜아민, 글루카곤 등의 이화작용 호르몬이 증가되어 대사율이 항진된다. 이화작용으로 당신생, 지방분해, 단백질분해 등 영양소의 분해가 증가되면 화상 후 7~12일째에 대사율이 최고에 이르게 된다. 이후 상처가 회복되고 피부조직이 정상화되면서 점차 대사율과 체내 이화작용이 감소된다. 이 외에도 상처를 통한 수분 손실 증가로 열 손실이 일어나며, 체온 유지를 위한 열생산이 증가하므로 영양소 요구량이 증가하게 된다. 화상 후 빠른 시간 내에 경장영양을 공급하면 대사량을 낮추고 에너지 요구량을 줄일 수 있다.

2) 영양관리

화상 환자의 영양관리는 인체의 손상을 회복시킬 수 있도록, 화상으로 말미암은 영양소 손실을 보충하고 감염을 최소화하고 조직 재생을 촉진하기 위하여 충분한 수분 및 에너지, 단백질, 비타민, 무기질 등의 공급이 필요하다.

(1) 에너지

화상 이후 에너지 요구량은 화상의 심한 정도에 따라 차이가 있으나, 상처치유와 조직의 재생을 위해 일반적으로 1일 3,500~5,000 kcal의 높은 에너지가 필요하다. 에너지 요구량을 결정하기 위한 몇 가지 공식이 제시되어 있다표 15-2.

이러한 공식들은 연령, 체중, 체표면적, 화상면적 및 기초대사율 등 여러 요인을 고려하여 결정된 것이며, Curreri의 공식과 Long의 Harris-Benedict 공식을 변형한 것이 흔히 이용되고 있다. 화상의 심한 정도 및 회복 정도, 이에 따른 대사상의 변화에 의한 영양 요구량 변화를 반영할 수 있도록, 정기적으로 영양상태 평가 및 요구량을 재산정하여 공급량을 조정해야 한다.

표 15-2 에너지 요구량 산정

공식 종류	성별	연령(세)	칼로리 요구량
Curreri	남·여	<1	기초량* + (15 × % 화상부위 체표면적 백분율)
		1~3	기초량 + (25 × % 화상부위 체표면적 백분율)
		4~15	기초량 + (40 × % 화상부위 체표면적 백분율)
		16~59	(25 kcal × 평소체중$_{kg}$) + (40 kcal × 화상부위 체표면적 백분율)
		> 60	기초량 + (65 × % 화상부위 체표면적 백분율)
Long의 변형된 Harris-Benedict 공식	남	모든 연령	66.47 + (13.75 × 체중$_{kg}$) + (5 × 키$_{cm}$)-(6.76 × 연령) × 활동계수 × 부상계수
	여		655.1 + (9.56 × 체중$_{kg}$) + (1.85 × 키$_{cm}$)-(4.68 × 연령) × 활동계수 × 부상계수

*기초량 = 연령별 체중$_{kg}$당 칼로리 권장량 × 화상 전의 체중$_{kg}$

(2) 단백질

화상으로 인한 이화작용은 매우 심하여 다량의 질소 손실을 야기한다. 단백질 공급이 충분하지 않으면 상승된 이화작용과 상처에 의한 손실로 심한 단백질 부족이 초래된다. 또한 단백질 요구량은 화상의 심한 정도와 화상 부위의 크기에 따라 달라진다. 일반적인 권장량은 전체 칼로리의 20~25%를 공급하거나 화상 부위에 따라 20% 미만인 경우는 2 g/kg, 20% 이상인 경우는 2~3 g/kg으로 공급한다. 최근에는 화상 환자에게 아르기닌과 글루타민을 공급할 경우 질소 보유량을 증가시키고, 상처회복 및 면역기능 증진에 도움을 줄 수 있는 것으로 보고되고 있다.

(3) 당질과 지방

당질은 주요 에너지원이고 단백질 절약 작용이 있으므로 충분한 공급이 필요하나, 너무 과잉공급할 경우 호흡계수 증가와 지방간을 야기할 수 있으므로 필요량의 50~60% 정도로 공급한다. 지방의 경우 농축된 에너지로 호흡계수를 낮추고 높은 당질 공급을 막아주나, 과잉공급은 면역기능을 저해하므로 총 에너지의 15~20%를 권장하고 있다.

(4) 비타민과 무기질

화상을 입은 환자들의 비타민과 무기질 요구량은 대량 영양소의 요구량만큼 잘 정해져 있지 않으나, 화상 시 많은 양의 체액 손실과 세포 파괴로 필요량은 더욱 증가하게 된다. 비타민과 무기질은 조효소로서 칼로리와 단백질이 더 효과적으로 이용될 수 있게 하는 역할을 할 뿐만 아니라, 상처 회복과 면역력 증가에 필수적이다. 상처를 통한 손실, 대사상의 변화 때문에 비타민 A, 비타민 C, 아연은 매일 충분히 공급하는 것이 필요하다. 심한 화상 후에는 전해질의 불균형이 자주 나타나므로 혈청 나트륨, 칼륨, 인, 칼슘, 마그네슘 수준도 매일 관찰하도록 하며, 화상 직후 급성기의 전해질 공급은 정맥을 통해 공급하는 것이 일반적이다.

(5) 수분과 전해질

화상 직후에는 모세혈관의 투과성이 변화되면서, 혈중의 수분·전해질·단백질이 혈관 내에서 상처 부위의 간질 부위interstitial area로 빠져나가게 되어, 다량의 수분과 전해질 공급이 필요하다. 또한 상처 부위는 수분 증발을 방지하는 보호막 작용을 할 수 없게 되므로, 화상 부위를 통해 손실되는 수분 손실량을 보충하기 위해서도 충분한 공급이 필요하다.

3) 경장영양과 정맥영양

경구섭취가 가능하다면 고에너지·고단백 식사로 필요한 영양소를 공급하는 것이 바람직하다. 그러나 심한 화상으로 구강을 통해 섭취할 수 없을 때에는 경장영양이나 정맥영양이 필요하다. 일반적으로 화상으로는 소화기능에 문제가 적으므로 경장영양이 우선적으로 공급된다. 그러나 체표면적의 60% 이상으로 심한 화상을 입은 경우에는, 소화기능이 저하되어 충분한 용량을 수용하지 못하므로 정맥영양 병행공급이 필요하다. 이 외에도 마비성 장폐색증paralytic ileus 등으로 경장영양 공급이 어려운 경우에는 정맥영양을 공급해야 한다.

식사요법 실습

유동식과 연식

1. 실습목표

식도 및 위·장 질환 환자, 수술 후 환자식의 기본이 되는 미음과 죽의 조리법을 알아보고 질감의 차이를 이해한다.

2. 실습내용

① 쌀을 계량할 때는 자신의 눈대중량을 먼저 측정한 후 실측량과 비교한다.

② 조리 전과 조리 후의 무게와 부피 변화를 알아본다.

③ 유동식과 연식의 종류에 따른 물의 양을 비교한다.

3. 주의사항

① 계량컵을 사용하여 정확한 분량을 계량하고 저울로 무게를 측정한다.

② 미음은 곡류와 물의 양을 1 : 10으로 한다.

③ 죽은 곡류와 물의 양을 1 : 6~7의 비율로 조정한다.

④ 미음은 반드시 체에 거른다.

⑤ 불의 세기를 적절히 조절한다.

4. 실습재료 및 실습방법

1) 쌀미음 : 쌀 1/2컵

① 쌀을 깨끗이 씻어 1시간 이상 물에 불린다.

② 불린 쌀에 정량의 물(5컵 정도)을 붓고 50분간 끓인다.

③ 끓을 때까지는 강한 불에서, 끓어오르면 약한 불에서 젓지 말고 끓인다.

④ 체에 걸러 미음 양의 0.3~0.4%의 소금을 넣는다.

2) 흰죽 : 쌀 2컵

(1) 무리죽(3분죽에서 가루죽 형태)

① 쌀(2/3컵)을 깨끗이 씻어 1시간 정도 불린다.

② 불린 쌀을 믹서에 곱게 갈아 정량의 물(3~4컵)을 붓고 중불에서 한소끔 끓인 후 불을 약하게 줄여 나무주걱으로 저으면서 푹 끓인다.

③ 불을 끈 후 약 5분간 두었다가 그릇에 담아 눈대중량과 실측치를 기록한 후 소금과 간장을 따로 담아낸다.

(2) 원미죽(5분죽에서 7분죽 형태)

① 쌀(2/3컵)을 깨끗이 씻어 1시간 정도 불린다.

② 불린 쌀을 분마기에 넣고 쌀알이 반쪽이 되도록 찧은 다음 정량의 물(3~4컵)을 붓고 중불에서 한소끔 끓인 후 불을 약하게 줄여 나무주걱으로 저으면서 푹 끓인다.

③ 불을 끈 후 약 5분간 두었다가 그릇에 담아 눈대중량과 실측치를 기록한 후 소금과 간장을 따로 담아낸다.

(3) 옹근죽(전죽)

① 쌀(2/3컵)을 깨끗이 씻어 1시간 정도 불린다.

② 불린 쌀에 정량의 물(3~4컵)을 붓고 중불에서 한소끔 끓인 후 불을 약하게 줄여 쌀이 퍼질 때까지 저으면서 은근하게 끓인다.

③ 불을 끈 후 약 5분간 두었다가 그릇에 담아 눈대중량과 실측치를 기록한 후 소금과 간장을 따로 담아낸다.

음식명	쌀의 양	물의 양	조리시간	부피의 변화			기호성
				조리 전	조리 후	차이(%)	
쌀미음							
무리죽							
원미죽							
옹근죽							

3) 잣죽 : 쌀 1컵, 잣 1/4컵

① 잣은 고깔을 따고 물에 씻어서 잠깐 불렸다가 믹서로 곱게 갈아 체에 밭쳐 찌꺼기는 버리고 잣 간물을 사용한다.

② 불린 쌀을 믹서로 곱게 갈아 체에 밭쳐 찌꺼기는 버리고 내린 쌀 간물을 사용한다.

③ 잣 간물을 냄비에 붓고 나무주걱으로 저으면서 충분히 끓이다가 고소한 냄새가 나면 쌀 간물을 넣고 끓인다.

④ 쌀 간물을 넣고 너무 오래 끓이지 않는다.

4) 흑임자죽 : 쌀 1컵, 흑임자 1/2컵

① 깨끗이 씻은 흑임자를 일어 두꺼운 냄비에 살짝 볶은 후 믹서로 곱게 갈아 체에 밭쳐 찌꺼기는 버리고 흑임자 간물을 사용한다.

② 불린 쌀을 믹서로 곱게 갈아 체에 밭쳐 찌꺼기는 버리고 내린 쌀 간물을 사용한다.

③ 냄비에 쌀 간물을 붓고 나무주걱으로 저으면서 끓이다가 깨 간물을 조금씩 붓고 멍울이 지지 않도록 저으면서 끓인다.

④ 한 번 끓어오르면 불을 약하게 줄이고, 죽이 잘 어우러질 때까지 서서히 끓인다.

5. 결론 및 고찰

CHAPTER

16

면역과 알레르기

1. 면역과 알레르기
2. 식품 알레르기
3. 후천성 면역결핍증

이 장을 보기 전에

우리 몸에는 외부로부터 유입되는 항원을 제거하기 위한 정교한 면역시스템이 존재한다. 우리가 매일 섭취하는 고기, 생선, 달걀, 우유, 콩 등의 단백질도 외부로부터 유입되는 항원이므로 이들 물질에 대해서도 제거를 위한 면역반응이 유발될 수 있다. 그러나 우리 몸에는 식품으로 섭취하는 유익한 항원들에 대해서는 면역반응이 유발되지 않도록 하는 면역관용immune tolerance 시스템 또한 갖춰져 있으므로 안전하게 식품을 섭취할 수 있다. 하지만 일부의 경우 특정 식품에 대한 면역관용이 제대로 이루어지지 않아 문제가 생길 수 있는데, 이를 식품 알레르기라고 한다. 의학이 발달한 오늘날에도 식품 알레르기는 다른 알레르기와 마찬가지로 원인물질을 피하는 방법 이외의 별다른 치료법이 없는 질환이므로, 식품 알레르기의 원인과 증상 및 이를 예방하기 위한 방법을 알아야 한다.

학/습/목/표

1. 식품 알레르기를 정의할 수 있다.
2. 식품 알레르기의 발병기전을 이해한다.
3. 식품 알레르기의 원인물질과 증상을 이해한다.
4. 식품 알레르기의 예방법 및 치료법을 이해한다.

1. 면역과 알레르기

1) 면역반응

(1) 정의

면역免疫이란 '역병疫病으로부터 면免하다'라는 의미이며, 면역을 의미하는 용어인 'immunity' 역시 '면제받은 사람'이라는 뜻의 라틴어인 'immunis'에서 유래하였다. 이들은 모두 특정 감염성 질병으로부터 회복된 사람들은 그 질병에 잘 걸리지 않는다는 경험적 관찰에 기인한 것이다.

신체는 질병이나 손상을 일으키는 병원균, 독성 물질 등으로부터 보호되어야 하며, 이를 위해 여러 세포들과 물질들에 의한 면역반응immune response이 일어난다. 즉, 면역반응은 병원체에 대한 방어를 위해 생물이 일으키는 모든 반응을 의미한다.

(2) 면역반응의 특징

① 인식recognition

면역계의 가장 큰 특징은 '나'라는 자기분자self와 '너'라는 외래분자non-self의 차이를 인식하는 것이다. 면역세포는 병원체의 특이적 분자패턴을 인식할 수 있으며 그들 사이의 미묘한 화학적 차이를 구분한다. 또 자기의 몸에 있는 세포라 해도 바이러스에 감염되거나 암癌화된 세포를 인식할 수 있다.

② 반응response

면역계는 외래분자를 인식하면 이를 중화하거나 제거하려고 하는 효과반응effector response과, 같은 침입자에 반복 노출될 경우 보다 빠르고 강한 면역반응을 통해 증상이 나타나기 전에 병원체를 제거하도록 하는 기억반응memory response을 나타낸다.

(3) 선천성 면역과 적응 면역

① 선천성 면역innate immunity

선천성 면역은 항원에 노출되기 전 몸속에 이미 갖추고 있는 항원비특이적antigen nonspecific 방어체계로서 외부 병원체의 공격을 막아주는 최전선인 피부와 점막, 침이나 눈물, 콧물과 같은 분비물에 들어 있는 라이소자임lysozyme과 위액의 염산, 인터페론, 보체 등과 대식세포, 호중구 등의 식세포phagocytes에 의한 식작용phagocytosis 등을 포함한다. 선천성 면역은 감염에 대한 1차적인 방어선이며, 특정 병원체에 대한 특이성은 부족하지만 질병 억제의 중요한 기능을 담당한다. 일반적으로 저항력이 있다는 것은 선천성 면역 능력이 크다는 의미이다.

② 적응 면역adaptive immunity

건강한 사람에게 감염된 병원체 대부분은 적응 면역이 활성화되기 이전에 선천성 면역의 방어기전에 의해 수일 내에 제거된다. 그러나 병원체가 선천성 면역의 장벽을 돌파하면 이후에 항원특이적antigen specific 면역반응인 적응 면역이 유도된다.

적응 면역의 가장 중요한 요소는 림프구와 림프구가 생산하는 항체이다. 따라서 적응 면역은 체액에 함유된 항체에 의해 매개되는 면역반응인 체액성 면역humoral immunity과 흉선에서 유래된 T림프구에 의해 매개되는 세포성 면역cellular immunity으로 구분된다.

표 16-1 선천성 면역과 적응 면역의 특성

선천성 면역	적응 면역
• 감염 전 이미 활용되고 있는 기전 • 감염 수시간 내에 제거 • 외래분자들의 패턴 인식	• 감염에 의해 발달하는 기전 • 감염 수일 후 시작 • 침입한 병원체를 인식, 제거, 기억 • 선천성 면역에서 살아남은 병원체 제거 • 기억세포에 의한 효과적 공격

(4) 면역반응에 관여하는 세포

① 림프구

B림프구B lymphocytes

B림프구는 골수에서 성숙하며, 성숙한 B림프구의 표면에는 항원 수용체 역할을 하는 면역글로불린 분자(항체)들이 존재한다. 항원-항체가 결합하면 B림프구는 신속하게 분

열하여 기억세포memory cells와 형질세포plasma cells로 분화한다. 기억세포는 긴 수명이 특징이며, 형질세포는 모체 B림프구의 표면에 존재하는 항체와 동일한 항체를 분비한다그림 16-1.

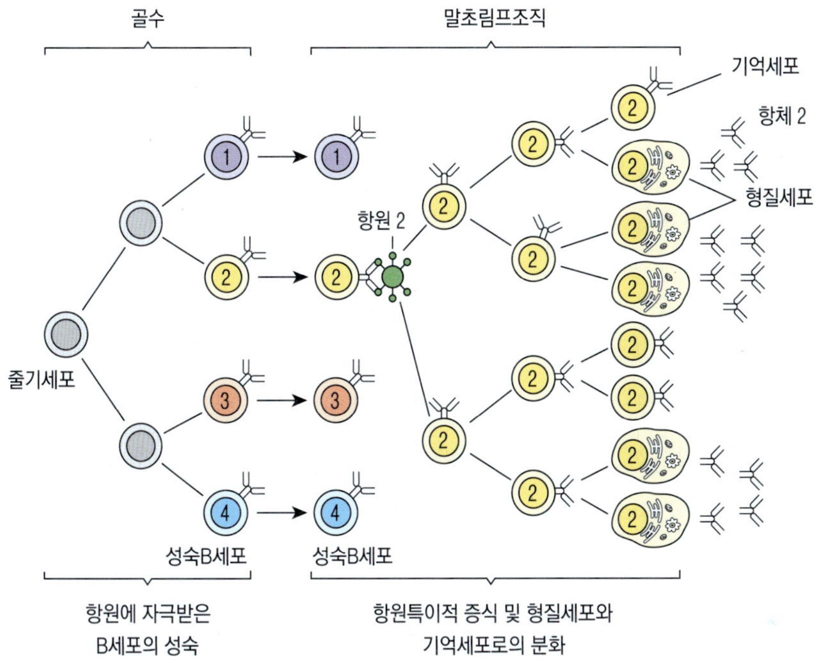

그림 16-1 B세포의 성숙과 항체 생산

출처 : Kuby 면역학 제6판.

T림프구T lymphocytes

T세포는 'thymus(흉선)'에서 유래한 이름이며, 흉선에서의 성숙과정에서 세포막에 T세포 수용체T cell receptor : TCR라는 항원결합분자를 발현한다. 항원과 직접 결합하는 B세포와 달리 T세포는 TCR을 통해 MHC분자와 결합한 항원만을 인식한다. T세포가 다른 세포 표면에 있는 항원-MHC분자를 인식하면 효과T세포effector T cells와 기억T세포memory T cells로 분화한다. 효과T세포로는 조력T세포helper T cells : Th, 세포독성T세포cytotoxic T cells : Tc, 조절T세포regulatory T cells : Treg가 있다.

② 자연살해세포

자연살해세포natural killer cells는 내재면역에 관여하며, 항원특이적 수용체 없이도 종양세포, 바이러스 감염세포를 인식하여 표적세포를 파괴한다.

③ 단핵구와 대식세포

단핵구monocytes는 혈액에서 성숙한 세포로 분화되어 약 8시간 정도 순환하면 조직으로 이동하여 특정 조직의 대식세포로 분화된다.

대식세포macrophage는 신체의 전체 조직에 분산되어 존재하면서 이물질의 식작용을 담당한다. 조직 대식세포의 예로는 간에 존재하는 쿠퍼세포Kupffer cells, 뇌의 소교세포microgial cells, 뼈의 파골세포osteoclasts 등이 있다.

④ 과립구세포

과립구granulocytes는 세포의 형태와 세포질의 염색 특성에 따라 호중구neutrophils(50~70%), 호산구eosinophils(1~3%), 호염구basophils(< 1%)로 구분한다. 호염구는 히스타민histamine을 포함한 다양한 활성물질들을 방출하므로 비만세포mast cell와 함께 아토피의 발생에 중요한 역할을 한다.

2) 알레르기

(1) 알레르기와 과민반응

신체가 반드시 외부에서 침입한 바이러스나 세균처럼 피해를 주는 물질에만 면역반응을 나타내는 것은 아니다. 알레르기allergy라는 말은 그리스어의 'allos(다른·이상한)'와 'ergon(일·행동)'의 합성어로서 '이상한 반응'이라는 의미를 지니며 꽃가루, 먼지, 음식, 약물 등과 같이 일반적으로 몸에 해가 되지 않는 물질에 대하여 과민반응을 나타내는 것이다. 현재 알레르기는 '항체 또는 세포 등의 매개를 통해 면역학적 기전에 의해 야기되는 과민반응hypersensitivity'으로 정의하고 있다.

(2) 아토피

과민반응은 작용기전에 따라 4가지의 유형으로 구분된다표 16-2. 이 가운데 가장 흔한 제1형 과민반응은 알레르기를 유발하는 물질을 의미하는 알레르겐allergen에 대해 특이적으로 생성된 IgE 항체에 의해 유발되는 것이다. 현재 알레르기는 이 제1형 과민반응과 같은 의미로 사용되고 있으며, 이를 아토피atopy라고도 한다. 아토피성 피부염, 아토피성 비염, 천식은 모두 제1형 과민반응으로 발병기전은 같지만 임상증상이 나타나는 조직에 따라 다르게 나타나는 것이다.

표 16-2 Gell과 Coombs에 의한 과민반응의 유형

유형	면역매개체	과민반응의 예
제1형(IgE 매개성)	IgE	알레르기 비염, 천식, 전신성 아나필락시스(anaphylaxis)
제2형(항체매개성 세포독성)	IgG	수혈반응, 신생아 용혈성 질환, 일부 약물 알레르기
제3형(면역복합체 매개성)	IgG	급성사구체신염, 루프스, 류머티즘성 관절염, 혈청병
제4형(지연형)	T세포	접촉성 피부염, 만성천식, 만성알레르기성 비염, 이식 거부반응, 셀리악병

표 16-3 면역글로불린(immunoglobulin : Ig)의 종류와 특징

종류	혈청 내 비율(%)	특징
IgG	80	• 태반을 통과하는 유일한 항체로서 임신 시 태아에게 수동면역을 제공한다. • 보체활성화 능력이 크다.
IgM	5~10	• 1차 면역반응에서 최초로 생성되는 항체이다.
IgA	10~15	• 모유, 침, 눈물, 장액 등 외분비물질의 가장 주된 면역글로불린이다. • 보체활성화 능력이 없어 염증반응 없이 항원을 제거한다. • 모유를 통해 영아에게 수동면역을 제공한다.
IgD	0.2	• 성숙한 B세포의 표면에 결합되어 있다.
IgE	-	• 혈청 내 극도로 낮은 농도로 제공하지만 제1형 과민반응 시 급증한다. • 비만세포, 호염구와 결합하여 알레르기반응을 유발한다.

2. 식품 알레르기

1) 식품 알레르기와 식품 이상반응

특정 식품을 섭취한 후 경험하는 불편한 증상들을 모두 식품 알레르기food allergy라고 할 수는 없다. 실제로 식품 알레르기는 식품의 단백질에 의해 유발되는 부적절한 면역반응을 뜻한다. 식품 이상반응은 특정 효소가 부족해서 나타나는 식품불내증food intolerance이나 식품 내 독소 또는 약리작용을 가진 성분이 포함되어 있을 때 일어나는 비면역학적 반응에 의해서도 발생할 수 있다. 식품 알레르기는 식품과민증food hypersensitivity이라고도 한다.

표 16-4 식품 알레르기와 식품 이상반응의 구분

구분	내용	
식품 알레르기	식품의 단백질에 대한 부적절한 면역반응	
식품 이상반응	약물에 의한 반응	카페인에 의한 떨림, 치즈 및 와인(티라민, tyramine)에 의한 편두통, 붉은살 생선(히스타민, histamine)에 의한 중독
	독소에 의한 반응	세균성 식중독, 세균성 독소에 의한 식중독
	식품불내증	유당불내증(lactose intolerance)

2) 식품 알레르기의 발병률 및 원인식품

(1) 발병률

미국의 약 1,200만 명 이상이 식품 알레르기 증상을 겪는 것으로 알려져 있으며, 미국 국립보건원NIH의 보고에 따르면 3세 이하 어린이의 6~8%, 성인의 약 4%가 식품 알레르기를 보인다고 한다. 미국과 유럽에서 순수한 식품 알레르기의 약 1/4은 땅콩에 대한 것으로 추산되며, 미국에서는 연간 200명 이상의 사망 건을 포함하여 대략 30,000건의 아나필락시스반응이 일어난다고 한다. 이는 심각한 공중보건의 문제로, 특히 어린이들의 학교 급식에 존재하는 알레르겐의 위험을 고려해야 한다.

식품 알레르기의 발생은 전 세계적으로 증가하고 있는 추세이며, 우리나라는 초등학생 기준 2000년 5.2%에서 2005년 6.2%로 증가하였다. 이와 함께 서울 S병원의 자료에 의하면 2007~2008년의 1년 동안 식품이 원인인 아나필락시스 쇼크로 인해 응급실을 내원한 10세 미만 환자가 28명으로 보고된 바 있어 전국적으로 합산한다면 국내 발생빈도도 서구권 못지않게 높을 것으로 추정되고 있다.

(2) 원인식품

현재까지 알레르기를 일으키는 식품은 50가지 이상이 알려져 있지만 이 중 우유, 달걀, 땅콩, 대두(콩), 밀, 견과류, 갑각류, 조개류, 생선 등이 원인식품의 90% 이상을 차지한다고 보고되었다. 식품 첨가물 중에서는 아황산염sulfite이 대표적인 알레르기 유발성분으로 밝혀졌다.

식품 알레르기의 주요 원인식품은 연령에 따라 다른 양상을 보이는데, 미국 자료에 의하면 영유아 및 어린이의 경우 우유, 달걀, 땅콩, 대두, 밀이 전체의 90%를 차지하고, 청소년 및 어린이의 경우는 땅콩 및 견과류, 생선·조개류 등이 전체의 85%를 차지한다고 발표된 바 있다.

미국, 캐나다 등 북미 국가와 호주 및 유럽 국가에서는 식품 관련 리콜제를 실시하고

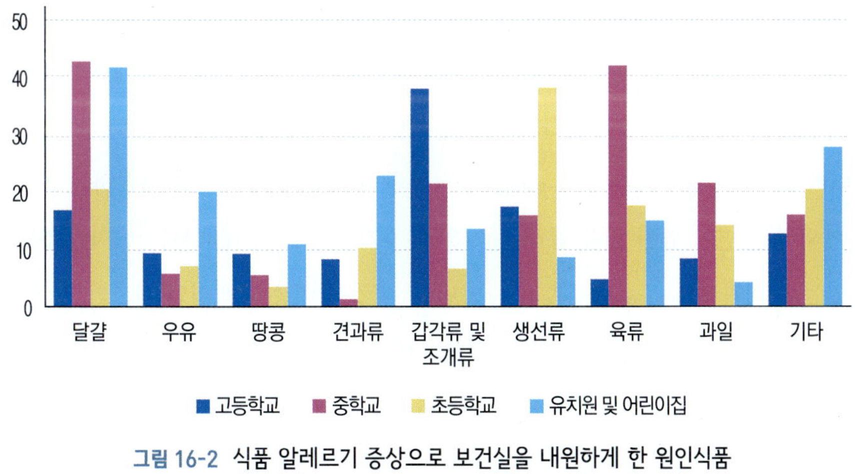

그림 16-2 식품 알레르기 증상으로 보건실을 내원하게 한 원인식품

출처 : 한영신. 2009 서울시 식품알레르기 관리 매뉴얼 개발 사업보고서

있는데, 이 중 알레르기 관련 사례가 전체의 약 50%를 차지할 만큼 식품안전 분야의 사회적 이슈가 되고 있다. 따라서 주요 선진국에서는 알레르기로 인한 소비자 피해를 예방하기 위해 엄격한 표시기준을 제정하여 관리하고 있다. 우리나라에서는 현재 난류(가금류), 우유, 메밀, 땅콩, 대두, 밀, 고등어, 게, 돼지고기, 복숭아, 토마토, 새우, 아황산류(SO_2로 잔류량 10 mg/kg 이상 시), 호두, 쇠고기, 닭고기, 오징어, 조개류(굴, 전복, 홍합 포함), 잣 등 22개 식품에 대해 알레르기 유발식품 표시를 의무화하고 있다.

3) 식품 알레르기의 발병기전

식품 알레르기를 유발하는 단백질을 항원antigen에 해당하는 용어로서 식품 알레르겐food allergen이라고 한다. 식품 알레르겐의 특징적 형태 중 하나는 위에서 분비되는 펩신pepsin에 의해 상당한 저항을 나타내는 것이며, 이러한 경우 알레르겐이 단백질 분해효소에 의해 소화되지 않은 원래의 상태로 소장의 점막 표면에 도달하게 된다. 알레르겐은 매우 적은 용량으로 점막을 통과하여 면역계에 제시presentation되며 알레르기증상을 유발하는 기전을 나타낸다.

소화관은 인체 최대의 면역기관으로, 면역계 기능의 약 70%를 소화기계가 담당하고 있다. 장을 따라 GALTgut-associated lymphoid tissue라 불리는 장연관 림프조직이 발달해 있으며, 여기에 면역을 담당하는 수많은 면역세포가 담겨 있다. 따라서 식품 알레르기가 유아들에게 많이 나타나는 이유 중 하나는 아직 GALT가 발달하지 않은 상태에서 소화되지 않은 항원들이 점막을 통과하여 GALT를 자극할 확률이 높아지기 때문이다.

면역이란 자기self와 비자기non-self를 엄격하게 구별하여 비자기를 배척하는 시스템이지만 예외적인 면이 있어 입을 통해 들어온 비자기(이물질)에 대해서는 면역반응을 일으키지 않는 면역관용immune tolerance을 나타낸다. 이것이 이종 단백질인 쇠고기, 달걀, 우유 등을 먹고도 알레르기반응이 일어나지 않는 이유이다. 식품 알레르기란 이러한 면역관용에 이상이 생긴 상태이며, 이 면역관용에는 GALT가 매우 중요한 역할을 담당한다. 점막면역계를 포함하여 식품 알레르기가 발생할 수 있는 위험인자를 표 16-5에 정리하였다.

표 16-5 식품 알레르기 발생 위험인자

점막 면역계의 미성숙	유전적으로 T_H2 환경을 지향하는 성향
고형 음식의 빠른 시도	T_H2 사이토카인 혹은 IgE 수용체 유전자의 다형성
선천적인 점막 투과성의 증가	장 신경계의 장애
IgA 결핍 혹은 IgA 생성의 지연	면역의 변화(즉, 낮은 TGF-β농도)
장 면역계에 공생적인 세균의 부적절한 자극	위 장관 감염

출처 : Kenneth Murphy, Paul Travers, Mark Walport. Janeway's Immunobiology 7th ed., Garland Science, Taylor & Francis Group LLC. p.559, 2008.

알레르기반응 중에는 IgE 항체에 의해 유발되는 제1형 과민반응이 가장 많다. 제1형 과민반응은 항원에 접한 후 빠른 시간 내에 나타나므로 즉시형 알레르기immediate allergy 라고도하며 그 기전은 그림 16-3과 같다.

알아두기

염증을 일으키지 않는 특별한 항체 IgA

소화기관은 음식물과 함께 각종 미생물이라는 이물질과 늘 접하고 있으며, 많은 종류와 수의 면역세포들이 활발하게 작용하고 있는 장소이기도 하다. 만일 이러한 면역세포들이 모든 음식물이나 미생물에 일일이 반응한다면 우리의 장은 한시도 염증에서 벗어날 수 없을 것이다. 이를 방지하기 위해 소화관 표면에는 끊임없이 점액이 흐르고 있으며, 이 점액 속에는 IgA라는 형태의 면역글로불린이 다량 분비되어 특정 항원과 결합할 준비를 하고 있다.

이 IgA는 매우 특별한 항체이다. 면역글로불린의 다른 형태인 IgG는 항원-항체 복합체를 형성한 후 보체반응을 활성화하여 염증을 일으키고 IgE는 항원과 결합한 후 비만세포 내의 과립을 방출함으로써 염증반응을 일으킨다. 그 결과 열이 나고, (빨갛게) 붓고, 아프고, 고름이 나오는 등의 염증증상이 나타난다. 그러나 IgA는 항원과 결합하여 항원이 소화관의 벽을 통과하지 못하게 한 후 소화흡수될 뿐 염증을 일으키지 않는다. 그 덕분에 이물질 덩어리인 음식을 마음껏 즐길 수 있으며, 이것이 소화관뿐 아니라 외부의 이물질과 쉽게 접할 수 있는 통로인 입, 눈, 코 등 대부분의 조직이 점막으로 둘러싸여 점액을 분비하는 이유이다.

모유에는 특히 많은 양의 IgA가 함유되어 있다. 이 IgA는 일생 동안 모체를 공격한 각종 항원에 대한 특정 항체의 목록을 포함하고 있다. 그러한 이유로 분유보다 모유를 먹는 아기가 더 건강한 것이다.

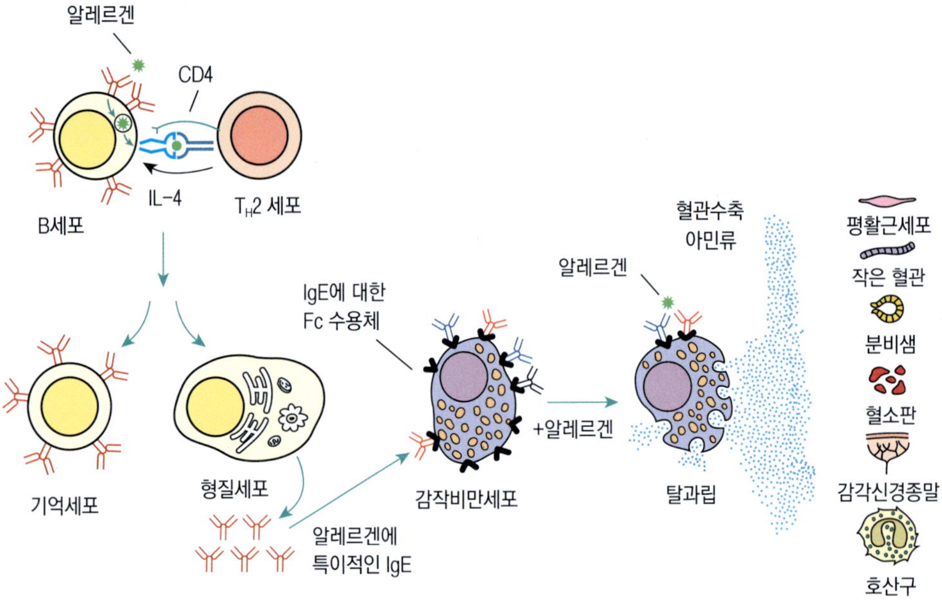

1. 알레르겐이 처음으로 체내에 유입된다.
2. 알레르겐에 특이적인 B세포가 결합하고, 항원제시세포로서의 B세포가 표면의 MHC 분자와 결합한 항원을 T_H2세포에 제시한다.
3. T_H2세포로부터 자극을 받은 B세포는 항체생산세포인 형질세포와 기억세포로 분화한다.
4. 형질세포는 알레르겐에 특이적인 IgE 항체를 생성한다.
5. 생성된 항원특이적 IgE 항체는 점막과 피부에 많은 비만세포의 표면에 결합한다. 이들과 결합한 IgE는 반감기가 길어지고 이러한 상태를 '감작되었다sensitized'라고 한다.
6. 이후 동일한 알레르겐이 체내에 들어오면 빠른 속도로 감작된 비만세포 표면의 IgE 항체와 항원이 결합한다.
7. 알레르겐이 비만세포 표면의 2개의 IgE 항체와 교차결합하면 비만세포는 탈과립현상degranulation을 일으킨다. 과립물질인 히스타민, 류코트리엔leukotriene, 세로토닌serotonin 등이 분비되면 이 화학물질들이 신경이나 분비샘, 혈관을 자극하여 알레르기반응을 일으킨다.

그림 16-3 IgE가 매개하는 제1형 과민반응기전

출처 : Kuby 면역학 제6판.

4) 식품 알레르기의 증상

대부분의 특정 식품에 대한 알레르기반응은 불편하기는 하지만 심각한 증상을 유발하지는 않는다. 그러나 간혹 생명을 위협하는 상황까지 초래하는 경우도 있다. 식품 알레르기의 징후나 증상은 보통 식품 섭취 후 수분에서 수시간 내에 시작된다. 가장 보편적인 징후나 증상은 다음과 같다.

- 입안의 얼얼한 감각tingling in the mouth
- 두드러기, 가려움 또는 습진
- 입술, 얼굴, 혀, 목 또는 신체 다른 부위의 부어오름
- 천식, 코막힘 또는 호흡곤란
- 복통, 설사, 메스꺼움, 구토
- 현기증 또는 기절
- 아나필락시스

이 중 아나필락시스가 사망에 이를 수 있는 매우 심각한 전신적 알레르기반응systemic allergic response에 속하며 기도협착, 혈압의 저하로 인한 쇼크, 맥박 수의 증가, 현기증 또는 의식불명 등을 동반한다.

5) 식품 알레르기의 진단

식품 알레르기의 진단은 환자나 의사의 심리상태 또는 주관에 의해 영향을 받을 수 있으므로 알레르기 전문의allergist가 진단하는 것이 바람직하다. 전문의는 환자의 병력과 식사일기 등에 기록된 증상, 반응 등을 검토한 후 알레르기 테스트를 실시한다. 알레르기 진단에 사용되는 검사는 다음과 같다.

(1) 피부단자시험skin prick test

알레르겐에 특이적인 IgE가 매개하는 알레르기를 알아보는 검사법으로, 수분 안에 결과가 나오는 간편한 방법이다. 랜싯 또는 주삿바늘의 끝을 이용하여 피부에 약간의 상처를 내서 의심이 가는 알레르겐물질을 소량 주입한 후 그 부위에서 발적이 생기는 정도를 보고 양성 또는 음성 여부를 판정한다.

그러나 이 검사를 통해 실제 환자가 특정 알레르겐의 섭취 후 반응이 일어날지 또는 어떤 종류의 반응이 일어날지는 예측할 수 없으며, IgE 이외의 매개체에 의한 알레르기도 검출할 수 없다.

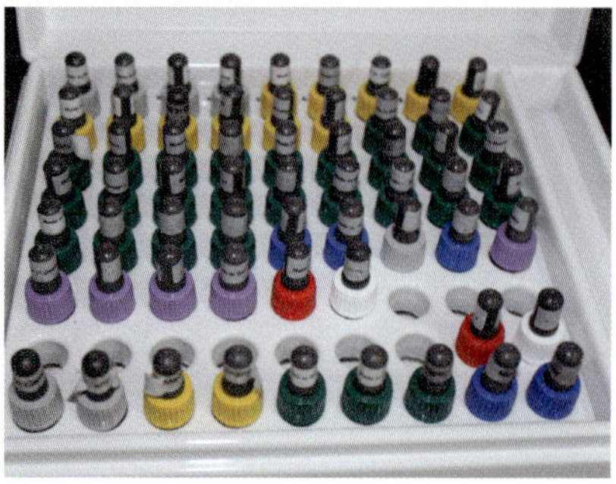

알레르겐검사 시약

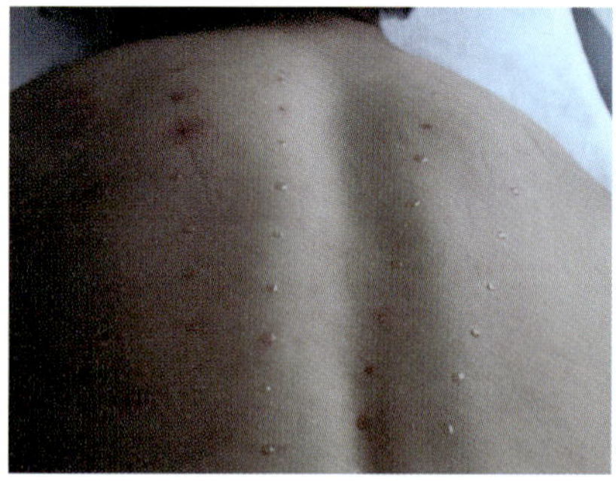

피부단자 시험의 예

그림 16-4 피부단자시험

(2) 혈액검사blood test

혈액검사는 IgE를 매개로 한 식품 알레르기를 측정하기 위한 또 다른 유용한 진단법이다. 그 가운데 RASTradioallergosorbent test는 특정 알레르겐에 대한 혈청 중의 IgE의 존재를 검출하는 방법으로, RAST 점수를 특정 식품의 예측치predictive value와 비교하여 알레르기반응을 일으킬 확률이 높은지를 판정할 수 있다. 이 방법 역시 IgE 이외의 매개체에 의한 알레르기는 검출할 수 없다. 최근에는 ImmunoCAP(UniCAP) 검사를 통해 혈청 내 특이적인 IgE를 정량분석할 수 있으며 임상에서 널리 사용하고 있다.

(3) Food Challenge

의심이 가는 식품을 직접 섭취한 후 반응을 살펴보는 Food Challenge 방법 중 특히 이중맹검위약대조검사double-blind placebo controlled food challenge : DBPCFC는 IgE 이외의 원인에 의한 알레르기도 진단할 수 있다. 이 검사에서는 의심이 가는 알레르겐을 캡슐 안에 넣어 투여해야 하며, 환자뿐만 아니라 관찰자나 검사자 역시 그 물질에 대하여 알지 못해야 한다. 이 방법은 식품 알레르기 진단에 있어서 가장 신뢰성 있는 방법이나 진료실에서 실시하기는 어려우며 아나필락시스의 위험이 있기 때문에 이 방법은 반드시 병원에서 의사의 관찰하에 실시해야 한다.

6) 식품 알레르기의 치료

알레르기질환의 치료 원칙으로는 회피요법, 약물요법, 면역요법 등이 있다. 이 중 회피요법은 모든 알레르기질환에 해당하는 치료법으로, 원인이 되는 알레르겐을 확인하여 그 물질과의 접촉을 피하는 것이다. 이 방법을 철저하게 시행한다면 알레르기는 원천적으로 피할 수 있으나 공기 중에 원인이 되는 알레르겐이 있기 때문에 기관지천식, 알레르기성 비염 등을 유발하는 것처럼 완전히 회피하기 어려운 경우가 있다.

(1) 회피요법

먼저 원인식품이 포함된 음식을 조사하여 목록을 만든다. 원인식품은 물론 그것을 재료로 넣어 만들거나, 단지 소량만 첨가한 경우도 모두 금지 대상이 된다. 6개월 정도의 엄격한 회피기간을 거친 후 시험적으로 원인식품을 약간 섭취했을 때 나타나는 반응을 관찰하고 특별한 증상이 없으면 그때부터 조심스럽게 먹어보도록 한다. 만약 증상이 재발하면 다시 6개월간 회피요법을 시행한다. 이러한 과정을 반복하면 어느 시점에 식품 알레르기가 자연적으로 치유되는 경우를 많이 볼 수 있다.

그러나 저혈압 쇼크, 심한 기관지천식, 후두부종 등 생명을 위협할 정도로 심각한 증상의 환자는 원인식품을 평생 피하는 것이 좋다. 따라서 함유 성분을 모두 확인할 수 없는 가공식품은 가급적 금하고 자연식품을 섭취해야 하지만 불가피할 경우에는 환자와 관련자들이 항상 식품 표시를 주의 깊게 확인하는 습관을 가져야 한다. 국가적으로도 미량 함유된 물질까지 모두 식품 표시를 의무화하는 대책이 마련되어야 할 것이다.

① 달걀 알레르기

달걀 알레르기를 가진 사람은 오리알이나 메추리알과 같은 다른 동물의 알에 대해서도 알레르기를 일으키기가 쉽다. 이 가운데는 닭 자체에도 알레르기가 있는 경우도 있으며, 피부에 달걀이 닿기만 해도 반응을 나타내는 사람도 있다.

예전에는 식품 알레르기 고위험군 영아의 경우 식품 알레르기 예방을 위해 임신 중이나 수유 중 특정식품을 제한할 것을 권고하였으나 최근에는 확인된 경우가 아니라면 수유부에게 우유, 달걀, 땅콩 등의 고위험 식품을 제한하지 않는다. 그러나 달걀은 어린이에게 단백질 등을 함유한 훌륭한 영양소이므로 이를 제한할 경우 대체할 만한 영양급원을 찾아야 한다.

식품 표시에 'egg-free'로 적혀 있는 경우라도 알레르기를 유발할 수 있는 달걀단백질 등이 함유되어 있을 수 있으므로 주의해야 한다. 달걀은 대부분의 항원이 달걀흰자에 들어 있으므로 흰자는 먹을 수 없으나 노른자는 먹을 수 있는 경우가 있다.

② 우유 알레르기

우유 알레르기는 2세 미만의 영유아에서 가장 흔하게 나나타는 식품 알레르기이며 식품에 의해 유발되는 아나필락시스 중 가장 빈도가 높은 알레르기이다. 그러나 우유 알레르기는 생후 2~3년경에는 대부분 사라진다.

우유 알레르기가 있는 경우 우유, 분유, 치즈, 버터, 요거트 등 우유가 주성분인 식품뿐만 아니라 쿠키나 빵, 아이스크림, 소스 등 우유 성분이 소량이라도 포함된 모든 식품을 제외시켜야 할 필요가 있다. 우유는 산양유와도 교차항원성이 높으므로 대체유로 활용할 수 없으며, 모우수유가 불가능한 영아는 우유를 단백질을 분해시킨 저알레르겐성 분유를 먹임으로써 알레르기를 예방할 수 있다.

최근 우유와 달걀 알레르기 환자의 많은 수가 고열처리된 우유나 달걀이 포함된 쿠키나 머핀, 와플과 같은 식품은 섭취해도 증상이 유발되니 않는다는 연구결과가 있으나 개인적인 차이가 있으므로 경구유발시험 등을 거쳐 섭취 유무를 결정해야 한다.

(2) 약물요법

회피요법을 적용하는 과정에서 재시도를 하거나 실수로 원인식품과 접촉하여 알레르기증상이 나타나는 경우에는 일시적으로 증상을 호전시키는 약물요법을 시행해야 한다. 약물요법은 증상에 따라 그 종류가 달라지며, 대부분의 약물은 약효와 함께 부작용을 동반하므로 득실을 잘 따져 치료 여부를 결정해야 한다.

식품 알레르기의 가장 효과적인 약물 치료제는 항히스타민제이다. 항히스타민제는 스테로이드제와는 달리 장기적으로 사용해도 특별한 부작용이 없으나 가장 문제가 되는 것

알아두기

구강알레르기증후군(oral allergy syndrome : OAS)

보통 신선한 과일, 견과류나 채소 등을 먹은 지 수분 안에 매우 빠르게 나타나는 반응을 뜻하며, 입술이나 입, 인두 부분의 가려움 또는 타는 듯한 감각을 유발한다. 경우에 따라 눈이나 코, 피부 등을 자극하며, 입술이나 혀가 부어오르거나 목이 조여 오는 듯한 자극을 느끼기도 한다. 드물기는 하지만 이로 인해 아나필락시스를 초래할 수도 있다. 만약 환자가 음식을 삼킨다면 후에 소화기계의 증상이 나타나기도 한다.

구강알레르기증후군은 다른 말로 화분-식품 알레르기(pollen-food allergy)라고도 불리는데, 이는 면역계가 식품 단백질을 꽃가루 단백질로 잘못 인식한 결과이다. 따라서 구강알레르기증후군은 건초열(hay fever) 환자에게 발생한다. 즉 특정 꽃가루 단백질과 구조적으로 매우 비슷한 식품 단백질이 있다면 그 공통적인 구조에 대하여 생성된 항체는 꽃가루와 식품 양쪽에 모두 반응하여 특정 꽃가루가 있을 때는 건초열을, 특정 식품에 대해서는 식품 알레르기 반응을 유발하게 된다.

항원의 구조 중 항체가 인식하는 부위를 에피토프(epitope)라 한다. 에피토프는 1차 구조(linear sequence)일 수도 있고 입체적인 구조(conformational sequence)일 수도 있다. 따라서 특정 식품의 입체구조에 반응하는 항체가 OAS의 원인이라면 그 식품을 익혀 먹을 경우 입체구조의 변성으로 인해 OAS의 증상이 나타나지 않을 수도 있다.

*건초열 : 계절적 변화가 있는 알레르기성 비염을 뜻하며, 눈물과 가려움을 동반하는 급성결막염과 코점막의 부종, 재채기, 때로는 천식증상을 동반한다. 꽃가루 등의 특정 항원에 감작된 사람에게 나타나는 알레르기반응이다.

은 졸림 증상이다. 현재 중추신경계로는 유입되지 않아 졸림 증상이 없는 2세대 항히스타민제가 개발되어 시판되고 있다.

심한 알레르기가 있는 사람은 해당 내용에 대한 표식이나 메모 등을 지니고 다녀야 한다. 호흡곤란 등의 응급 시에 대비하여 에피네프린(에피펜 또는 젝스트)도 소지해야 하며, 응급상황이 발생했을 때 다른 사람에게 알릴 수 있는 의료용 알람기능을 갖춘 목걸이나 팔찌를 착용하는 것이 바람직하다.

(3) 면역요법

원인항원을 확인한 후 원인물질을 최대한 희석하여 점차 증량하면서 혀 밑에 점적하거나 주사하는 치료법으로, 회피요법과 함께 원인에 가장 근접한 치료법이다.

그러나 효과가 없거나 부작용 때문에 식품 알레르기처럼 회피요법이 비교적 용이한 경우에는 그다지 사용하지 않는다.

3. 후천성 면역결핍증

1) 후천성 면역결핍증의 원인

에이즈acquired immune deficiency syndrome : AIDS라 불리는 후천성 면역결핍증은 HIVhuman immunodeficiency virus에 감염되어 발병한다. 이 바이러스는 CD4라는 표면항원surface market을 갖고 있는 조력T세포helper T cell를 파괴하는데, 이는 항체를 생성하는 B세포 및 암세포나 감염세포를 파괴하는 세포독성T세포cytotoxic T cell의 증식에 필수적인 세포이다. 따라서 조력T세포에 HIV가 감염되면 체내 면역체계가 파괴되고, 그 결과 각종 감염성 질환과 종양이 발생하여 사망에 이른다.

에이즈의 감염 경로에는 성적인 접촉, 수혈이나 혈액 제제, 병원 관련 종사자들이 바늘에 찔리는 등의 사고로 전파되는 경우와 모체에서 신생아에게 전파되는 경우 등이 있다.

2) 후천성 면역결핍증의 증상

바이러스에 감염된 후 3~6주 후에 발생하는 급성감염기에는 특징적인 증상은 없으며, 발열, 인후염, 구토, 발진 등이 나타날 수 있다. 이때 HIV 감염을 진단하지 못하면 당사자도 모른 상태에서 다른 사람에게 전파시킬 수 있다.

급성감염 이후 무증상 잠복기가 수년 정도 지속되며, 이 시기에도 특이한 증상은 나타나지 않는다. 그러나 이 시기에 감염된 바이러스는 지속적으로 면역세포를 파괴하므로 점차적으로 면역력이 저하된다. 면역력이 떨어지면 건강한 사람에게는 거의 발생하지 않는 각종 바이러스, 진균, 기생충 및 원충과 세균 등에 의한 감염성 질환이 발생하는데, 이를 기회감염이라고 한다. 감염 말기에는 카포시육종Kaposi's sarcoma, 악성림프종과 같은 악성종양의 발생이 현저히 증가하여 사망하게 된다.

3) 후천성 면역결핍증의 영양치료

영양결핍은 면역기능을 저하시키는데, 에이즈는 병의 진행 및 복용하는 약물 등에 의해 발열, 식욕부진, 메스꺼움, 구토, 연하곤란, 설사, 체중감소 등 체조직의 소모와 영양 불량상태를 초래하므로 이를 예방하기 위해 충분한 영양을 섭취해야 한다.

체중을 유지하려면 영양밀도가 높은 음식을 소량씩 자주 섭취하는 것이 좋으며, 단백질의 경우 체내 단백질을 유지하기 위해 1~1.4 g/kg이 적당하나 염증, 발열, 임신 시에는 추가섭취가 필요하다. 그러나 신장질환이나 단백질 제한이 요구되는 경우에는 섭취량을 조절해야 한다.

지방의 종류와 양은 에너지 필요량, 심혈관계 질환의 위험도와 염증상태에 따라 달라질 수 있으나 흡수 또는 설사의 문제가 있을 때는 저지방식이와 중쇄중성지방의 사용이 도움이 된다. 질병 말기에 음식을 충분히 섭취할 수 없는 경우에는 경장영양 및 정맥영양 등의 적극적인 영양지원이 필요하다.

에이즈 환자에게 흔히 나타나는 위장관감염은 주로 물과 음식이 원인이므로 반드시 물은 끓여 먹고 음식은 익혀서 먹는 등 식품의 구입·조리·보관 단계에서 위생에 주의를 기울여야 한다.

HIV 감염 환자는 항역전사 바이러스 제제, 항종양 제제 등 여러 종류의 약물을 혼합하여 복용하게 된다. 이들 약물은 소화관, 피부, 영양대사 등에서 부작용을 일으키기도 하지만 섭취하는 음식물에 따라서도 흡수되는 정도가 달라지므로 각각의 약물 특성에 맞는 음식물 섭취 주의사항을 지켜야 한다.

알아두기

면역력 저하 시 피해야 하는 식품

- 날것과 덜 익힌 고기, 생선, 가금류, 두부, 달걀
- 냉동 훈제된 생선(연어), 절인 생선
- 저온살균하지 않은 우유, 치즈와 요구르트를 포함한 유제품
- 블루치즈, 로크포르치즈, 고르곤졸라치즈 등 곰팡이를 포함한 치즈
- 냄새가 강렬한 체더치즈, 브리치즈, 카망베르치즈
- 씻지 않은 생채소와 과일
- 알파파와 녹두 같은 모든 생채소의 새싹
- 저온살균하지 않은 상업용 과일과 채소주스
- 생꿀, 열처리하지 않은 꿀, 벌집 속의 꿀
- 익히지 않은 된장, 고추장 제품
- 곰팡이가 낀 식품과 오래된 식품
- 저온살균하지 않은 맥주
- 생효모 또는 익히지 않은 양조효모
- 검사를 통한 안전성 여부를 판정받지 않은 물
- 허브로 조제한 영양 보충제
- 볶지 않은 견과류와 껍질째 구운 견과류
- 식품점의 샐러드
- 생곡물 제품

출처 : American Cancer Society. Nutrition for the Person With Cancer During Treatment: A Guide for Patients and Families, 2010.

CHAPTER

17

약물과 음식

1. 약물과 음식 조절의 필요성
2. 약물과 음식의 상호작용
3. 질환별 약물과 바른 식사관리

이 장을 보기 전에

약물은 몸 안에서 음식과 그 성분, 영양보충제 등과 밀접하게 상호작용을 한다. 따라서 약물이 최대한의 효과를 내기 위해서는 복용기간 동안 세심한 식사관리가 필요하다.

영양사는 각 질환에 사용되는 약물을 이해하고, 각 약물의 효능에 영향을 미치는 대표적인 식품들을 올바로 파악하여 이를 환자의 식사관리에 적용해야 한다.

학/습/목/표

1. 약물 복용 시 음식 조절의 필요성을 설명할 수 있다.
2. 약물 복용이 영양소에 미치는 영향을 설명할 수 있다.
3. 음식 섭취가 약물반응에 미치는 영향을 설명할 수 있다.
4. 질환별 주요 약물의 분류와 대표 약물을 구분할 수 있다.
5. 질환별 주요 약물 복용 시 바른 식사의 관리방법을 제시할 수 있다.

1. 약물과 음식 조절의 필요성

치료식의 대상이 되는 환자의 상당수는 한 가지 이상의 약물을 처방받고 복용하는 경우가 많으며, 심혈관계 질환처럼 복용기간이 장기간 계속되는 사례도 많다. 실제로 많은 약물이 공복, 식후 등의 식사상태와 음식물의 내용에 의해 영향을 받을 뿐만 아니라 음식에 함유된 다양한 성분과 상호작용을 한다. 이러한 상호작용은 약물의 흡수 외에 효과에도 영향을 미쳐 그 효능을 감소 또는 증가시켜 독성을 나타낼 수 있으므로 인체에 위험한 상황을 초래할 수도 있다. 또한 약물은 섭취한 음식에 함유된 특정 영양소에도 영향을 미쳐 영양소의 흡수를 저해하거나 배설을 감소 또는 증가시키는 등 영양상태와도 관계가 있다.

따라서 약물이 최대한의 효과를 발휘하기 위해서는 약물의 흡수를 돕는 식사를 하거나 약물의 흡수를 바람직하지 않게 증가 또는 감소시키는 음식의 섭취를 피해야 하며, 약물 복용으로 배설이 증가하는 영양소의 섭취를 늘리는 등 세심한 식사관리가 필요하다.

2. 약물과 음식의 상호작용

질병을 치료하기 위해서는 많은 약물이 필요하다. 이들 약물은 다양한 경로를 통해 인체 내에 들어오게 되고, 혈류를 통해 전신조직에 분포되며 반응을 나타낸다. 이들 약물의 대사는 주로 간에서 이루어지며, 요나 담즙을 통해 체외로 배설된다표 17-1.

1) 음식이 약물반응에 미치는 영향

(1) 약물의 흡수

다양한 경로를 통해 인체에 유입된 약물이 순환계로 들어오기 위해서는 흡수과정을 거쳐야 한다. 약물의 흡수는 투여 경로와 화학적 특성, 경구투여한 경우는 위배출gastric emptying과 장운동의 속도 및 내용물의 특성 등에 의해 영향을 받는다.

표 17-1 인체의 약물 이동

구분	내용
흡수	• 약물은 다양한 투여 경로(경구 · 주사 · 피부 · 직장 · 흡입 · 점막 등)를 통해 인체에 유입된다. • 투여 후 세포막을 통과하여 대부분 혈액 중에 흡수된다. • 소화관을 통해 흡수되는 약물은 음식과 밀접한 상호작용을 한다.
분포	• 흡수된 약물은 모세혈관을 경유하여 전신조직에 분포하며 반응한다. • 약물의 분포는 혈류량, 혈류속도 등의 영향을 받는다.
대사	• 대부분의 약물은 대사과정을 거친 후 체외로 배설된다. • 약물의 대사는 주로 간에서 이루어진다.
배설	• 약물은 주로 요와 담즙을 통해 체외로 배설된다. • 호흡기계를 통해 배설되는 경우도 있다. • 신장은 약물 배설의 가장 중요한 기관이다.

출처 : 식품의약품안전처. 약과 음식의 상호작용-의약품 복용 시 주의해야 할 음식, 2010.

위나 장내에 음식이나 영양소가 있을 경우 약물의 흡수가 줄어들 가능성이 높으며, 약을 물 대신 커피나 오렌지주스와 복용할 경우도 흡수율이 현저히 떨어질 수 있다. 그러나 약물 자체가 위를 자극하는 경우는 적절한 음식과 함께 먹는 것이 좋다.

약물과 칼슘, 마그네슘, 아연이나 철분제, 제산제에 함유된 알루미늄 등의 양이온이 불용성 염을 형성하면chelation 약물과 영양소의 흡수가 감소된다. 따라서 테트라사이클린계tetracycline나 시프로플록사신ciprofloxacin과 같은 퀴놀론계quinolone 항생제를 복용하는 경우는 항생제 처방기간 동안 꼭 필요하지 않은 영양보충제의 섭취는 피해야 한다. 불가피할 경우에는 섭취 2시간 전이나 6시간 후에 약을 복용하는 것이 좋다.

식품 중의 섬유소는 약물과 흡착adsorption함으로써 약물의 흡수를 감소시킬 수 있다. 아미트리프틸린amitriptyline 같은 우울증 약물은 고섬유소식을 섭취할 경우 섬유소에 흡착하여 치료효과를 떨어뜨리며, 디곡신digoxin 같은 심혈관계 약물은 수산염이 많은 식품과 함께 복용하지 말아야 한다.

위액의 pH도 약물의 흡수에 영향을 주는 중요한 요인이다. 위산 감소증이나 무산증 또는 만성적으로 위산분비억제제 치료를 받는 환자의 경우처럼 위액의 pH를 변화시키는 환경에서 약물의 흡수가 감소될 수 있다. 칸디다증candidiasis을 치료하기 위해 처방하는 니조랄Nizoral로 알려진 케토코나졸ketoconazole은 산성에서 적절한 흡수력을 나타내는데 무산증이나 위산분비억제제 치료를 받는 사람은 위에서 이 약물이 잘 용해되지 않아 약물 흡수가 방해를 받는다.

표 17-2 약물 복용시간과 식사상태

복용시간	내용	약물의 예
공복(식전)	• 약물의 흡수가 음식물에 의해 영향을 받는 경우 • 공복에 복용하면 약물의 흡수가 좋아지는 경우	• 골다공증 치료제(리세드론산나트륨) • 점막보호제(수크랄페이트) • 과민성 대장증후군(트리메부틴)
식후 30분	• 식사에 의해 큰 영향이 없는 경우	• 대부분의 약물
식사 직후	• 위에 음식물이 있으면 흡수가 잘되거나 효과가 높아지는 경우 • 약물이 위장장애를 유발하는 경우	• 비만 치료제(오르리스타트) • 무좀 치료제(케토코나졸) • 관절염 치료제(디클로페낙)
취침 전	• 약물 복용 후 졸음이 오는 경우	• 콧물약(말레인산클로르페니라민) • 근이완제(에페리손)

* 공복 : 식사 1시간 전 또는 2시간 후
출처 : 식품의약품안전처. 약이란 무엇인가요? 2012.

(2) 약물의 분포

인체에 흡수된 약물의 대부분은 혈액을 통해 전신조직에 분포된다. 이때 혈청알부민은 가장 중요한 결합단백질drug-binding protein이다. 따라서 단백질과 결합하는 능력이 큰 약물은 혈청알부민의 수준이 낮아지면 혈청 중에 유리상태로 순환하는 약물이 더 많아지고, 이는 목표기관target organ에서 더 큰 약효를 보여 부작용을 유발할 수 있다. 그러므로 혈청알부민이 3 g/dL 이하인 경우 복용량을 줄여야 한다. 특히 항혈전제인 와파린warfarin은 99% 정도가 혈청단백질과 결합하는데, 이 약물은 노인 환자에게 사용되는 경우가 많고 그들 대부분이 혈청알부민 수준이 낮다는 점에 유의해야 한다.

(3) 약물의 대사

인체의 약물대사의 대부분을 담당하는 것이 간과 장에 존재하는 효소계이다. 식품은 이들 효소계의 활성을 변화시켜 약물대사를 억제하거나 증가시킬 수 있다.

고단백이나 저탄수화물 식사는 천식약인 테오필린theophylline의 간대사를 증가시킨다. 반면 자몽이나 자몽주스는 칼슘채널차단제나 HMG-CoA 환원효소저해제와 같은 약물의 장내대사를 억제할 수 있다. 간에는 먹는 약의 산화적 대사를 담당하는 시토크롬 cytochrome P-450 3A4라는 효소가 있는데 자몽은 이 효소의 기능을 억제한다. 이들 효소가 불활성화되어 약물대사가 감소하면 혈중으로 흡수되는 대사되지 않은 약물의 농도가 증가하여 약효가 좋아지고 독성이 나타날 가능성이 높아진다. 이러한 효과는 자몽 섭취 후 72시간까지 지속되기도 하므로 자몽과 약의 섭취시간에 간격을 둔다 해도 도움이 되지 않는다.

음식과 약물이 간에서 같은 대사효소와 경쟁함으로써 약효에 영향을 미치는 경우도 있다. 경구투여한 약물은 영양소와 마찬가지로 순환계에 들어가기 전에 문맥을 통해 간으로 운반되어 대사되므로 실제 복용한 용량 중 극소량만이 실제 순환계로 들어가게 된다. 그러나 이러한 약물이 간에서 함께 섭취한 음식과 같은 대사효소에 대해 경쟁할 경우 순환계로 들어가는 약물의 양이 증가할 수 있다. 만일 공복상태를 기준으로 약물의 적정 복용량을 정한 것이라면 독성을 나타낼 수 있으므로 이들 약물은 공복에 섭취하는 것이 좋다. 이 같은 약물의 예로 프로프라놀롤propranolol과 메토프롤롤metoprolol 같은 베타차단제가 있다.

(4) 약물의 배설

식품과 영양소는 신장에서 약물의 재흡수를 변화시킬 수 있다. 리튬lithium 같은 조울증 치료제의 재흡수는 나트륨의 재흡수와 밀접하게 연관되어 있다. 신장은 나트륨 섭취량이 적거나 탈수상태일 때 나트륨의 재흡수를 증가시키는데, 사람이 이러한 상태에서 리튬을 복용하면 나트륨뿐 아니라 리튬의 재흡수량도 증가하여 독성을 나타낸다. 반면 나트륨의 과다섭취는 신장의 나트륨 배설량을 늘리므로 약물의 배설량도 증가하여 약효가 나타나지 않을 수 있다.

감초는 코르티솔의 농도를 높여 유사 알도스테론증이 나타날 수 있다. 이는 나트륨과 수분의 재흡수 증가, 칼륨 배설 증가, 혈압 상승을 유발한다.

2) 약물이 영양소에 미치는 영향

(1) 영양소의 흡수

음식은 약물의 흡수에 영향을 미친다. 또 복용하는 약물에 의해 섭취한 영양소의 흡수가 영향을 받기도 한다. 이상지질혈증 치료제이면서 설사치료에도 사용되는 담즙산 제거제인 콜레스티라민cholestyramine은 지용성 비타민 A·D·E·K에 흡착한다. 따라서 이들 약물을 장기 복용할 경우 비타민의 보충이 필요하다.

약물을 장기 복용하면 장내 환경을 변화시켜 영양소의 흡수를 방해할 수 있다. 위궤양 및 역류성 식도염gastroesophageal reflux disease : GERD의 치료제로 사용되는 라니티딘ranitidine, 파모티딘famotidine 등의 히스타민억제제(H_2-수용체 길항제)나 양자펌프길항제proton-pump inhibitors는 염산 분비를 억제함으로써 위 내 pH를 높여 비타민 B_{12}의 흡수를 감소시킨다. 장점막을 손상시키는 약물도 영양소의 흡수에 많은 영향을 미치는데, 대표적인 것이 항생제나 아스피린과 같은 비스테로이드성 소염진통제nonsteroidal anti-inflammatory drugs : NSAIDs이다.

(2) 영양소의 대사

결핵 치료제인 이소니아지드isoniazid : INH는 비타민 B_6(피리독신pyridoxine)의 활성화를 저해한다. 따라서 결핵 치료제는 6개월 이상 장기적으로 복용해야 하는 만큼 이소니아지드의 처방과 함께 비타민 B_6의 보충이 필요하다. 암이나 류머티즘성 관절염에 처방되는 메토트렉사트methotrexate : MTX와 말라리아 치료제인 피리메타민pyrimethamine은 엽산의 길항제이다.

(3) 영양소의 배설

일부 약물은 영양소의 소변 배설을 증가 또는 감소시킨다. 라식스Lasix로 알려진 푸로세미드furosemide나 부메타니드bumetanide와 같은 고리loop 이뇨제들은 칼륨 배설을 증가시킨다. 치아지드계 이뇨제는 칼륨과 마그네슘의 배설은 증가시키지만 칼슘에 대해서는 재흡수를 증가시켜 고용량의 약물을 칼슘보충제와 함께 복용하면 고칼슘혈증이 올 수 있다.

칼륨보존이뇨제인 스피노로락톤spinorolactone이나 트리암테렌triamterene은 나트륨, 염소, 칼슘의 배설은 증가시키지만 칼륨은 보존된다. 따라서 신장기능이 떨어진 환자가 이 약물을 복용하면서 칼륨 섭취가 증가하면 혈중 칼륨 농도가 높아져 위험한 수준에 이를 수 있다. 안지오텐신전환효소ACE 저해제 같은 고혈압약도 칼륨 배설을 감소시키므로 칼륨보존이뇨제와 이들 약물을 함께 복용하면 고칼륨혈증의 위험이 있다.

프레드니솔론prednisolone 같은 코르티코스테로이드제는 나트륨 배설을 줄여 나트륨과 수분을 축적시킨다. 반대로 칼륨과 칼슘 배설은 증가하므로 저염, 고칼륨 식사가 필요하다. 천식, 루프스, 류머티즘성 관절염처럼 장기간에 걸쳐 코르티코스테로이드corticosteroid 처방을 받는 경우는 골다공증의 예방을 위해 칼슘과 비타민 D를 보충해야 한다.

3) 식품 성분이 약물에 미치는 영향

(1) 티라민

우울증 치료제로 사용되는 모노아민산화효소억제제monoamine oxidase inhibitors : MAO inhibitors는 도파민dopamine, 히스타민histamine, 특히 티라민tyramine 같은 혈관 수축 및 혈압 증가를 유발하는 생물학적 활성을 띠는 아민(바이오제닉아민biogenic amines)과 상호작용을 하면 약물 효과가 상승한다.

티라민을 비롯한 바이오제닉아민은 식품 내 미생물, 특히 유산균에 의해 생성되는 물질이므로 발효식품을 포함한 많은 식품에 정상적으로 함유되어 있다. 섭취 후 체내에서 빠르게 대사되어 몸에 해가 되는 경우는 드물지만 MAO억제제에 의해 활성이 방해를 받으면 고혈압의 위험증상 등이 나타날 수 있다. 티라민은 숙성 치즈, 장류, 염지육, 막걸리, 포도주 등에 많이 들어 있으며, 히스타민은 등푸른 생선에 풍부하다.

(2) 카페인

음식물 중의 카페인은 암페타민amphetamine 같은 중추신경흥분제 또는 천식약인 테오필린theophylline 등의 부작용을 높이며 불안정, 떨림, 불면증 등을 유발할 수 있다. 반면 로라제팜lorazepam 같은 항불안제의 효과를 상쇄시킬 수 있다.

(3) 알코올

알코올과 함께 복용하면 독성이 증가하고 인체의 다양한 기관에 영향을 미칠 수 있는 약물도 있다. 알코올은 위점막 자극제로 작용하기 때문에 아스피린 같은 비스테로이드성 소염진통제와 함께 섭취하면 위장궤양과 출혈의 위험이 증가한다. 또 알코올은 잠재적인 간독소이므로 타이레놀Tyrenol로 알려진 아세트아미노펜acetaminophen이나 메토트렉사트와 같은 간독성의 위험이 있는 약물과 함께 섭취하지 말아야 한다. 알코올은 특히 빈속에 마실 경우 당신생을 억제하므로 인슐린이나 경구혈당강하제에 의한 저혈당증상이 심화될 수 있다.

3. 질환별 약물과 바른 식사관리

1) 감염성 질환

감염성 질환의 치료약으로는 항생제, 항진균제, 결핵 치료제 등이 있다. 항생제와 항진균제는 각각 세균과 곰팡이에 의한 감염을 치료하는 데 사용된다.

2) 심혈관계 질환

심혈관계 질환의 치료제로는 고혈압, 협심증, 이상지질혈증 치료제와 항응고제 등이 있다. 고혈압 치료제인 베타차단제는 심장과 혈관에 대한 신경의 전기적 자극을 감소시켜 심장박동 수와 심장에 대한 부담을 덜어준다. 이뇨제는 체내의 물, 나트륨, 염소의 배설을 촉진하여 순환되는 체액의 양을 줄임으로써 혈압을 낮추는 약물이다. 안지오텐신전환효소저해제는 안지오텐신 I이 안지오텐신 II로 전환되는 것을 억제하여 혈관을 이완시킨다. 알파차단제는 혈압을 상승시키는 카테콜라민의 작용을 억제하여 혈압을 낮추며,

표 17-3 감염성 질환의 대표 약물과 복용 시의 식사관리

분류		대표 약물	바른 식사관리
항생제	페니실린계	• 페니실린 V(penicillin V) • 아목시실린(amoxicillin) • 암피실린(ampicillin)	• 공복상태가 좋다. 그러나 위장장애가 나타날 경우 음식과 함께 복용한다.
	세팔로스포린계	• 세파클로르(cefaclor) • 세파드록실(cefadroxil) • 세픽심(cefixime) • 세퍼로질(cefrozil)	
	마크롤라이드계	• 에리스로마이신(erythromycin) • 클래리스로마이신(clarithromycin)	
	설폰아마이드계	• 설파메톡사졸(sulfamethoxazole)+트리메토프림(trimethoprim)	
	퀴놀론계	• 시프로플록사신(ciprofloxacin) • 레보플록사신(levofloxacin) • 오플록사신(ofloxacin)	• 공복상태가 좋다. 그러나 위장장애가 나타날 경우 음식과 함께 복용한다. • 유제품, 제산제, 철 함유 식품은 약물복용 후 2시간 이후에 섭취한다. • 카페인 함유 식품을 함께 복용하지 않는다.
	테트라사이클린계	• 테트라사이클린(tetracycline) • 독시사이클린(doxycycline) • 미노사이클린(minocycline)	• 공복상태가 좋다. 그러나 위장장애가 나타날 경우 음식과 함께 복용한다. • 유제품, 제산제, 철 함유 식품은 약물 복용 후 2시간 이후에 섭취한다.
	니트로이미다졸계	• 메트로니다졸(metronidazole)	• 복용 시 및 복용 후 최소 3일간 금주한다.
항진균제	-	• 플루코나졸(fluconazole) • 그리세오풀빈(griseofulvin) • 케토코나졸(ketoconazole) • 이트라코나졸(itraconazole)	• 유제품, 제산제는 약물 복용 후 2시간 이후에 섭취한다. • 그리세오풀빈, 이트라코나졸은 지용성 약물이므로 식사 직후에 복용한다. • 케토코나졸은 복용 시 및 복용 후 최소 3일간 금주한다.
결핵 치료제	-	• 이소니아지드(isoniazid : INH)	• 티라민 및 히스타민 함유 식품의 섭취에 주의한다.

*티라민 다량 함유 식품 : 치즈, 요구르트, 청어, 소나 닭의 간, 소시지, 말린 생선, 초콜릿, 바나나, 효모 추출물, 장류, 막걸리, 맥주 등

출처 : 식품의약품안전처. 약과 음식 어떻게 먹어야 하나요? 2007.

칼슘채널차단제는 심장 세포막의 칼슘채널을 통한 칼슘 유입을 억제함으로써 혈관을 확장시켜 혈압을 낮춘다.

협심증 치료제인 질산염은 혈관을 이완시켜 심장의 산소요구량을 줄이는 약물이며, 일명 '스타틴 계열'로 알려진 이상지질혈증 치료제인 HMG-CoA 환원효소저해제는 LDL-콜레스테롤의 합성속도를 늦추는 작용을 한다. 항응고제는 혈액에서 혈전 생성을 예방하며 와파린이 대표적인 약물이다.

표 17-4 심혈관계 질환의 대표 약물과 복용 시의 식사관리

<table>
<tr><th colspan="3">분류</th><th>대표 약물</th><th>바른 식사관리</th></tr>
<tr><td rowspan="8">고혈압 치료제</td><td colspan="2">베타차단제</td><td>• 아테놀올(atenolol)
• 메토프롤롤(metoprolol)
• 프로프라놀롤(propranolol)
• 나도롤(nadolol)</td><td>• 공복 시 복용한다.
• 프로프라놀롤 복용 시 음주를 피한다.</td></tr>
<tr><td colspan="2">질산염</td><td>• 이소소르비드(isosorbide dinitrate)
• 니트로글리세린(nitroglycerine)</td><td>• 알코올 섭취를 피한다.</td></tr>
<tr><td rowspan="3">이뇨제</td><td>치아지드계 이뇨제</td><td>• 히드로클로로티아지드(hydrochlorothiazide)</td><td rowspan="3">• 치아지드계 및 고리이뇨제 복용 시 과일과 채소를 많이 섭취한다.
• 치아지드계 및 고리이뇨제와 알로에를 같이 복용할 시 주의한다.
• 치아지드계 이뇨제는 MSG 섭취에 주의한다.
• 푸로세미드는 음식과 함께 복용한다.
• 칼륨보존이뇨제는 칼륨이 풍부한 식품이나 식염 대용품 섭취에 주의한다.</td></tr>
<tr><td>고리이뇨제</td><td>• 푸로세미드(furosemide)
• 부메타니드(bumetanide)</td></tr>
<tr><td>칼륨보존 이뇨제</td><td>• 스피노로락톤(spinorolactone)
• 트리암테렌(triamterene)</td></tr>
<tr><td colspan="2">안지오텐신전환 효소저해제</td><td>• 캅토프릴(captopril)
• 에날라프릴(enalapril)
• 리시노프릴(lisinopril)
• 퀴나프릴(quinapril)
• 모엑시프릴(moexipril)</td><td>• 칼륨이 풍부한 식품의 섭취에 주의한다.
• 캅토프릴, 모엑시프릴은 공복 시 복용한다.</td></tr>
<tr><td colspan="2">알파차단제</td><td>• 프라조신(prazosin)
• 독사조신(doxazosin)</td><td>• 갑작스러운 혈압의 저하를 막기 위해 음식, 음료수와 함께 복용한다.</td></tr>
<tr><td colspan="2">칼슘채널차단제</td><td>• 암로디핀(amlodipine)
• 니페디핀(nifedipine)
• 니카르디핀(nicardipine)</td><td>• 자몽이나 자몽주스와 함께 복용하지 않으며, 최소한 2시간 이후에 마신다.
• 니카르디핀은 공복 시 복용한다.</td></tr>
<tr><td>협심증 치료제</td><td colspan="2">질산염</td><td>• 이소소르비드(isosorbide dinitrate)
• 니트로글리세린(nitroglycerin)</td><td>• 알코올과 함께 복용하지 않는다.</td></tr>
</table>

(계속)

분류		대표 약물	바른 식사관리
이상지질혈증 치료제	HMG-CoA 환원효소저해제	• 심바스타틴(simvastatin) • 로바스타틴(lovastatin) • 아토르바스타틴(atorvastatin)	• 자몽이나 자몽주스와 함께 복용하지 않으며, 최소한 2시간 이후에 마신다. • 로바스타틴은 밤에 음식과 함께 복용한다. • 간 손상의 위험이 있으므로 과도한 음주를 피한다.
항응고제	-	• 와파린(warfarin)	• 비타민 K가 풍부한 식품을 한 번에 많이 먹지 않는다. • 비타민 E 보충제 섭취 시 의사와 상담한다. • 인삼, 녹차 섭취 시 약효가 감소한다. • 당귀, 백지, 감초, 정향, 양파, 마늘, 생강, 은행잎제제, 동규자 등 병용 시 출혈의 위험이 증가한다.

*칼륨이 풍부한 식품 : 바나나, 오렌지, 푸른 잎채소 및 식염 대용품(KCl) 등
*비타민 K가 풍부한 식품 : 간, 녹차, 콩류, 청국장, 녹색 채소, 양배추, 아스파라거스, 케일 등
출처 : 식품의약품안전처. 약과 음식 어떻게 먹어야 하나요? 2007.

3) 위장장애

위장장애로는 위산 역류, 속 쓰림, 소화장애, 복부에 가스가 차는 증상 등이 흔하다. 이를 치료하기 위해 체내에 생성되는 위산을 감소시키거나 위산으로부터 위를 보호하여 염증과 통증을 완화하는 약물을 처방한다. 히스타민은 위산을 분비하도록 신호를 전달하는 물질이므로 히스타민억제제는 위산의 분비를 줄여준다. 제산제는 위산을 중화하고 위산에 의한 복통을 완화하기 위해 사용한다.

표 17-5 위장장애의 대표 약물과 복용 시의 식사관리

분류	대표 약물	바른 식사관리
히스타민억제제 (H_2-수용체 길항제)	• 시메티딘(cimetidine) • 라니티딘(ranitidine) • 파모티딘(famotidine) • 니자티딘(nizatidine)	• 카페인 함유 식품과 함께 복용하지 않는다. • 음주를 피한다.
제산제	• 알루미늄을 포함하는 약물 (수산화 알루미늄겔alumin(i)um hydroxide gel)	• 오렌지주스는 알루미늄 성분을 체내로 흡수시킬 수 있으므로 함께 복용하지 않는다. • 과일주스, 콜라 등과 함께 복용하면 위의 산도를 높여 약효가 감소한다.

출처 : 식품의약품안전처. 약과 음식 어떻게 먹어야 하나요? 2007.

4) 감정장애

우울증, 공황장애, 불안장애는 감정장애의 일종으로, 심각성의 정도에 따라 다양한 약물이 처방된다. 모노아민산화효소억제제MAO inhibitors는 세로토닌 같은 모노아민 신경전달물질의 활성을 증가시키는 약물이며, 세로토닌재흡수억제제는 세로토닌이 신경 말단으로 재흡수되는 것을 차단한다. 항불안제는 과도한 흥분, 공포감 등의 증상을 없애고 진정효과를 나타낸다.

표 17-6 감정장애의 대표 약물과 복용 시의 식사관리

분류		대표 약물	바른 식사관리
우울증 치료제	모노아민 산화효소억제제	• 모클로베미드(moclobemide) • 페넬진(phenelzine) • 트라닐시프로민(tranylcypromine)	• 티라민 다량 함유 식품의 섭취에 주의한다. • 알코올을 섭취하면 과도한 혈압 증가의 위험이 있으므로 음주를 피한다.
	세로토닌 재흡수억제제	• 플루옥세틴(fluoxetine) • 파록세틴(paroxetine) • 설트랄린(sertraline)	• 알코올을 섭취하면 과도하게 중추신경계를 억제하므로 음주를 피한다.
항불안제	-	• 디아제팜(diazepam) • 알프라졸람(alprazolam) • 로라제팜(lorazepam)	• 디아제팜, 알프라졸람 등은 자몽주스와 함께 복용하면 약효와 독성이 증가한다. • 카페인은 항불안 작용을 감소시킨다. • 알코올은 약효의 과도한 증가 위험이 있다.

출처 : 식품의약품안전처. 약과 음식 어떻게 먹어야 하나요? 2007.

5) 관절염과 통증

관절염을 비롯한 통증에 사용할 수 있는 약물은 의사의 처방 없이 구입할 수 있는 복합진통제부터 처방이 필요한 마약성 진통제까지 다양하다. 해열진통제는 가벼운 통증부터 중간 정도의 통증을 완화하여 열을 내리는 데 사용되며, 비스테로이드성 소염진통제는 통증과 함께 염증을 가라앉히고 열을 내린다.

부신피질호르몬제는 염증을 완화하는 약물로서 알레르기, 류머티즘 등의 증상을 완화한다. 마약성 진통제는 심한 통증에 사용되며, 중독이나 심각한 부작용을 야기할 수 있다.

표 17-7 관절염과 통증의 대표 약물과 복용 시의 식사관리

분류	대표 약물	바른 식사관리
해열진통제	• 아세트아미노펜(acetaminophen)	• 공복 시 복용한다. • 음주를 피한다. • 만성적 알코올 섭취는 간의 손상과 위장관 출혈의 위험이 있다.
비스테로이드성 소염진통제	• 아스피린(aspirin) • 이부프로펜(ibuprofen) • 케토프로펜(ketoprofen) • 피록시캄(piroxicam) • 나프록센(naproxen) • 술린닥(sulindac) • 아세클로페낙(aceclofenac)	• 음식이나 우유와 함께 복용한다. • 카페인이 함유된 복합진통제는 카페인 음료의 과잉섭취에 주의한다. • 음주를 피한다. • 만성적 알코올 섭취는 간의 손상과 위장관 출혈의 위험이 있다.
부신피질호르몬제 (코르티코스테로이드제)	• 프레드니솔론(prednisolone) • 코르티손 아세테이트(cortisone acetate) • 트리암시놀론(triamcinolone) • 덱사메타손(dexamethasone) • 메틸프레드니솔론(methylprednisolone)	• 음식이나 우유와 함께 복용한다.
마약성 진통제	• 코데인(codeine) • 옥시코돈(oxycodone) • 모르핀(morphine) • 히드로코돈(hydrocodone)	• 알코올은 진정효과를 높이므로 함께 복용하지 않는다.

출처 : 식품의약품안전처. 약과 음식 어떻게 먹어야 하나요? 2007.

6) 알레르기

항히스타민제는 감기와 다양한 알레르기증상을 완화하고 예방하기 위한 약물로서 졸음이나 현기증의 정도에 따라 1세대와 2세대로 분류하며, 2세대 약물은 1세대에 비해 이러한 부작용이 감소되었다.

표 17-8 알레르기의 대표 약물과 복용 시의 식사관리

분류		대표 약물	바른 식사관리
항히스타민제	1세대	• 클로르페니라민(chlorpheniramine) • 디펜히드라민(diphenhydramine) • 브롬페니라민(brompheniramine) • 트리프롤리딘(triprolidine)	• 공복 시 복용한다. • 알코올과 함께 복용 시 졸음과 중추신경 억제효과가 있다.
	2세대	• 세티리진(cetirizine) • 펙소페나딘(fexofenadine) • 아젤라스틴(azelastine) • 로라타딘(loratadine)	

출처 : 식품의약품안전처. 약과 음식 어떻게 먹어야 하나요? 2007.

7) 기타 질환

변비 치료제는 대장에서 약효가 나타나야 하므로 위장에서 녹지 않도록 코팅이 되어 있는 경우가 많아 위장에서 녹지 않도록 주의해야 한다. 기관지 확장제는 기관지천식, 만성기관지염, 폐기종의 치료에 사용되는 약물로, 기도를 열어줌으로써 호흡곤란, 천명 등과 같은 증상을 진정시킨다. 통풍 치료제는 요산 생성을 방해하거나 요산 배출을 증가시키는 약물이다.

표 17-9 기타 질환의 대표 약물과 복용 시의 식사관리

질환	분류	대표 약물	바른 식사관리
변비	변비 치료제	• 비사코딜(bisacodyl)	• 유제품 섭취 1시간 후에 복용한다. • 우유는 위산을 중화시켜 약의 보호막을 손상시키기 때문에 약물이 위장에서 녹게 하여 약효가 떨어지거나 위장장애의 부작용을 낳을 우려가 있다.
천식	기관지 확장제	• 테오필린(theophylline) • 클렌부테롤(clenbuterol) • 밤부테롤(bambuterol) • 에피네프린(epinephrine)	• 테오필린의 경우 고지방식은 흡수량을 증가시켜 약효가 높아지고 고탄수화물식은 흡수량을 감소시켜 약효가 떨어진다. • 테오필린과 카페인 모두 중추신경계를 자극하므로 카페인을 함유한 음식을 주의한다. • 테오필린과 알코올은 동시에 복용하지 않는다.
통풍	소염제 및 요산배설 촉진제	• 콜히친(colchicine) • 비스테로이드성 소염진통제(NSAIDs) • 알로퓨리놀(allopurinol) • 프로베네시드(probenecid) • 설핀피리존(sulfinpyrazone)	• 푸린이 많이 함유된 음식을 피한다. • 물을 많이 마신다. • 알코올은 요산 배설을 억제하므로 피한다. • 맥주, 효모가 많은 막걸리를 피한다.

출처 : 식품의약품안전처. 약과 음식 어떻게 먹어야 하나요? 2007.

부록

1. 2020 한국인 영양소 섭취기준
2. 한국 소아청소년 표준성장도표(2017)

부록 1. 2020 한국인 영양소 섭취기준

출처 : 보건복지부 · 한국영양학회, 2020 한국인 영양소 섭취기준, 2020.

에너지와 다량영양소

성별	연령	에너지(kcal/일)				탄수화물(g/일)				식이섬유(g/일)				지방(g/일)			
		필요추정량	권장섭취량	충분섭취량	상한섭취량	평균필요량	권장섭취량	충분섭취량	상한섭취량	평균필요량	권장섭취량	충분섭취량	상한섭취량	평균필요량	권장섭취량	충분섭취량	상한섭취량
영아	0~5(개월)	500						60								25	
	6~11	600						90								25	
유아	1~2(세)	900				100	130					15					
	3~5	1,400				100	130					20					
남자	6~8(세)	1,700				100	130					25					
	9~11	2,000				100	130					25					
	12~14	2,500				100	130					30					
	15~18	2,700				100	130					30					
	19~29	2,600				100	130					30					
	30~49	2,500				100	130					30					
	50~64	2,200				100	130					30					
	65~74	2,000				100	130					25					
	75 이상	1,900				100	130					25					
여자	6~8(세)	1,500				100	130					20					
	9~11	1,800				100	130					25					
	12~14	2,000				100	130					25					
	15~18	2,000				100	130					25					
	19~29	2,000				100	130					20					
	30~49	1,900				100	130					20					
	50~64	1,700				100	130					20					
	65~74	1,600				100	130					20					
	75 이상	1,500				100	130					20					
임신부[1]		+0 +340 +450				+35	+45					+5					
수유부		+340				+60	+80					+5					

성별	연령	리놀레산(g/일)				알파-리놀렌산(g/일)				EPA+DHA(mg/일)				단백질(g/일)			
		평균필요량	권장섭취량	충분섭취량	상한섭취량	평균필요량	권장섭취량	충분섭취량	상한섭취량	평균필요량	권장섭취량	충분섭취량	상한섭취량	평균필요량	권장섭취량	충분섭취량	상한섭취량
영아	0~5(개월)			5.0				0.6				200[2]				10	
	6~11			7.0				0.8				300[2]		12	15		
유아	1~2(세)			4.5				0.6						15	20		
	3~5			7.0				0.9						20	25		
남자	6~8(세)			9.0				1.1				200		30	35		
	9~11			9.5				1.3				220		40	50		
	12~14			12.0				1.5				230		50	60		
	15~18			14.0				1.7				230		55	65		
	19~29			13.0				1.6				210		50	65		
	30~49			11.5				1.4				400		50	65		
	50~64			9.0				1.4				500		50	60		
	65~74			7.0				1.2				310		50	60		
	75 이상			5.0				0.9				280		50	60		
여자	6~8(세)			7.0				0.8				200		30	35		
	9~11			9.0				1.1				150		40	45		
	12~14			9.0				1.2				210		45	55		
	15~18			10.0				1.1				100		45	55		
	19~29			10.0				1.2				150		45	55		
	30~49			8.5				1.2				260		40	50		
	50~64			7.0				1.2				240		40	50		
	65~74			4.5				1.0				150		40	50		
	75 이상			3.0				0.4				140		40	50		
임신부[3]				+0				+0				+0		+12 +25	+15 +30		
수유부				+0				+0				+0		+20	+25		

[1] 1, 2, 3분기별 부가량 [2] DHA [3] 단백질: 임신부 - 2, 3분기별 부가량

성별	연령	메티오닌+시스테인(g/일)				류신(g/일)				이소류신(g/일)				발린(g/일)				라이신(g/일)			
		평균필요량	권장섭취량	충분섭취량	상한섭취량	평균필요량	권장섭취량	충분섭취량	상한섭취량	평균필요량	권장섭취량	충분섭취량	상한섭취량	평균필요량	권장섭취량	충분섭취량	상한섭취량	평균필요량	권장섭취량	충분섭취량	상한섭취량
영아	0~5(개월)			0.4				1.0				0.6				0.6				0.7	
	6~11	0.3	0.4			0.6	0.8			0.3	0.4			0.3	0.5			0.6	0.8		
유아	1~2(세)	0.3	0.4			0.6	0.8			0.3	0.4			0.4	0.5			0.6	0.7		
	3~5	0.3	0.4			0.7	1.0			0.3	0.4			0.4	0.5			0.6	0.8		
남자	6~8(세)	0.5	0.6			1.1	1.3			0.5	0.6			0.6	0.7			1.0	1.2		
	9~11	0.7	0.8			1.5	1.9			0.7	0.8			0.9	1.1			1.4	1.8		
	12~14	1.0	1.2			2.2	2.7			1.0	1.2			1.2	1.6			2.1	2.5		
	15~18	1.2	1.4			2.6	3.2			1.2	1.4			1.5	1.8			2.3	2.9		
	19~29	1.0	1.4			2.4	3.1			1.0	1.4			1.4	1.7			2.5	3.1		
	30~49	1.1	1.4			2.4	3.1			1.1	1.4			1.4	1.7			2.4	3.1		
	50~64	1.1	1.3			2.3	2.8			1.1	1.3			1.3	1.6			2.3	2.9		
	65~74	1.0	1.3			2.2	2.8			1.0	1.3			1.3	1.6			2.2	2.9		
	75 이상	0.9	1.1			2.1	2.7			0.9	1.1			1.1	1.5			2.2	2.7		
여자	6~8(세)	0.5	0.6			1.0	1.3			0.5	0.6			0.6	0.7			0.9	1.3		
	9~11	0.6	0.7			1.5	1.8			0.6	0.7			0.9	1.1			1.3	1.6		
	12~14	0.8	1.0			1.9	2.4			0.8	1.0			1.2	1.4			1.8	2.2		
	15~18	0.8	1.1			2.0	2.4			0.8	1.1			1.2	1.4			1.8	2.2		
	19~29	0.8	1.0			2.0	2.5			0.8	1.1			1.1	1.3			2.1	2.6		
	30~49	0.8	1.0			1.9	2.4			0.8	1.0			1.0	1.4			2.0	2.5		
	50~64	0.8	1.1			1.9	2.3			0.8	1.1			1.1	1.3			1.9	2.4		
	65~74	0.7	0.9			1.8	2.2			0.7	0.9			0.9	1.3			1.8	2.3		
	75 이상	0.7	0.9			1.7	2.1			0.7	0.9			0.9	1.1			1.7	2.1		
임신부		1.1	1.4			2.5	3.1			1.1	1.4			1.4	1.7			2.3	2.9		
수유부		1.1	1.5			2.8	3.5			1.3	1.7			1.6	1.9			2.5	3.1		

성별	연령	페닐알라닌+티로신(g/일)				트레오닌(g/일)				트립토판(g/일)				히스티딘(g/일)				수분(mL/일)					
		평균필요량	권장섭취량	충분섭취량	상한섭취량	평균필요량	권장섭취량	충분섭취량	상한섭취량	평균필요량	권장섭취량	충분섭취량	상한섭취량	평균필요량	권장섭취량	충분섭취량	상한섭취량	음식	물	음료	충분섭취량 액체	충분섭취량 총수분	상한섭취량
영아	0~5(개월)			0.9				0.5				0.2				0.1					700	700	
	6~11	0.5	0.7			0.3	0.4			0.1	0.1			0.2	0.3			300			500	800	
유아	1~2(세)	0.5	0.7			0.3	0.4			0.1	0.1			0.2	0.3			300	362	0	700	1,000	
	3~5	0.6	0.7			0.3	0.4			0.1	0.1			0.2	0.3			400	491	0	1,100	1,500	
남자	6~8(세)	0.9	1.0			0.5	0.6			0.1	0.2			0.3	0.4			900	589	0	800	1,700	
	9~11	1.3	1.6			0.7	0.9			0.2	0.2			0.5	0.6			1,100	686	1.2	900	2,000	
	12~14	1.8	2.3			1.0	1.3			0.3	0.3			0.7	0.9			1,300	911	1.9	1,100	2,400	
	15~18	2.1	2.6			1.2	1.5			0.3	0.4			0.9	1.0			1,400	920	6.4	1,200	2,600	
	19~29	2.8	3.6			1.1	1.5			0.3	0.3			0.8	1.0			1,400	981	262	1,200	2,600	
	30~49	2.9	3.5			1.2	1.5			0.3	0.3			0.7	1.0			1,300	957	289	1,200	2,500	
	50~64	2.7	3.4			1.1	1.4			0.3	0.3			0.7	0.9			1,200	940	75	1,000	2,200	
	65~74	2.5	3.3			1.1	1.3			0.2	0.3			0.7	1.0			1,100	904	20	1,000	2,100	
	75 이상	2.5	3.1			1.0	1.3			0.2	0.3			0.7	0.8			1,000	662	12	1,100	2,100	
여자	6~8(세)	0.8	1.0			0.5	0.6			0.1	0.2			0.3	0.4			800	514	0	800	1,600	
	9~11	1.2	1.5			0.6	0.9			0.2	0.2			0.4	0.5			1,000	643	0	900	1,900	
	12~14	1.6	1.9			0.9	1.2			0.2	0.3			0.6	0.7			1,100	610	0	900	2,000	
	15~18	1.6	2.0			0.9	1.2			0.2	0.3			0.6	0.7			1,100	659	7.3	900	2,000	
	19~29	2.3	2.9			0.9	1.1			0.2	0.3			0.6	0.8			1,100	709	126	1,000	2,100	
	30~49	2.3	2.8			0.9	1.2			0.2	0.3			0.6	0.8			1,000	772	124	1,000	2,000	
	50~64	2.2	2.7			0.8	1.1			0.2	0.3			0.6	0.7			900	784	27	1,000	1,900	
	65~74	2.1	2.6			0.8	1.0			0.2	0.2			0.5	0.7			900	624	9	900	1,800	
	75 이상	2.0	2.4			0.7	0.9			0.2	0.2			0.5	0.7			800	552	5	1,000	1,800	
임신부		3.0	3.8			1.2	1.5			0.3	0.4			0.8	1.0							+200	
수유부		3.7	4.7			1.3	1.7			0.4	0.5			0.8	1.1						+500	+700	

아미노산: 임신부, 수유부 - 부가량 아닌 절대필요량임.

지용성 비타민

성별	연령	비타민 A(μg RAE/일) 평균필요량	권장섭취량	충분섭취량	상한섭취량	비타민 D(μg/일) 평균필요량	권장섭취량	충분섭취량	상한섭취량
영아	0~5(개월)			350	600			5	25
	6~11			450	600			5	25
유아	1~2(세)	190	250		600			5	30
	3~5	230	300		750			5	35
남자	6~8(세)	310	450		1,100			5	40
	9~11	410	600		1,600			5	60
	12~14	530	750		2,300			10	100
	15~18	620	850		2,800			10	100
	19~29	570	800		3,000			10	100
	30~49	560	800		3,000			10	100
	50~64	530	750		3,000			10	100
	65~74	510	700		3,000			15	100
	75 이상	500	700		3,000			15	100
여자	6~8(세)	290	400		1,100			5	40
	9~11	390	550		1,600			5	60
	12~14	480	650		2,300			10	100
	15~18	450	650		2,800			10	100
	19~29	460	650		3,000			10	100
	30~49	450	650		3,000			10	100
	50~64	430	600		3,000			10	100
	65~74	410	600		3,000			15	100
	75 이상	410	600		3,000			15	100
임신부		+50	+70		3,000			+0	100
수유부		+350	+490		3,000			+0	100

성별	연령	비타민 E(mg α-TE/일) 평균필요량	권장섭취량	충분섭취량	상한섭취량	비타민 K(μg/일) 평균필요량	권장섭취량	충분섭취량	상한섭취량
영아	0~5(개월)			3				4	
	6~11			4				6	
유아	1~2(세)			5	100			25	
	3~5			6	150			30	
남자	6~8(세)			7	200			40	
	9~11			9	300			55	
	12~14			11	400			70	
	15~18			12	500			80	
	19~29			12	540			75	
	30~49			12	540			75	
	50~64			12	540			75	
	65~74			12	540			75	
	75 이상			12	540			75	
여자	6~8(세)			7	200			40	
	9~11			9	300			55	
	12~14			11	400			65	
	15~18			12	500			65	
	19~29			12	540			65	
	30~49			12	540			65	
	50~64			12	540			65	
	65~74			12	540			65	
	75 이상			12	540			65	
임신부				+0	540			+0	
수유부				+3	540			+0	

수용성 비타민

성별	연령	비타민 C(mg/일)				티아민(mg/일)				리보플라빈(mg/일)				니아신(mg NE/일)[1]			
		평균필요량	권장섭취량	충분섭취량	상한섭취량	평균필요량	권장섭취량	충분섭취량	상한섭취량	평균필요량	권장섭취량	충분섭취량	상한섭취량	평균필요량	권장섭취량	충분섭취량	상한섭취량 니코틴산/니코틴아미드
영아	0~5(개월)			40				0.2				0.3				2	
	6~11			55				0.3				0.4				3	
유아	1~2(세)	30	40		340	0.4	0.4			0.4	0.5			4	6		10/180
	3~5	35	45		510	0.4	0.5			0.5	0.6			5	7		10/250
남자	6~8(세)	40	50		750	0.5	0.7			0.7	0.9			7	9		15/350
	9~11	55	70		1,100	0.7	0.9			0.9	1.1			9	11		20/500
	12~14	70	90		1,400	0.9	1.1			1.2	1.5			11	15		25/700
	15~18	80	100		1,600	1.1	1.3			1.4	1.7			13	17		30/800
	19~29	75	100		2,000	1.0	1.2			1.3	1.5			12	16		35/1000
	30~49	75	100		2,000	1.0	1.2			1.3	1.5			12	16		35/1000
	50~64	75	100		2,000	1.0	1.2			1.3	1.5			12	16		35/1000
	65~74	75	100		2,000	0.9	1.1			1.2	1.4			11	14		35/1000
	75 이상	75	100		2,000	0.9	1.1			1.1	1.3			10	13		35/1000
여자	6~8(세)	40	50		750	0.6	0.7			0.6	0.8			7	9		15/350
	9~11	55	70		1,100	0.8	0.9			0.8	1.0			9	12		20/500
	12~14	70	90		1,400	0.9	1.1			1.0	1.2			11	15		25/700
	15~18	80	100		1,600	0.9	1.1			1.0	1.2			11	14		30/800
	19~29	75	100		2,000	0.9	1.1			1.0	1.2			11	14		35/1000
	30~49	75	100		2,000	0.9	1.1			1.0	1.2			11	14		35/1000
	50~64	75	100		2,000	0.9	1.1			1.0	1.2			11	14		35/1000
	65~74	75	100		2,000	0.8	1.0			0.9	1.1			10	13		35/1000
	75 이상	75	100		2,000	0.7	0.8			0.8	1.0			9	12		35/1000
임신부		+10	+10		2,000	+0.4	+0.4			+0.3	+0.4			+3	+4		35/1000
수유부		+35	+40		2,000	+0.3	+0.4			+0.4	+0.5			+2	+3		35/1000

성별	연령	비타민 B_6(mg/일)				엽산(μg DFE/일)[2]				비타민 B_{12}(μg/일)				판토텐산(mg/일)				비오틴(μg/일)			
		평균필요량	권장섭취량	충분섭취량	상한섭취량	평균필요량	권장섭취량	충분섭취량	상한섭취량[3]	평균필요량	권장섭취량	충분섭취량	상한섭취량	평균필요량	권장섭취량	충분섭취량	상한섭취량	평균필요량	권장섭취량	충분섭취량	상한섭취량
영아	0~5(개월)			0.1				65				0.3				1.7				5	
	6~11			0.3				90				0.5				1.9				7	
유아	1~2(세)	0.5	0.6		20	120	150		300	0.8	0.9					2				9	
	3~5	0.6	0.7		30	150	180		400	0.9	1.1					2				12	
남자	6~8(세)	0.7	0.9		45	180	220		500	1.1	1.3					3				15	
	9~11	0.9	1.1		60	250	300		600	1.5	1.7					4				20	
	12~14	1.3	1.5		80	300	360		800	1.9	2.3					5				25	
	15~18	1.3	1.5		95	330	400		900	2.0	2.4					5				30	
	19~29	1.3	1.5		100	320	400		1,000	2.0	2.4					5				30	
	30~49	1.3	1.5		100	320	400		1,000	2.0	2.4					5				30	
	50~64	1.3	1.5		100	320	400		1,000	2.0	2.4					5				30	
	65~74	1.3	1.5		100	320	400		1,000	2.0	2.4					5				30	
	75 이상	1.3	1.5		100	320	400		1,000	2.0	2.4					5				30	
여자	6~8(세)	0.7	0.9		45	180	220		500	1.1	1.3					3				15	
	9~11	0.9	1.1		60	250	300		600	1.5	1.7					4				20	
	12~14	1.2	1.4		80	300	360		800	1.9	2.3					5				25	
	15~18	1.2	1.4		95	330	400		900	2.0	2.4					5				30	
	19~29	1.2	1.4		100	320	400		1,000	2.0	2.4					5				30	
	30~49	1.2	1.4		100	320	400		1,000	2.0	2.4					5				30	
	50~64	1.2	1.4		100	320	400		1,000	2.0	2.4					5				30	
	65~74	1.2	1.4		100	320	400		1,000	2.0	2.4					5				30	
	75 이상	1.2	1.4		100	320	400		1,000	2.0	2.4					5				30	
임신부		+0.7	+0.8		100	+200	+220		1,000	+0.2	+0.2					+1.0				+0	
수유부		+0.7	+0.8		100	+130	+150		1,000	+0.3	+0.4					+2.0				+5	

[1] 1 mg NE(니아신 당량) = 1 mg 니아신 = 60 mg 트립토판

[2] Dietary Folate Equivalents, 가임기 여성의 경우 400 μg/일의 엽산보충제 섭취를 권장함.

[3] 엽산의 상한섭취량은 보충제 또는 강화식품의 형태로 섭취한 μg/일에 해당됨.

다량 무기질

성별	연령	칼슘(mg/일) 평균필요량	칼슘 권장섭취량	칼슘 충분섭취량	칼슘 상한섭취량	인(mg/일) 평균필요량	인 권장섭취량	인 충분섭취량	인 상한섭취량	나트륨(mg/일) 평균필요량	나트륨 권장섭취량	나트륨 충분섭취량	나트륨 만성질환위험감소섭취량
영아	0~5(개월)			250	1,000			100				110	
	6~11			300	1,500			300				370	
유아	1~2(세)	400	500		2,500	380	450		3,000			810	1,200
	3~5	500	600		2,500	480	550		3,000			1,000	1,600
남자	6~8(세)	600	700		2,500	500	600		3,000			1,200	1,900
	9~11	650	800		3,000	1,000	1,200		3,500			1,500	2,300
	12~14	800	1,000		3,000	1,000	1,200		3,500			1,500	2,300
	15~18	750	900		3,000	1,000	1,200		3,500			1,500	2,300
	19~29	650	800		2,500	580	700		3,500			1,500	2,300
	30~49	650	800		2,500	580	700		3,500			1,500	2,300
	50~64	600	750		2,000	580	700		3,500			1,500	2,300
	65~74	600	700		2,000	580	700		3,500			1,300	2,100
	75 이상	600	700		2,000	580	700		3,000			1,100	1,700
여자	6~8(세)	600	700		2,500	480	550		3,000			1,200	1,900
	9~11	650	800		3,000	1,000	1,200		3,500			1,500	2,300
	12~14	750	900		3,000	1,000	1,200		3,500			1,500	2,300
	15~18	700	800		3,000	1,000	1,200		3,500			1,500	2,300
	19~29	550	700		2,500	580	700		3,500			1,500	2,300
	30~49	550	700		2,500	580	700		3,500			1,500	2,300
	50~64	600	800		2,000	580	700		3,500			1,500	2,300
	65~74	600	800		2,000	580	700		3,500			1,300	2,100
	75 이상	600	800		2,000	580	700		3,000			1,100	1,700
임신부		+0	+0		2,500	+0	+0		3,000			1,500	2,300
수유부		+0	+0		2,500	+0	+0		3,500			1,500	2,300

성별	연령	염소(mg/일) 평균필요량	염소 권장섭취량	염소 충분섭취량	염소 상한섭취량	칼륨(mg/일) 평균필요량	칼륨 권장섭취량	칼륨 충분섭취량	칼륨 상한섭취량	마그네슘(mg/일) 평균필요량	마그네슘 권장섭취량	마그네슘 충분섭취량	마그네슘 상한섭취량[1]
영아	0~5(개월)			170				400				25	
	6~11			560				700				55	
유아	1~2(세)			1,200				1,900		60	70		60
	3~5			1,600				2,400		90	110		90
남자	6~8(세)			1,900				2,900		130	150		130
	9~11			2,300				3,400		190	220		190
	12~14			2,300				3,500		260	320		270
	15~18			2,300				3,500		340	410		350
	19~29			2,300				3,500		300	360		350
	30~49			2,300				3,500		310	370		350
	50~64			2,300				3,500		310	370		350
	65~74			2,100				3,500		310	370		350
	75 이상			1,700				3,500		310	370		350
여자	6~8(세)			1,900				2,900		130	150		130
	9~11			2,300				3,400		180	220		190
	12~14			2,300				3,500		240	290		270
	15~18			2,300				3,500		290	340		350
	19~29			2,300				3,500		230	280		350
	30~49			2,300				3,500		240	280		350
	50~64			2,300				3,500		240	280		350
	65~74			2,100				3,500		240	280		350
	75 이상			1,700				3,500		240	280		350
임신부				2,300				+0		+30	+40		350
수유부				2,300				+400		+0	+0		350

[1] 식품외 급원의 마그네슘에만 해당

미량 무기질

성별	연령	철(mg/일)				아연(mg/일)				구리(μg/일)				불소(mg/일)			
		평균 필요량	권장 섭취량	충분 섭취량	상한 섭취량	평균 필요량	권장 섭취량	충분 섭취량	상한 섭취량	평균 필요량	권장 섭취량	충분 섭취량	상한 섭취량	평균 필요량	권장 섭취량	충분 섭취량	상한 섭취량
영아	0~5(개월)			0.3	40			2				240				0.01	0.6
	6~11	4	6		40	2	3					330				0.4	0.8
유아	1~2(세)	4.5	6		40	2	3		6	220	290		1,700			0.6	1.2
	3~5	5	7		40	3	4		9	270	350		2,600			0.9	1.8
남자	6~8(세)	7	9		40	5	5		13	360	470		3,700			1.3	2.6
	9~11	8	11		40	7	8		19	470	600		5,500			1.9	10.0
	12~14	11	14		40	7	8		27	600	800		7,500			2.6	10.0
	15~18	11	14		45	8	10		33	700	900		9,500			3.2	10.0
	19~29	8	10		45	9	10		35	650	850		10,000			3.4	10.0
	30~49	8	10		45	8	10		35	650	850		10,000			3.4	10.0
	50~64	8	10		45	8	10		35	650	850		10,000			3.2	10.0
	65~74	7	9		45	8	9		35	600	800		10,000			3.1	10.0
	75 이상	7	9		45	7	9		35	600	800		10,000			3.0	10.0
여자	6~8(세)	7	9		40	4	5		13	310	400		3,700			1.3	2.5
	9~11	8	10		40	7	8		19	420	550		5,500			1.8	10.0
	12~14	12	16		40	6	8		27	500	650		7,500			2.4	10.0
	15~18	11	14		45	7	9		33	550	700		9,500			2.7	10.0
	19~29	11	14		45	7	8		35	500	650		10,000			2.8	10.0
	30~49	11	14		45	7	8		35	500	650		10,000			2.7	10.0
	50~64	6	8		45	6	8		35	500	650		10,000			2.6	10.0
	65~74	6	8		45	6	7		35	460	600		10,000			2.5	10.0
	75 이상	5	7		45	6	7		35	460	600		10,000			2.3	10.0
임신부		+8	+10		45	+2.0	+2.5		35	+100	+130		10,000			+0	10.0
수유부		+0	+0		45	+4.0	+5.0		35	+370	+480		10,000			+0	10.0

성별	연령	망간(mg/일)				요오드(μg/일)				셀레늄(μg/일)				몰리브덴(μg/일)				크롬(μg/일)			
		평균 필요량	권장 섭취량	충분 섭취량	상한 섭취량	평균 필요량	권장 섭취량	충분 섭취량	상한 섭취량	평균 필요량	권장 섭취량	충분 섭취량	상한 섭취량	평균 필요량	권장 섭취량	충분 섭취량	상한 섭취량	평균 필요량	권장 섭취량	충분 섭취량	상한 섭취량
영아	0~5(개월)			0.01				130	250			9	40							0.2	
	6~11			0.8				180	250			12	65							4.0	
유아	1~2(세)			1.5	2.0	55	80		300	19	23		70	8	10		100			10	
	3~5			2.0	3.0	65	90		300	22	25		100	10	12		150			10	
남자	6~8(세)			2.5	4.0	75	100		500	30	35		150	15	18		200			15	
	9~11			3.0	6.0	85	110		500	40	45		200	15	18		300			20	
	12~14			4.0	8.0	90	130		1,900	50	60		300	25	30		450			30	
	15~18			4.0	10.0	95	130		2,200	55	65		300	25	30		550			35	
	19~29			4.0	11.0	95	150		2,400	50	60		400	25	30		600			30	
	30~49			4.0	11.0	95	150		2,400	50	60		400	25	30		600			30	
	50~64			4.0	11.0	95	150		2,400	50	60		400	25	30		550			30	
	65~74			4.0	11.0	95	150		2,400	50	60		400	23	28		550			25	
	75 이상			4.0	11.0	95	150		2,400	50	60		400	23	28		550			25	
여자	6~8(세)			2.5	4.0	75	100		500	30	35		150	15	18		200			15	
	9~11			3.0	6.0	80	110		500	40	45		200	15	18		300			20	
	12~14			3.5	8.0	90	130		1,900	50	60		300	20	25		400			20	
	15~18			3.5	10.0	95	130		2,200	55	65		300	20	25		500			20	
	19~29			3.5	11.0	95	150		2,400	50	60		400	20	25		500			20	
	30~49			3.5	11.0	95	150		2,400	50	60		400	20	25		500			20	
	50~64			3.5	11.0	95	150		2,400	50	60		400	20	25		450			20	
	65~74			3.5	11.0	95	150		2,400	50	60		400	18	22		450			20	
	75 이상			3.5	11.0	95	150		2,400	50	60		400	18	22		450			20	
임신부				+0	11.0	+65	+90			+3	+4		400	+0	+0		500			+5	
수유부				+0	11.0	+130	+190			+9	+10		400	+3	+3		500			+20	

출처 : 질병관리본부·대한소아청소년과학회, 2017 소아청소년 성장도표, 2017.

2017 소아청소년 성장도표

신체발육 표준치

남자 신장 (cm)	남자 체중 (kg)	남자 체질량지수 (kg/m²)	남자 머리둘레 (cm)	만나이 (개월/세)	여자 신장 (cm)	여자 체중 (kg)	여자 체질량지수 (kg/m²)	여자 머리둘레 (cm)
49.9	3.3		34.5	0개월	49.1	3.2		33.9
54.7	4.5		37.3	1개월	53.7	4.2		36.5
58.4	5.6		39.1	2개월	57.1	5.1		38.3
61.4	6.4		40.5	3개월	59.8	5.8		39.5
63.9	7.0		41.6	4개월	62.1	6.4		40.6
65.9	7.5		42.6	5개월	64.0	6.9		41.5
67.6	7.9		43.3	6개월	65.7	7.3		42.2
69.2	8.3		44.0	7개월	67.3	7.6		42.8
70.6	8.6		44.5	8개월	68.7	7.9		43.4
72.0	8.9		45.0	9개월	70.1	8.2		43.8
73.3	9.2		45.4	10개월	71.5	8.5		44.2
74.5	9.4		45.8	11개월	72.8	8.7		44.6
75.7	9.6		46.1	12개월	74.0	8.9		44.9
76.9	9.9		46.3	13개월	75.2	9.2		45.2
78.0	10.1		46.6	14개월	76.4	9.4		45.4
79.1	10.3		46.8	15개월	77.5	9.6		45.7
80.2	10.5		47.0	16개월	78.6	9.8		45.9
81.2	10.7		47.2	17개월	79.7	10.0		46.1
82.3	10.9		47.4	18개월	80.7	10.2		46.2
83.2	11.1		47.5	19개월	81.7	10.4		46.4
84.2	11.3		47.7	20개월	82.7	10.6		46.6
85.1	11.5		47.8	21개월	83.7	10.9		46.7
86.0	11.8		48.0	22개월	84.6	11.1		46.9
86.9	12.0		48.1	23개월	85.5	11.3		47.0
87.1	12.2	16.0	48.3	2세	85.7	11.5	15.7	47.2
91.9	13.3	15.8	48.9	2세 6개월	90.7	12.7	15.5	47.9
96.5	14.7	15.9	49.8	3세	95.4	14.2	15.8	48.8
99.8	15.8	15.9	50.2	3세 6개월	98.6	15.2	15.7	49.3
103.1	16.8	15.9	50.5	4세	101.9	16.3	15.7	49.6
106.3	17.9	15.9	50.8	4세 6개월	105.1	17.3	15.7	49.9
109.6	19.0	15.9	51.1	5세	108.4	18.4	15.7	50.2
112.8	20.1	16.0	51.4	5세 6개월	111.6	19.5	15.8	50.6
115.9	21.3	16.0	51.7	6세	114.7	20.7	15.8	50.9
119.0	22.7	16.2		6세 6개월	117.8	22.0	15.9	
122.1	24.2	16.4		7세	120.8	23.4	16.1	
127.9	27.5	16.9		8세	126.7	26.6	16.6	
133.4	31.3	17.6		9세	132,6	30.2	17.2	
138.8	35.5	18.4		10세	139.1	34.4	17.8	
144.7	40.2	19.1		11세	145.8	39.1	18.5	
151.4	45.4	19.8		12세	151.7	43.7	19.1	
158.6	50.9	20.3		13세	155.9	47.7	19.7	
165.0	56.0	20.8		14세	158.3	50.5	20.3	
169.2	60.1	21.2		15세	159.5	52.6	20.8	
171.4	63.1	21.6		16세	160.0	53.7	21.0	
172.6	65.0	21.9		17세	160.2	54.1	21.1	
173.6	66.7	22.3		18세	160.6	54.0	21.0	

[주] · 표준치는 2017 소아청소년성장도표 50백분위수 값을 의미 · 2세미만(0-23개월)의 신장은 누운 키, 이상의 신장은 선 키로 측정

보건복지부 질병관리본부 대한소아청소년과학회

남자 2~18세 체질량지수 백분위수

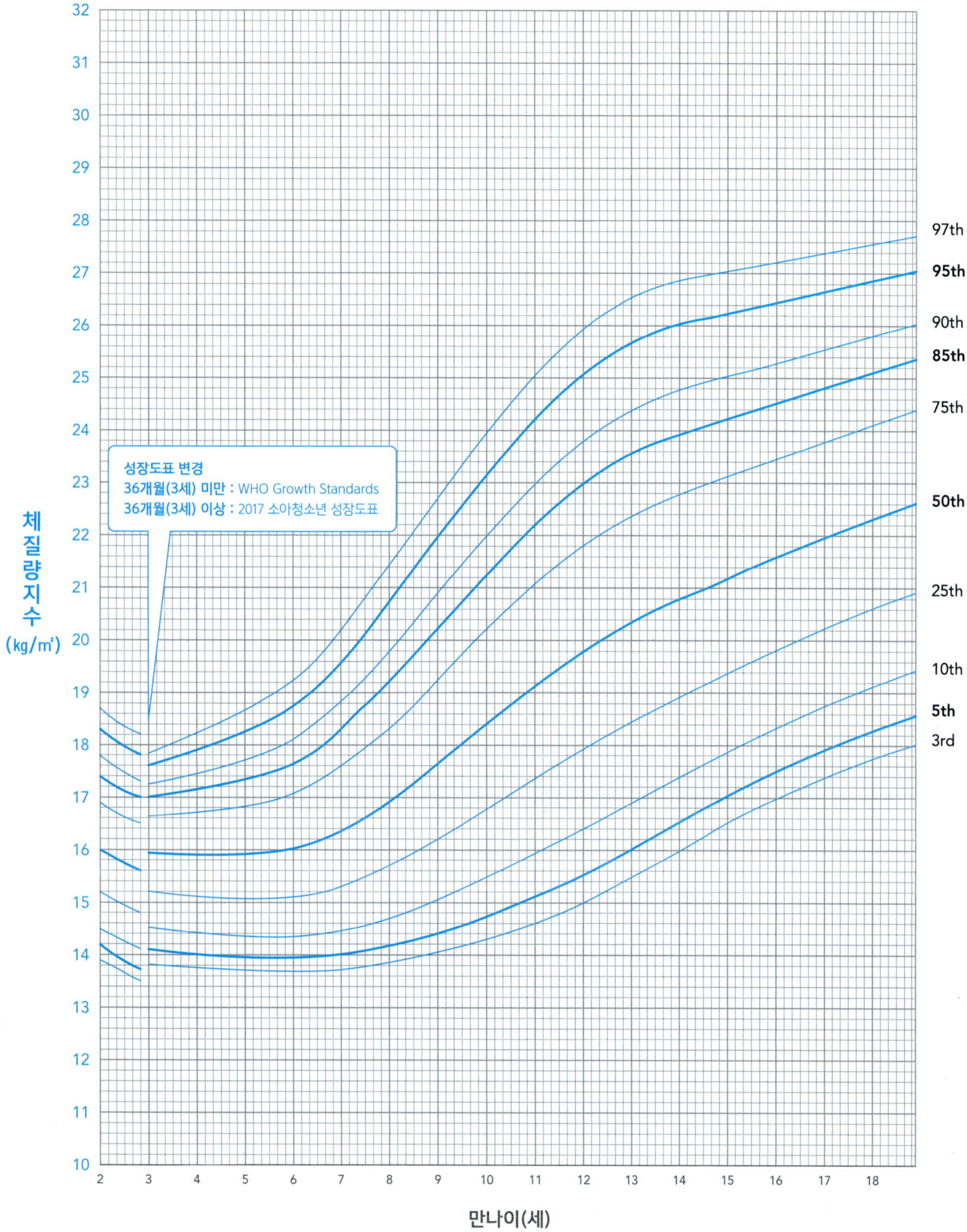

여자 2~18세 체질량지수 백분위수

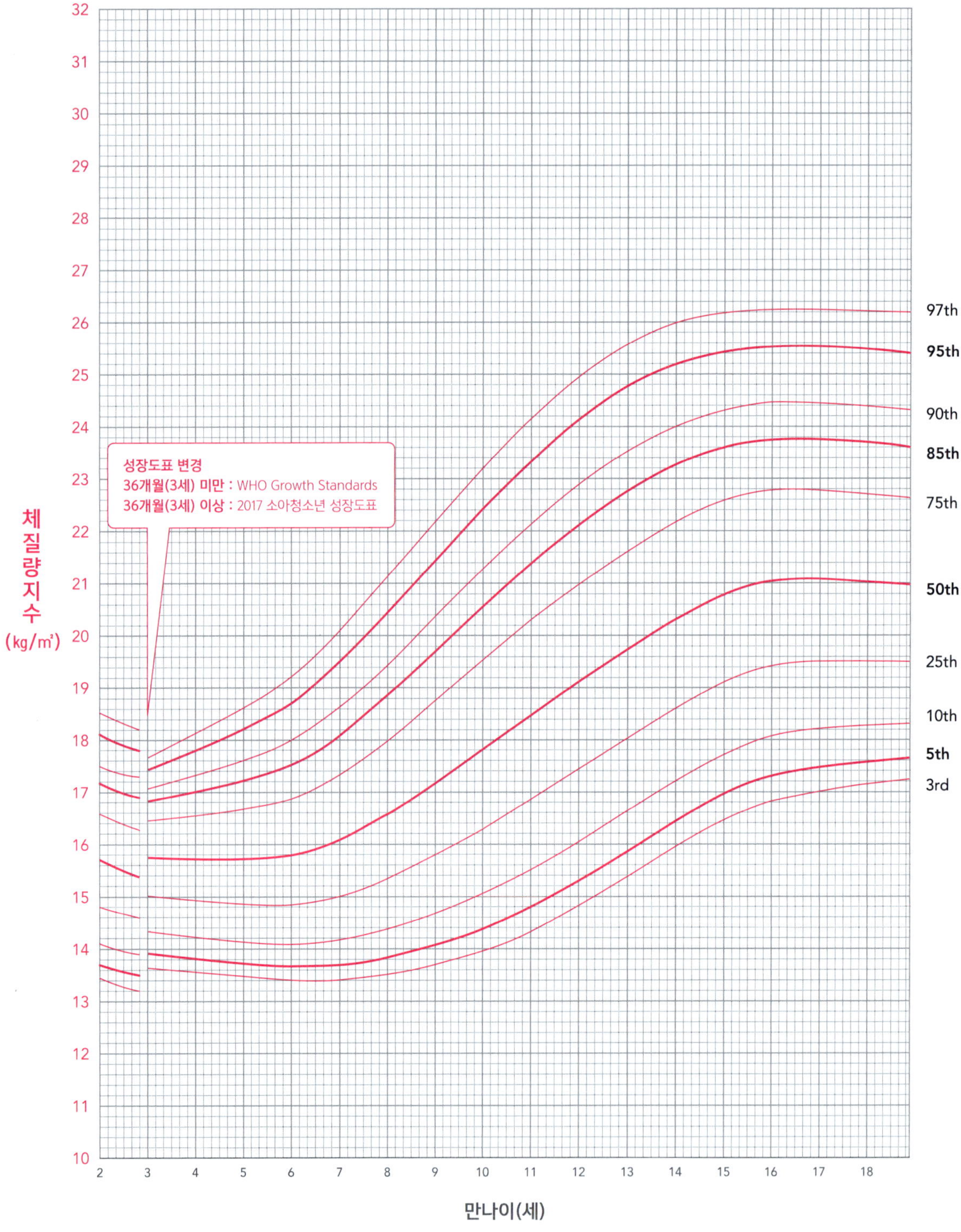

참고문헌

강북삼성병원. 식사처방지침서 제3편, 2000.

강호영 외(역). Kuby 면역학 제6판. 월드사이언스, 2008.

구재옥, 김원경, 서정숙, 손숙미, 이연숙. 교문사. 식사요법원리와 실습, 2008.

김경곤. 식욕 조절을 위한 약물 처방. 대한비만학회지 18(S), 2009.

김을상 외. 임상영양학. 수학사, 2009.

김인숙, 주은정, 이경자, 박은숙. 임상영양과 식사요법. 도서출판효일, 2006

김혜영 외. 식이요법. 지구문화사, 2011.

김화영, 조미숙, 장영애, 원혜숙, 이현숙. 임상영양학 제3판. 신광출판사, 2010

김희성. 바로 알수록 좋은 의약품과 음식의 상호작용. 국민영양 3월호, 2008.

김희제 외(역). Janeway 면역생물학 제7판. E*Public, 2008.

대한간학회, 한국간재단, 간질환바로알기, 2018

대한고혈압학회, 2018년 고혈압진료지침, 2018.

대한비만학회. 2020 비만치료지침, 2020.

대한영양사협회. 임상영양관리지침서 제3판, 2008.

모수미 외, 2002

민경업. 알레르기의 이해 및 영양관리-알레르기의 원인, 증상, 진단, 치료 및 예방. 2006년 전국영양사학술대회 자료집, 2006.

민용기. 칼슘보충은 꼭 필요한가. 제5회 골다공증 연수강좌. 대한골대사학회지, 2002.

박용우 외. 영양치료가이드. 한미의학, 2006

박재갑. 종양학. 일조각, 2003.

보건복지부·한국영양학회. 2020 한국인 영양소 섭취기준, 2020

삼성서울병원. 대한영양사회. 사진으로 보는 음식과 눈대중량 제1판, 1999.

삼성서울병원. 식사처방지침서, 2001.

삼성서울병원. 임상영양지침서, 2003.

서울대학교 의과대학. 내분비학 제3판. 서울대학교출판부, 2008.

서울아산병원. 보건의료인을 위한 임상 영양가이드. 퍼블애드, 2000.

소비자안전센터. 알레르기 유발식품 표시실태 조사결과, 2010.

손숙미, 임현숙, 김정희, 이종호, 서정숙, 손정민. 임상영양학. 교문사, 2011.

승정자 외. 식사요법 이론 및 실습. 광문각, 2002.

식품의약품안전처. 약과 음식 어떻게 먹어야 하나요? 2007.

식품의약품안전처. 약과 음식의 상호작용－의약품 복용 시 주의해야 할 음식, 2010.

연세대학교 의과대학 내분비내과. 내분비대사학 강의 제9판, 2002.

이기완, 명춘옥, 박영심, 남혜원. 식사요법. 수학사, 2009.

이미숙, 이선영, 김현아, 정상진, 김원경, 김현주. 임상영양학. 파워북, 2010.

이선영. 신체 구성 평가에 이용되고 있는 최신 측정방법. 대한비만학회지, 2009.

장경자. 건강한 체중조절을 위한 맞춤영양정보. 교문사, 2004.

장유경, 권종숙, 조여원, 김경민, 김혜경. 임상영양학. 신광출판사, 2006.

제3회 KIST-SMC 어린이 환경보건 공동심포지엄 자료집, 2011.

질병관리본부·대한소아청소년과학회, 2017 소아청소년 성장도표, 2017.

통계청. 2008년 사망원인통계.

한국지질·동맥경화학회 식품영양위원회. 심혈관계 질환의 영양치료지침 설정을 위한 워크숍, 2009.

한국지질·동맥경화학회 진료지침위원회, 이상지질혈증 치료지침 제4판. 한국지질·동맥경화학회, 2018.

한만청. 진단방사선과학. 일조각, 2003.

한제호. 골대사와 영양. 대한골대사학회지, 2002.

橋金吉直孝外27人. 目でみる臨床榮養學. 醫歯藥出版會社, 2001.

渡邊早苗寺本房子, 佐藤文代, 笠原架子. 新しい臨床榮養管理. 醫歯藥出版會社, 1998.

奧村康. 三日でわかる免疫. ダイアモンド社, 2002.

佐藤和人, 本間健, 小松龍史. 臨床榮養學. 醫歯藥出版會社, 2002.

糸川嘉則外. 臨床榮養學. 南江堂, 1999.

後藤昌義, 龍下修一共著. 新しい臨床榮養學. 南江堂, 1999.

Acosta PB, Yannicelli S. The Ross metabolic formula system: nutrition support protocols, 4th ed. Ross Laboratories. Columbus. 2001.

Adams MR, Kelly CH, Luterman A. Curreri PW. Nutrition requirements of the burned senior citizen: the Curreri senior formula. Proc Am Burn Assoc 1987.

Adatto CB. et al. Handbook of Clinical Dietetics, The American Dietetic Association, 1988.

American Cancer Society. Nutrition for the Person With Cancer During Treatment: A Guide for Patients and Families, 2010.

American Dietetic Association. Position of the American Dietetic Association: nutrition intervention in the treatment of anorexia nervosa, bulimia nervosa, and other eating disorders. J Am Diet Assoc. 106:2073-2082, 2006.

Annalynn Skipper. Dietitian's Handbook of Enteral and Parenteral Nutrition. ASPEN, 1998.

Appel LJ, Brands MW, Daniels SR, Karanja N, Elmer PJ, Sacks FM. Dietary approaches to prevent and treat hypertension. A scientific statement from the American Heart Association. Hypertension. 47:296-308, 2006.

Aurbach GD et al. Wiliams Textbook of Endocrinology, 8th ed. Philadelphia: WB Saunders Co, 1992.

Curreri PW, Richmond P, Marvin J, Baxter CR. Dietary requirements of patients with major burns. J Am Diet Assoc. 1974.

Debruyne LK, Whitney E, Pinna K. Nutrition and Diet Therapy, 8th ed. Delmar Cengage Learning, 2008.

Fauci AS et al. Harrison's Textbook of Internal Medicine, 14th ed. McGraw-Hill Book Co, 1998.

Frances J. Zeman, Clinical Nutrition and Dietetics, 2nd. Saunders. 1991.

Genant HK. Current state of bone densitometry for osteoporosis. Radiographics 18:913-918, 1998.

Gottschlich MM, Matarese LE, Shronts EP, eds Nutrition Support Dietetics Core Curruculum. Siver Spring, Md: ASPEN, 1993.

Hammad S, Pu S, Jones PJ. Current evidence supporting the link between dietary fatty acids and cardio vascular disease Lipids 51 : 507-517, 2016

Kathleen Mahan, Sylvia Escott-Stump, Krause's Food & Nutrition Therapy 12th ed Saunders, 2008.

Kenneth Murphy, Paul Travers, Mark Walport. Janeway's Immunobiology 7th ed., Garland Science, Taylor & Francis Group LLC., 2008.

Kondrup J, Allison SP, Elia M, Vellas B, Plauth M. ESPEN guidelines for nutrition screening 2002. Clin Nutr 2003.

Laura EM, Michele MG: Contemporary Nutrition Support Practice, WB Saunders, 1998.

L.K. Mahan & S. Escott-Stump. Krause's Food & Nutrition Therapy, 12th ed. 2008.

Weinberg EG. The atopic march, Current Allergy & Clinical Immunology, 18(1):4-5, 2005.

Long C. Energy expenditure of major burns. J Trauma. 1979.

Mackey S. Promoting Lifestyle Modification for Cancer Prevention. J Am Diet Assoc. 104(10):1568-9, 2004.

Mahan LK, Escott-Stump S. Krause's Food and Nutrition Therapy. 12th edition. Saunders Elsevier. 2008.

Manual of Clinical Dietetics, 6th ed, ADA, 2000.

McDonald WS. Claiborne WS. Deitch EA. Immediate enteral feeding in burn patients is safe and effective. Ann Surg. 1991.

Miller MF, Bellizzi KM, Sufian M, Ambs AH, Goldstein MS, Ballard-Barbash R. Dietary supplement use in individuals living with cancer and other chronic conditions: a population-based study. J Am Diet Assoc. 108(3):483-94, 2008.

Nelms M, Sucher KP. Nutrition Therapy and Pathophysiology. 4th edition, Cengage, 2020

Nelms M, Sucher K, Long S, Nutrition Therapy and Pathophysiology, Thamson Brooks/Cole, 2007.

Nelson JK, Moxness KE, Jensen MD, Gastineau CF. Mayo clinic diet manual, 8th ed. Mosby, 2006.

Nutrition Support; Policies, Procedures, Forms, and Formulas, Annalynn Skipper ASPEN, 1995.

Nutrition Support Core Curriculum: A case-based approach-the adult patient. ASPEN, 2007.

Nutrition Support Dietetics, ASPEN. 1994.

Nutrition Support Practice Manual 2nd ed. ASPEN. 2005.

Oh JW, Pyun BY, Choung JT et al. J Korean Med Sci. 19:716-23, 2004.

Raymond JL, Morrow K. Krause and Mahan's Food & the Nutrition Care Process 15th edition. Elsevier, 2021.

R. Elaine Turner, Don Rose. Discovering Nutrition 2nd, ed. Paul Insel, ADA, 2008.

Rolfes SR, Pinna K, Whitney E. Understanding Normal and Clinical Nutrition, 8th ed. Wadsworth/Thomson Learning, 2008.

Roth RA. Nutrition and Diet Therapy, 10th ed. Delmar Cengage Learning, 2010.

Shils ME, Olson JA, Shike M, Catharine Ross A, Caballero B, Cousins R. Modern Nutrition in health and disease, 10th ed. Lippincott Williams & Wilkins Company, 2005.

The seventh Report of the Joint National Committee on Prevention, Detection, Evaluation, and Treatment of High Blood Pressure. NIH National Heart Lung and Blood Institute, 2004.

Third Report of the National Cholesterol Education Program (NCEP) Expert Panel on Detection, Evaluation. and Treatment of High Blood Cholesterol in Adults(Adult Treatment Panel III), NIH National Heart Lung and Blood Institute, 2001.

Van Horn L, McCoin M, Kris-Etherton P, Burke F, Carson JAS, Champagne CM, Karmally W, Sikand G. The evidence for dietary prevention and treatment of cardiovascular disease. J Am Diet Assoc. 108:287-331, 2008.

Wall-Alonso E,Schoeller D, Schechter L, Gottieb L. Measured total energy requirements in adults burn patients J Burn Care Rehabil, 1999.

Wardlaw GM, Insel PM. Perspective in nutrition, 8th ed. McGraw-Hill Science, 2008.

Weinberg EG, The atopic march, Current Allergy & Clinical Immunology, 18(1):4-5, 2005.

Whitney EN, Cataldo CB, Rolfes SR. Understanding Normal and Clinical Nutrition. 8/E. Wadsworth/Thomson, 2008.

Williams SR. Basic Nutrition and Diet Therapy. Mosby, 2001.

Winston AP. Eating disorders: physical aspects. Women's health medicine 1:17-21, 2004.

http://en,wikipedia.org/wiki/Oral_Allergy_Syndrome

http://en.wikipedia.org/wiki/Food_allergy

http://health.naver.com/medical/disease/detail.nhn?diseaseSymptomCode=AA000029&diseaseSymptomTypeCode=AA&selectedTab=detail#con

http://medication.kfda.go.kr/respond/resp01_02.jsp#4

http://test.kormedi.com/board/View.aspx?board=infoshare&idx=12319&page=218&keyword=&field=&category=&ot=&oa=

http://www.mayoclinic.com/health/egg-allergy/ds01021/dsection=prevention

http://www.mayoclinic.com/health/food-allergy/DS00082

http://www.mayoclinic.com/health/milk-allergy/ds01008/dsection=prevention

http://www.mdtoday.co.kr/health/news/index.html?cate=12&no=3238

찾아보기

ㄱ

간 103
간경변증 115
간기능 검사 104
간염 111
간질 296
간헐적인 주입 48
갈락토오스혈증 339
갈색세포종 357
감기 252
갑상선기능저하증 353
갑상선기능항진증 352
갑상선염 354
갑상선종 352
거대적아구성 빈혈 369
거인증 350
겸상적혈구 빈혈 376
경구섭취 327
경장영양 45, 328, 387
고단백 영양액 47
고삼투압성 고혈당 171
고인산혈증 237
고중성지방혈증 141
고칼륨혈증 226, 233
고콜레스테롤혈증 139
고혈압 148, 198
골격 265
골관절염 280
골다공증 268
골수이식 322
과민성 대장증후군 82
과산성 위염 65
관절 279
관절염 199
교감신경계 295
구강알레르기증후군 407
궤양성 대장염 87
그레이브스병 352
글루텐 민감성 장질환 84
급성간염 109
급성바이러스성 간염 110
급성위염 62
급성췌장염 129
급성콩팥병 229
기계적 합병증 48
기관지 천식 259
기능성 위장장애 72

ㄴ

남성형 비만 189
내분비질환 349
노인성 골다공증 269
노인성 치매 301
농축 영양액 47
뇌경색 161
뇌색전증 161
뇌신경 295
뇌졸중 161
뇌출혈 161
뇌하수체기능저하증 351
뇌하수체기능항진증 349
뇌혈전증 161

ㄷ

다발성 경화증 305
다발성 신경염 304
단풍당뇨증 336
달걀 알레르기 405
담관 120
담낭 120
담낭염 123
담도계 120
담석증 123
당뇨병 165, 198
당뇨병성 망막병증 172
당뇨병성 신경병증 173
당뇨병성 신증 172
당뇨병성 케톤산증 170
당뇨 합병증 170
당부하지수 176
당원병 345
당지수 176
당질계산법 179
당화혈색소 165
대사적 합병증 49, 53
대사증후군 156
대장 76
덤핑증후군 73
동맥경화 198
동맥경화증 145
D형 간염 110

ㄹ

루와이우회술 209
류머티즘성 관절염 283

ㅁ

만성간염 114
만성소화장애증 84
만성위염 63
만성췌장염 130
만성콩팥병 224
만성폐기종 258
만성폐쇄성 폐질환 260
말단비대증 350
말초신경계 294
말초정맥영양 51
맑은 유동식 21
멘케스증후군 347
면역 393
면역요법 322
무글루텐 식사 85

ㅂ

바제도병 352
발암 기전 310
발작 296
방사선요법 321
변비 77
병원식 18
볼루스 주입 48
부갑상선기능저하증 355
부갑상선기능항진증 355
부교감신경계 295
부신기능장애 356
브로카 변형법 190
B림프구 394
비만 189
비열대성 스프루 84
B형 간염 110
빈혈 366

ㅅ

사구체여과율 220
상식 18
생체전기저항측정법 192
선천성 면역 393
설사 79
섭식장애 209
성장호르몬과잉증 350
셀리악병 84
소인증 351
소장 75
소화관 합병증 53
소화기계 57
소화성 궤양 66
수면무호흡 150
수면무호흡증 199
수술 전 영양 381
수술 후 영양 382
수중밀도측정법 191
식단 작성 32, 179
식도 58
식사요법 15
식품교환단위 25
식품교환표 26
식품불내증 398
식품 알레르기 398
식품 이상반응 398
신결석증 238
신경계 293
신경성 식욕부진 209
신경성 폭식증 210
신장 217
신장질환을 위한 식품교환표 240
신증후군 222
심근경색 160
심장 133
심혈관계 133
C형 간염 110

ㅇ

아토피 397
악성신생물 309
악성종양 309
악액질 317
알도스테론증 357
알레르기 396
알츠하이머병 299
알코올성 간경변증 116
알코올성 간질환 117
암 199, 309
애디슨병 357
에이즈 408
A형 간염 109
여성형 비만 189
역류성식도염 59
연식 19
연하곤란증 58
염증성 장질환 86
영양검색 16
영양관리 15

영양상태 평가 16
영양지원 328
영양치료 15
영양치료 계획 17
영양치료 시행 17
영양치료 추구관리 17
요검사 219
요붕증 351
용혈성 빈혈 375
우유 알레르기 406
운동요법 184, 205
울혈성 심부전 159
원발성 골다공증 269
위 60
위소매절제술 208
위염 62
위장관 합병증 48
위하수증 72
윌슨병 347
유동식 21
이상지질혈증 135, 198
이상체중비 190
이식거부증 322
이중에너지 방사선 흡수 계측법 192
이차성 골다공증 270
E형 간염 110
인공감미료 178
인슐린 181
일반 유동식 22
일반치료식 18
임상영양관리 15
임신성 당뇨병 168

ㅈ

자가면역 64
자가혈당관리 174
자율신경계 295
저당질 고단백식이 202
저산성 위염 64
저열량식 200
저지방 중당질식 202
저혈당 170
적응 면역 394
적혈구 364

정맥영양 49, 328, 387
제1형 당뇨병 167
제2형 당뇨병 167
조절형위밴드술 208
주기적인 주입 48
중심정맥영양 50
중증 근무력증 306
중추신경계 294
지단백질 134
지방간 107, 198
지방세포비대형 비만 189
지방세포증식형 비만 189
지속성 복막투석 235
지속적인 주입 47
지속적 피하 인슐린 주입법 182

ㅊ

척수신경 294
천식 199
철결핍성 빈혈 372
체격지수 190
체순환 133
체질량지수 190, 191
초저열량식 200
출혈성 빈혈 368
췌장 128
치매 299
치밀골 265

ㅋ

카테터 관련 합병증 53
카포시육종 408
컴퓨터단층촬영 192
케톤식 202, 297
쿠싱증후군 356
크레틴병 353
크론병 87

ㅌ

통풍 287
퇴행성 관절염 280
특별치료식 24
티로신혈증 342
T림프구 395

ㅍ

파킨슨병 302
페닐케톤뇨증 333
폐결핵 254
폐경기성 골다공증 269
폐렴 253
폐순환 133
표준 영양액 47
표준체중 190
표준체중백분율 190
퓌레식 23
프로락틴과잉증 350
피부단자시험 403
피부두께측정법 191

ㅎ

합병증 48, 52
항암치료 320
해면골 265
행동요법 204
헬리코박터 파일로리균 67
혈관성 치매 300
혈당강하제 183
혈압 149
혈액 361
혈액검사 404
혈액투석 231
혈액투석 식단 234
호모시스틴뇨증 343
호흡기 249
화상 384
화학요법 320

회피요법 405
후천성 면역결핍증 408

A

acute gastritis 62
acute hepatitis 109
acute pancreatitis 129
Acute Renal Failure 229
adaptive immunity 394
AIDS 408
alcoholic liver disease 117
Alzheimer's disease 299
anorexia nervosa 209
arteriosclerosis 145
autoimmunity 64

B

Basedow disease 352
bile duct 120
blood pressure 149
BMI 191
body mass index 191
bronchial asthma 259
bulimia nervosa 210

C

cancer 309
celiac disease 84
Chemotherapy 320
cholecystitis 123
cholelithiasis 123
chronic gastritis 63
chronic hepatitis 114
chronic obstructive pulmonary disease 260
chronic pancreatitis 130
Chronic Renal Failure 224
congestive heart failure 159
constipation 77
Continuous Ambulatory Peritoneal Dialysis 235
COPD 260
cretinism 353
Cushing's Syndrome 356

D

Dementia 299
diabete mellitus 165
diabetes insipidus 351
diabetic ketoacidosis 170
diarrhea 79
drepanocytic anemia 376
dumping syndrome 73
dwarfism 351
dyslipidemia 135
dysphagia 58

E

emphysema 258
epilepsy 296
esophagus 58

F

fatty liver 107
Food Challenge 404

G

Galactosemia 339
gallblader 120
gastritis 62
gastroptosis 72
GI 176
GL 176
gluten-free diet 85
gluten-sensitive enteropathy 84
glycemic Index 176
glycemic load 176
Glycogen Storage Disease 345
glycosylated hemoglobin 165
Goiter 352
Gout 287
Graves' disease 352
GSE 84

H

HAV 109
HbA1c 165
HBV 110
HCV 110
HDV 110
heart 133
Helicobacter pylori 67
Hemodialysis 231
hemolytic anemia 375
hepatitis A 109
HEV 110
Homocystinuria 343
Hyperkalemia 226
hyperosmolar hyperglycemic state 171
hyperpituitarism 349
Hyperprolactinemia 350
hypertension 148
Hyperthyroidism 352
hypoglycemia 170
Hypopituitarism 351
Hypothyroidism 353

I

IBD 86
IBS 82
Immunotherapy 322
inflammatory bowel disease 86
influenza 252
innate immunity 393
Insulin Pump 182
irritable bowel syndrome 82

K

ketogenic diet 297

L

liver 103

liver cirrhosis 115

M

malignant neoplasm 309
malignant tumor 309
Maple Syrup Urine Disease 336
metabolic syndrome 156
multiple sclerosis 305
myasthenia gravis 306
myocardial infarction 160

N

nephronophthisis 238
Nephrotic syndrome 222
nontropical sprue 84

O

obesity 189
osteoarthritis 280
osteoporosis 268

P

pancreas 128
Parkinson's disease 302
peptic ulcer 66
phenylketonuria 333
PKU 333
pneumonia 253
polyneuritis 304
postmenopausal osteoporosis 269
PPN 51
primary osteoporosis 269
pulmonary circulation 133
pulmonary tuberculosis 254

R

Radiation Therapy 321
reflux oesophagitis 59
respiratory 249
rheumatoid arthritis 283

S

secondary osteoporosis 270
seizure 296
senile dementia 301
senile osteoporosis 269
sleep apnea 150
stomach 60
stroke 161
systemic circulation 133

T

thyroiditis 354
TNA 52
TPN 50
Tyrosinemia 342

U

urinalysis 219

V

vascular dementia 300

W

Wilson's Disease 347

저자 소개

송경희

서울대학교 식품영양학과 학사

서울대학교 대학원 식품영양학 석사

서울대학교 대학원 식품영양학 박사

현재 명지대학교 식품영양학과 명예교수

손정민

서울대학교 식품영양학과 학사

Utah대학교 영양학 석사

서울여자대학교 대학원 영양학 박사

현재 원광대학교 식품영양학전공 교수

김희선

서울대학교 식품영양학과 학사

캔사스주립대학교 식품화학 석사

Cornell대학교 대학원 영양학전공 박사

현재 순천향대학교 식품영양학과 교수

한성림

서울대학교 식품영양학과 학사

서울대학교 대학원 식품영양학 석사

Tufts대학교 대학원 영양학전공 박사

현재 서울대학교 식품영양학과 교수

이애랑

서울대학교 식품영양학과 학사

서울대학교 대학원 식품영양학 석사

단국대학교 대학원 식품영양학 박사

현재 숭의여자대학교 식품영양과 명예교수

김순미

이화여자대학교 식품영양학과 학사

이화여자대학교 대학원 식품영양학 석사

동경대학교 대학원 농학박사

현재 가천대학교 식품영양학과 교수

김현주

서울대학교 식품영양학과 학사

서울대학교 대학원 식품영양학 석사

서울대학교 대학원 식품영양학 박사

현재 대전보건대학교 식품영양학과 교수

홍경희

이화여자대학교 식품영양학과 학사

이화여자대학교 대학원 식품영양학 석사

경희대학교 동서의학대학원 임상영양학 박사

현재 동서대학교 식품영양학과 교수

라미용

서울대학교 식품영양학과 학사

서울대학교 대학원 식품영양학 석사

서울대학교 대학원 식품영양학 박사

현재 삼성서울병원 영양팀 임상영양사

식사요법 제4판

2010년 9월 10일 초 판 발행
2022년 3월 15일 제4판 발행

지은이 | 송경희 · 손정민 · 김희선 · 한성림 · 이애랑
김순미 · 김현주 · 홍경희 · 라미용
발행인 | 유제구
발행처 | 파워북
주 소 | 경기도 고양시 일산동구 호수로 358-25
동문타워 2차 529호
전 화 | (02) 730-1412
팩 스 | (031) 908-1410
등 록 | 1997. 1. 31. 제2014-000067호

정 가 26,000원
ISBN 978-89-8160-484-4 (93590)

잘못된 책은 바꿔드립니다.